SCIENCE & VIE

LES TRÉSORS DE LA SCIENCE

SCIENCE & VIE

DU N° 1022 AU 1033

LES TRÉSORS DE LA SCIENCE

Tana
éditions

SOMMAIRE

Cet ouvrage rassemble quelques-uns des principaux articles publiés dans le mensuel *Science & Vie* tout au long de l'année 2003, du n° 1022 au n° 1033. Classés en cinq grandes thématiques (le ciel, planète Terre, santé-médecine, les origines de l'homme et nouvelles technologies), ils rendent bien compte des principales avancées des connaissances dans la plupart des domaines couverts par les sciences. Ainsi, en publiant cet ouvrage, *Science & Vie* continue de poursuivre l'objectif qui a toujours été le sien depuis sa création : celui de partager avec le plus grand nombre de lecteurs le plaisir de savoir et l'envie de comprendre.

La rédaction de *Science & Vie*

CHAPITRE PREMIER

LE CIEL

Trous noirs

Ils sont **partout !**

Tapis dans le vide sidéral, déformant l'espace-temps, happant les étoiles... les trous noirs livrent aujourd'hui leurs secrets : il s'en cache de supermassifs au cœur de toutes les galaxies, y compris la nôtre, et les physiciens sont en mesure de les localiser et de les peser ! Mieux : un super détecteur va bientôt écouter leur « chant », ouvrant la voie à l'astronomie gravitationnelle. Et on pourrait même en créer sur Terre...

PAR VALÉRIE GREFFOZ
ET AZAR KHALATBARI

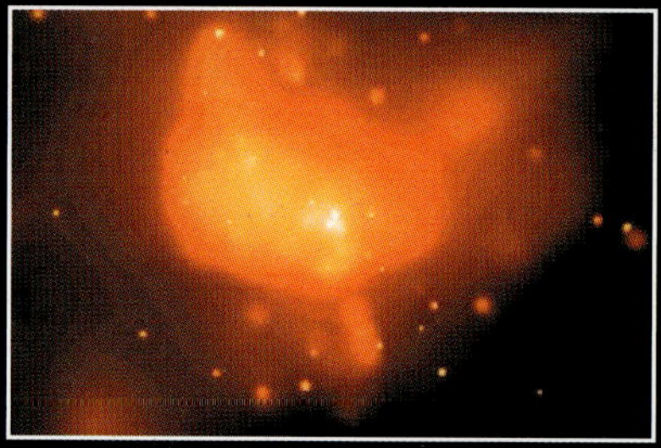

Ils sont cachés au cœur de toutes les galaxies

Les scientifiques s'en doutaient, ils en ont à présent la certitude : d'étranges mouvements d'étoiles et d'intenses rayonnements X révèlent que des trous noirs supermassifs sont tapis au cœur de toutes les galaxies. Et même de la nôtre !

PAR VALÉRIE GREFFOZ

Vue d'ici, la Voie lactée paraît si paisible… Longue bande laiteuse constellée d'étoiles, on dirait une rivière de lumière s'écoulant sans fin dans la nuit de l'espace, calme et éternelle. Notre galaxie nous apparaît ainsi merveilleusement propice aux rêves. Et pourtant ! Quelque part dans la constellation du Sagittaire, au cœur même de la Voie lactée, se cache un… ogre. Tapi, telle une araignée au centre de sa toile, il attend qu'une étoile ou qu'un nuage de gaz s'approchent pour les happer dans une spirale infernale d'espace-temps, d'où ils ne ressortiront jamais.

Cet ogre, c'est ce que les scientifiques appellent un trou noir supermassif. Attention, il ne s'agit pas d'un banal « petit » trou noir, un simple cadavre d'étoile comme il en existe probablement des millions dans notre galaxie (voir encadré). Non, il s'agit d'un trou noir d'une tout autre catégorie, celle des super poids lourds : sa masse équivaut à plus de deux millions de fois celle du Soleil, tandis que sa taille, ou plus exactement son « horizon » (voir jargon), vaut environ trois millions de kilomètres, soit deux fois le diamètre du Soleil… Et ce n'est même pas là le pire qui soit ! « Il existe au cœur d'autres galaxies des trous noirs qui peuvent atteindre un milliard de fois la masse du Soleil », affirme Suzy Collin-Zahn, de l'Observatoire de Paris-Meudon. Une certitude que les astronomes

CHRONOLOGIE

FIN DU XVIIIe SIÈCLE

John Michell et Pierre Simon de Laplace prévoient l'existence d'astres si massifs que la lumière reste prisonnière de leur gravité.

1916

D'après la théorie de la relativité générale d'Einstein, des astres doivent attirer tout ce qui passe à leur portée en courbant l'espace-temps.

1979

Peter Young et Wallace Sergent pensent avoir repéré un trou noir au centre de la galaxie M87, trois milliards de fois plus massif que le Soleil.

1996

Reinhard Genzel et son équipe pèsent le trou noir au centre de notre galaxie : 2,5 millions de fois la masse du Soleil.

L'existence d'un trou noir dans notre voie lactée est désormais prouvée

TROU NOIR SUPERMASSIF
Au cœur de la Voie lactée, dans la constellation du Sagittaire, se cache un trou noir supermassif. Prise par le télescope Chandra en rayons X, cette image révèle le rayonnement émis par la matière tombant à l'intérieur (tache blanche centrale).

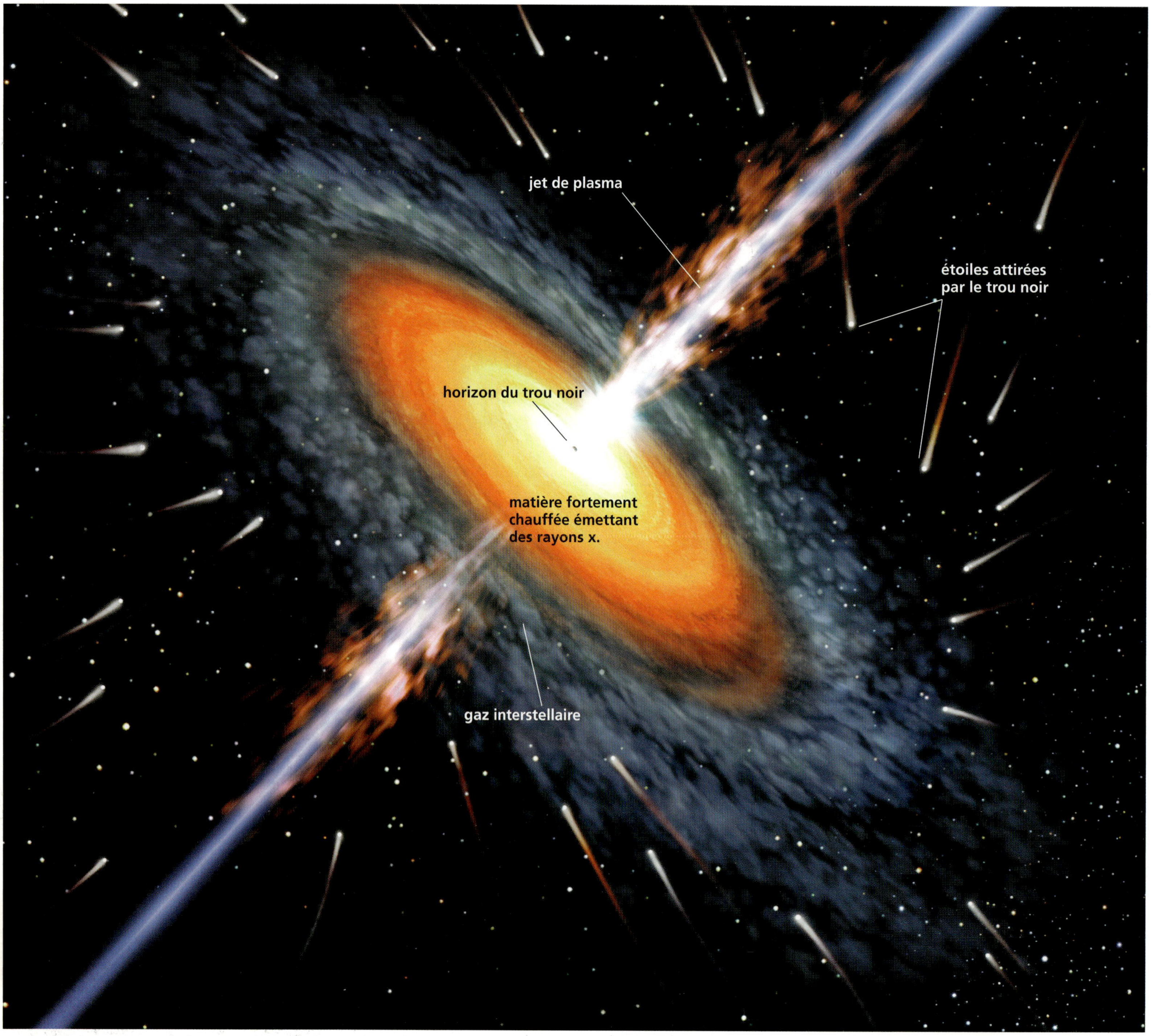

UN TOURBILLON QUI AVALE TOUT
Un trou noir supermassif peut attirer les étoiles et le gaz sur des centaines de millions de kilomètres. À mesure que cette matière se rapproche, elle s'échauffe et émet un fort rayonnement X, pendant que d'immenses jets de plasma sont éjectés à des vitesses proches de celle de la lumière, selon un mécanisme toujours mal compris par les physiciens.

JARGON

Horizon d'un trou noir: limite géométrique d'un trou noir. Une fois qu'une étoile a franchi cette zone de l'espace-temps, elle tombe inéluctablement dans le trou noir. Aucune information ne peut nous parvenir de l'intérieur de cet horizon: cette région est « séparée causalement » du reste de l'Univers.

Si compacts qu'ils déforment l'espace-temps autour d'eux !

ont acquise il y a quelques années seulement : « Au début des années 90, lorsque l'astrophysicien britannique Martin Rees affirma, sur des bases théoriques, qu'il y avait un trou noir massif au centre de la plupart des galaxies, beaucoup de scientifiques restèrent sceptiques, surtout à propos de notre propre galaxie, se souvient Suzy Collin-Zahn. Mais aujourd'hui, nous sommes convaincus qu'il existe des trous noirs supermassifs au centre de pratiquement toutes les galaxies, sauf peut-être dans celles qui n'ont pas de noyau, les galaxies que l'on appelle "irrégulières". »

SI PUISSANT QU'AUCUNE ÉTOILE NE PEUT EN RESSORTIR

Comment les scientifiques peuvent-ils être convaincus de l'existence de ces monstres puisque, par définition, on ne peut pas les voir ? En fait, ils ont dû ruser. Pour comprendre, il faut savoir que les trous noirs sont des objets si compacts qu'ils déforment l'espace-temps autour d'eux, créant une sorte de tourbillon qui fait tomber vers eux tout ce qui passe à leur portée ; une fois leur horizon franchi, aucune étoile ni même aucun rayon de lumière ne peut en ressortir ! Autrement dit, les trous noirs sont parfaitement obscurs. Du coup, la seule façon de les repérer ne peut qu'être indirecte, à partir d'indices révélant leur présence.

Le premier indice susceptible de trahir un trou noir est le manège frénétique des objets happés : si des étoiles et du gaz sont avalés par un tourbillon, on doit forcément les voir tourner de plus en plus rapidement dans l'espace à mesure qu'ils tombent vers lui. « Depuis vingt ans, nous mesurons les vitesses des étoiles et du gaz près des centres galactiques, ce qui nous permet d'estimer la masse du trou noir central à l'origine de ce mouvement, explique Suzy Collin-Zahn. C'est une entreprise de longue haleine, et les premiers résultats ne datent que de quelques années. » C'est de cette manière que l'équipe de Reinhard Genzel, de l'Institut Max Planck, à Garching (Allemagne), a réussi, en 1996, à peser le trou noir situé au centre de notre galaxie : 2,5 millions de fois la masse du Soleil. Ce fut même le premier indice tangible de l'existence de notre trou noir galactique. Cette méthode n'en finit pas de donner des résultats : « Aujourd'hui, nous avons pu établir la masse d'une quarantaine de cœurs de galaxies autour de nous. Tous contiennent un trou noir », assure l'astrophysicienne. Et plus une galaxie possède un gros « bulbe » (partie centrale la plus lumineuse), plus son trou noir est massif. La loi semble imparable.

LA MATIÈRE ÉMET ALORS UN FANTASTIQUE FLASH DE LUMIÈRE

Un autre indice est la lumière que dégage la matière en tombant vers le trou noir. En effet, la course effré-

LES 4 INDICES DE L'EXISTENCE DES TROUS NOIRS SUPERMASSIFS

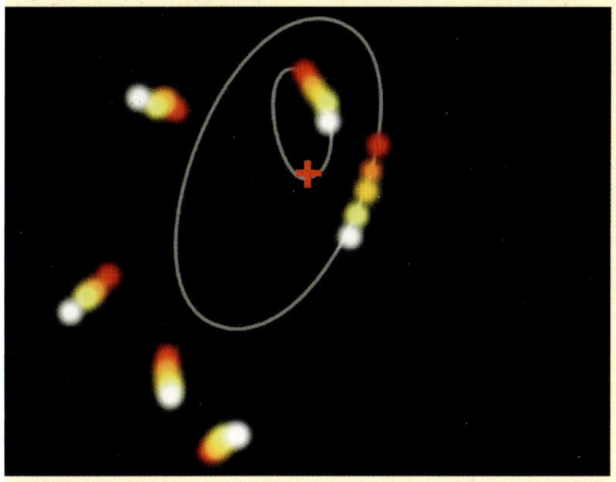

L'ACCÉLÉRATION DES ÉTOILES QU'ILS ATTIRENT

En suivant la trajectoire de six étoiles entre 1995 (points blancs) et 1999 (points rouges), Andrea Ghez et John Kormendy ont confirmé en 2000 l'existence du trou noir supermassif au centre de notre galaxie (croix rouge). Attirées par le trou noir, certaines étoiles tournent autour de lui à plus de 1 500 km/s, soit 50 fois plus vite que la Terre autour du Soleil, et ne cessent d'accélérer.

L'INTENSITÉ DES RAYONS X QU'ILS DÉGAGENT

Observés en rayons X, les cœurs de nombreuses galaxies sont très lumineux, conséquence de l'échauffement de la matière tombant dans un trou noir central. Sur cette image de la galaxie Centaurus A prise par Chandra, la source d'où émerge un jet est probablement un trou noir supermassif et les points blancs autour des trous noirs plus petits.

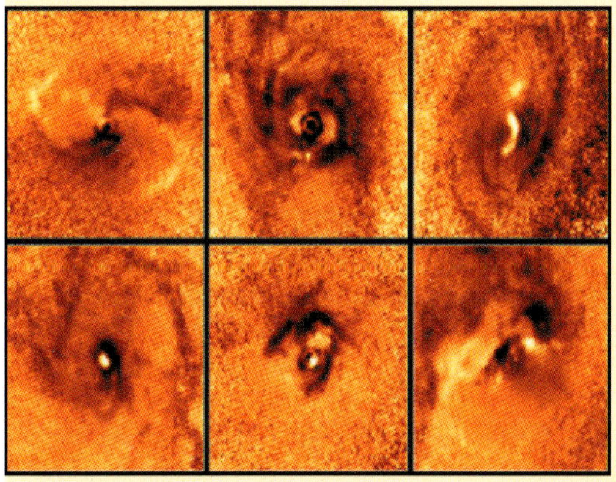

LA SPIRALE DU GAZ ET DES POUSSIÈRES AUTOUR D'EUX

Ces tourbillons larges de plusieurs milliers d'années-lumière, observés en infrarouge par le télescope spatial Hubble au cœur de quatre galaxies, sont dus aux mouvements du gaz interstellaire et des poussières autour du centre de ces galaxies. Une partie de ce gaz et de ces poussières finira sans doute avalée par un trou noir supermassif central.

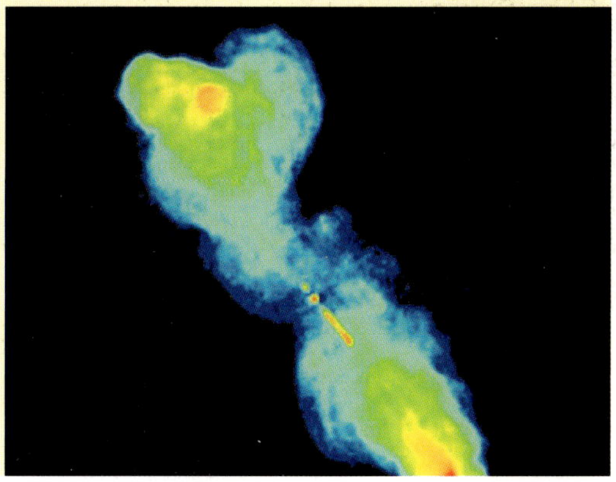

LA PUISSANCE DES JETS DE PLASMA QUI EN ÉMERGENT

Observées en rayonnement radio, de nombreuses galaxies lointaines comme celle-ci révèlent deux immenses jets projetés dans des directions opposées. Ces jets de plasma, qui se propagent à la vitesse de la lumière sur des distances plus grandes que la galaxie elle-même, semblent n'être générés que par des trous noirs supermassifs.

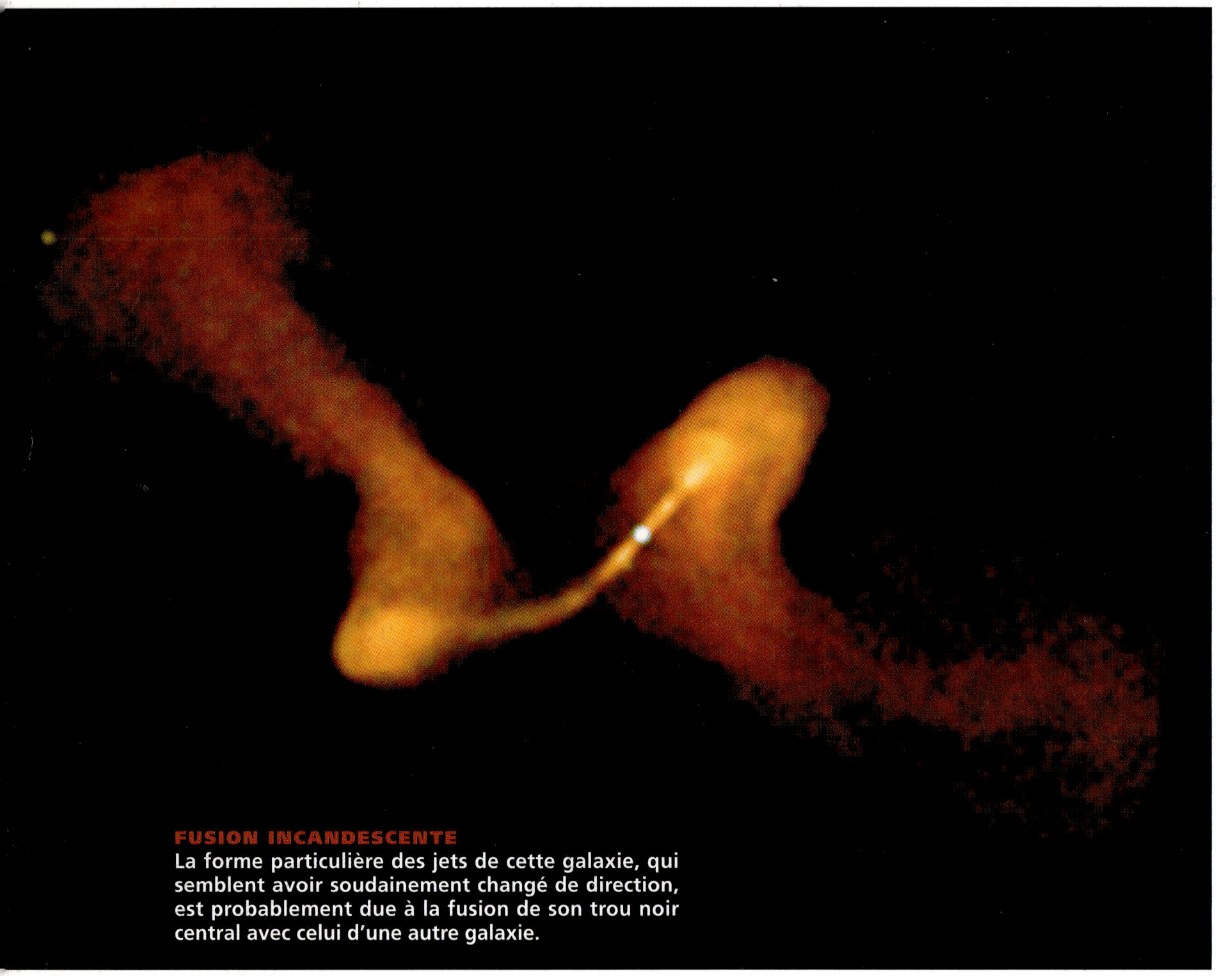

FUSION INCANDESCENTE
La forme particulière des jets de cette galaxie, qui semblent avoir soudainement changé de direction, est probablement due à la fusion de son trou noir central avec celui d'une autre galaxie.

LA MASSE FAIT TOUTE LA DIFFÉRENCE

Il existe deux sortes de trous noirs. Les plus courants sont les trous noirs dits « stellaires », qui se sont formés par effondrement d'une étoile très massive arrivée au terme de sa vie. Les scientifiques estiment que notre galaxie en contient environ dix millions. Leur masse peut atteindre plusieurs dizaines de fois celle du Soleil, et leur horizon (limite spatiale au-delà de laquelle aucun objet astrophysique ne peut échapper à leur attraction gravitationnelle) s'étend sur quelques km. Beaucoup plus rares, les trous noirs dits « galactiques », dont on pense aujourd'hui qu'ils occupent le centre de presque toutes les galaxies, sont des trous noirs « supermassifs » : leur masse vaut entre un million et un milliard de fois celle du Soleil et leur horizon s'étale sur plusieurs millions, voire plusieurs dizaines de millions de km. Les astrophysiciens pensent qu'ils se sont formés à la suite de l'effondrement d'un amas d'étoile, ou par accumulation progressive de matière sur un trou noir stellaire.

née du gaz et des étoiles autour du trou noir les échauffe jusqu'à ce que leur température atteigne des millions de degrés ; ils émettent alors un puissant rayonnement X, que peuvent observer les télescopes spatiaux spécialisés dans ces longueurs d'ondes. En septembre 1999, grâce au télescope américain Chandra, Frederick Baganoff, du Massachusetts Institute of Technology, et son équipe ont ainsi localisé dans la région centrale de la Voie lactée une forte source de rayons X, signe probable de notre trou noir supermassif. D'ailleurs, le 26 octobre 2000, cette source est brusquement devenue 45 fois plus brillante, avant de retourner à la normale, quelques heures plus tard : le trou noir venait sans doute d'avaler une comète, un astéroïde ou une bouffée de gaz interstellaire… L'ogre pris en flagrant délit ! Pour autant, on est encore loin de localiser précisément l'horizon du trou noir, la région observable par Chandra étant vingt fois trop grande… Mais on s'en approche, petit à petit. En attendant, Chandra et son équivalent européen XMM-Newton fournissent des données montrant l'omniprésence dans le ciel de sources de rayons X derrière lesquelles se cachent probablement de nombreux trous noirs, supermassifs ou pas.

D'autres indices sont venus corroborer ces observations. Le télescope spatial Hubble a visualisé autour du centre de plusieurs galaxies le mouvement tourbillonnant de grandes quantités de gaz et de poussières. Quant aux télescopes radio, ils livrent de magnifiques images de jets de plasma provenant de centres galactiques. D'après les théoriciens, ces jets, dont la vitesse avoisine celle de la lumière, seraient émis par des trous noirs supermassifs, qui libéreraient ainsi une partie de leur énergie. Mais selon Jean-Pierre Lasota, de l'Institut d'astrophysique de Paris, le mécanisme exact de ce phénomène reste flou : « On ne comprend toujours pas bien cette éjection de matière qui va à l'inverse des lois de la gravitation. C'est l'une des questions théoriques qui restent à résoudre. » On

Le scénario de la « crêpe stellaire flambée » semble se confirmer

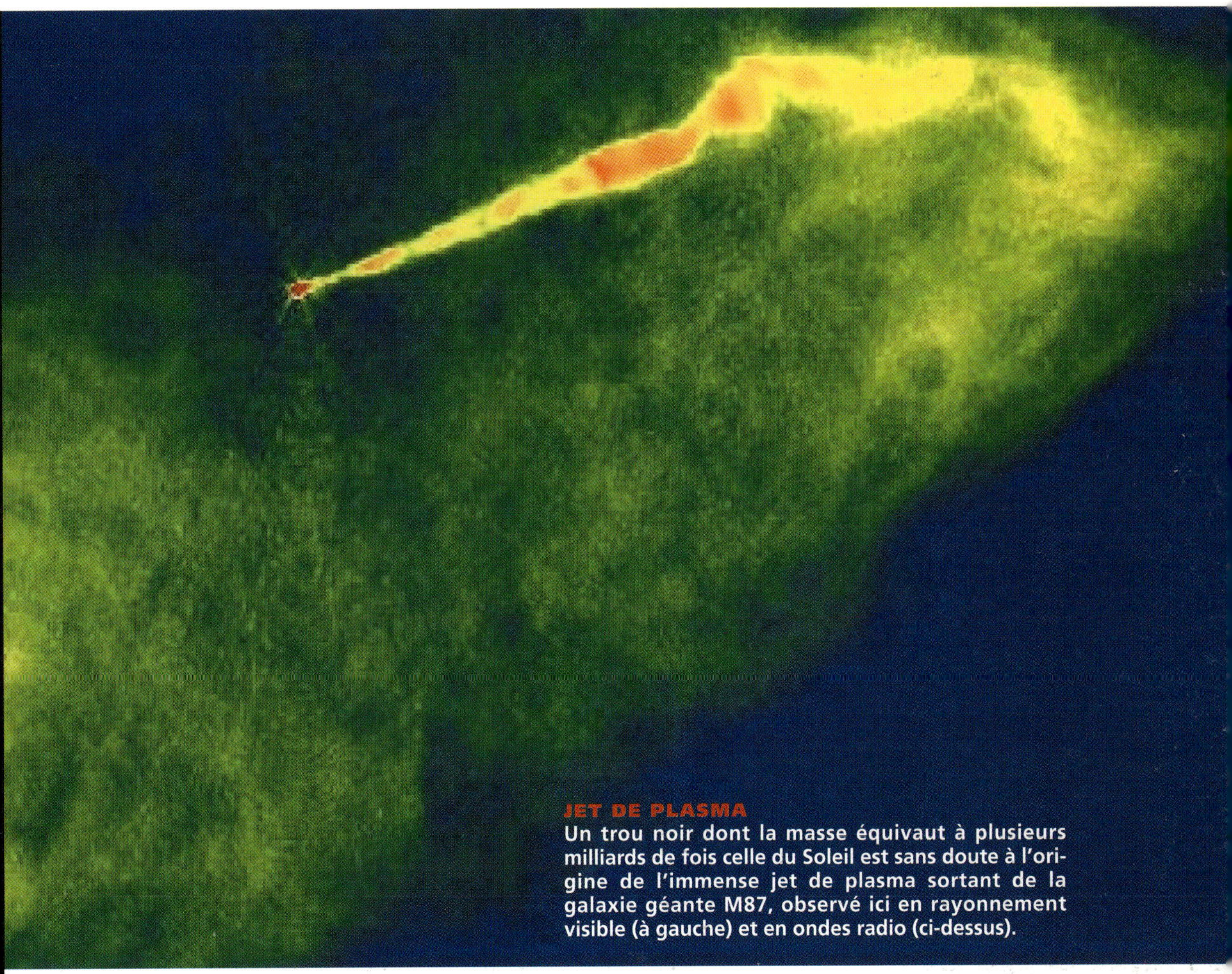

JET DE PLASMA
Un trou noir dont la masse équivaut à plusieurs milliards de fois celle du Soleil est sans doute à l'origine de l'immense jet de plasma sortant de la galaxie géante M87, observé ici en rayonnement visible (à gauche) et en ondes radio (ci-dessus).

devrait toutefois bientôt en savoir plus. Le télescope européen Integral, spécialisé dans l'observation des rayonnements gamma, a pour mission depuis l'automne dernier d'étudier ces mystérieux jets. De son côté, l'observatoire germano-français HESS, en Namibie, utilisera ses quatre télescopes pour analyser le rayonnement gamma émis par les centres galactiques. De quoi apporter des éléments de réponse aux questions qui restent en suspens.

LEUR ORIGINE RESTE UN MYSTÈRE

Car toute la lumière n'est pas faite sur les trous noirs. Que se passe-t-il dans le tourbillon ? Qu'arrive-t-il exactement aux étoiles quand elles s'approchent tout près du trou noir ? Pour Jean-Pierre Luminet, de l'Observatoire de Paris-Meudon, elles seraient déchirées par les forces de marées gravitationnelles du trou noir. « Dans les années 80, j'ai proposé un modèle dit "de la crêpe stellaire flambée". En quelques minutes, une étoile comme le Soleil frôlant un trou noir géant s'aplatit comme une galette d'un kilomètre d'épaisseur, puis explose, en émettant des flashs électromagnétiques. Depuis trois ou quatre ans, les satellites d'observation en rayons X et ultraviolets révèlent des flashs de lumière semblant correspondre à ce scénario. »

Autre question fondamentale : comment se sont formés les trous noirs supermassifs ? Ont-ils grossi progressivement, en avalant toujours plus de matière ? Ou sont-ils le fruit de l'effondrement d'un amas d'étoile ? « Les deux modèles sont valables, répond Jean-Pierre Luminet. Tous les trous noirs ne peuvent pas s'être formés par accroissement progressif, car ce processus est très long. Or, on trouve de plus en plus de trous noirs supermassifs dans des galaxies très lointaines et donc très anciennes, ce qui indique qu'ils ont existé dès le début des galaxies. » Une autre possibilité serait que des trous noirs dits « primordiaux » aient existé bien avant la formation des galaxies et qu'ils aient servi de noyaux autour desquels elles se seraient organisées. Mais une chose est sûre : l'histoire des trous noirs supermassifs est intimement liée à celle des galaxies. Et c'est bien là tout l'enjeu d'en savoir plus sur ces objets aussi mystérieux pour la science qu'excitants pour l'imagination.

DÉJÀ AU DÉBUT DE L'UNIVERS...

Quasars, blazars, galaxies actives, radiogalaxies... On sait aujourd'hui que derrière tous ces objets astrophysiques qui ont été découverts au cours du XXe siècle avec divers instruments d'observation (spécialisés dans le rayonnement visible, X ou radio), se cache finalement un seul et même phénomène : un trou noir supermassif situé au centre d'une galaxie. En avalant les étoiles et le gaz qui sont tout autour d'eux, ces trous noirs dégagent d'énormes quantités d'énergie observables dans différentes longueurs d'ondes. C'est notamment le cas des quasars, qui sont les objets les plus lointains que l'on puisse observer dans le ciel, témoins des débuts de l'Univers.

Si denses qu'ils font vibrer l'espace et le temps

Installé en Italie, un détecteur révolutionnaire doit apporter la preuve expérimentale de l'existence des trous noirs : il va écouter le « chant » des ondes gravitationnelles que ces monstres engendrent en déformant l'espace-temps. De quoi ouvrir la voie à une toute nouvelle astronomie…

PAR VALÉRIE GREFFOZ

À Cascina, près de Pise, en Italie, une petite centaine de physiciens, ingénieurs et techniciens italiens et français mettent la dernière main à Virgo, un instrument d'un tout nouveau genre. Il s'agit d'un détecteur de trous noirs. Dans le courant de l'année 2004, ses deux immenses « bras » de 3 kilomètres chacun devraient commencer à vibrer au rythme du chant de ces monstres obscurs. Un tressaillement que les scientifiques attendent avec émotion, car il sera « la preuve directe de l'existence des trous noirs », explique Patrice Hello, physicien à l'université d'Orsay et membre de la collaboration franco-italienne Virgo. Jusqu'ici, en effet, les astrophysiciens n'ont observé que des indices indirects de la présence des trous noirs dans l'Univers (voir article précédent). Ils ont suivi le mouvement des étoiles et du gaz tourbillonnant autour d'eux, détecté le rayonnement de la matière s'échauffant au fur et à mesure qu'elle tombait à l'intérieur… mais rien de direct. Or, pour être sûr que derrière ces signes visibles se cachent bel et bien des trous noirs, il n'y a qu'un moyen : il faut parvenir à capter directement les vibrations que ces monstres produisent dans l'espace-temps. Ainsi, ce que cherchent les scientifiques de Virgo, c'est assister à l'effondrement d'une étoile massive en un trou noir ou, mieux, suivre la collision de deux trous noirs.

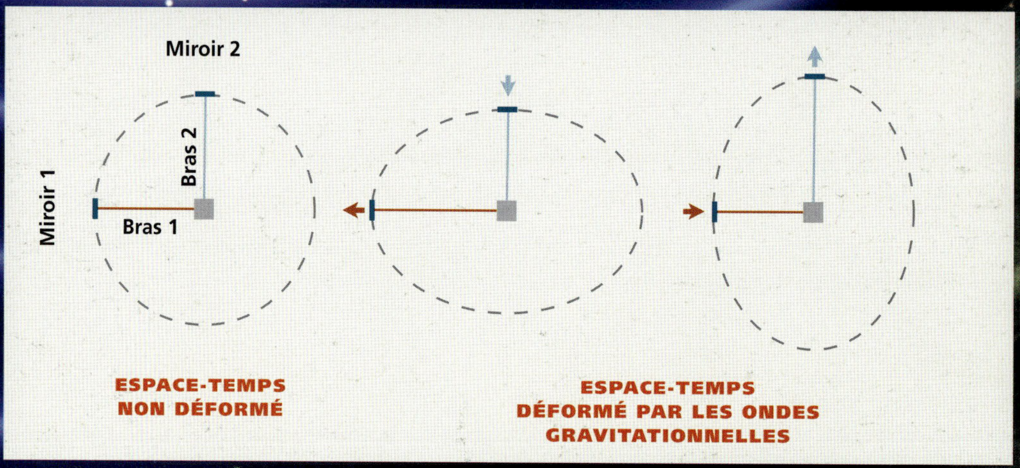

Les physiciens rêvent d'assister à l'effondrement d'une étoile en trou noir

LA PREUVE PAR LES ONDES GRAVITATIONNELLES
Quand deux trous noirs tournent très vite l'un autour de l'autre, juste avant de fusionner, ils déforment l'espace-temps et émettent des ondes gravitationnelles. En parvenant au détecteur Virgo, ces ondes font vibrer ses deux grands bras orthogonaux : l'un se contracte pendant que l'autre s'allonge, et vice versa. Pour évaluer cette déformation, les physiciens envoient deux faisceaux laser (rouge et bleu) dans les bras et mesurent alors leur temps de trajet.

LE CHANT DES TROUS NOIRS

Cette simulation de la collision de deux trous noirs a été réalisée par les scientifiques de l'Institut Max Planck, à Potsdam (Allemagne). Il s'agit de trous noirs environ dix fois plus massifs que le Soleil (leurs horizons sont matérialisés par les deux disques noirs), qui se sont formés à la suite de l'effondrement d'un couple d'étoiles. Pour la première fois, les physiciens ont réussi à reconstituer presque entièrement l'ultime tour des deux monstres, qui ne dure qu'un centième de seconde, avant leur fusion finale en un seul trou noir plus massif encore. À mesure qu'ils se rapprochent, ils émettent de plus en plus d'ondes gravitationnelles (représentées par les couleurs vives), qui sont des vibrations de l'espace-temps, dont la fréquence correspond à celles d'ondes sonores. L'objectif des physiciens est maintenant de parvenir à simuler plusieurs rotations avant la fusion complète des deux « ogres ».

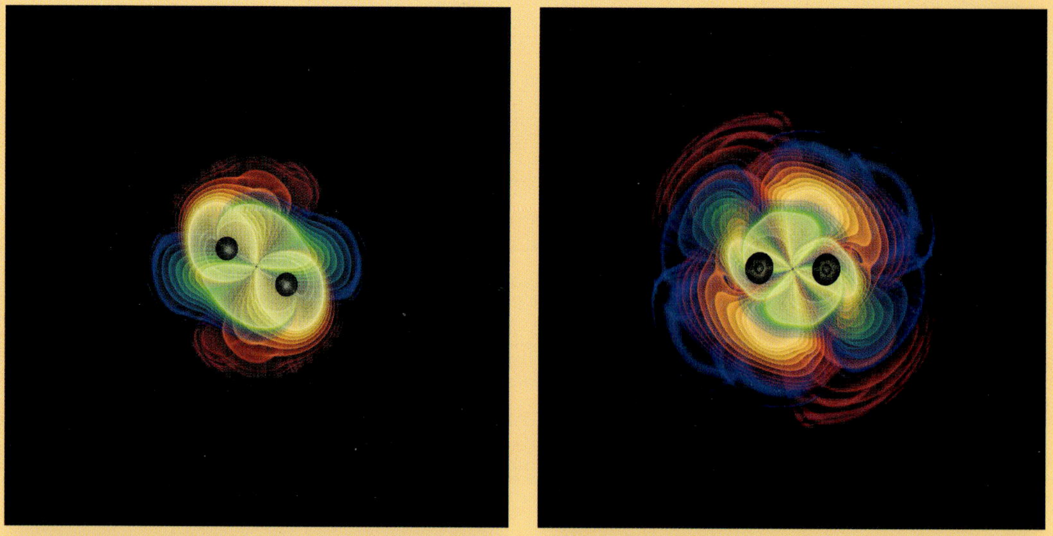

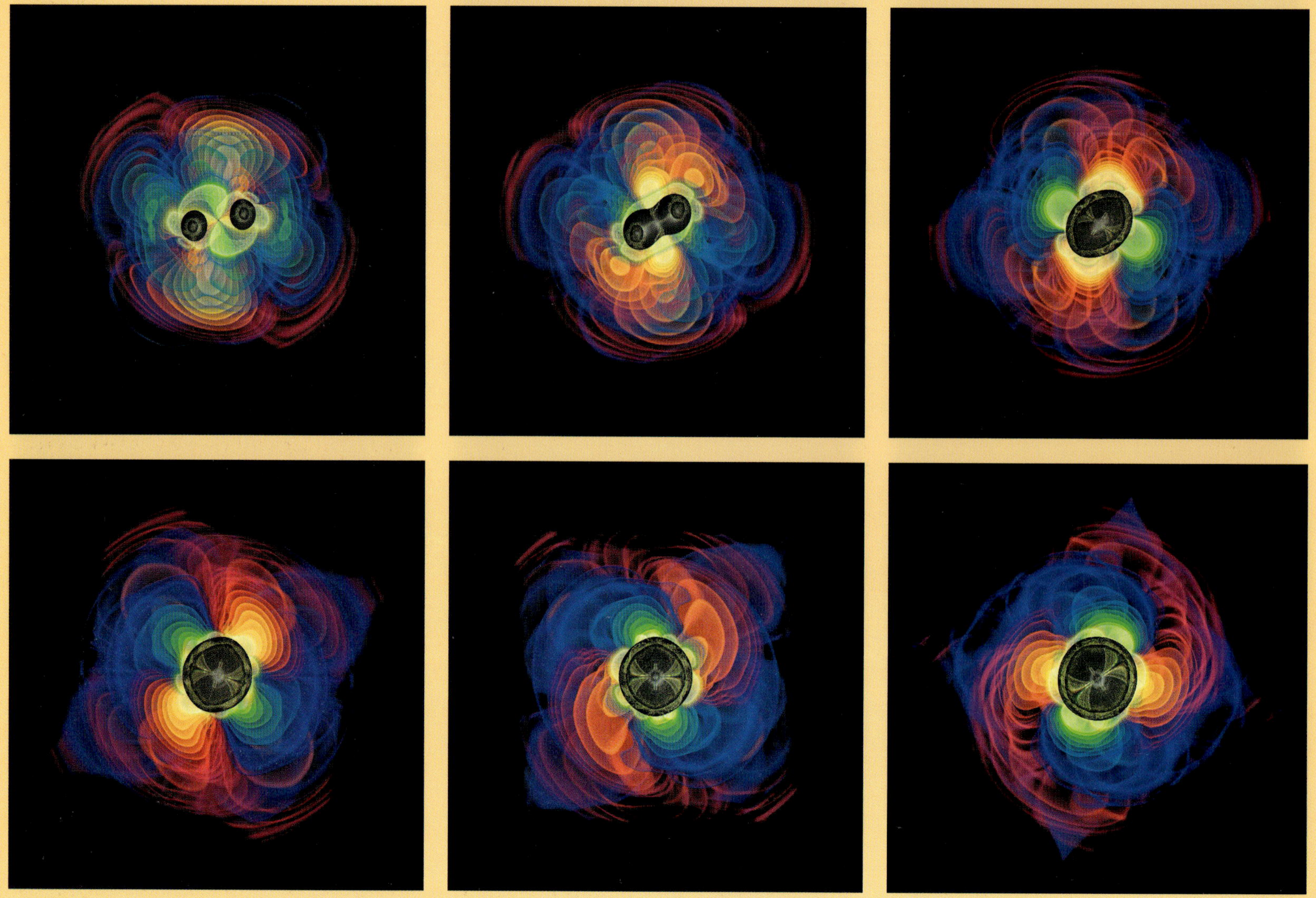

Simuler des ondes gravitationnelles, tel est le véritable défi

UNE ÉCLATANTE CONFIRMATION ?

De fait, c'est au cours de tels événements cataclysmiques que les trous noirs, en raison de leur extrême compacité, remuent l'espace-temps au point d'engendrer ce que les physiciens appellent des ondes gravitationnelles, qui ne sont rien de moins que des vibrations de l'espace-temps. C'est ce que prévoit la théorie de la relativité générale, élaborée en 1916 par Einstein. Détecter pour la première fois ces ondes gravitationnelles permettrait donc non seulement d'affirmer l'existence des trous noirs, mais aussi d'obtenir la plus belle confirmation de cette théorie qui règne sur la physique depuis près de quatre-vingt-dix ans.

La tâche est toutefois des plus ardues. D'abord, il faut savoir quelle est la forme exacte des ondes gravitationnelles émises, par exemple, lors de la fusion de deux trous noirs. C'est là qu'interviennent les chercheurs du réseau Sources d'ondes gravitationnelles, armés de leurs supercalculateurs. Sous la houlette de l'Institut Max Planck, basé à Potsdam, en Allemagne, une centaine de physiciens répartis sur dix centres de recherche européens crayonnent des pages d'équations, conçoivent des algorithmes, puis réalisent des simulations informatiques de collisions de trous noirs. Éric Gourgoulhon, de l'Observatoire de Paris-Meudon, est l'un de ces spécialistes de la « relativité numérique » : « Simuler les ondes gravitationnelles résultant de la fusion de deux trous noirs est extrêmement complexe. C'est à la limite de ce que l'on sait faire aujourd'hui. Car il ne suffit pas de mettre les équations dans l'ordinateur et de faire tourner la machine : il faut d'abord réfléchir au choix de ces équations, puis déterminer la méthode numérique à employer pour les résoudre. Alors, seulement, on peut faire tourner les ordinateurs. » Pour l'instant, les physiciens n'ont pas encore réussi à simuler entièrement une « coalescence » (une fusion complète de deux trous noirs). Ils espèrent cependant y parvenir avant que Virgo ne soit opérationnel, cette étape de simulation s'avérant en effet indispensable pour pouvoir interpréter les résultats qu'enregistrera le détecteur franco-italien.

Pendant ce temps, à Cascina, les scientifiques de Virgo finalisent l'installation du détecteur, ou plus exactement, de l'interféromètre. Son principe est simple : lorsqu'une onde gravitationnelle passe à travers ses deux grands bras perpendiculaires, elle les fait vibrer de concert. L'un s'allonge pendant que l'autre se contracte, et vice versa, au rythme de l'onde. Voir ce mouvement à l'œil nu est évidemment impossible : si le choc de deux trous noirs dans l'Univers est un événement titanesque, les échos gravitationnels qui nous en parviennent sont, eux, infimes. Bien que les bras de Virgo mesurent 3 km de long, l'amplitude de leur déformation sera ainsi bien inférieure à la taille d'un atome !

Patrice Hello
PHYSICIEN
À L'UNIVERSITÉ D'ORSAY.

« Avec Virgo, on pourra réellement dire : "J'écoute des trous noirs". »

Éric Gourgoulhon
PHYSICIEN À L'OBSERVATOIRE
DE PARIS-MEUDON.

« Simuler la fusion de deux trous noirs est à la limite de ce que l'on sait faire aujourd'hui. »

Comment mesurer d'aussi minuscules variations de longueur ? Les scientifiques ont trouvé l'astuce : dans chacun des bras de Virgo, ils vont envoyer un faisceau laser, puis mesurer le temps que l'un et l'autre mettent pour revenir. Tant que les deux faisceaux reviendront exactement en même temps, c'est qu'aucune onde gravitationnelle ne sera venue modifier leur chemin ; mais qu'ils se décalent légèrement à tour de rôle, alors les physiciens tiendront peut-être le témoignage des dernières minutes de la vie de deux trous noirs, juste avant qu'ils ne fusionnent pour en former un autre, plus massif encore. « On pourra réellement dire : "J'écoute des trous noirs", s'enthousiasme Patrice Hello, car la fréquence des ondes gravitationnelles correspond à celle des ondes sonores. Si l'on branche un micro à la sortie de l'interféromètre, on entendra une sorte de sonorité de harpe en continu, puis émergera un duo de barytons qui montera en intensité et en fréquence jusqu'à ce qu'il s'arrête soudainement : les deux trous noirs auront fusionné ! »

LE PLUS GRAND VIDE JAMAIS CRÉÉ

Pour être certains qu'ils enregistrent bien la coalescence de deux trous noirs, et pas le claquement d'une portière sur le parking du laboratoire, les physiciens ont pris toutes les précautions. De fait, « une légère secousse tellurique, ou un simple camion qui passerait à 10 km de l'installation pourrait tout faire échouer », prévient Patrice Hello. Toute l'optique de Virgo, et notamment les miroirs, qui servent à diriger et réfléchir les faisceaux laser, est ainsi suspendue à des atténuateurs sismiques d'une dizaine de mètres de haut, qui amortissent la moindre petite secousse extérieure à l'aide d'un système de ressorts à lamelles. En outre, à l'intérieur des deux longs bras de 3 km de long, c'est le vide le plus poussé que l'on puisse trouver sur Terre qui régnera. Un vide plus grand que celui de l'espace intersidéral, obtenu grâce à un système perfectionné de pompes à vide, de sorte que le trajet des rayons laser soit le moins perturbé possible. Quant aux miroirs eux-mêmes, ils sont, pour leur taille (35 cm de diamètre) « les plus parfaits qui exis-

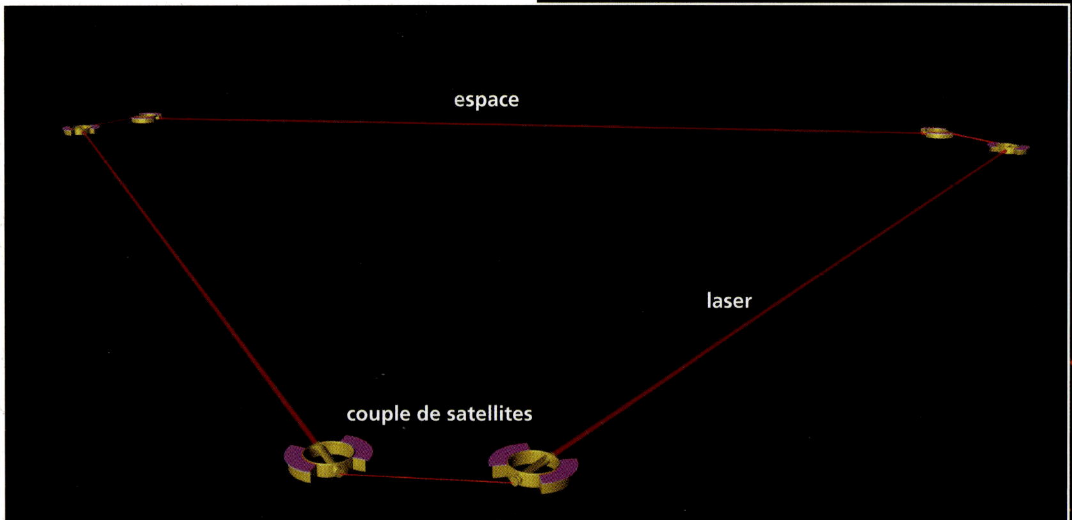

LISA, LE FUTUR CHASSEUR SPATIAL DE TROUS NOIRS
Pour détecter les trous noirs supermassifs, Américains et Européens comptent envoyer en orbite un système de trois couples de satellites distants de cinq millions de kilomètres et reliés par des lasers, appelé Lisa.

tent », assure Patrice Hello : construits à l'Institut de physique nucléaire de Lyon, « ils ont dix fois moins de défauts que ceux du VLT [le grand télescope européen installé au Chili, Ndlr]. Cette perfection est indispensable pour garantir le niveau de précision dont nous avons besoin. Avec Virgo, nous avons poussé la technologie actuelle dans ses derniers retranchements ».

Reste que le pilotage d'un tel instrument sera extrêmement délicat, tout comme l'interprétation de ses résultats. Lorsqu'ils enregistreront un signal suspect, les physiciens se garderont d'ailleurs de crier victoire trop tôt. Ils se tourneront d'abord vers leurs collègues américains de l'installation Ligo, qui comprend deux frères jumeaux de Virgo actuellement en phase de tests à Handford (dans l'État de Washington) et Livingston (en Louisiane), pour leur demander s'ils ont, eux aussi, détecté quelque chose au même moment. Si les trois détecteurs livrent le même diagnostic, alors tous les physiciens pourront sabler le champagne. Un champagne qui aura sans doute un parfum de prix Nobel... « Si nous détectons des ondes gravitationnelles, ce sera vraiment un grand moment, explique Patrice Hello. Car notre but, à plus long terme, est de faire réellement de l'astronomie avec les ondes gravitationnelles. Nous voulons parvenir à regarder le ciel à travers ces nouveaux messagers, comme on l'a déjà fait à travers d'autres messagers, tels que la lumière visible ou les ondes radio. » Grâce aux ondes gravitationnelles, les physiciens espèrent donc assister à des collisions de trous noirs jusque dans d'autres galaxies, mais aussi à toutes sortes d'autres phénomènes, à commencer par des collisions d'étoiles à neutrons, des astres très denses qui, en fusionnant, forment des trous noirs, ou encore l'explosion d'étoiles très massives, des supernovae.

EN SAVOIR PLUS

« Les trous noirs en questions » : un dossier complet de Science & Vie, n° 1013.
« Les trous noirs » : un CD-audio raconté par Jean-Pierre Luminet, dans la collection « De vive voix, Sciences à écouter ».
http://www.mpe-garching.mpg.de/www_ir/GC/prop. html : sur ce site, on peut visionner un film montrant le déplacement des étoiles autour du trou noir central de notre galaxie.
http://jean-luc.aei-pots dam. mpg. de/Movies/: pour visualiser des modélisations de collisions de trous noirs et d'étoiles à neutrons.
http://chandra.harvard.edu/: la page Web du télescope spatial Chandra.
http://www.lal.in2p3.fr/recherche/virgo/: la page française du détecteur de trou noir Virgo.

On assiste peut-être au début d'une « nouvelle astronomie » !

DÉTECTEUR VIRGO
C'est dans les « bras » longs de 3 km du détecteur Virgo, près de Pise, que les physiciens espèrent enfin entendre la collision de trous noirs.

EN ATTENDANT LISA

Ils comptent même parvenir à entendre le lointain écho des tout premiers balbutiements de l'Univers, quand, quelques fractions de seconde après le big bang, il a subit une période d'inflation, durant laquelle il s'est mis à enfler très rapidement. En revanche, pour écouter des collisions de trous noirs supermassifs, comme ceux qui se trouvent au cœur même des galaxies, il faudra attendre le successeur spatial de Ligo et Virgo. D'après le projet conjoint de la Nasa et de l'Esa (l'Agence spatiale européenne), il devrait s'appeler Lisa et s'envoler pour l'espace dans quelques dizaines d'années. Il s'agirait de trois couples de satellites reliés par des faisceaux laser distants de cinq millions de kilomètres. Un défi technique d'une tout autre ampleur encore. Mais le jeu en vaut la chandelle. « Quand on regarde l'histoire de l'astronomie, rappelle Patrice Hello, chaque fois qu'on a pointé un nouvel instrument dans le ciel, on a découvert des objets et des phénomènes auxquels on ne s'attendait pas du tout. » Tel est bien l'objectif de l'astronomie gravitationnelle. Une astronomie dans laquelle les trous noirs deviendront des objets aussi banals que les étoiles le sont aujourd'hui.

Et si des trous noirs étaient créés sur Terre ?

RENDEZ-VOUS PRIS
Le futur grand collisionneur de particules du Cern est en construction. Il devrait entrer en service dès 2005.

Du futur grand collisionneur de particules du Cern pourraient surgir des mini trous noirs. Inquiétant ? Pas pour les physiciens, qui n'excluent pas qu'un tel événement se produise… à condition toutefois que notre univers recèle des dimensions supplémentaires.

PAR AZAR KHALATBARI

À l'annonce des performances du futur grand collisionneur à hadrons (LHC), les riverains du laboratoire européen pour la physique des particules (Cern) ont peut-être craint le pire. Mis en service dès 2005, le LHC délivrera à terme une puissance de 10 TeV (1 Tev = 10^{12} électronvolts) ; un chiffre astronomique qui devrait conduire les particules exposées à un tel traitement à adopter des comportements pour le moins bizarres.

L'angoissante question est la suivante : à ce niveau d'énergie, deux particules pourraient-elles, irrésistiblement attirées par la force de gravité, s'effondrer l'une sur l'autre, pour ne constituer qu'un seul amas extrêmement compact, autrement dit un trou noir, petit certes, mais néanmoins inquiétant ? Pourrait-il avaler l'accélérateur, la ville la plus proche et finalement la Terre entière ? Le terrible frisson ne résiste pas à un petit cours de physique…

Dans la « recette » du trou noir, il n'y a que la force de la gravité qui compte : en théorie, elle pourrait effectivement rapprocher deux particules jusqu'à l'extrême, jusqu'au trou noir. Mais en théorie seulement, car cela n'est possible qu'en plaçant ces particules dans un bain d'énergie infiniment plus intense, digne de celui qui régnait aux tout premiers moments de l'Univers : de l'ordre de 10^{15} TeV ! Au cours de ces premières fractions de seconde, toutes les forces de l'Univers n'en faisaient qu'une, force de gravité comprise. Mais depuis, le cosmos s'est refroidi, et l'emprise de l'attraction gravitationnelle sur les petites masses et les petites distances est devenue ridiculement faible. Elle est désormais bien incapable d'initier le moindre rapprochement entre les particules qui composent les noyaux des atomes, par exemple. Épaulée par les 10 TeV de l'accélérateur, elle reprendra bien un peu du poil de la bête, mais certainement pas au point d'émouvoir l'interaction forte, force qui assure la cohésion interne des noyaux. Nous voilà donc à l'abri de ce genre de bizarrerie. « Du moins dans le cadre d'une physique orthodoxe », précise Aurélien Barrau, de l'Institut des sciences nucléaires de Grenoble. Faut-il comprendre que de nouvelles théories moins « orthodoxes » rendent possible l'apparition de trous noirs sur Terre ?

Le chercheur nous explique : « Depuis quelques années, de nouvelles conceptions prônant une géométrie curieuse de l'Univers sont apparues. Dans le cadre, nos microscopiques trous noirs pourraient effectivement peut-être exister dans l'anneau du LHC. » Indispensables pour venir à bout des problèmes de la physique théorique et de la cosmologie, ces

PHYSIQUE DES PARTICULES
Le laboratoire européen pour la physique des particules (Cern) est installé à la frontière franco-suisse, près de Genève. Chaque année, Il accueille plus de 6 000 physiciens venus du monde entier pour y mener leurs travaux.

nouvelles idées font fi des quatre dimensions qui nous sont familières : les trois de l'espace et celle du temps n'y suffisent plus. L'Univers aurait des dimensions supplémentaires, pas moins de sept, que l'on ne peut pas appréhender, car elles sont très petites et enroulées sur elles-mêmes, à l'image d'une minuscule boucle de fil sorti de la trame d'un tissu (considéré comme un objet à deux dimensions par l'homme, le tissu offre effectivement une dimension supplémentaire à la fourmi capable de parcourir le fil qui dépasse). Or, dans le cadre de ces modèles à onze dimensions (les quatre habituelles, plus sept), l'énergie nécessaire pour que la gravité l'emporte sur la force de cohésion du noyau serait bien plus faible. Dans quelles proportions ? « Cela dépend de la "taille" de ces hypothétiques dimensions supplémentaires : plus elles sont grosses et plus facilement il sera possible d'atteindre l'énergie nécessaire à la formation d'un trou noir ».

PEUT-ÊTRE À PARTIR DE 2005

Autrement dit, il faut savoir si le fil qui dépasse à l'épaisseur d'un cheveu ou celle d'une corde… Un cheveu ? les trous noirs ne se formeraient qu'à très haute énergie. Une corde ? Pas besoin de monter beaucoup en énergie pour qu'ils voient le jour. « Si, dans cet univers particulier, l'énergie n'a jamais excédé 1 TeV, cela voudrait dire qu'à 1 TeV, la gravité devient comparable à la force Forte. Alors le LHC pourrait se comporter en pouponnières de mini trous noirs », renchérit le chercheur de Grenoble. Faut-il s'en inquiéter ? Toujours pas. Car au rayon des risques potentiels, les théoriciens ont tout prévu. Ces minuscules diablotins ne pourront pas nous engloutir : « Leur diamètre serait très petit – de l'ordre de 10^{-18} m – et ils devraient s'évaporer en 10^{-27} s ». Car, tout comme leurs homonymes qui siègent au ciel, ces trous noirs microscopiques se désagrègent au cours du temps, mais bien plus rapidement en raison de leur petitesse, selon un processus quantique décrit par le célèbre physicien britannique Stephen Hawking. En théorie donc, car pour l'instant pas un de ces petits monstres ne s'est manifesté. Mais les physiciens gardent espoir car la chasse n'a pas vraiment commencé : à partir de 2005, le LHC offrira les 10 TeV de son anneau en pâture à ces curieux lilliputiens. Alors, peut-être, des micro-trous noirs de laboratoire réussiront une percée fugace. Minuscules, pacifiques, mais sûrement pas insignifiants : ils nous apporteraient la preuve de l'existence de dimensions cachées dans l'Univers. Et de nouvelles dimensions pas si petites que cela.

RETOUR SUR IMAGE

« La machine à big bang pourrait détruire la Terre » C'est sous ce titre tonitruant que The Sunday Times a salué la mise en chantier du nouvel accélérateur du Laboratoire national de Brookhaven (BNL, États-Unis) dans son édition du 18 juillet 1999. Selon l'hebdomadaire britannique, le risque qu'une collision d'ions lourds engendre un mini trou noir capable d'aspirer la Terre ne pouvait être considéré comme nul. Le directeur du BNL eut beau apporter le démenti le plus formel, l'émoi provoqué par cette manchette fut, lui, bel et bien planétaire.

Gravité

Sa mesure cache-t-elle une erreur théorique ?

Connue depuis Newton, la constante de gravitation universelle échappe pourtant toujours aux tentatives de la mesurer avec précision ! Un vice expérimental... ou la clé d'une nouvelle théorie ?

PAR CÉCILE BONNEAU

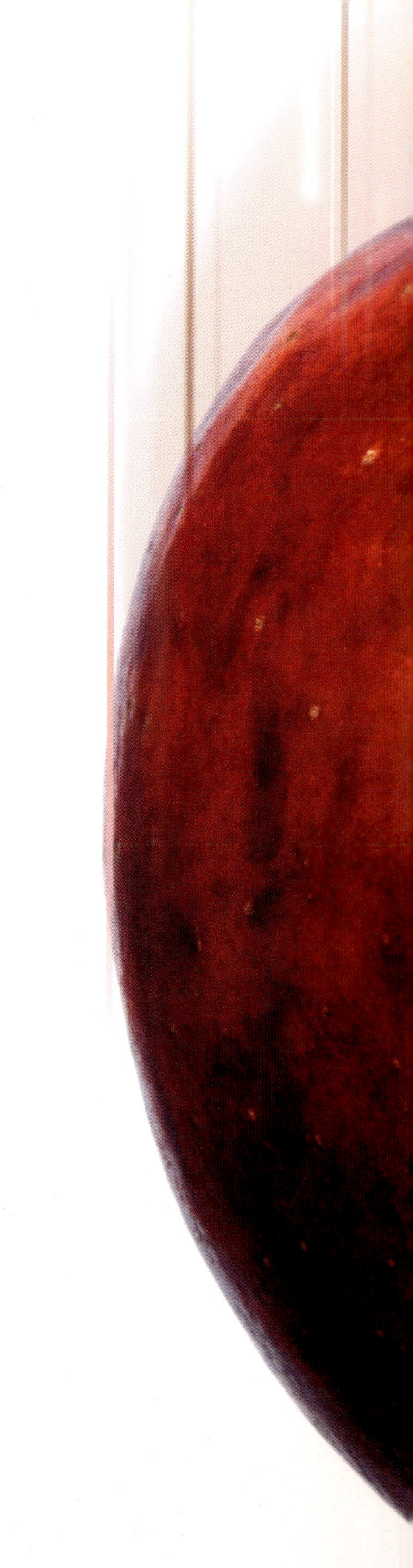

Si la loi de la gravitation régit le mouvement des planètes depuis que le système solaire existe, elle donne, aujourd'hui, le tournis aux chercheurs ! Pourtant, cela fait plus de trois siècles que Newton, en 1687, comprit que l'attraction exercée par la Terre sur une pomme relève du même phénomène que le mouvement des planètes. Oui, mais la constante de la gravitation, dite « G » (prononcer grand G), n'en continue pas moins de défier les scientifiques : en ce début du troisième millénaire, sa mesure précise leur échappe toujours, alors même qu'elle s'utilise dans tous les calculs des astrophysiciens !

Concrètement, G intervient dans la loi de l'attraction universelle (ou de la gravitation), qui stipule que la force d'attraction exercée par un corps sur un autre est égale au produit de leurs masses, divisé par la distance qui les sépare au carré, le tout multiplié par G (lire encadré « Que dit la loi ? »). À l'époque de Newton, G était une constante inconnue et ce n'est qu'un siècle plus tard que sa mesure sera effectuée... assez grossièrement. Depuis, les expériences se sont multipliées et affinées. Or, un certain flou demeure : la capricieuse G n'est toujours connue qu'avec un degré d'imprécision très étonnant pour une constante de son âge et de son importance : à 0,015 % près ! Par comparaison, les autres constantes de la physique affichent une incertitude relative de seulement quelques millionièmes pour cent pour la constante de Planck ou la charge de l'électron (lire « Les constantes fondamentales », p. 29) et même une exactitude parfaite pour la vitesse de la lumière. Pourquoi G fait-elle aussi mauvaise figure dans ce tableau ? C'est toute la question.

UNE EXPÉRIENCE TRÈS DÉLICATE

Pour beaucoup, la réponse serait d'ordre technique. Il faut, en effet, savoir que la force d'attraction entre deux objets étant extrêmement faible par rapport au poids desdits objets, elle est particulièrement délicate à mesurer. Pour se faire une idée, deux sphères d'un kilogramme en acier qui se touchent s'attirent avec une force de $1{,}7 \times 10^{-8}$ newton, ce qui équivaut au poids d'un cheveu d'une longueur de 0,2 millimètre. Historiquement, le premier à avoir donné une mesure de G fut le physicien et chimiste anglais Henry Cavendish qui, en 1798, y parvint, alors qu'il cherchait à « peser la Terre », un défi majeur à une époque où l'on ne connaissait rien de l'intérieur de la planète. Son dispositif expérimental reste un modèle d'ingéniosité : baptisé « pendule de torsion » (voir infographie p. 28), il s'agit d'un appareil constitué d'une tige horizontale (le fléau), à laquelle sont suspendues deux petites masses sphériques. Le prin-

CONTEXTE

Unifier les 4 forces fondamentales (gravitation, électromagnétisme, interaction forte et faible) est le grand rêve des physiciens. Mais comment imaginer que la gravité, force si faible que la masse de la Terre ne suffit pas à retenir une épingle devant un aimant, puisse s'apparenter à la force électromagnétique ? C'est peut-être la mesure de la constante de gravitation (G) qui en donnerait une clé. Car si elle est toujours déterminée avec une imprécision record, certains chercheurs espèrent prouver, grâce à des mesures plus précises, que G diffère en plusieurs points du globe ! Ceci pourrait alors montrer qu'une interaction entre le champ magnétique terrestre (variable) et la gravitation se produit bel et bien, ce qui contribuerait à une première justification de théories unificatrices, pour l'instant « exotiques », comme la très en vogue théorie des cordes.

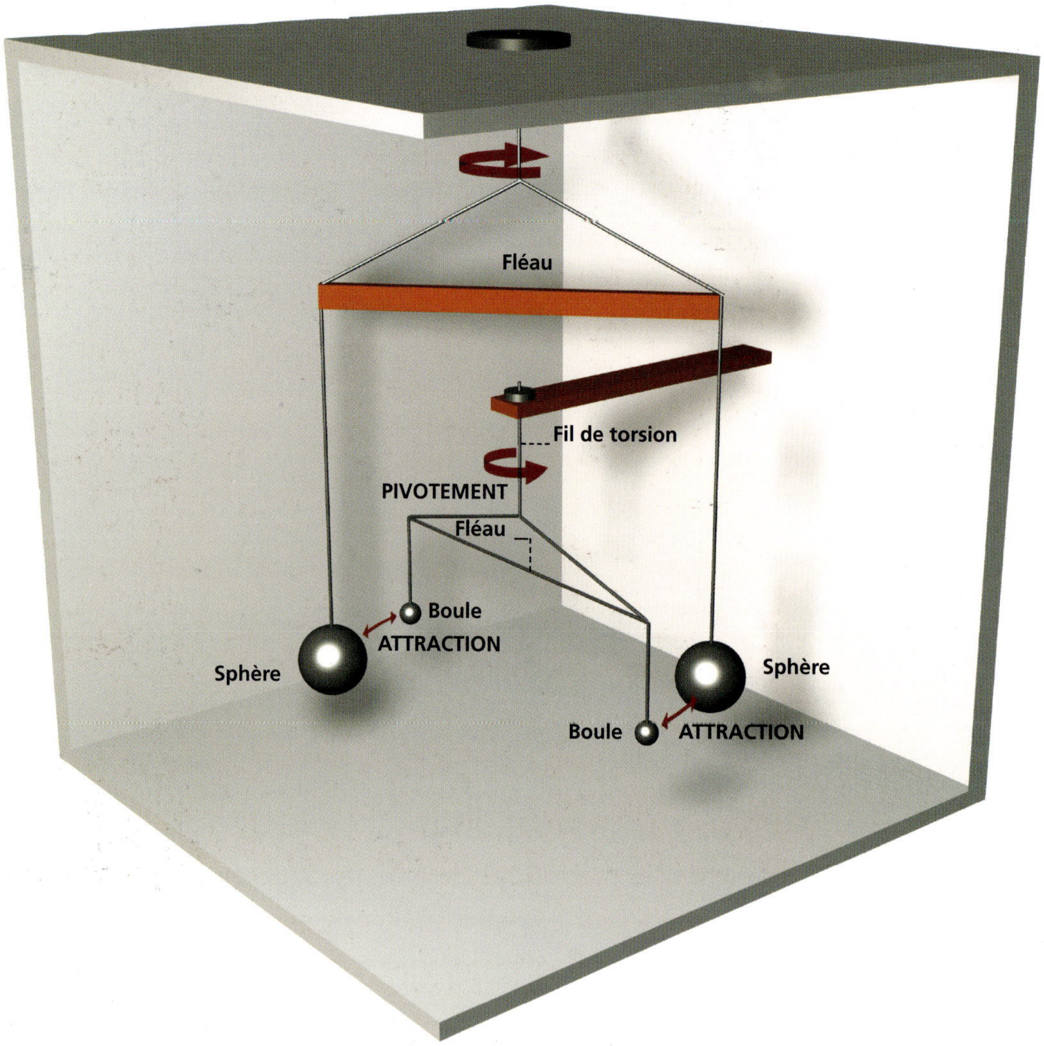

LE PENDULE DE TORSION MESURE G DEPUIS TROIS SIÈCLES

Imaginé, en 1798, par Cavendish, cet appareil implique deux boules suspendues aux extrémités d'un fléau, lui-même attaché par un fil de torsion. Or, elles sont attirées quand on approche deux sphères. De l'angle dont a pivoté le pendule se déduit alors l'attraction exercée.

cipe est simplissime : on approche sur le côté de ces petites masses d'essai de 730 g deux grosses masses de 158 kg qui, par attraction, font pivoter légèrement le pendule. En mesurant l'angle dont pivote le pendule, on peut en déduire la force d'attraction exercée. Reste à faire le rapport du poids d'une masse d'essai sur la force d'attraction exercée par la grosse masse pour obtenir la masse de la Terre. Ce qui revient à déterminer G, puisqu'elle est la seule inconnue de l'équation. En pratique, le dispositif doit, toutefois, être le plus précis possible pour ne pas fausser la mesure. Au XVIIIe siècle, Cavendish ne put ainsi faire mieux que d'isoler son pendule dans un coffret en bois, avec deux petits trous laissant passer un rayon lumineux afin de définir précisément l'angle. Le tout étant très solidement fixé aux murs d'une cave. Depuis, les techniques se sont largement sophistiquées, mais ce principe de balance à torsion reste toujours le plus utilisé. C'est d'ailleurs grâce à lui qu'en 1986, le Codata (Commitee on Data for Science and Technology), organisme qui établit les valeurs officielles des grandeurs scientifiques, choisit pour G une valeur mesurée à l'université de Virginie, que la communauté scientifique adopta. À savoir G = (6, 67259 ± 0,00085) x 10^{-11} $m^3.kg^{-1}.s^{-2}$. Mais d'autres mesu-

QUE DIT LA LOI ?

La loi de la gravitation universelle stipule que toutes les masses s'attirent, selon une force d'attraction qui s'écrit $F = G\,(m_1 m_2/r^2)$ où G est la constante de gravitation, m_1 et m_2 la masse des deux objets et r la distance entre les deux masses. L'énorme masse qu'est la Terre impose donc une force d'attraction sur tout corps ou pesanteur qui s'exprime en F = mg, où m est la masse du corps et g l'accélération de la pesanteur où g = 9,81 m. s^{-1}. Avec $g = G\,(Mt/Rt^2)$, où Mt et Rt sont la masse et le rayon terrestre.

En trois ans, trois nouvelles mesures de G ont donné des résultats contradictoires

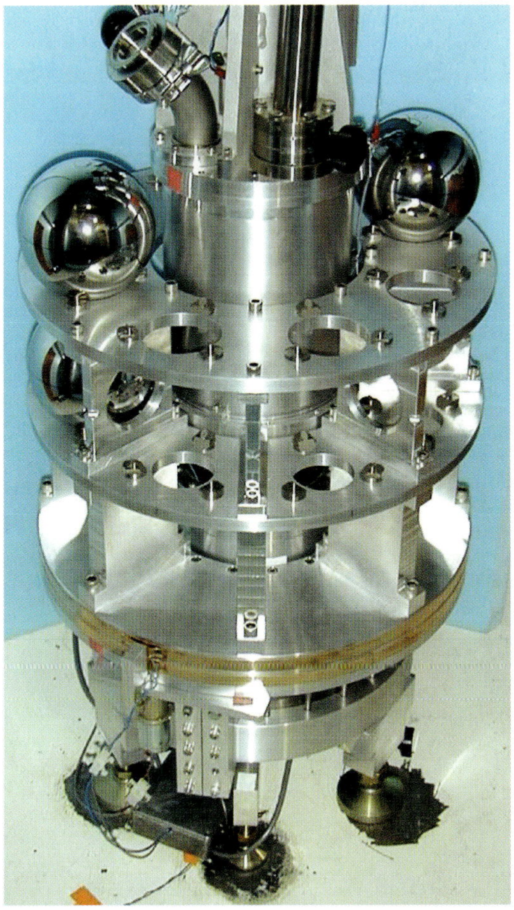

LES CONSTANTES FONDAMENTALES

Les constantes sont des quantités invariables intervenant dans des équations ou dans des lois de la physique. Il existe six constantes fondamentales de la physique, trois étant déterminées avec exactitude, et trois avec une incertitude relative : de l'ordre de 10^{-8} pour deux d'entre elles, mais de $1{,}5 \times 10^{-3}$ pour la gravité !

- Constante de gravitation universelle
  $G = (6{,}673 \pm 0{,}010) \times 10^{-11}\ m^3.kg^{-1}.s^{-2}$
  incertitude relative : $1{,}5.10^{-3}$
- Vitesse de la lumière
  $c = 299792458\ m.\ s^{-1}$
  exacte
- Constante de Planck
  $h = (6{,}62606876 \pm 0{,}00000052) \times 10^{-34}\ J.\ s^{-1}$
  incertitude relative : $7{,}8.10^{-8}$
- Perméabilité du vide
  $\mu_0 = 4\pi 10^{-7}\ H.m^{-1}$
  exacte
- Permittivité du vide
  $\Sigma_0 = 8{,}854187817.10^{-12} F.m^{-1}$
  exacte
- Charge élémentaire
  $e = (1{,}602176462 \pm 0{,}000000063) \times 10^{-19}\ C$
  incertitude relative : $3{,}9.10^{-8}$

L'EXPÉRIENCE DE SEATTLE

En 2000, l'expérience de Seattle a donné une nouvelle mesure de G grâce à un système reprenant le principe du fil de torsion, mais avec un axe de pivotement pour conserver l'élasticité du fil (en haut, à gauche).

L'EXPÉRIENCE DE ZURICH

En 2002, une expérience menée, cette fois, à Zurich a donné une autre mesure de G. Son principe ? Une très sophistiquée balance à fléau impliquant des masses et… 13 tonnes de mercure ! (en bas, à gauche).

L'EXPÉRIENCE DE SÈVRES

Toujours en 2002, une expérience conduite à Sèvres a abouti à une valeur légèrement différente de G ! Deux méthodes de mesure étaient, ici, employées pour limiter l'incertitude (ci-dessus).

ON TENAIT À VOUS DIRE

La folle course à la détermination de G qui se déroule, aujourd'hui, est un exemple étonnant de la science qui se construit en laboratoire. De fait, l'expérimentation est ici au service d'une théorie plus que tricentenaire. D'expérience en expérience, d'ingéniosité en astuce, les résultats se font de plus en plus fins et précis. Pourtant, ils divergent encore considérablement. D'où la tentation d'y voir un indice d'une lacune théorique. Mieux, ces innocentes et classiques expériences pourraient in fine justifier une théorie franchement « exotique » : celle qui considère l'existence d'un univers parallèle ! Les théories des dimensions cachées de l'Univers, comme la théorie des cordes (qui cherche à unifier la mécanique quantique et la relativité générale), qui attendent une preuve, un indice expérimental, pourraient trouver là une première justification. En effet, elles restent, pour lors, phantasme de théoricien, car il est encore impossible à l'expérimentateur d'observer les dimensions cachées extrêmement petites. L'espoir principal d'y parvenir réside dans le grand collisionneur de hadrons (LHC), gigantesque accélérateur de particules à interactions fortes, en cours de construction au Cern de Genève. Les expériences qui y seront conduites pourraient révéler des phénomènes commandés par la nature quantique de la gravitation à petite distance. Et si la simple preuve que G n'est pas si constante qu'on l'a cru depuis Newton constituait un premier pas ?

Marc Lachièze-Rey
ASTROPHYSICIEN AU SERVICE D'ASTROPHYSIQUE DU CEA (COMMISSARIAT À L'ÉNERGIE ATOMIQUE), À SACLAY

« Notre modèle, basé sur une théorie dérivée de celle de Kazula-Klein, montre que G varierait en fonction de la latitude et de la longitude »

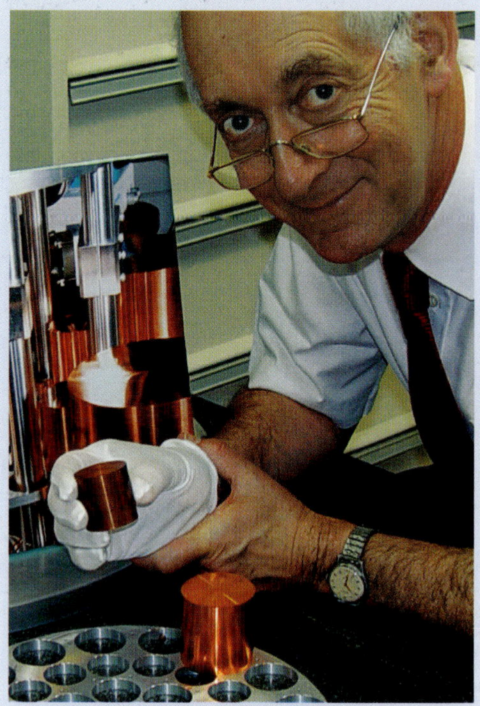

Terry Quinn
DIRECTEUR DU BUREAU INTERNATIONAL DES POIDS ET MESURES (BIPM), À SÈVRES

« Nous sommes sur la bonne voie. Les expérimentations de ces dernières années indiquent que les mesures convergent »

res qui ont été réalisées par la suite donnent des résultats légèrement différents de cette valeur. Le Codata préconise, donc, depuis 1990, d'utiliser pour G l'intervalle compris entre 6,663 et $6{,}683 \times 10^{-11}$. Encore moins précis.

Et l'histoire ne s'arrête pas là. Car en 1995, une publication de l'Institut métrologique allemand sème la panique : elle établit G à 0,6 % de plus que la valeur admise ! Un résultat d'autant plus étonnant que nombre de pistes permettent désormais d'améliorer la précision des mesures. Notamment, grâce aux travaux de Kazuaki Kuroda, de l'Institute for Cosmic Ray Research à Tokyo, sur l'anélasticité du fil de torsion. De fait, on connaissait jusque-là assez mal les propriétés mécaniques du fil de suspension, qui n'est en réalité pas parfaitement élastique lors de la torsion, ce qui peut fausser la mesure ! Or, la valeur allemande s'affranchit du fil de torsion en utilisant des masses flottant sur un bain de mercure. De quoi remettre en cause les valeurs précédentes ayant négligé ce phénomène.

Aujourd'hui, les chercheurs s'accordent toutefois pour dire que l'étonnante mesure des Allemands était probablement erronée. Pour autant, elle eut le mérite de relancer les expérimentations. Lesquelles réservent, aujourd'hui, des surprises.

ÉVITER L'ANÉLASTICITÉ DU FIL

Ces dernières années, trois nouvelles mesures ont, en effet, donné des résultats fort remarquables. La première, réalisée à Seattle, à l'université de Washington, par Jens Gundlach et Stephen Merkowitz en 2000, est particulièrement innovante et soignée. Le pendule utilisé comme masse d'essai n'est plus un couple de deux masses sphériques, mais une plaquette métallique de forme rectangulaire, qui s'affranchit des incertitudes relatives à la répartition de la masse dans une sphère. Autour de ce pendule sont disposées, sur une table tournante, quatre masses sphériques de 8 kg (voir page précédente, photo en haut, à gauche). Lorsqu'on fait pivoter la table, le pendule opère une rotation sur lui-même sous l'effet de l'attraction. Mais pour éviter que le fil ne devienne anélastique en se tordant, il est fixé à un axe, lui aussi pivotant. Un ordinateur ajuste la vitesse de rotation de cet axe pour accompagner celle du fil afin qu'il ne subisse aucune torsion. L'élasticité est donc conservée et il ne reste plus qu'à mesurer l'angle dont il a fallu tourner l'axe. Un système astucieux aboutissant à la mesure la plus précise jamais obtenue : G est déterminée avec une incertitude relative de 13×10^{-6} : $(6{,}674215 \pm 0{,}000092) \times 10^{-11}$, seulement. Mais est-ce la bonne ? La prudence reste de mise.

Car depuis, le BIPM (Bureau international des poids et mesures) de Sèvres a publié, en 2002, les résultats d'une mesure utilisant une autre astuce pour contourner le problème de l'anélasticité du fil de suspension. À la place du fil, l'équipe du Pr Terry Quinn, directeur du BIPM, a, en effet, imaginé utiliser un ruban métallique pour exploiter une propriété étonnante qu'il possède : si sa largeur est supérieure à environ 50 fois l'épaisseur et s'il est chargé aux deux tiers de sa contrainte de rupture, le couple de rappel

Et s'il ne s'agissait que d'un problème expérimental ?

TERRAIN D'EXPÉRIMENTATION
C'est le quasi-alignement de Jupiter (photo), de la Terre et d'un quasar qui a servi de terrain d'expérimentation.

UNE EXPÉRIENCE VIENT CONFORTER L'INTUITION D'EINSTEIN

À quelle vitesse se propage la gravité ? Si Newton supposait qu'elle est instantanée, Einstein envisageait, lui, qu'elle se déplace à la vitesse de la lumière. Mais ni l'un ni l'autre n'avait pu mesurer le phénomène. Or, c'est chose faite depuis le début de l'année. Sergueï Kopeikin, professeur russe d'astronomie à l'université du Missouri-Columbia, dit avoir, pour la première fois, mesuré la vitesse de la gravité. Grâce à une conjoncture céleste exceptionnelle, le 8 septembre dernier, la Terre, Jupiter et un quasar, astre très lumineux d'une galaxie lointaine, se trouvaient presque alignés. Or la théorie dit que le rayon lumineux issu du quasar, en frôlant Jupiter, doit subir, de la part de la planète, une attraction gravitationnelle propre à le dévier légèrement. Et la mesure de ce léger déplacement de permettre, selon Kopeikin, de mesurer la vitesse de propagation de la gravité. Pour réaliser la mesure, un important dispositif expérimental fut mis en place, mobilisant le VLBA (Very Long Baseline Array), un réseau de dix radiotélescopes de 25 mètres de diamètre, répartis dans les Îles Vierge, la mer des Caraïbes et Hawaï, ainsi que le radiotélescope de 100 mètres de diamètre de l'institut Max Planck, en Allemagne. Ce dispositif intercontinental diminua les imprécisions de la mesure. Le résultat ? Début 2003, Sergueï Kopeikin déclarait : « Einstein avait raison. » Il venait d'obtenir une valeur égale à la vitesse de la lumière… avec une marge d'erreur de 20 %. Mais l'expérience est controversée. D'abord, certains chercheurs nient que ce soit là la toute première mesure du phénomène, comme le prétend Kopeikin. Pour d'autres, elle est simplement fausse. Kopeikin aurait négligé certains effets gravitationnels de Jupiter. Il n'aurait simplement mesuré que la vitesse de la lumière ! Mais tous semblent s'accorder sur un point : même si la mesure de la vitesse de propagation de la gravitation n'est pas encore faite, il est plus que probable que l'intuition d'Einstein était juste et qu'elle est égale à la vitesse de la lumière.

est presque indépendant des propriétés mécaniques du matériau. Concrètement, ce ruban soutient un système de quatre masses d'essai cylindriques de 1,2 kg, tandis que quatre cylindres de 12 kg, disposées sur un plateau, tournent autour des masses d'essai, exerçant sur elles leur attraction. La mesure s'effectue alors par deux méthodes. Soit, comme pour l'expérience de Seattle, on empêche la torsion du ruban en faisant tourner son axe et en mesurant ensuite l'angle nécessaire à cet asservissement. Soit on laisse tourner le ruban et on mesure son couple de rappel, qui tend à le remettre dans sa position initiale, d'après sa période d'oscillation. Résultat : G affiche ici $(6,67559 \pm 0,00027) \times 10^{-11}$. Ce qui ne recoupe pas du tout l'intervalle d'incertitude de la mesure de Seattle ! De quoi s'arracher les cheveux.

Surtout qu'une troisième expérience, réalisée à l'université de Zurich par le Pr Schlamminger, a encore compliqué les choses, en 2002. Utilisant une balance à fléau, elle observe la variation de poids entre deux masses d'essai suspendues au fléau lorsque 13 tonnes de mercure sont déplacées de manière à augmenter ou à diminuer la différence de poids entre les deux masses (photo p. 29). Une méthode très différente, déjà utilisée au XIXe siècle, mais qui, pour la première fois, donne une très petite incertitude. De fait, le résultat donne : $(6,67404 \pm 0,00021) \times 10^{-11}$, ce qui entre dans l'intervalle de confiance de la mesure de Seattle, à la différence de la mesure réalisée au BIPM. Dans cette course à la précision, chaque nouvelle donnée est anxieusement attendue par les spécialistes. Selon Terry Quinn, la compatibilité des résultats de Seattle et de Zurich, pourtant issus de méthodes différentes, leur confère une grande fiabilité. Elles semblent, du coup, indiquer qu'une erreur systématique a dû se glisser dans sa propre expérience de Sèvres. Les petites différences montrent cependant qu'il reste du travail à accomplir. Pour Terry Quinn, l'enjeu consiste à réévaluer correctement les incertitudes expérimentales et gagner en précision, pour parvenir à une valeur consensuelle. Même si la précision de G n'équivaudra jamais à celle de la vitesse de la lumière. À moins que le casse-tête de G ne recèle une tout autre explication : ces imprécisions ne pourraient-elles provenir d'une erreur « théorique » et non expérimentale ?

LA PREMIÈRE CONFIRMATION DE LA THÉORIE DES CORDES ?

Inconcevable, direz-vous, étant donné que la loi de la gravitation est établie et vérifiée depuis plus de trois siècles ! C'est pourtant l'hypothèse de physiciens, tel Marc Lachièze-Rey, astrophysicien au CEA (Commissariat à l'énergie atomique) à Saclay (1), pour qui G est… inconstante : sa valeur varierait en fonction de la longitude et de la latitude ! Voilà qui expliquerait les différences observées entre des valeurs mesurées à Seattle, Zurich et Paris. Car G subirait une influence du champ magnétique terrestre. Jugée par certains farfelue, cette hypothèse se base sur la théorie de Kaluza-Klein, selon laquelle il existe un couplage entre la gravitation et l'électromagnétisme. Une théorie dont l'ambition est d'unifier ces deux forces si différentes (notamment en intensité, la gravité étant si ténue), mais qui ne peut se baser sur aucun fait expérimental : elle sous-tend, en effet, l'existence d'une quatrième dimension spatiale, perceptible à très petite échelle (lire Science & Vie n° 1018, p. 42) dans laquelle se produirait le couplage, indécelable dans notre espace à trois dimensions. De la physique fondamentale de haut niveau !

Pourtant, ces discordances dans les mesures de la valeur de G constitueraient une des premières « preuves » expérimentales au service de la théorie ! De fait, dans un article non encore publié, les astrophysiciens français du CEA, Marc Lachièze-Rey et Jean-Paul Mbelek, montrent que les valeurs expérimentales, obtenues dans plusieurs villes du globe, s'accordent avec leurs prédictions. G est plus grand près des pôles, où le champ magnétique est plus fort, qu'à l'équateur. Ce qui expliquerait que Terry Quinn trouve, à Paris, une valeur de G légèrement supérieure à celle de Zurich et ou à celle de Seattle ! Le moyen de s'en assurer ? Multiplier les expériences et transporter une même expérience en plusieurs endroits de la planète. Reste à convaincre les expérimentateurs d'avoir assez confiance en ces nouvelles théories physiques pour déplacer 13 tonnes de mercure en Antarctique…

(1) Vient de publier *Au-delà de l'espace et du temps : la nou-nouvelle physique*, éd. Le Pommier.

Le vide est plein d'énergie

Si la physique savait que le vide n'est pas inerte, elle vérifie aujourd'hui qu'il s'agit d'un étrange « éther » recélant de formidables fluctuations électromagnétiques. Lesquelles seraient source d'une énergie infinie qui fait déjà rêver pour révolutionner les nanotechnologies ou propulser des engins spatiaux ! Mieux, l'énergie du vide serait cette « force sombre » qui accélère actuellement l'expansion de l'Univers. Et même la théorie pourrait être unifiée par le vide, ce nouveau défi de la science.

PAR HERVÉ POIRIER
ET VALÉRIE GREFFOZ,
AVEC BERTRAND VILLERET

UN VRAI DÉFI SCIENTIFIQUE
Depuis quelques années, les physiciens se penchent sur le vide. Non plus celui d'antan, inerte et impassible, mais un vide dynamique et déchaîné. Malgré leur vertige, beaucoup pensent qu'il sera l'un des éléments clés de la physique du XXIe siècle.

Depuis quatre-vingts ans, on sait que le vide ne l'est pas...

La physique se jette enfin dans le vide

Depuis toujours, le vide embarrasse la physique, qui préfère le considérer comme un milieu inerte, passif... bref, un néant. Or, la théorie quantique le décrit comme un milieu vivant, agité d'incroyables fluctuations électromagnétiques. Lesquelles commencent à livrer leurs secrets. Du coup, le vide ne serait pas un problème, mais au contraire une solution...

PAR HERVÉ POIRIER

Prenez une boule creuse. Enlevez toute matière à l'intérieur de ce volume, protégez-le de tout rayonnement extérieur et baissez la température au zéro absolu pour éviter tout rayonnement de chaleur. L'énergie de la boule est alors minimale. Autrement dit, la boule est vide. Imaginez maintenant ce qui se passe à l'intérieur de cette boule vide. Rien ? Vous pensez que tout y est calme et figé, silencieux, apaisé ? Détrompez-vous ! Abandonnez cette image classique d'un vide impassible. Toute vacuité abrite un maelström ! Une preuve ? Mesurez le champ électromagnétique en tout point à l'intérieur de la boule : eh bien, il fluctue de façon chaotique et spontanée autour de zéro. L'électroencéphalogramme n'est jamais totalement plat. Le vide est vivant. Pourtant, jusqu'à présent, ce milieu a principalement été exploité pour ses qualités inertes. C'est parce que l'on considère qu'il ne s'y passe rien que le vide est dans les emballages, les ampoules ou dans les enceintes de fabrication des circuits intégrés. C'est pour son caractère passif qu'Einstein l'a intégré dans sa théorie. Et c'est au néant que nous nous référons lorsque nous l'invoquons dans nos pensées. Mais depuis quelques années, les choses sont en train de changer.

Les physiciens savent en fait depuis quatre-vingts ans que le vide, ce n'est pas rien : l'existence de ces fluctuations électromagnétiques du vide à l'intérieur de la boule est parfaitement prévue par la théorie quantique, qui décrit le comportement des phénomènes microscopiques. C'est même une conséquence directe d'un des piliers de cette théorie, le fameux principe d'incertitude d'Heisenberg, énoncé en 1925 par le célèbre physicien allemand. Appliqué à une particule, ce principe stipule que la position et la vitesse de celle-ci ne peuvent être précisément et simultanément connues. Et, appliqué au champ électromagnétique dans le vide (1), il interdit d'annuler totalement et simultanément les champs électrique et magnétique. D'où les fluctuations.

Oui, mais un gros problème survient dès que l'on cherche à savoir combien d'énergie électromagnétique est contenue dans notre petite boule vide, une question bien naturelle pour un physicien. Pour cela, il faut décomposer l'électroencéphalogramme du champ en une somme infinie de vibrations régulières aux longueurs d'onde de plus en plus petites, l'énergie totale s'obtenant en ajoutant les énergies de chacune de ces pulsations de base (méthode de calcul traditionnelle appelée « décomposition en série de Fourier »).

LA VIE DU VIDE
Cette boule vide représente l'un des problèmes théoriques les plus complexes jamais posés à la physique : ce petit espace à l'énergie minimale contient-il vraiment une énergie infinie ?

UNE IMPASSE ARITHMÉTIQUE...

Or, en vertu des lois quantiques, plus ces vibrations régulières ont une petite longueur d'onde, plus leur énergie est grande. L'impasse arithmétique est alors inévitable : alors qu'elle est censée, par principe, contenir une énergie minimale, la boule contient, d'après le calcul, une énergie infinie ! Peut-on imaginer plus grand paradoxe ?

Les physiciens ont bien une méthode pour supprimer cet impensable infini. Une méthode radicale : sachant que les lois quantiques ne sont plus valables en dessous d'une certaine longueur, environ dix millionièmes de milliardième de milliardième de milliardième de centimètre (2), ils éliminent dans la décomposition du champ toutes les vibrations aux longueurs d'onde inférieures à ce seuil, réduisant, de ce fait, la somme infinie à une somme finie. Mais même ainsi, leur problème n'est pas résolu pour autant : les calculs montrent que l'introduction de ce seuil laisse encore au vide une énergie colossale : de l'ordre de 10^{94} g/cm^3 !

... DEVENUE UNE RÉALITÉ PHYSIQUE INDÉNIABLE

Notre petite boule vide contiendrait alors beaucoup plus d'énergie que des milliards de milliards de galaxies réunies... Cela est en totale contradiction avec la théorie de la relativité générale d'Einstein, l'autre grand pilier de la physique théorique, qui stipule que toute énergie manifeste sa présence en courbant la structure de l'espace-temps. Or, il n'y a rien de tel autour de la boule. Tel est le problème de l'énergie du vide. « Du point de vue théorique, c'est le problème numéro un depuis les débuts de la physique quantique », souligne Thibaut Damour, physicien au très prestigieux Institut des hautes études scientifiques, à Bures-sur-Yvette, près de Paris. « Et

CONTEXTE

Au milieu du XVIIe siècle, dans un même élan expérimental, de nombreux physiciens se lançaient dans l'étude du vide en mettant en évidence ses propriétés classiques : Galilée, Evangelista Torricelli ou Otto von Guericke avec ses fameux hémisphères que des chevaux ne peuvent écarter... Trois cent cinquante ans plus tard, les physiciens commencent tout juste à comprendre et à contrôler ses propriétés quantiques. Et ils y découvrent de quoi révolutionner l'ingénierie, l'astronomie, voire la théorie...

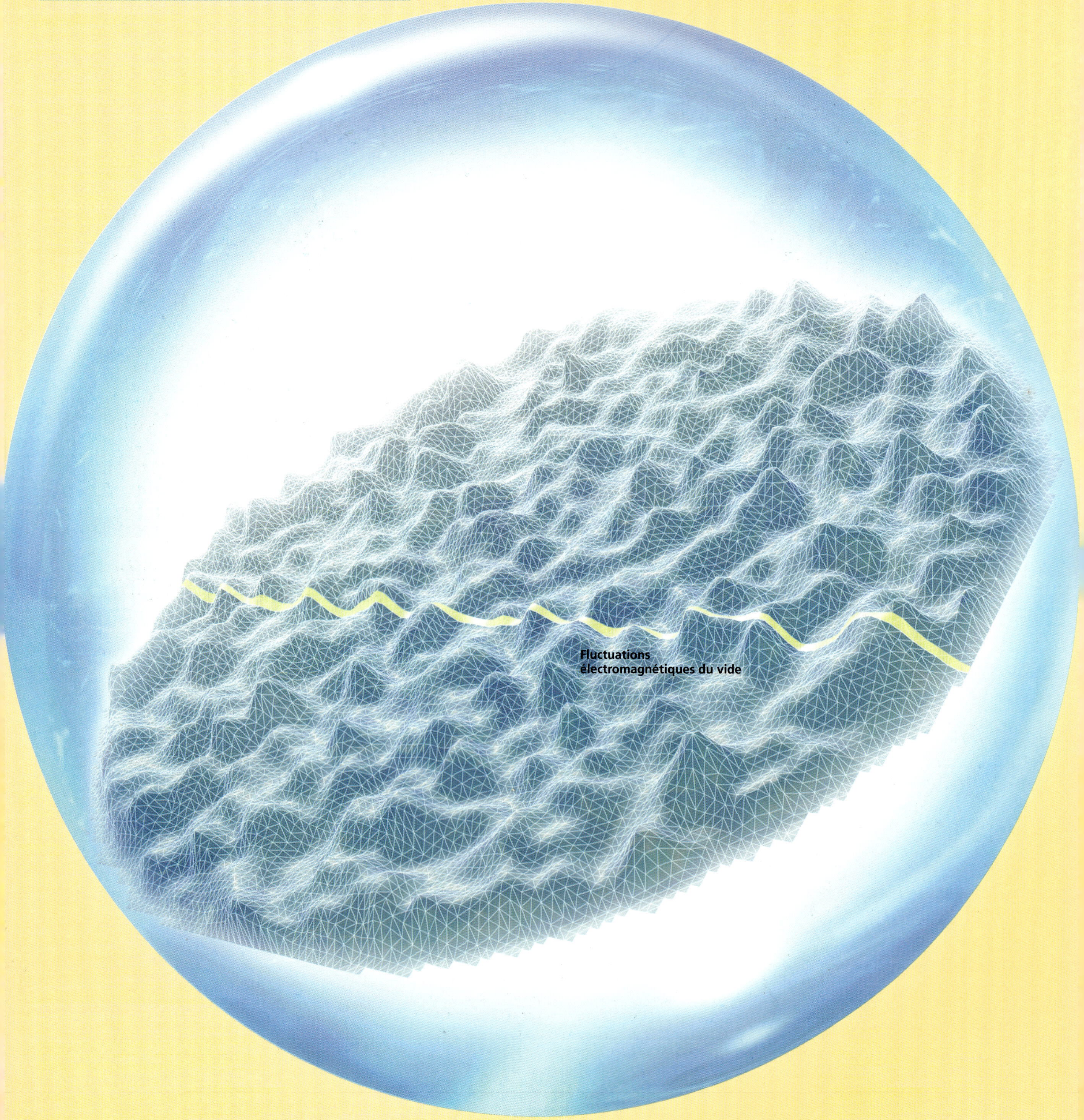
Fluctuations
électromagnétiques du vide

Albert Einstein

Il a débarrassé la physique de son « éther ». Pour autant, selon lui, « le vide ne jouit pas d'une existence indépendante vis-à-vis de ce qui remplit l'espace ».

LE VIDE : UN DÉFI POUR LA PENSÉE

Suivant les lieux et les époques, il renvoie à l'absence, à la vacuité, mais aussi à la vanité et à la liberté. Dès l'Antiquité, il est l'objet de vives controverses entre ceux que l'on appellera les « vacuistes » (parmi lesquels atomistes et épicuriens) et les « pleinistes » (incarnés par Aristote). Essentiellement philosophique, l'enjeu du vide et de son hypothétique existence deviendra progressivement métaphysique et théologique. Il faudra attendre le XVIIe siècle de Galilée, de ses prédécesseurs et de ses disciples, pour que la science expérimentale y voit ce qui s'oppose au mouvement. Deux siècles plus tard, le vide s'illustre par ses capacités d'absorption (à la suite de la découverte de rayonnements jusqu'alors inconnus observés au sein d'enceintes « vides »). Afin de pouvoir rendre compte des propriétés des champs électromagnétiques et de la gravité qui s'exercent en son sein, les physiciens l'ont imaginé rempli d'un « éther » dont la physique fut affranchie par Einstein au début du XXe siècle. Depuis, le vide apparaît comme l'une des questions les plus complexes de la physique théorique.

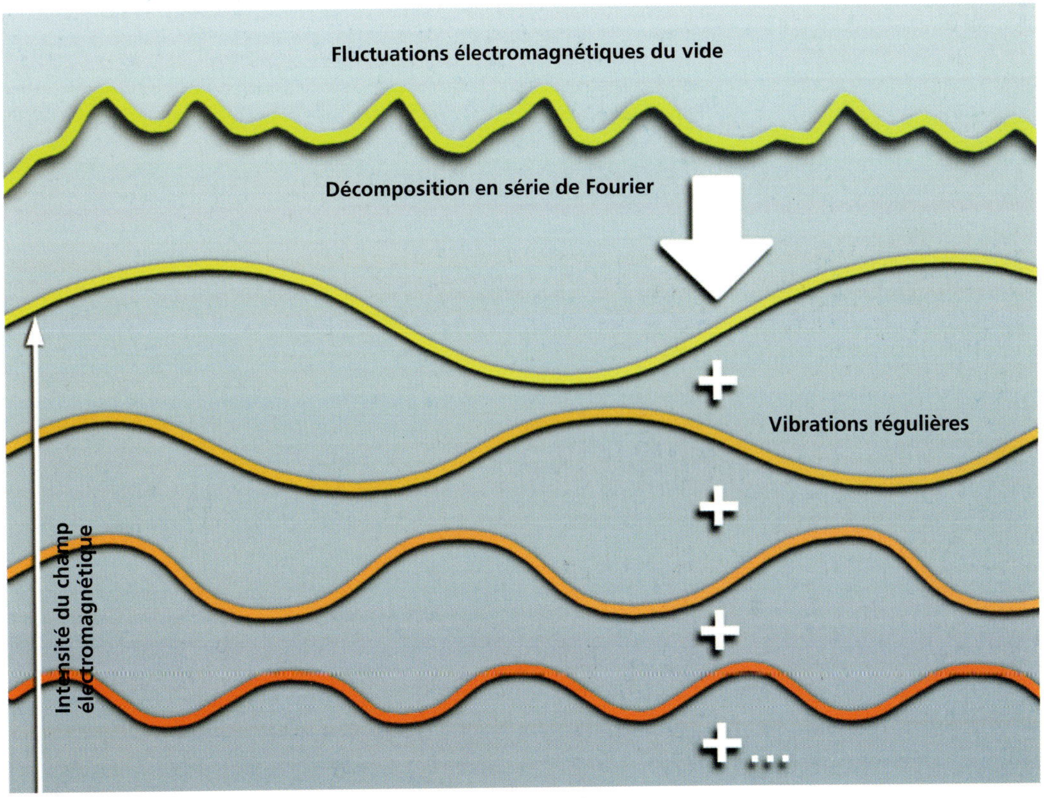

LE SECRET DES FLUCTUATIONS DU VIDE
La théorie quantique l'affirme : chaque point de cette boule vide fourmille de fluctuations électromagnétiques. Problème : en décomposant ces fluctuations en vibrations régulières, la somme mène à une énergie infinie. Et même si l'on élimine les très faibles fréquences, trop petites pour avoir un sens physique, l'énergie restante est invraisemblablement gigantesque.

il est resté entier depuis le début des années 20. » Aujourd'hui, cependant, le point de vue est différent. Si l'énergie du vide reste un inextricable problème théorique, elle est aussi devenue une indéniable réalité physique. On ne sait toujours pas ce qu'est le vide, mais on commence à savoir ce qu'il fait : des expériences de plus en plus précises mesurent l'effet de ses fluctuations électromagnétiques (lire p. 39). Malgré leur vertige, un nombre croissant de physiciens osent ainsi se pencher dessus, en s'intéressant non plus à ses qualités inertes, mais à ses qualités actives, créatrices et dynamiques. Mieux : au lieu de considérer le vide comme un problème, certains commencent à l'envisager comme une solution. Et si notre petite boule vide était la clé pour contrôler le comportement de la matière dans la nanotechnologie… voire pour résoudre nos problèmes énergétiques ? Et si elle permettait aux astrophysiciens de démêler les paradoxes actuels de leurs observations et de comprendre le destin de l'Univers ? Et si elle était l'élément central pour unifier les deux grands piliers de la physique moderne, la mécanique quantique et la théorie de la relativité générale d'Einstein ? De nombreuses pistes sont lancées. Certaines ingénieuses, innovantes ou révolutionnaires. D'autres farfelues, irréalisables ou carrément fausses. Mais une chose est certaine : les physiciens sont en train de se jeter dans le vide.

(1) Il existe aussi des fluctuations quantiques des forces nucléaires, mais leur portée très faible permet de les négliger à notre échelle.

(2) En dessous de cette longueur, appelée longueur de Planck, il faudrait une théorie quantique et relativiste pour décrire ce qui se passe.

LA FORCE DU VIDE
La promesse de mettre au point, dans un futur proche, des nanomachines ne pourra pas être tenue sans le contrôle d'une force qui vient du vide : la force de Casimir.

À la poursuite d'une énergie sans limite

Électricité inépuisable, révolution nanotechnologique, vols interstellaires : l'énergie qui, selon la mécanique quantique, se cache dans les fluctuations du vide fait déjà rêver les ingénieurs. À condition qu'ils maîtrisent cette nouvelle fée.

PAR HERVÉ POIRIER

Qu'ils soient ou non sensibles aux vertiges du vide, les ingénieurs vont devoir s'y confronter. De l'avis de tous, en effet, l'avenir est à la nanotechnologie. Demain, nous promet-on, des machines de taille moléculaire, avec engrenages, roues et capteurs microscopiques, envahiront notre quotidien. À condition d'avoir parfaitement compris le comportement de la matière à une échelle encore largement inexplorée par la physique. Non pas à l'échelle microscopique de l'atome, ni à l'échelle macroscopique de notre quotidien, mais, coincée entre les deux, à l'échelle « mésoscopique » entre le micro et le nanomètre. Or, à cette échelle, la force dominante vient du… vide ! Son nom ? La force de Casimir.

Son existence a été imaginée en 1948 par Hendrik Casimir alors qu'il travaillait dans les laboratoires de Philips à Heindoven. En jonglant avec les équations de la mécanique quantique, ce physicien néerlandais a montré qu'un effet attractif émerge entre deux miroirs lorsqu'ils sont placés face à face dans le vide. Comme dans un tunnel, ces miroirs créent une résonance, qui déforme les fluctuations du vide, principalement de type électromagnétique (voir article précédent) : seules les vibrations ayant une longueur d'onde divisant la distance entre les plaques peuvent être présentes dans l'interstice. La pression due aux fluctuations du vide à l'extérieur est alors supérieure à celle qui règne à l'intérieur. D'où l'effet d'attraction entre les plaques (voir infographie). Cette force née du vide n'est pas que théorique, même s'il a fallu attendre 1958 pour qu'elle soit, pour la première fois, réellement mesurée… avec une marge d'erreur de 100 % par rapport aux prévisions théoriques. L'amélioration de ces mesures a alors été très lente, jusqu'à ce que Steve Lamoreaux, de l'université de Washington (à Seattle, États-Unis), réussisse, en 1997, une avancée majeure en abaissant cette incertitude à… 5 %.

LE CASSE-TÊTE DES EXPÉRIENCES

Depuis, grâce aux efforts acharnés de chercheurs des universités de Californie (à Riverside, États-Unis), de Padova (en Italie) ou de l'Institut royal de technologie de Stockholm (en Suède), la marge d'erreur est passée à 1 %. De fait, cette force est difficile à mesurer, car très faible à l'échelle où les expériences peuvent être réalisées : pour des plaques de 1 cm^2 écartées de 1 millième de millimètre, elle est environ un centième du poids d'un cheveu. Qui plus est, la situation expérimentale n'est jamais aussi simple que celle imaginée par Casimir : aucun miroir n'est parfaitement plat ni réfléchissant. D'autant que pour éviter les problèmes de parallélisme, les expérimentateurs préfèrent remplacer un des miroirs par une sphère. Pour prévoir un résultat expérimental, il faut donc prendre en compte toutes ces imperfections, effets de température inclus. « Il est alors très facile de se tromper dans les calculs », assure Serge Reynaud, du laboratoire Kastler Brossel, de l'École normale supérieure, à Paris, dont l'équipe s'est spécialisée dans cette analyse théorique, en étroite collaboration avec les expérimentateurs.

Pourtant, malgré son exotisme, sa faiblesse et sa complexité, la force de Casimir passionne les physiciens. Elle a été, par exemple, un des principaux thèmes abordés par le gratin de la recherche française au mois de mars 2002 lors de la première séance des « séminaires de Bourbaphy », directement inspiré du fameux « séminaire Bourbaki » qui, depuis plus de quatre-vingts ans, réunit régulièrement de grands mathématiciens triés sur le volet pour dresser l'état des savoirs essentiels.

UNE PRISE DE COURANT INÉPUISABLE

La raison de cet engouement est simple : faible à notre échelle, cette étrange force venue d'ailleurs, mais qui existe même à l'air libre, devient de plus en plus intense au fur et à mesure que les plaques se rapprochent… jusqu'à dépasser la force de gravitation à par-

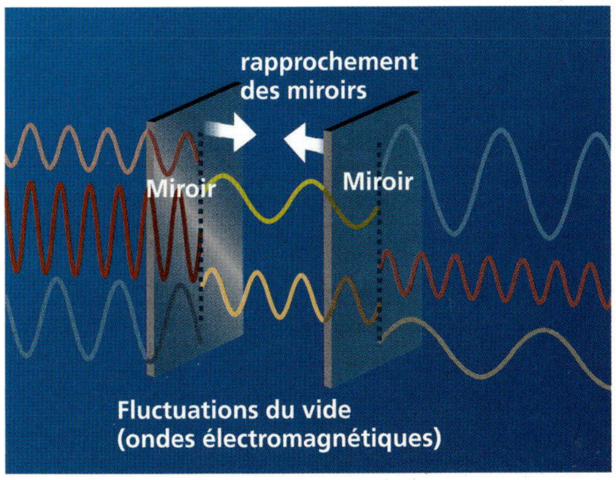

LA FORCE DE CASIMIR…
Si deux miroirs sont face à face dans le vide, les fluctuations de celui-ci sont modifiées : seules les vibrations dont la longueur d'onde divise la distance entre les deux miroirs sont tolérées dans cet intervalle. La pression de ces fluctuations est alors moins forte qu'à l'extérieur : les miroirs se rapprochent.

… DÉPASSE LA GRAVITÉ
Pour deux miroirs de 1 cm^2 et de 1 mm d'épaisseur, la force de Casimir devient ainsi plus importante que la force de gravité lorsque la distance qui les sépare est inférieure à un centième de millimètre (10^{-5} m).

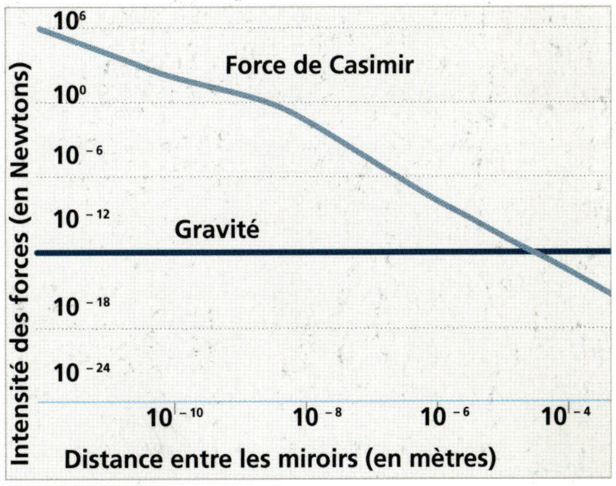

CHRONOLOGIE

XVIIe SIÈCLE
Galilée et Torricelli conduisent de premières expériences sur le vide.

1948
Le physicien Hendrik Casimir a l'intuition qu'une force émane du vide.

1958
L'existence de la force de Casimir est prouvée expérimentalement.

1978
Cette force est mesurée avec une marge d'incertitude de 25 %.

1998
Le recours au microscope à force atomique réduit la marge d'incertitude à 1 %.

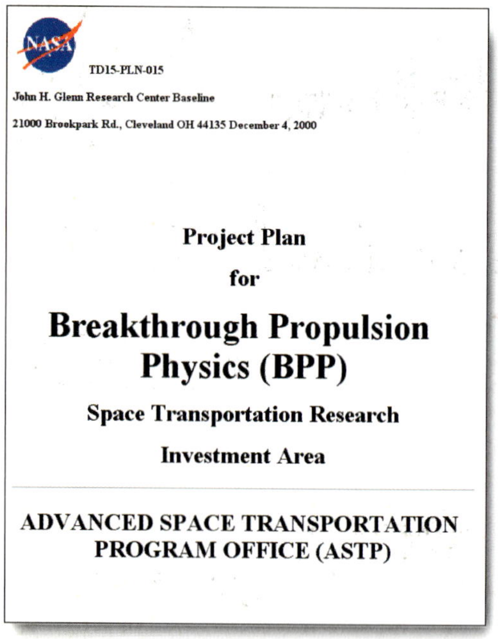

TD15-PLN-015
John H. Glenn Research Center Baseline
21000 Brookpark Rd., Cleveland OH 44135 December 4, 2000

Project Plan
for
Breakthrough Propulsion Physics (BPP)
Space Transportation Research
Investment Area

ADVANCED SPACE TRANSPORTATION PROGRAM OFFICE (ASTP)

tir du dixième de millimètre (voir graphique). Si les matériaux sont neutres, elle domine donc le domaine où justement la physique nous promet de construire dans les années qui viennent une nouvelle technologie… Des chercheurs ont ainsi récemment montré qu'elle pourrait perturber le fonctionnement des futures micromachines en collant ensemble ses différents éléments. D'autres ont montré qu'elle pourrait, au contraire, être utilisée pour mieux contrôler leur mouvement. Une chose est sûre : le nanomonde ne se fera pas sans Casimir !

Une nouvelle fée est-elle en train de se pencher sur l'humanité ? Après le contrôle de l'électricité, l'ingénierie du vide va-t-elle nous propulser dans une nouvelle ère technologique ? Le contrôle des fluctuations du vide en est à ses débuts. Serge Haroche et Jean-Michel Raymond du laboratoire Kastler Brossel ont, par exemple, réussi à bloquer le mécanisme de fluorescence en empêchant un atome excité d'émettre de la lumière. Ce phénomène s'expliquant par le couplage entre la matière et les fluctuations du vide, il suffit d'enfermer ces atomes dans une cavité métallique qui n'autorise la présence que de fluctuations de courtes longueurs d'onde. Un système qui pourrait être fort utile pour le traitement quantique de l'information et dans la transmission de messages codés.

Mais il y a plus ambitieux : pourquoi en effet ne pas essayer de récupérer cette formidable énergie que la mécanique quantique nous assure cachée dans les fluctuations du vide ? Lorsque les marins d'antan partaient à la découverte des terres inconnues, ils trouvaient dans la mer les ressources pour continuer, alors pourquoi ne pas rêver de partir un jour à la conquête du cosmos en faisant le plein dans le vide ?

Des organismes aussi sérieux que la Nasa, l'US Airforce, British Aerospace, Boeing ou Lockeed ont financé depuis quelques années des recherches sur des projets de propulsion révolutionnaires exploitant cette étonnante énergie du vide. Et aujourd'hui, certains chercheurs enthousiastes proposent de pomper cette énergie, via l'effet Casimir, pour en extraire de l'électricité. Le vide, future prise de courant quasiment inépuisable ?

FILER VERS ALPHA DU CENTAURE !

Il ne faut pas s'emballer : s'il existe effectivement beaucoup de projets et moult promesses, nulle certitude pour l'instant, ni de plan de machine capable d'exploiter les incroyables ressources énergétiques du vide. Celles-ci, d'ailleurs, sont peut-être moins importantes que prévu : selon le prix Nobel de

Des engins spatiaux propulsés par l'énergie du vide ?

APPLICATIONS DIFFICILES
En 1996, la Nasa lance un « Projet de propulsion avancée ». Son but : étudier de nouveaux types de vaisseaux spatiaux exploitant les propriétés énergétiques et gravitiques du vide induites par l'effet Casimir. Toutefois, aucun plan de machine n'a encore prouvé son efficacité et le projet vient d'être suspendu…

MICROSCOPE ATOMIQUE
Les chercheurs Umar Mohideen et Feng Chen, de l'université de Californie (Riverside), ajustent le microscope atomique pour mesurer la force de Casimir.

JARGON

Fluorescence : phénomène par lequel des particules excitées émettent de la lumière. Si cette émission perdure au-delà de l'excitation, on parle de phosphorescence.

Physique américain Steven Weinberg, la seule énergie du vide que l'on peut espérer exploiter est celle dont les effets sont observables. Or, d'après les évaluations astronomiques, cette énergie observable serait 120 ordres de grandeurs inférieure aux prévisions quantiques (voir article suivant). Il n'y aurait alors pas plus d'énergie du vide dans un volume comme la Terre que dans un bidon rempli d'essence… Peut-être est-ce pour cela que le Congrès américain a finalement décidé il y a quelques mois d'arrêter de financer les recherches sur les moyens de propulsion avancées de la Nasa…

Qu'à cela ne tienne ! Plutôt que d'extraire de l'énergie, d'autres chercheurs, encore plus audacieux, proposent de manipuler sa structure pour fonder un nouveau type de vaisseau spatial. Selon une théorie controversée liant la gravitation aux fluctuations du vide (lire article p. 46), une transformation adéquate de ces fluctuations devrait en effet permettre à leur vaisseau de s'affranchir de son inertie, et donc de filer sans problème vers Alpha du Centaure !

Tant que les problèmes théoriques ne sont pas résolus, il est de toute façon prématuré de compter sur le vide pour éclairer nos lanternes, remplacer nos piles et nourrir les voyages extra-terrestres. Le contrôle de la vacuité est, depuis quelques années, définitivement rentré dans le domaine de l'ingénierie, mais sur le long chemin qui mène aux galaxies, les budgets risquent bien d'être aussi fluctuants que le vide lui-même. Ce qui ne devrait pas empêcher les ingénieurs de rêver…

UNE MESURE INDISPENSABLE

Ce n'est pas seulement pour des raisons pratiques que les expérimentateurs se donnent aujourd'hui tant de mal pour mesurer l'intensité de l'effet Casimir… mais aussi pour des raisons théoriques. Cette pression du vide perturbe en effet toutes les mesures de la gravitation à petites échelles. Or, de tels résultats sont essentiels pour les théoriciens : de nombreux modèles candidats à l'unification des forces de la nature prévoient, à partir de ces échelles, que de nouvelles forces encore inconnues pourraient apparaître, ou que la gravitation pourrait commencer à montrer un nouveau visage. Bref : les réponses à leur question se trouvent peut-être aux échelles mésoscopiques inexplorées. Mais pour le savoir, encore faut-il parfaitement connaître l'effet Casimir… afin de le retrancher.

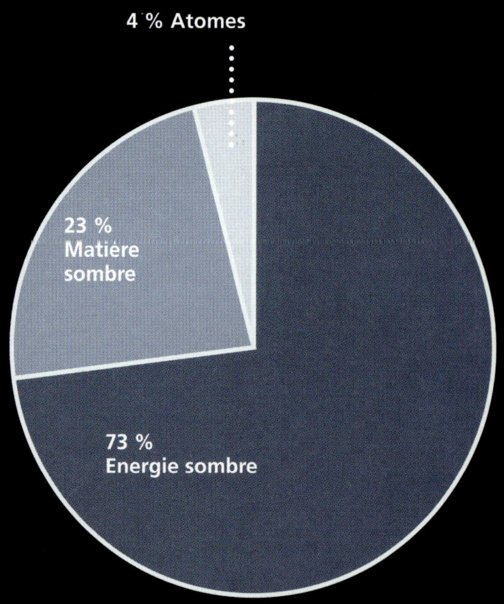

LE VIDE, UN IMMENSE RÉSERVOIR D'ÉNERGIE

Le vide, sous les traits de la mystérieuse énergie sombre, pourrait contenir près des trois quarts (73 %) de l'énergie présente dans l'Univers. La matière sombre, dont la nature est encore inconnue, contient 23 % de l'énergie du cosmos, alors que la matière que l'on connaît, faite d'atomes, seulement 4 %.

Et si le vide était le maître de l'Univers ?

Il y a peu, l'observation de supernovae à révélé qu'une force, dans le cosmos, contrait les effets de la gravitation. Une force invisible, dite « sombre », qui pourrait bien être cette fameuse énergie du vide prévue par la théorie, mais jusque-là jamais vérifiée. Et elle accélérerait actuellement l'expansion de l'Univers ! Après le big bang et l'ère de la matière, le vide est-il en train de prendre le pouvoir ?

PAR VALÉRIE GREFFOZ

CONTEXTE

L'idée que l'énergie contenue dans le vide pourrait avoir un effet à l'échelle cosmologique et pourrait forcer l'Univers à s'étendre n'est pas nouvelle. Dès 1917, Einstein l'avait introduite dans ses équations en l'appelant la « constante cosmologique ». Il cherchait alors à contrebalancer les effets de la gravitation (qui tend à contracter l'espace) pour obtenir un modèle d'Univers éternel et statique, le seul satisfaisant à ses yeux. Depuis, on sait que l'Univers est en expansion, mais l'énergie du vide est plus que jamais au centre des préoccupations des cosmologistes.

L'Univers est plein de vide. Levez les yeux au ciel : entre les étoiles, il y a du vide, du vide, et encore du vide. À en avoir le vertige. Certes, nos yeux ne voient pas tout. Au-delà de ce que l'on peut distinguer, il y a une multitude d'autres étoiles, d'immenses nuages de gaz, et sans doute beaucoup de planètes lointaines, de vieux astres morts et autres trous noirs. Sans oublier la mystérieuse « matière sombre », probablement faite de particules « exotiques », dont l'existence ne fait aujourd'hui plus guère de doute, quand bien même elle reste invisible pour les télescopes. Mais, même en tenant compte de toutes les formes de matière qu'il pourrait abriter, l'Univers reste un gigantesque désert : toutes les mesures montrent que la densité de matière qu'il renferme vaut à peine 10^{-29} g/cm^3. Ce qui revient à dire qu'en moyenne, une portion d'Univers grande comme la Terre contient dix milligrammes de matière... Autrement dit, pas grand-chose.

Jusqu'ici, à part plonger les promeneurs nocturnes dans des abîmes de rêveries, ce vide n'empêchait pas les spécialistes du cosmos de dormir. Contrairement à leurs collègues de physique théorique qui, eux, en étaient bien embarrassés, et cela depuis près de quatre-vingts ans (voir article p. 35). Car tout ce vide n'est pas réellement « vide » de tout. Même en admettant qu'il ne contienne aucune matière ni aucun rayonnement, il devrait tout de même, d'après les principes de la physique quantique, contenir une énergie infinie, ou du moins gigantesque ! Or, les cosmologistes ne voyaient aucune trace de cette hypothétique énergie, et n'en avaient pas même besoin pour expliquer l'Univers. Si bien qu'ils avaient fini par négliger l'existence du vide, pour ne s'intéresser qu'à la matière... jusqu'à ce que celui-ci revienne brusquement sur le devant de la scène, il y a tout juste cinq ans de cela. Et aujourd'hui, il est au cœur de leurs préoccupations. À tel point qu'ils se demandent même si le vide ne serait pas en train de prendre le pas sur la matière, pour régner ni plus ni moins en maître sur le destin de l'Univers.

LE VIDE EN PLEINE INFLATION !

Tout a commencé en 1998, lorsque deux équipes internationales d'astrophysiciens, à la recherche de supernovae lointaines (des explosions d'étoiles extrêmement lumineuses datant de plusieurs milliards d'années), ont fait une découverte complètement inattendue : ces supernovae étaient bien moins lumineuses, et donc bien plus éloignées que la théorie ne le prévoyait (voir Science & Vie n° 978, p. 48). En d'autres termes, l'espace entre elles et nous était beaucoup plus grand que prévu : non seulement l'expansion naturelle de l'Univers n'était pas en train de ralentir sous l'effet de la gravitation, qui tend à contracter l'espace et à rapprocher les galaxies, mais cette expansion était même en train de s'accélérer ! Comme si une nouvelle période d'inflation, semblable à celle que l'Univers a connue à ses débuts, avait déjà commencé ! Une énergie invisible, contrant les effets de la gravitation et les surpassant, était-elle en train de prendre le contrôle de l'Univers ? Reynald Pain, qui travaillait alors au sein de l'une des deux équipes, au Berkeley National Laboratory (Californie), se souvient de la perplexité de ses collègues : « Au début, nous avons cru que nous nous étions trompés dans nos mesures. Et puis nous avons pensé à cette énergie sombre qu'Einstein avait appelée la "constante cosmologique", et que tout le monde avait laissée de côté. Plusieurs autres observations cosmologiques ont ensuite confirmé qu'il s'agissait bien de cela. »

L'ÉNERGIE SOMBRE NE SERAIT-ELLE PAS L'ÉNERGIE DU VIDE ?

Aujourd'hui, les cosmologistes en sont donc certains : l'Univers contient bel et bien une mystérieuse « énergie sombre », que l'on ne voit pas, mais qui est vraisemblablement présente partout dans l'espace. Une énergie dont les physiciens trouvent qu'elle ressemble furieusement... à l'énergie du vide. Comme elle, ses effets passent pratiquement inaperçus à notre échelle, mais à l'échelle cosmologique, elle peut accélérer l'expansion de l'Univers. Car ses propriétés sont tout à fait étonnantes : pour forcer l'espace à s'étendre, elle produit des forces gravitationnelles répulsives, à l'inverse de la matière que l'on connaît, qui, elle, produit des forces gravitationnelles attractives ! Ainsi, le vide serait en train de prendre le pas sur la matière. L'histoire de l'Univers se découperait donc en trois grandes ères : l'ère de la radiation, qui a suivi le big bang, lorsque l'Univers était encore très chaud ; l'ère de la matière, pendant laquelle étoiles et galaxies se sont formées ; enfin l'ère du vide (ou du moins celle de l'énergie sombre), dans laquelle nous viendrions d'entrer, et qui devrait emporter l'Univers dans une expansion frénétique, éloignant irrémédiablement toutes les galaxies les unes des autres. Mais encore faut-il que les cosmologistes parviennent à expliquer le gigantesque écart entre la valeur de l'énergie qu'ils observent, et celle de l'énergie du vide telle que la physique quantique la prévoit, qui est au moins de 120 ordres de grandeur plus grande ! Il s'agit tout de même du plus grand écart jamais constaté en physique entre observation et théorie... Et cela les plonge dans un profond embarras. C'est pourquoi certains d'entre eux envisagent d'autres pistes pour expliquer l'énergie sombre, comme par exemple l'existence d'une nouvelle sorte de matière, la « quintessence » (voir encadré).

Le vide se cache-t-il vraiment derrière l'énergie sombre ? Pour Pierre Binétruy, futur directeur d'un nouveau laboratoire baptisé Astroparticule et cosmologie, qui regroupera 200 scientifiques, à Paris, à partir de 2005, cette question est actuellement le problème clé de toute

C'est en observant les supernovae, des explosions d'étoiles lointaines (point rouge en bas à droite), que les astronomes ont constaté l'accélération de l'expansion de l'Univers.

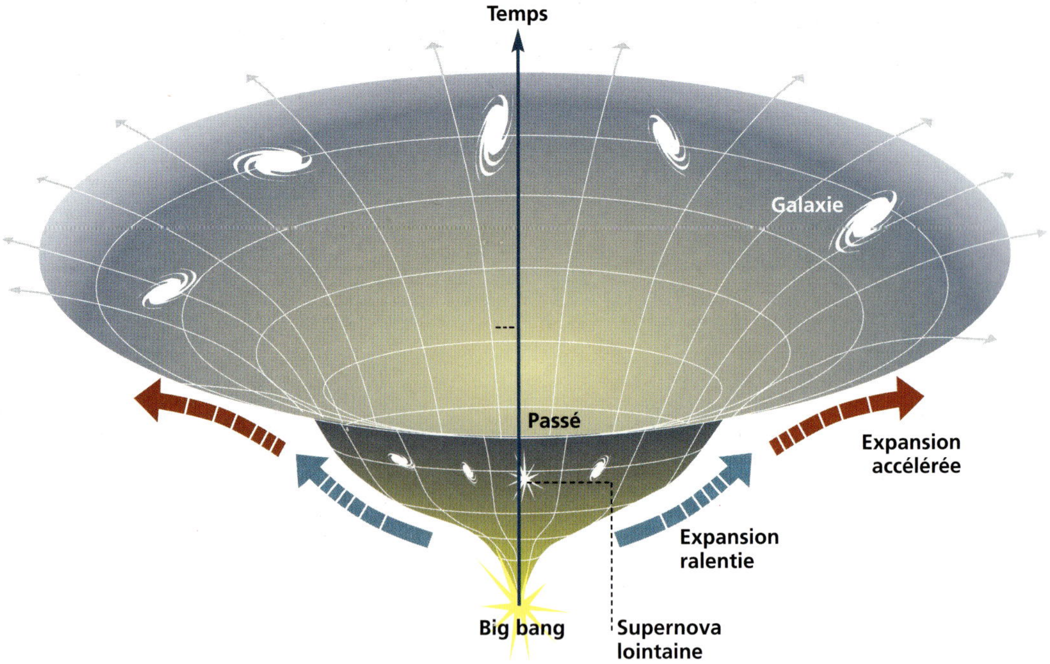

QUELLE FORCE ACCÉLÈRE L'UNIVERS ?
Après le big bang, l'Univers a d'abord connu une période de forte inflation, puis son expansion a ralenti. Elle s'accélère aujourd'hui à nouveau, éloignant de plus en plus vite les galaxies les unes des autres. Cette expansion est-elle due à une « force sombre » causée par l'énergie du vide ? C'est ce que certains astronomes tentent de prouver…

LA QUINTESSENCE, L'AUTRE THÉORIE DE L'ÉNERGIE SOMBRE

Pour certains cosmologistes, ce ne serait pas l'énergie du vide, mais la « quintessence » qui serait à l'origine de l'accélération actuelle de l'Univers. Ce terme évoque le cinquième élément qui, avec la terre, l'air, l'eau et le feu, composait l'Univers selon les Grecs, et empêchait la Lune de tomber sur la Terre. D'après le concepteur de cette théorie, Paul Steinhardt de l'université de Princeton (New Jersey), la quintessence serait une cinquième sorte de matière, après les baryons (qui constituent les noyaux atomiques), les leptons (qui transportent les charges électriques, comme l'électron), les photons (qui constituent la lumière) et la matière sombre froide (faite de particules exotiques). Il s'agirait d'un « champ scalaire », qui serait présent dans tout l'Univers et pourrait prendre une valeur différente en chaque point de l'espace. Contrairement à l'énergie du vide, la quintessence serait dynamique (elle pourrait varier au cours du temps) et ne serait pas née d'un phénomène quantique, mais répondrait aux lois de la physique classique.

la physique : « L'existence de cette nouvelle sorte d'énergie qui domine aujourd'hui l'Univers et que nous n'arrivons pas à interpréter, laisse entendre qu'il y a quelque chose de fondamental que nous ne comprenons pas. Le jour où quelqu'un trouvera la solution, cela changera probablement la façon dont nous percevons l'espace et le temps, les fluctuations quantiques et la gravitation. Cela pourrait ouvrir la voie à une autre physique que nous ne soupçonnons même pas. »

UNE CAMÉRA GRAND CHAMP À L'ÉCOUTE DES SUPERNOVAE

Seules de nouvelles observations, dès lors, pourront aiguiller les cosmologistes sur la bonne piste. Car ils cherchent désormais à déterminer l'équation d'état de cette mystérieuse énergie (équation qui détermine le rapport entre sa pression et sa densité d'énergie), pour savoir s'il s'agit bien de l'énergie du vide ou non. À Hawaï, une toute nouvelle caméra française à grand champ ultra-performante, baptisée MegaCam, vient d'être installée sur le télescope CFH (Canada-France-Hawaï). Elle va passer une grande partie de ses nuits à observer des centaines de supernovae lointaines pour les étudier en détail. Ces mesures, associées à celles d'un autre instrument français, le Snifs (SuperNova Integral Field Spectrograph), lui aussi installé sur un télescope hawaïen, devraient permettre de préciser l'équation d'état de l'énergie sombre. « Ces techniques de caméras à grand champ et de spectrographes intégral de champ sont des spécialités dans lesquelles les Français excellent. Américains et Canadiens sont venus chercher ici un savoir-faire qu'ils n'avaient pas chez eux », tient à préciser Reynald Pain, qui est aujourd'hui le responsable du groupe français d'observation des supernovae, le Frogs (FRench Observing Group of Supernovae). Par ailleurs, MegaCam va aussi observer ce que les astrophysiciens appellent des effets de « lentilles gravitationnelles », des images déformées de galaxies lointaines, qui offrent une foule de renseignements sur l'évolution de l'Univers et de ses structures, et aideront aussi à déterminer la fameuse équation d'état.

Dans cinq ans, les astrophysiciens devraient donc être fixés sur le rôle de l'énergie du vide dans le cosmos. Et si ce n'est pas elle qui se cache derrière l'énergie sombre, un satellite américain, Snap (SuperNova Acceleration Probe SATellite), doté une fois encore d'un spectrographe français, devrait s'envoler à partir de 2010, pour observer des milliers de supernovae et reconstituer carrément l'évolution de l'énergie sombre au cours de l'histoire de l'Univers. D'ici là, soit l'énergie du vide sera devenue la star de toute la physique, soit elle sera retournée dans les tiroirs des cosmologistes.

TÉLESCOPE CFH

C'est sur le télescope CFH (ici en arrière-plan), à Hawaï, qu'est installée MegaCam, la caméra à très grand champ.
Grâce à ses quatre lentilles correctrices de 50 à 80 cm de diamètre (photo en bas à gauche) et à ses détecteurs CCD (photo ci-contre), elle bénéficie d'un champ de vision exceptionnel couvrant quatre fois la surface de la Lune !

Le vide pourra-t-il unifier la théorie ?

Le vide n'a pas les mêmes propriétés pour la mécanique quantique et la relativité générale. Or, si l'incompatibilité des deux théories a toujours empêché d'unifier les forces fondamentales de l'Univers, certains physiciens explorent aujourd'hui une hypothèse audacieuse : comprendre la structure du vide donnerait enfin la clé de l'unification.

PAR HERVÉ POIRIER

Au début des années 20, à peine les premières équations de la mécanique quantique sont-elles posées qu'un jeune physicien suisse tente de comprendre les étranges propriétés qu'elles confèrent au vide. Wolfgang Pauli a un peu plus de 20 ans, mais il est déjà l'un des rares spécialistes de la théorie de la relativité générale magistralement édifiée quelques années plus tôt par Albert Einstein. Au bout de son calcul, le futur prix Nobel de physique se rend compte de l'inévitable incompatibilité entre les deux jeunes théories : la mécanique quantique confère au vide une énergie colossale, voire infinie, qui devrait, d'après la relativité générale, courber énormément l'Univers (lire article p. 35)… Ce qui, de façon évidente, n'est pas le cas. Quatre-vingts ans plus tard, le problème soulevé par Pauli est resté en l'état. La relativité générale, théorie globale et synthétique des grandes échelles, prévoit avec une précision jamais encore prise en défaut les effets gravitationnels de la chute des pommes, de la ronde des planètes et du tourbillon des galaxies. De son côté, la mécanique quantique, théorie locale et analytique des petites dimensions, prédit avec une finesse inégalée les effets des trois autres forces (électromagnétique et nucléaires) régissant l'Univers. Mais les deux théories n'arrivent toujours pas à se rejoindre. À la croisée des deux, le vide, lui, ne sait plus trop où il en est…

LE PROBLÈME, C'EST LA GRAVITÉ

L'unification des forces fondamentales de la nature a été la principale méthode utilisée par les physiciens pour résoudre ce casse-tête, avec l'espoir que cette hypothétique et future théorie unifiée, une fois achevée, puisse dissoudre les anomalies du vide. Le problème, c'est la gravité. Son intensité est beaucoup plus faible que celle des trois forces quantiques et sa portée beaucoup plus longue. Et surtout, Einstein lui a conféré un statut très particulier, en la décrivant non comme une force, mais comme la courbure de l'espace-temps.

Sommet d'intelligence, d'adresse et d'opiniâtreté, en suivant les calculs du physicien italien Gabriele Veneziano établis en 1968, les physiciens ont pourtant réussi, à façonner une théorie candidate à l'unification de ces quatre forces : la théorie des cordes, qui remporte aujourd'hui de très nombreux suffrages chez les physiciens. Selon elle, tous les phénomènes de notre monde s'expliqueraient par l'agitation de petites « cordes » toutes identiques, mais vibrant différemment dans un espace à dix ou onze dimensions. Et, comme par magie, sur le papier, toutes les équations de la relativité d'Einstein émergent de ces vibrations, sans avoir besoin d'ajouter de paramètres supplémentaires ! Cependant, méfiance : trente ans après avoir été imaginée, l'existence de ces cordes n'a encore jamais été vérifiée expérimentalement. Et si,

pour beaucoup de physiciens, ces cordes vont, à terme, dénouer le problème de l'unification des forces, elles laissent actuellement des nœuds dans l'énergie du vide : lorsqu'on les plaque sur notre univers réel, on retombe exactement sur le paradoxe soulevé par Pauli…

OSER UN TOTAL RENVERSEMENT DE PERSPECTIVES

Et si les problèmes étaient pris à l'envers ? Au lieu d'attendre que les forces soient unifiées pour s'attaquer au problème du vide, pourquoi, au contraire, ne pas espérer que les forces s'unifieront une fois la structure du vide comprise… Au lieu d'essayer de faire entrer les équations dans le vide, pourquoi ne pas tenter de les faire sortir ? Un total renversement de perspective, qu'Andreï Sakharov, prix Nobel de physique, dissident du régime soviétique et esprit libre s'il en est, évoquait déjà dans une courte conjecture publiée en… 1967. Le fameux physicien russe y suggérait un changement de point de vue radical sur l'action de la gravitation : « Nous allons considérer l'hypothèse qui identifie cette action avec un changement dans l'action des fluctuations quantiques du vide. » L'idée est hardie : voir la source de la gravitation dans les déséquilibres des fluctuations du vide en présence de matière, et en faire sortir toute la panoplie de la relativité générale. Les rayons lumineux seraient alors

Gabriele Veneziano
PHYSICIEN AU CERN, INVENTEUR DE LA THÉORIE DES CORDES

« Je pense qu'il existe des mécanismes encore incompris dans la théorie des cordes, qui permettront, à terme, de résoudre le problème de l'énergie du vide. »

Andreï Sakharov
PRIX NOBEL DE PHYSIQUE

« Il faut considérer l'hypothèse identifiant l'action de la gravitation avec un changement dans l'action des fluctuations quantiques du vide. »

INTERROGATIONS
Faut-il faire entrer les équations dans le vide… ou bien faut-il les en faire sortir ? Doit-on d'abord résoudre les problèmes d'unification pour espérer comprendre la structure du vide, ou comprendre d'abord la structure du vide pour résoudre les problèmes d'unification ? Un choix stratégique pour les théoriciens…

RÉFRACTION DU VIDE DANS L'EAU...
Un crayon plongé dans l'eau semble se tordre (point A) lorsqu'il pénètre dans le liquide. Le phénomène est dû au fait que la lumière qui nous parvient du bout immergé du bâton a traversé l'eau, dont l'indice de réfraction est différent de celui de l'air.

ET SI LE MONDE MICROSCOPIQUE ÉTAIT QUANTIQUE À CAUSE DU VIDE ?

Le vide n'en finit pas de donner des idées aux théoriciens. En rupture avec le consensus moderne qui accepte l'étrangeté des lois quantiques comme constitutive de notre univers, une petite communauté de physiciens, dont Hal Puthoff s'est inspirée pour dresser sa théorie, tente de rétablir une vision de l'électromagnétisme proche de celle du XIXe siècle. Ces chercheurs proposent en effet de repartir des vieilles équations électromagnétiques de Maxwell, en prenant en compte le fait que, dans le vide, ce champ n'est jamais nul mais fluctue de façon aléatoire. À partir de cette théorie de Maxwell modifiée, baptisée électrodynamique stochastique, leur but est de reconstruire toutes les lois de la mécanique quantique. « Pour certains systèmes simples, l'électrodynamique stochastique donne exactement les mêmes résultats que la théorie quantique et les calculs sont beaucoup plus faciles à mener, souligne Timothy Boyer, professeur de physique au City College of New York, aux États-Unis. Cependant, pour l'instant, seulement un petit nombre de problèmes ont été résolus ainsi. » La plupart des physiciens affichent leur doute, voire leur dédain, pour cette idée, mais Trevor Marshall, de l'université de Manchester, en Grande-Bretagne, ne désespère pas d'expliquer ainsi les prévisions quantiques les plus étranges, comme les corrélations de particule par-delà l'espace et le temps : « Si vous acceptez la réalité des fluctuations du vide, il est clair que toutes ces données pourraient être expliquées par une description causale pas tellement différente de celle que Maxwell aurait pu proposer. » Et si c'était à cause du vide que le monde microscopique nous apparaît quantique ?

Une sorte de nouvel et étrange éther, tel pourrait être en définitive le vide

courbés par la variation de l'indice de réfraction du vide, un peu comme lorsque la lumière dans l'air dévie sa trajectoire en pénétrant dans l'eau (voir illustration ci-contre).

Cela résoudrait le problème de Pauli : l'énergie colossale du vide en elle-même n'a plus lieu de graviter, ce sont seulement les perturbations du vide en présence de matière qui produisent la gravitation. Les observations astronomiques seraient donc enfin cohérentes avec les prévisions théoriques. Cela résoudrait aussi magistralement le problème de l'unité des forces : exit la gravitation, qui n'est plus une force fondamentale, mais un effet induit par les autres forces quantiques (principalement électromagnétique). Résidu émergeant de comportement collectif, elle prend le même statut que la force de Van der Waals (responsable, par exemple, de l'accrochage de l'encre sur les tableaux blancs à effaçage rapide), ou que la force de Casimir (lire article, p. 39). Il n'y a donc plus lieu de chercher à unifier les théories quantiques et relativistes : elles sont déjà unifiées, l'une se déduisant de l'autre.

Si cette idée a séduit quelques physiciens, peu ont toutefois essayé de prolonger cette intuition. Hal Puthoff, physicien américain grand amateur de physique non orthodoxe, voire surnaturelle, s'est néanmoins lancé dans les calculs, d'abord seul, puis aidé en particulier par Bernhard Haisch, du laboratoire solaire et astrophysique de Lockheed Martin, à Palo Alto, et Alfonso Rueda, de l'université de l'État de Californie.

Ces trois chercheurs dressent un portrait du vide en nouvel et étrange éther : une substance présente partout dans l'espace, mais dont on ne ressent les effets que lorsqu'on accélère à travers ! D'après leurs calculs publiés en 1994 dans Physical Review, en effet, un corps immobile ou se déplaçant à vitesse constante à travers le vide ne ressent pas ses fluctuations : les effets étant répartis uniformément, ils s'annulent statistiquement. Cependant, un corps qui accélère à travers ces fluctuations va, lui, rencontrer une résistance, et l'intensité de ce frein exercé par le vide sera proportionnelle à son accélération.

Par ce résultat étonnant, ils retombent sur un phénomène très familier qui a rendu perplexe des générations de physiciens, de Newton à Einstein : quelle est l'origine de ces secousses que le voyageur ressent lorsque le train accélère, tourne, ou freine ? Qu'est-ce qui provoque cette résistance aux changements de mouvements de la matière ? D'où vient cette inertie, qu'il ne ressent pas lorsque le train est à l'arrêt ou à vitesse constante ?

Des fluctuations du vide, répondent Puthoff, Haisch et Rueda. En montrant que la résistance du vide est proportionnelle à l'accélération, ils sont en effet directement tombés sur le fameux postulat de la mécanique classique définissant l'inertie, posé en 1687 par Newton : F = ma. La force d'inertie subie par un corps accéléré (F) est égale à son accélération (a), multipliée par un coefficient (m), appelée masse.

ILS FONT JAILLIR DU VIDE TOUTE LA MÉCANIQUE NEWTONIENNE

Mais désormais, la notion de masse d'un corps exprime sa capacité de résistance au vide. Telle la notion thermodynamique de capacité de chaleur, ce n'est plus un attribut fondamental de la matière. Ce faisant, les trois physiciens iconoclastes réussissent à attraper la gravitation – que Newton et Einstein avaient déjà étroitement liée à l'inertie, via cette notion de masse – et font jaillir du vide quasiment toute la mécanique newtonienne. Élégant, non ? La plupart des physiciens sont pourtant sceptiques. Ils ont décelé des failles dans certains calculs permettant de dériver ces lois de Newton. Et surtout, au-delà de Newton, les équations du vide telles qu'elles sont utilisées par Puthoff et ses collègues ne semblent pas en mesure d'engendrer les équations d'Einstein, dont les prédictions sont pourtant quotidiennement observées par les télescopes. « Savoir si la courbure de l'espace-temps par les fluctuations du vide peut être incorporée dans notre théorie est un problème ouvert, reconnaît Alfonso Rueda. Il y a peut-être une erreur fatale dans notre approche qui invalide notre hypothèse sur la nature de l'inertie et, par implication, de la gravitation. Mais je crois que c'est une idée qui vaut le coup d'être poursuivie. » Avec l'espoir qu'un jour, en comprenant le vide, les problèmes soulevés par Pauli soient résolus, que toutes les forces de l'Univers soient unifiées et que la frénésie quantique se fonde enfin dans les courbes d'Einstein.

EN SAVOIR PLUS

« Le vide, univers du tout et du rien », édité par Edgar Gunzig et Simon Diner, revue de l'université libre de Bruxelles, éd. Complexe.
Une somme regroupant 41 physiciens et philosophes.
http://www.calphysics.org/index.html
Site où les physiciens Hal Puthoff, Bernhard Haisch et Alfonso Rueda exposent en détail leur théorie.

...RÉFRACTION DU VIDE DANS L'AIR ?
Un phénomène analogue expliquerait que la gravitation courbe vers la Terre la trajectoire du caillou lancé en l'air : en avançant, le caillou traverse des fluctuations du vide dont la structure varie, influencée par la présence de la Terre. Ce serait la variation de cet indice de réfraction du vide qui forcerait alors notre caillou à tordre sa trajectoire.

Exoplanètes

On est enfin tout près de les **voir !**

Après l'observation d'une naine brune tournant autour d'une étoile lointaine, la première image d'une planète extra solaire se profile. Une étape cruciale.

PAR VALÉRIE GREFFOZ

Ce n'est pas tout à fait une planète, mais cela y ressemble beaucoup : un tout petit point blanc détecté pendant l'été 2001 par un jeune chercheur de l'université d'Hawaï, Michael Liu, près de l'étoile 15 Sge, une sœur cadette du Soleil dans la constellation du Sagittaire. S'agissait-il d'une simple étoile en arrière-plan ? Pour en avoir le cœur net, l'astronome américain et ses collègues ont traqué ses déplacements pendant plusieurs mois. Et le verdict est tombé : non, il ne s'agissait pas d'une étoile lointaine, mais d'un corps tournant, tel une planète, autour de 15 Sge ! Un véritable poids lourd puisque sa masse vaut entre 55 et 78 fois celle de Jupiter, la plus grosse de nos planètes, soit environ 20 000 fois celle de la Terre. Autrement dit, Michael Liu a ni plus ni moins saisi l'image d'un monde lointain, situé à quelque 58 années-lumière de notre système solaire. Et c'est l'espoir de décrocher enfin la toute première image d'une exoplanète qui se profile à l'horizon.

LE PREMIER TÉMOIGNAGE DIRECT DE LA BANLIEUE D'UNE ÉTOILE

Car en réalité, ce « corps », baptisé 15 Sge b, n'est pas une planète à proprement parler : d'après sa masse, il a brûlé son deutérium (un isotope de l'hydrogène) avant de refroidir, contrairement aux planètes, qui sont bien plus légères. Mais il n'est pas une étoile non plus, car il n'est pas assez lourd pour avoir enclenché la réaction de fusion de l'hydrogène qui permet aux étoiles de briller. En fait, c'est ce que les spécialistes appellent une naine brune. Soit une énorme boule de gaz, entre la très grosse planète et l'étoile avortée. Mais le plus important, c'est qu'elle est le premier corps observé aussi près d'une étoile : elle se trouve à 14 unités astronomiques seulement de 15 Sge. Par comparaison, si elle évoluait dans notre système solaire, elle se trouverait dans la région des planètes gazeuses, à mi-chemin entre Saturne et Uranus. Ainsi, son image est le premier témoignage direct de la proche banlieue d'une étoile. La première plongée visuelle dans une région extra solaire qui pourrait abriter des planètes.

Certes, la première planète étrangère à notre système à avoir été repérée le fut en 1995 (voir chronologie) et, depuis lors, les scientifiques en ont identifiées un peu plus d'une centaine – mais sans jamais les « voir ». Toutes appartiennent à la famille des géantes gazeuses, comme Jupiter ou Saturne, car les instruments actuels ne permettent pas encore de repérer des petites planètes rocheuses comme la Terre. Certaines tournent autour d'étoiles semblables au Soleil, d'autres autour d'étoiles doubles, voire triples. Certaines forment même des petits systèmes planétaires, un peu

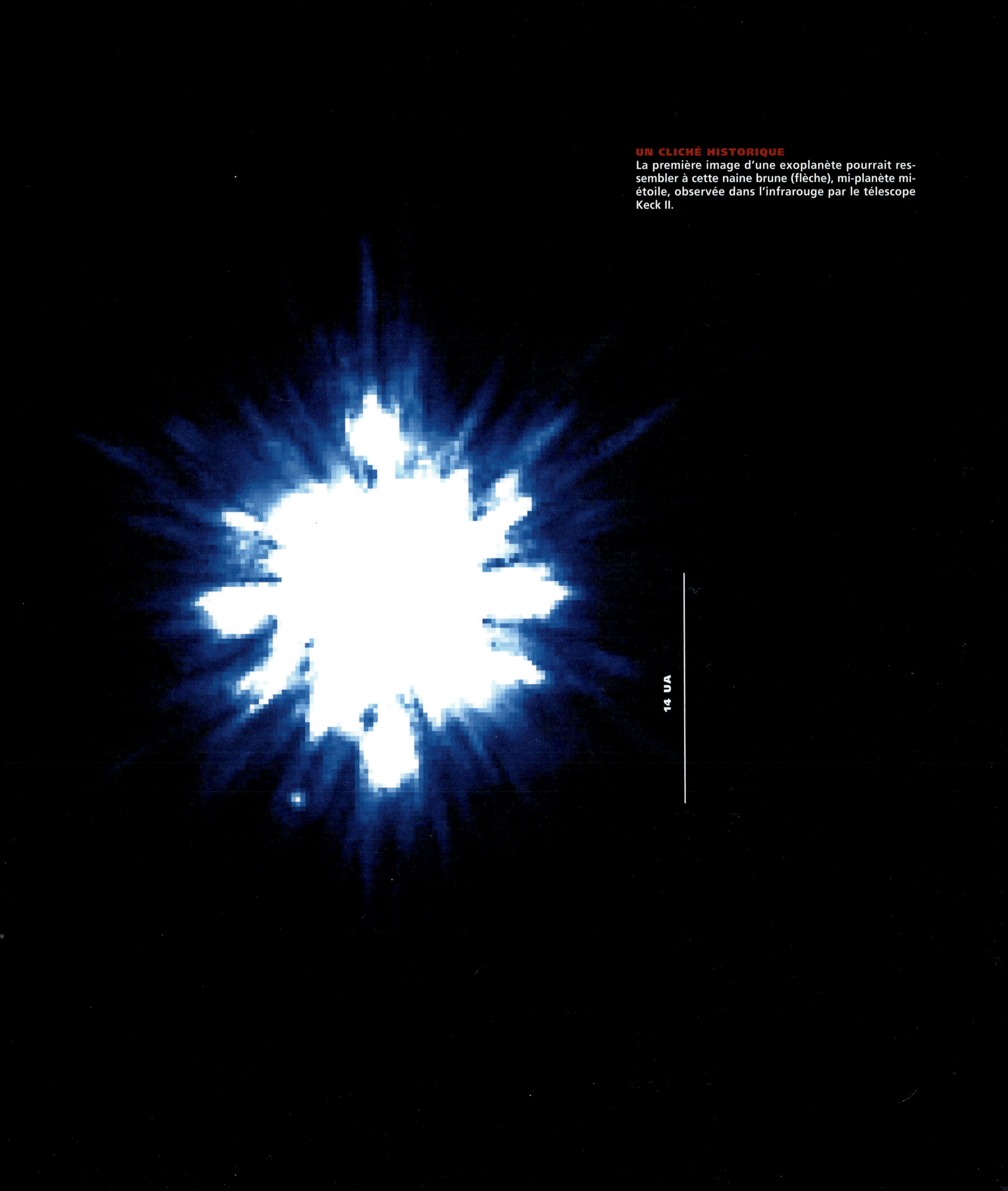

UN CLICHÉ HISTORIQUE
La première image d'une exoplanète pourrait ressembler à cette naine brune (flèche), mi-planète mi-étoile, observée dans l'infrarouge par le télescope Keck II.

comme le nôtre. Mais jusque-là, les scientifiques n'ont recueilli que des preuves indirectes de leur existence. Soit par le biais du léger mouvement qu'elles imposent à leur étoile en tournant autour (c'est la méthode dite des « vitesses radiales »), soit grâce à l'infime baisse de luminosité de leur étoile lorsqu'elles passent devant, provoquant alors une sorte de mini-éclipse (méthode dite des « transits »). Dernièrement, une planète a même été repérée par une nouvelle méthode dite d'« astrométrie », d'après les légères variations de position de son étoile dans le ciel.

Il faut dire qu'obtenir l'image d'une exoplanète relève de la gageure puisque les étoiles autour desquelles elles tournent sont un milliard de fois plus lumineuses qu'elles ! C'est un peu comme si l'on voulait observer un ver luisant dans la lumière d'un phare. « Si les étoiles n'émettaient pas tant de lumière, il suffirait de quelques dizaines de minutes de pause sur n'importe quel grand télescope actuel pour observer l'image d'une exoplanète, assure Jean Schneider, de l'observatoire de Paris-Meudon. On arrive aujourd'hui à observer des galaxies lointaines qui sont bien moins brillantes que des exoplanètes ». Seulement voilà : impossible d'éteindre les étoiles ! Il faut donc parvenir à distinguer la pâle lueur d'une éventuelle planète dans l'intense flot de lumière de son étoile.

La naine brune qu'a observée Michael Liu est certes beaucoup plus massive et plus brillante qu'une planète, donc plus aisément observable. Mais son image, enregistrée par deux grands télescopes hawaïens, Gemini-Nord et Keck II, est déjà un grand pas en avant. Pour obtenir ces clichés, l'astronome américain a surveillé l'étoile 15 Sge dans l'infrarouge, un domaine spectral dans lequel la lumière des étoiles est moins intense que dans le visible. Et, surtout, il a mis à profit l'extrême finesse des récents systèmes d'optique dite « adaptative » qui équipent de plus de plus de télescopes terrestres et les affranchissent des turbulences de l'atmosphère. Analysant plusieurs centaines de fois par seconde les plus infimes perturbations atmosphériques pour les compenser, les grands télescopes terrestres ainsi dotés de ces systèmes hypersophistiqués dépassent aujourd'hui en résolution un télescope spatial tel qu'Hubble.

Contrairement à ce que l'on aurait pu croire il y a encore quelques années, la première image d'une véritable exoplanète viendra donc certainement d'un télescope qui a les pieds sur Terre.

D'ailleurs, ce scoop ne devrait plus tarder à tomber. « Avec les instruments d'observation actuels, on ne peut pas voir des planètes comme celles qui existent dans le système solaire, mais on pourrait observer des planètes de la taille de Jupiter très jeunes, encore très chaudes et donc très brillantes », affirme Jean Schneider. Les planètes, du moins celles qui sont encore dans leur tendre enfance, sont donc désormais à portée de télescope. Pour en observer une à l'âge adulte, il faudra probablement encore attendre quelques années, que les systèmes d'optique adaptative de seconde génération prennent la relève. Au VLT, le grand télescope européen installé au Chili, un instrument appelé « Planet Finder », capable de distinguer les planètes géantes, est actuellement en projet. D'après Jean Schneider, il pourrait être opérationnel aux environs de 2007 : « On pourra alors espérer voir des planètes comme Jupiter autour des étoiles les plus proches de nous, à condition qu'une fois construit, l'instrument soit aussi parfait qu'il l'est sur le papier… » Quant aux premières images de petites exoplanètes de la taille de la Terre – qui pourraient abriter une forme de vie… –, il faudra, pour les admirer, attendre l'envoi d'une flotte de télescopes spatiaux reliés entre eux en un gigantesque « interféromètre ». Soit pas avant 2015, via les deux projets pharaoniques : « Terrestrial Planet Finder » chez les Américains et « Darwin » chez les Européens, actuellement à l'étude et qui, vu leur gigantisme, seront vraisemblablement fondus en une seule mission.

ON TENAIT À VOUS DIRE

Même si l'on parvient à recueillir l'image d'une planète semblable à la Terre, puis à y repérer une forme de vie, il y a peu de chances qu'on y mette un jour les pieds. Si l'étoile la plus proche, Proxima du Centaure, abritait une autre Terre, il nous faudrait parcourir 4,2 années-lumière, soit 40 000 milliards de kilomètres pour l'atteindre… Actuellement, l'engin le plus éloigné de la Terre, la sonde américaine Voyager 1, envoyée dans l'espace en 1977, dépasse à peine la limite du système solaire. Bien qu'elle file à 63 000 km/h, elle n'atteindrait Proxima du Centaure que dans… 72 000 ans. Dans les années 60, la Nasa avait travaillé sur un projet de vaisseau interstellaire, Orion, propulsé par des explosions de bombes H. Si l'on met de côté les problèmes de sécurité que pose un tel engin, il pourrait atteindre, au bout de dix jours d'accélération, une vitesse égale à 3 % de celle de la lumière, soit 32 millions de km/h. Il lui faudrait 140 ans pour atteindre Proxima du Centaure. Plusieurs générations d'êtres humains devraient passer leur vie dans ce vaisseau pour que leurs descendants puissent un jour fouler le sol d'une exoplanète. John Moore, un anthropologue de l'université de Floride, estime qu'un groupe de 180 personnes suffirait à la réussite d'un tel voyage, en tenant compte des possibilités de mariage, des taux de fécondité et de mortalité. Mais a-t-il pensé aux problèmes de cohabitation, de consanguinité qu'un tel enfermement soulève, ou même au simple intérêt, pour un être humain, de passer toute sa vie dans un vaisseau spatial ?

CHRONOLOGIE

1995
Les astronomes suisses Michel Mayor et Didier Queloz repèrent pour la première fois une exoplanète grâce au mouvement qu'elle provoque sur son étoile (méthode des vitesses radiales).
1999
Deux équipes d'astronomes américains annoncent conjointement la découverte du premier système planétaire extérieur au nôtre, composé de trois planètes géantes.
1999
L'Américain Greg Henry observe la première mini-éclipse provoquée par une exoplanète passant devant son étoile (méthode des transits).
2001
L'Américain David Charbonneau et son équipe parviennent à sonder pour la première fois l'atmosphère d'une exoplanète et à y détecter la présence de sodium.
2002
La découverte de la centième exoplanète est officiellement annoncée par l'équipe américaine de Geoffrey Marcy et Paul Butler.

ÉTAPES SUIVANTES

2005
Le satellite européen Corot, coordonné et financé principalement par la France, sera lancé fin 2005. Objectif : découvrir de petites planètes telluriques semblables à la Terre en observant les mini-éclipses qu'elles provoquent en passant devant leurs étoiles.
2007
L'instrument Planet Finder, capable d'obtenir des images de planètes géantes, devrait être installé sur le VLT, le grand télescope européen situé dans le désert de l'Atacama, au Chili.
2015-2020
En orbite à 1 million de kilomètres du système Terre-Lune, la flotte de satellites de la mission Darwin/Terrestrial Planet Finder (Europe-États-Unis) devrait permettre de recueillir les premières images de petites planètes rocheuses. Le but de la mission est de sonder leur atmosphère pour y chercher des traces d'oxygène, d'ozone, d'eau, de méthane ou de composés carbonés, indices d'une éventuelle activité biologique.

TOUS MOBILISÉS DANS LA CHASSE AUX « SUPER TERRE »

En attendant d'observer les contours d'une éventuelle petite Terre, les chasseurs de planètes espèrent bien en repérer des centaines, ne serait-ce qu'indirectement. Et sur cette piste, moins spectaculaire mais tout aussi excitante que l'observation directe, les choses sont également en train de s'accélérer. Fin 2005, le satellite européen Corot sera chargé de répertorier ces autres Terre en surveillant les mini-éclipses qu'elles provoquent en passant devant leur étoile. « Et d'ici là,

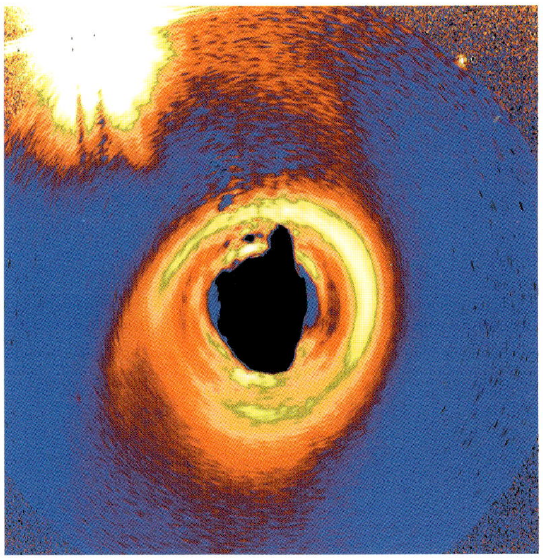

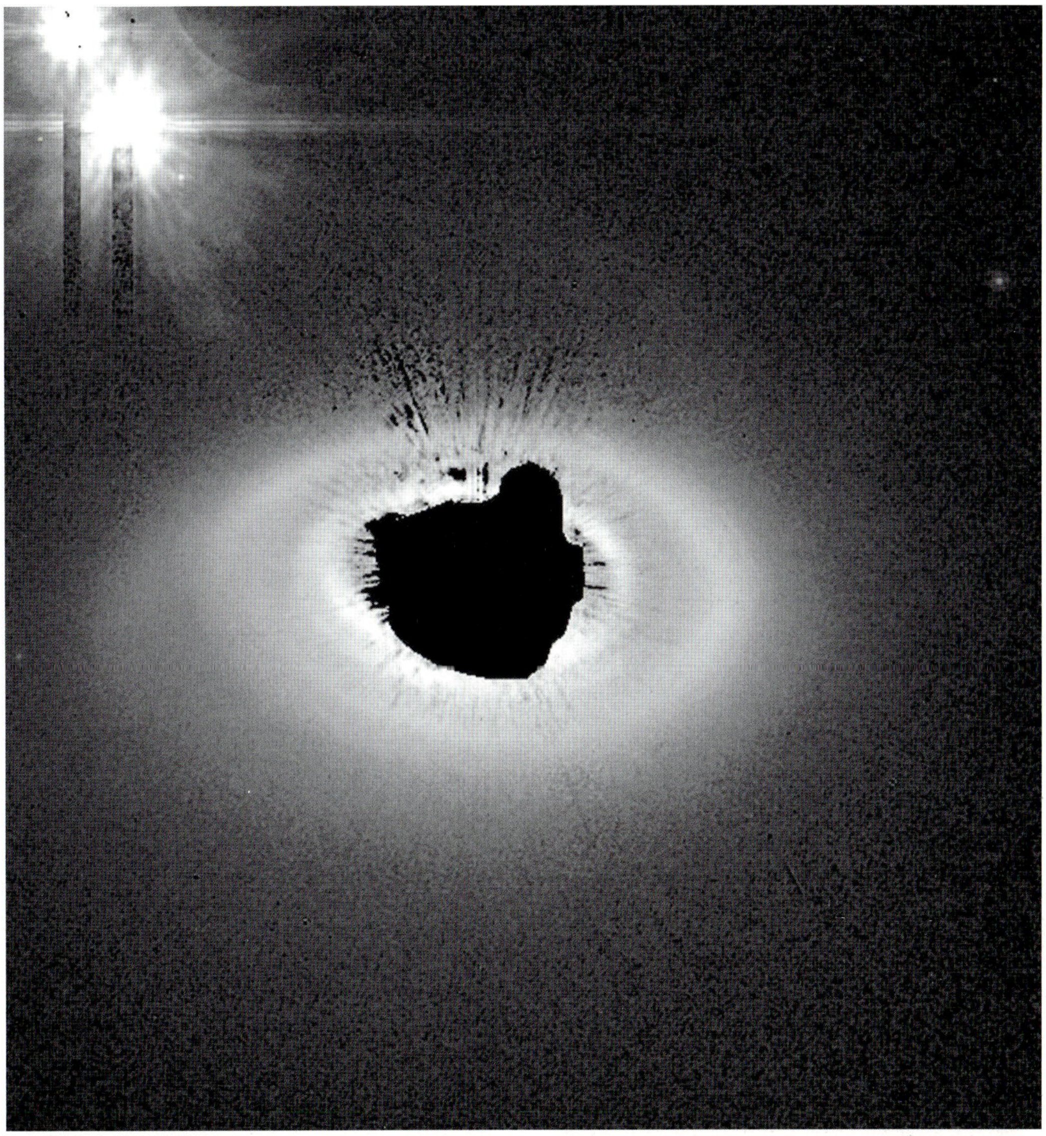

PLANÈTES EN FORMATION ?
Prise récemment par le télescope spatial Hubble, l'image de droite montre le disque de poussières d'une jeune étoile. Or, ses irrégularités, que l'on voit mieux dans l'image retraitée (ci dessus), cachent peut-être des planètes en formation.

confie Jean Schneider, je ne serais pas étonné que l'on trouve des "super-Terre", c'est-à-dire des planètes environ dix fois plus massives que la nôtre, par la méthode dite des vitesses radiales. C'est un objectif que poursuivent les équipes américaines et suisses qui sont les plus en pointe sur la recherche d'exoplanètes, même s'ils restent très discrets là-dessus ». La découverte d'une super-Terre bientôt en gros titres dans tous les journaux ? Interrogé à ce sujet, Paul Butler, du Carnegie Institution de Washington, qui fait partie de l'équipe américaine ayant identifié 70 % des exoplanètes découvertes à ce jour, n'est pas loin de le penser. « Pour l'instant, dit-il, la planète la moins massive que nous ayons identifiée équivaut à trente sept fois la masse de la Terre. Mais nous sommes en train d'améliorer notre niveau de détection et, d'ici l'an prochain, si tout se passe bien, nous devrions approcher le seuil de détection des super-Terre ». Voilà qui promet de nombreux rebondissements à venir dans l'histoire, encore toute jeune mais déjà riche, de la chasse aux exoplanètes.

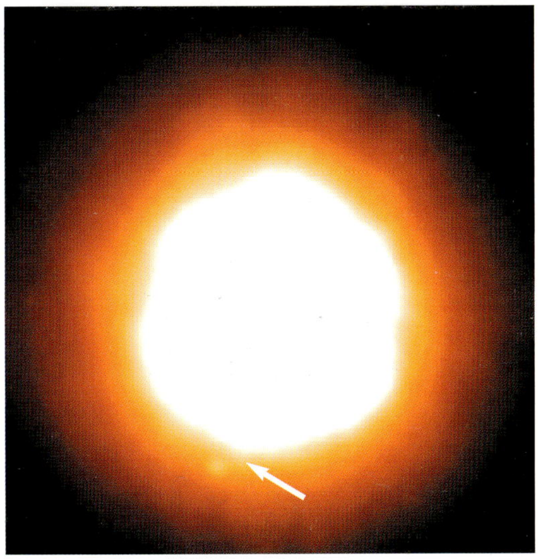

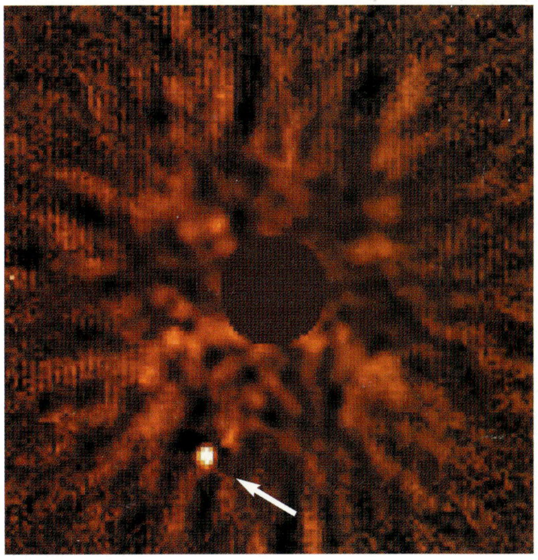

AVEC ET SANS MASQUE
Entre ces deux images, on a masqué, par un traitement informatique, la lumière de l'étoile 15 Sge (au centre), observée dans l'infrarouge par le télescope Gemini-Nord. Résultat : alors qu'à gauche, la naine brune (flèche) se confond presque avec le halo de l'étoile, à droite, elle se détache clairement.

CHAPITRE DEUXIEME

PLANÈTE TERRE

Insectes

Pourquoi ils vont **conquérir le monde ?**

Moustiques propagateurs de virus, criquets dévastant les cultures, termites rongeant les maisons... les insectes attaquent aujourd'hui sur tous les fronts. C'est que certains d'entre eux connaissent une expansion planétaire aussi formidable qu'inédite. Ainsi des fourmis : hyper organisées, représentant 10 % de la biomasse animale, soit l'équivalent de l'humanité, elles se forment désormais en supercolonies s'étendant sur des milliers de kilomètres ! Une véritable conquête du monde qui signe une réussite écologique totale.

PAR NICOLAS REVOY
ET JEAN-JACQUES PERRIER

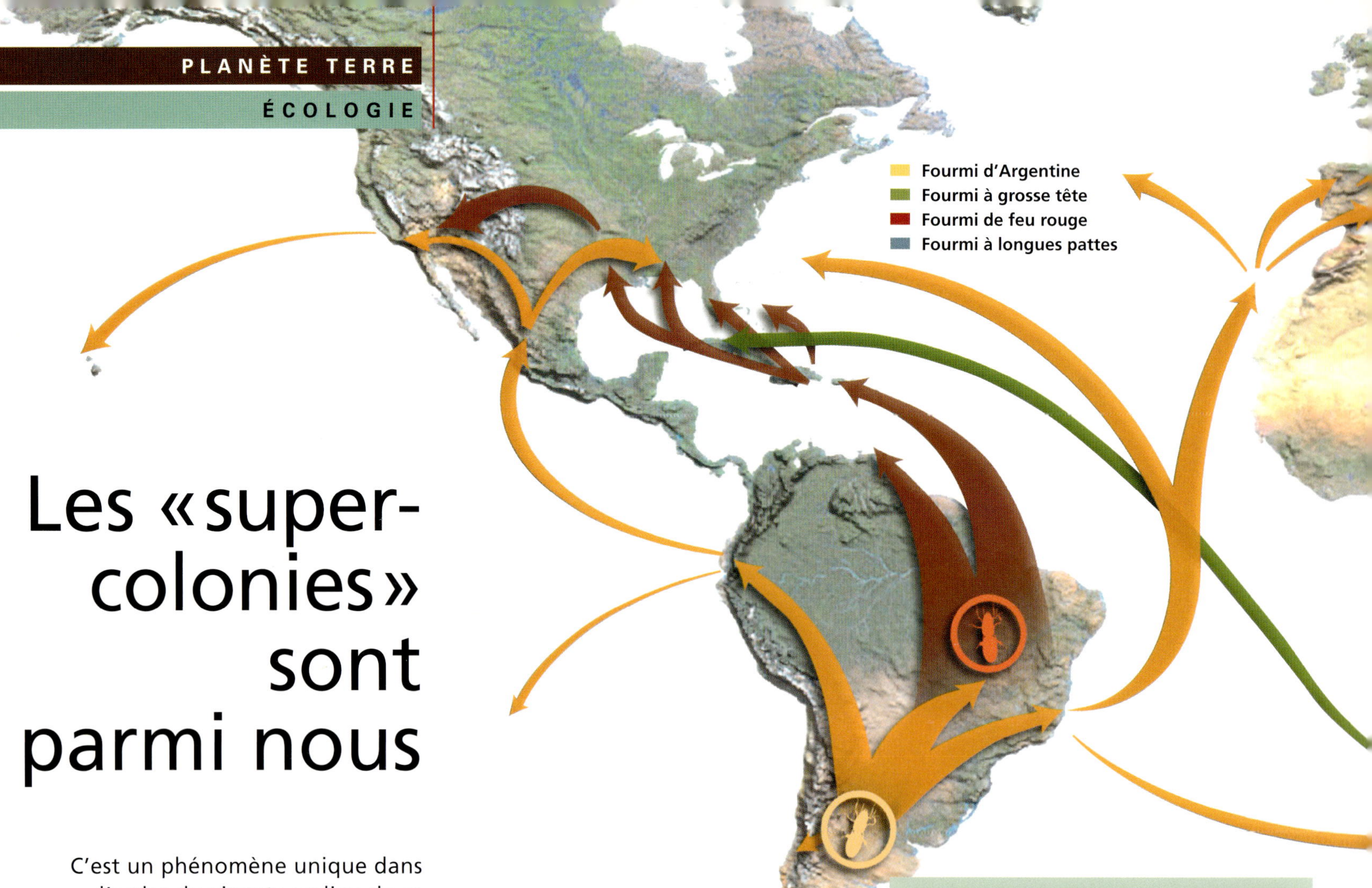

Les « super-colonies » sont parmi nous

C'est un phénomène unique dans l'ordre du vivant : au lieu de se combattre, des espèces différentes de fourmis s'associent désormais pour former des colonies de milliards d'individus. Lesquelles envahissent de plus en plus le monde...

PAR JEAN-JACQUES PERRIER

Dans le Sud de l'Europe se bâtit aujourd'hui un véritable empire : celui de la fourmi d'Argentine *(Linepithema humile)*. Un empire de plus de 6 000 kilomètres ! Car de la Galice espagnole à la Riviera italienne, en passant par Porto, Valence, Perpignan, Marseille et Nice, cet insecte n'en finit pas de grignoter du terrain, formant tout au long des façades atlantique et méditerranéenne une armée de milliards d'individus. Un phénomène unique dans l'ordre du vivant, que les spécialistes appellent « supercolonie ». Quand on sait que les fourmis mettent en place une organisation sociale hypersophistiquée (lire p. 68) et que leur organisme leur permet de résister aux conditions les plus difficiles (lire p. 62), ces gigantesques regroupements ont de quoi inquiéter. Car ces supercolonies posent de vrais problèmes écologiques et économiques là où elles passent.

DES DÉGÂTS ESTIMÉS À DES MILLIARDSDE DOLLARS

Ainsi, aux États-Unis, la fourmi de feu rouge *(Solenopsis invicta)*, d'origine brésilienne, s'est arrogé tout le Sud du pays depuis son arrivée dans l'Alabama au début des années 30, et ses supercolonies y causent des dégâts multiples dont le coût est aujourd'hui estimé à 3 milliards de dollars par an ! Dans de nombreuses îles des Caraïbes et du Pacifique, la fourmi électrique *(Wasmannia auropunctata)*, qui vient d'Amérique du Sud, cause également de multiples dommages depuis les années 70, tandis qu'à Hawaii, les supercolonies de la fourmi sud-africaine à grosse tête *(Pheidole megacephala)* ont exterminé quantité d'insectes natifs, entraînant la disparition de certains oiseaux insectivores.

UN MODE « D'ORGANISATION SUPERCOLONIALE » UNIQUE

Dans l'océan Indien, sur l'île Christmas (au sud de Java), la fourmi folle à longues pattes *(Anoplolepis gracilipes)*, d'ascendance indienne (ou africaine), s'est mise à pulluler au milieu des années 90. Résultat : « Elle a décimé quelque 20 millions de crabes rouges *(Gecarcoidea natalis)* depuis 1995, engendrant des

FOURMI D'ARGENTINE

NOM *Linepithema humile*
ORIGINE Argentine et Brésil.
RÉPARTITION ACTUELLE Tous les continents, sauf l'Antarctique.
MORPHOLOGIE De 2 à 4,5 mm. Couleur miel.
NID Peu visible, sous les pierres, les tuiles, dans le sol. Comporte jusqu'à une centaine de reines.
ALIMENTATION Omnivore, prédatrice d'insectes, « nettoyeuse » de cadavres, avide de graines, de fruits, de nectar et du miellat des pucerons et cochenilles.
COMPORTEMENT Très agressive, elle attaque d'autres fourmilières. Active nuit et jour, toute l'année.
CONSÉQUENCES Force les fourmis autochtones à s'installer ailleurs ou les tue. Nuit indirectement aux cultures en favorisant les pullulations de pucerons.

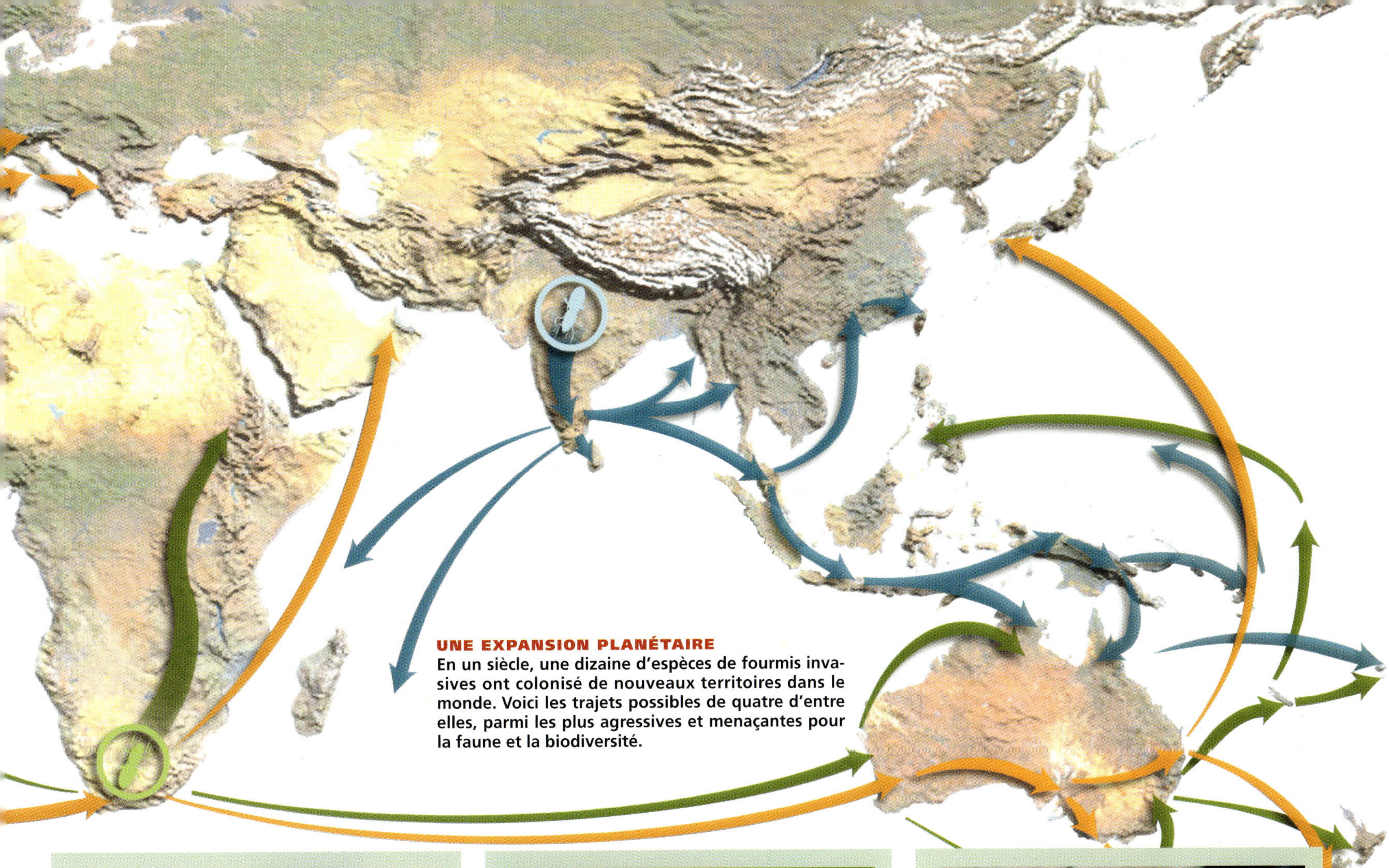

UNE EXPANSION PLANÉTAIRE
En un siècle, une dizaine d'espèces de fourmis invasives ont colonisé de nouveaux territoires dans le monde. Voici les trajets possibles de quatre d'entre elles, parmi les plus agressives et menaçantes pour la faune et la biodiversité.

FOURMI À GROSSE TÊTE

NOM *Pheidole megacephala*
ORIGINE Afrique du Sud.
RÉPARTITION ACTUELLE Zones tempérées et tropicales (îles du Pacifique).
MORPHOLOGIE De 2 à 4 mm de long. Les « soldats » ont une grosse tête. Couleur jaune pâle à marron foncé.
NID Dans le sol, sans dôme visible.
ALIMENTATION Omnivore, prédatrice d'insectes, d'autres invertébrés et de petits vertébrés. Ne dédaigne pas les graines et le miellat des pucerons.
COMPORTEMENT Active nuit et jour. Les soldats, aux mandibules acérées, sont de vrais tueurs pour les autres espèces de fourmis.
CONSÉQUENCES En surnombre, elle élimine les fourmis autochtones. En augmentant la densité des pucerons, elle réduit la productivité agricole.

FOURMI DE FEU ROUGE

NOM *Solenopsis invicta, S. saevissima*
ORIGINE Probablement le Sud du Brésil et le Nord de l'Argentine.
RÉPARTITION ACTUELLE Introduite en Alabama, elle a gagné tout le Sud des États-Unis.
MORPHOLOGIE De 2 à 6 mm de long. Couleur brune-rouge.
NID En forme de monticule de 40 cm de haut et de diamètre.
ALIMENTATION Arthropodes, vers de terre, petits vertébrés. Elle aime aussi la sève des plantes de culture.
COMPORTEMENT Effectue des raids de chasse dans les nids d'autres fourmis. Pique tout ce qui s'approche du nid. Piqûre très douloureuse.
CONSÉQUENCES Réduit la diversité des autres espèces de fourmis, de petits animaux. Altère les récoltes.

FOURMI À LONGUES PATTES

NOM *Anoplolepis gracilipes*
ORIGINE Inde (ou Afrique ?).
RÉPARTITION ACTUELLE Toutes les régions tropicales et subtropicales.
MORPHOLOGIE De 4 à 5 mm de long. Longues pattes et antennes.
NID Souvent situé en bas des arbres et des plantes. Jusqu'à 300 reines et de 30 000 à 4000 ouvrières par nid.
ALIMENTATION Omnivore. Prédatrice de la faune de la litière du sol et des arbres, elle élève aussi des pucerons pour leur miellat.
COMPORTEMENT Active nuit et jour. S'agite quand elle est dérangée. Ne pique pas, mais tue ses proies en les aspergeant d'acide formique.
CONSÉQUENCES Impact négatif sur de nombreuses espèces d'invertébrés et de vertébrés. Nuit à l'agriculture.

LA FAUNE TOUCHÉE DE PLEIN FOUET

Les fourmis invasives concurrencent de nombreux invertébrés parmi lesquels les araignées. En effet, elles ont tendance à monopoliser les ressources de l'habitat qu'elles envahissent. Elles sont aussi prédatrices d'escargots, de scarabées, de larves de papillons... La fourmi de feu rouge est même connue pour perturber les couvées de certaines tortues et de l'alligator du Mississippi. Les nuisances des invasives sont aussi indirectes. Par exemple, en Californie, le lézard cornu (Phrynosoma coronatum), gros mangeur de fourmis, dédaigne les fourmis d'Argentine et, à la suite de la disparition d'une grande partie de ses proies habituelles, ne trouve plus assez pour se nourrir.

Laurent Keller
CHERCHEUR À L'INSTITUT D'ÉCOLOGIE À L'UNIVERSITÉ DE LAUSANNE

POURQUOI SI PEU D'AGRESSIVITÉ ?

Comment expliquer l'absence d'agressivité entre congénères de nids différents dans les supercolonies ? Selon le biologiste Neil Tsutsui, l'installation d'une petite population de fourmis d'Argentine sur le territoire nord-américain, à la fin du XIXe siècle, a créé un « goulet d'étranglement » génétique : la diversité des formes génétiques (allèles) déterminant la reconnaissance des odeurs a diminué, entraînant l'effondrement de la capacité de détection des signatures chimiques spécifiques à certaines colonies. Mais pour Laurent Keller, de l'Institut d'écologie de l'université de Lausanne, il s'agirait plutôt d'une « purification génétique » : « Notre idée est que l'une des formes génétiques codant les molécules de reconnaissance olfactive entre individus a été avantagée après leur introduction dans un nouvel habitat, car les fourmis qui la possédaient n'avaient pas à combattre les colonies situées à proximité. Or, les colonies qui se battent moins ont plus d'ouvrières et sont plus compétitives. Cet allèle de non-agression a donc été favorisé par la sélection naturelle. » Des modèles informatiques devraient trancher entre ces deux théories.

changements de structure majeurs dans la végétation forestière », explique Ben Hoffmann, chercheur au CSIRO australien (Commonwealth Scientific and Industrial Research Organization).

Quant à la fourmi d'Argentine, son invasion de l'Europe promet elle aussi d'être remarquable (voir carte). Son histoire ne l'est pas moins. Originaire des forêts sud-américaines, elle a involontairement été introduite dans les années 20 en Europe, via les bateaux qui effectuaient les liaisons transatlantiques. Quatre-vingts ans plus tard, sa supercolonie inquiète. Surtout que ses ouvrières sont très agressives, omnivores et expertes dans l'art d'exploiter les ressources alimentaires. Équipées de mandibules tranchantes, d'un venin et de composés chimiques défensifs, elles n'hésitent pas à attaquer divers insectes, assaillant les nids pour y capturer œufs, larves et nymphes. Ces facultés, amplifiées par le nombre d'ouvrières, leur permettent d'éliminer localement les fourmis européennes – et même de concurrencer d'autres invertébrés (lire encadré ci-contre, en haut). De surcroît, la fourmi d'Argentine favorise la prolifération de parasites des cultures (cochenilles et pucerons), dont elle affectionne le miellat sucré.

Mais il ne faut pas s'y tromper, les supercolonies ne sont pas seulement une affaire de nombre : elles inventent un mode d'association unique entre différentes colonies qui, d'ordinaire, se livreraient bataille. En Amérique du Sud, les classiques colonies de fourmis d'Argentine combattent ainsi impitoyablement les congénères appartenant à d'autres fourmilières. C'est que dans la cuticule des fourmis, des molécules hydrocarbonées créent une « signature » chimique spécifique, qui diffère selon les colonies ; grâce aux récepteurs olfactifs de leurs antennes, elles reconnaissent donc tout individu étranger et lui interdisent l'accès à leur territoire. À l'inverse, au sein d'une supercolonie, les ouvrières et les individus sexués de nids différents se côtoient sans agressivité et passent d'une fourmilière à une autre. Sans doute parce qu'ils ont perdu la faculté de reconnaître certaines signatures chimiques (lire encadré ci-contre, en bas). Résultat : chaque reine, une fois fécondée, s'en va fonder un nouveau nid à quelques dizaines de mètres de sa fourmilière. Un nid abritant une dizaine de reines peut, dès lors, « bourgeonner » en autant de nouvelles fourmilières, ce qui constituera la supercolonie. Laquelle, à l'échelle d'une région, peut englober moult populations réparties dans plusieurs centaines ou milliers de nids. Et plus la supercolonie est grande, plus son impact sur l'environnement est important. Les fourmis locales auront beau faire, elles seront vite noyées sous la masse ! Le phénomène est si spectaculaire qu'en Californie du Sud et à Hawaii, par exemple, on se demande où s'arrêtera la fourmi d'Argentine !

FOURMI ÉLECTRIQUE
Véritable fléau dans les îles du Pacifique, la fourmi électrique (ici, reines et ouvrières), résiste aux moyens de lutte actuels.

Pour l'heure, les supercolonies restent rares parmi les quelque 12 000 espèces de fourmis recensées. Néanmoins, toutes les fourmis connues pour envahir de nouveaux territoires en y provoquant des dommages – espèces dites « invasives » – adoptent une organisation supercoloniale. Or, « à l'ère de la mondialisation, la probabilité de nouvelles invasions d'espèces augmente avec le temps », souligne Terry McGlynn, de l'université de San Diego, en Californie. Ainsi, si aujourd'hui, sur la centaine de fourmis exotiques qui se sont fixées hors de leur région d'origine, seule une petite dizaine d'espèces (1) sont invasives, ce chiffre pourrait bientôt être revu à la hausse. L'organisation supercoloniale de ces fourmis invasives les mènerait alors à s'approprier de nouvelles niches écologiques un peu partout dans le monde.

UNE EXPANSION FACILITÉE PAR L'EFFET DE SERRE

En Europe, outre la fourmi d'Argentine, une seconde espèce supercoloniale, la fourmi invasive des jardins *(Lasius neglectus)*, commence à faire parler d'elle. Repérée en 1988 dans un parc de Budapest, l'espèce, originaire de Turquie ou d'Europe de l'Est, a depuis été trouvée à Barcelone, Paris, Varsovie, Toulouse, Athènes... D'après les recherches du groupe de Søe Pedersen, à Copenhague, les Lasius de Paris, Gand et Budapest appartiennent à la même

Une gigantesque supercolonie rallie depuis peu Paris, Gand et Budapest !

PROLIFÉRATION

La fourmi d'Argentine a établi une immense supercolonie dans le Sud de l'Europe. Elle devrait continuer à gagner du terrain, grâce à sa capacité à accaparer les ressources alimentaires.

gigantesque supercolonie! L'espèce gagne du terrain et pourrait, grâce à sa résistance au froid, s'implanter au Danemark et dans le Sud de la Suède. Et il est probable que « l'augmentation de l'effet de serre contribue à son expansion vers le nord, précise Søe Pedersen. On s'attend à ce que tout changement climatique majeur, en créant des communautés d'espèces plus "ouvertes", facilite l'expansion des espèces invasives. » À ce rythme, une bonne partie de la planète pourrait alors être conquise.

(1) Fourmi folle à longues pattes (A. gracilipes), fourmi invasive des jardins (L. neglectus), fourmi d'Argentine (L. humile), fourmi folle (P. longicornis), fourmi africaine à grosse tête (P. megacephala), fourmi de feu rouge (S. invicta), fourmi de feu tropicale (S. geminata), fourmi électrique (W. auropunctata), fourmi pharaon (M. pharaonis), Tetramorium rhenanum.

DÉGÂTS

En Nouvelle-Calédonie, la fourmi électrique a provoqué l'abandon de plantations de caféiers, en raison des piqûres qu'elle inflige aux ouvriers agricoles.

120 millions d'années qu'elles résistent !

Ni les périodes de glaciation, ni celles de réchauffement n'ont eu raison des fourmis. Et pour cause : leur organisme est à lui seul un prodige d'évolution. Résistance, communication, mémoire... Examen d'une véritable machine à survivre.

PAR NICOLAS REVOY

« Les fourmis ont dû coloniser la planète en peu de temps ! » André Nel, paléo-entomologiste au Muséum national d'histoire naturelle de Paris, en veut pour preuve la récente découverte, en des lieux aussi éloignés que la France et la Birmanie, des deux plus vieux fossiles de fourmis connus à ce jour. Deux vaillantes ouvrières qui, il y a 100 millions d'années, arpentaient les forêts aux pieds des grands reptiles dinosauriens, en quête de nourriture pour les jeunes larves de leurs colonies. Jusqu'au jour où elles se laissèrent surprendre, l'une comme l'autre, par une soudaine coulée de résine qui les figea pour l'éternité... « On pense que les fourmis, issues à l'origine de guêpes solitaires, sont apparues il y a 120 millions d'années. Quant à la distance qui sépare les lieux des deux découvertes, elle accrédite l'idée d'une fulgurante expansion en 20 millions d'années », poursuit le chercheur. Une progression que rien n'a jamais pu enrayer : « Ni les grandes extinctions de la fin du crétacé, ni les périodes de réchauffement n'ont eu la moindre répercussion sur leur développement. Quant à la période glaciaire, si certaines espèces ont pu être touchées, elles ont de toute façon bien mieux résisté que beaucoup d'autres animaux. » Aujourd'hui, entre les deux cercles polaires, ce petit insecte est implanté dans la quasi-totalité des écosystèmes. Et il a formé une population si vaste qu'aucune statistique fiable n'a jamais pu être établie : de 10 millions de milliards d'individus, selon certains chercheurs, à 1 milliard de milliards pour d'autres...

Au cœur d'un tel succès, un acteur essentiel : leur étonnante morphologie. Car pour minuscule et fragile que paraît leur corps, long de moins de trois centimètres en moyenne, il recèle en réalité une incroyable sophistication. Capable de toutes les performances, apte aux transformations les plus radicales, l'organisme-fourmi se voue depuis son apparition sur Terre à une seule et unique cause : l'expansion.

Aux origines, pourtant, rien n'était joué. Car la fourmi est un être poïkilotherme : la température de son corps varie avec celle de son milieu. Un handicap sérieux qui aurait pu entamer sa belle humeur de conquérante, mais qui, au final, ne l'a pas empêchée de coloniser la planète jusqu'en ses lieux les plus hostiles : des plus hauts massifs montagneux aux plus chauds déserts. Dans les montagnes du Jura suisse, les fourmis rousses endurent ainsi les longs mois d'hiver sous d'épaisses couches de neige. Quasi congelées, dans une torpeur interdisant toute activité, elles attendent patiemment le dégel du printemps.

CERTAINES SURVIVENT À UNE TEMPÉRATURE PROCHE DE 55°C

À l'autre bout du thermomètre, en Namibie ou au Sahara, par exemple, certaines fourmis du désert survivent à des températures proches des 55 °C, mortelles pour tous les autres organismes (sauf les bactéries thermophiles), obligés de se protéger sous terre. Leur secret ? Au-delà d'un certain seuil de température, ces fourmis continuent à accumuler et à synthétiser des protéines dites « de choc thermique ». Ces molécules sont au cœur d'un système de protection présent chez tous les êtres vivants et qui s'exprime dans les situations susceptibles de compromettre la survie cellulaire : augmentation de la température, hypoxie, infections, etc. Ce système a évidemment ses limites, mais les fourmis ont su l'optimiser : les liaisons chimiques de leurs protéines de choc thermique parviennent à se maintenir à des températures proches des 60 °C. Au final, les voilà parées pour cheminer paisiblement sous le soleil de midi en quête d'animaux desséchés, sans risquer de croiser le moindre prédateur...

Chaque jour, malgré les inondations, les glissements de terrain et autres incendies, les ouvrières doivent fourrager, c'est-à-dire récolter, souvent en solitaire, de la nourriture pour le nid... Afin de survivre en ces milieux mouvants et complexes, elles ont acquis une faculté vitale : savoir se repérer en toutes circonstances. C'est ainsi que la fourmi du désert Cataglyphis, par exemple, utilise une propriété particulière de la lumière émise par le Soleil, dite « lumière polarisée », pour retrouver le che-

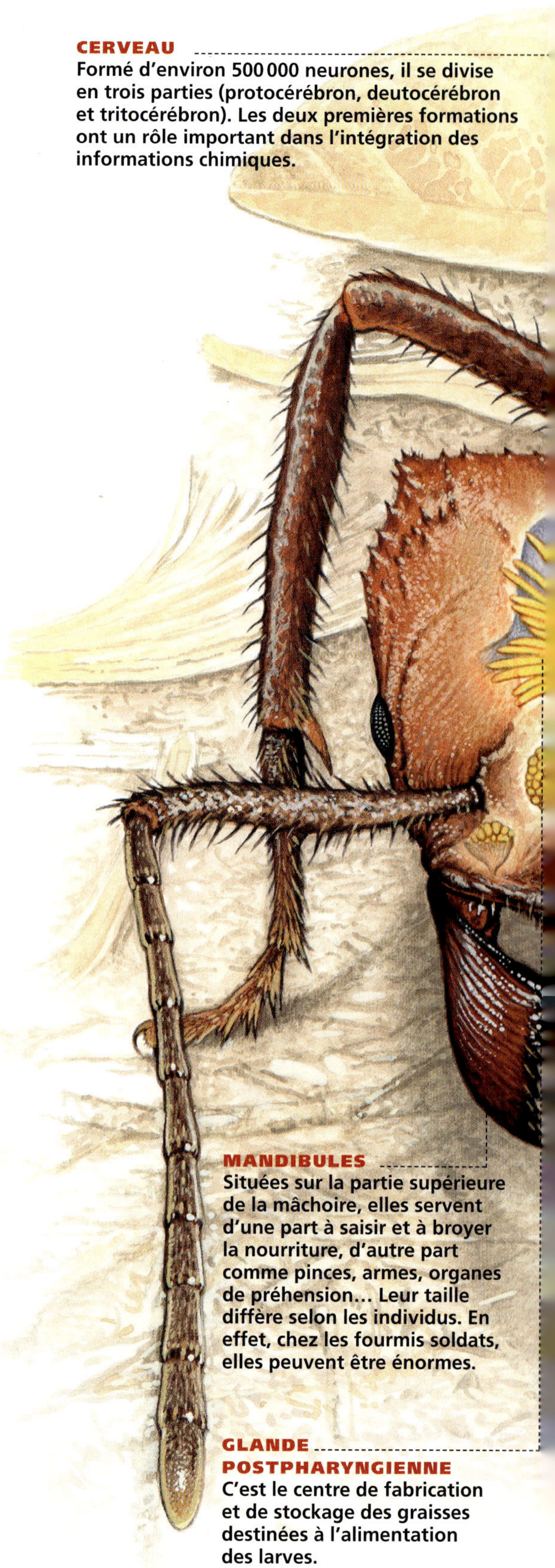

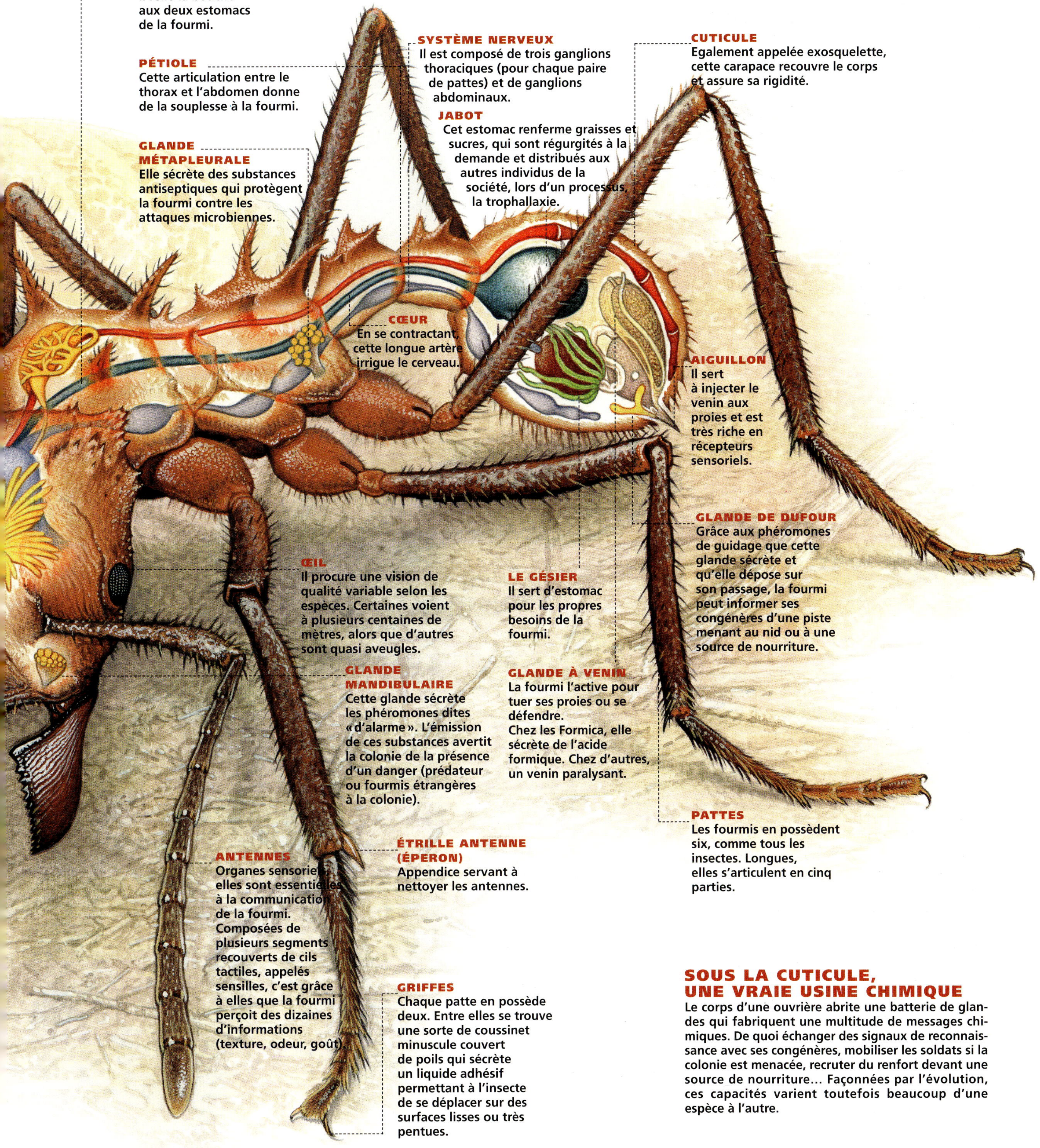

SOUS LA CUTICULE, UNE VRAIE USINE CHIMIQUE

Le corps d'une ouvrière abrite une batterie de glandes qui fabriquent une multitude de messages chimiques. De quoi échanger des signaux de reconnaissance avec ses congénères, mobiliser les soldats si la colonie est menacée, recruter du renfort devant une source de nourriture… Façonnées par l'évolution, ces capacités varient toutefois beaucoup d'une espèce à l'autre.

PLUS CORIACES QUE LES DINOSAURES…

min de son nid. Un stratagème qui, chez la fourmi d'Amazonie, Gigantiops destructor, fonctionne même quand les éléments se déchaînent : qu'une crue survienne et la déplace brusquement, la voilà apte à « recalculer » le bon cap… « D'autres espèces peuvent aussi reconnaître des formes visuelles », précise Guy Beugnon, directeur du Centre de recherche en cognition animale à l'université Paul-Sabatier de Toulouse.

En mémorisant la présence d'un arbre, d'un buisson ou d'une pierre, l'ouvrière partie fourrager dresse ainsi, au fil de ses sorties, une sorte de « liste mentale » d'indices visuels, un précieux fil d'Ariane que certaines espèces, en particulier Gigantiops destructor, sont capables de garder en mémoire toute leur vie durant, soit en moyenne trois bonnes années ! Une question se pose néanmoins : comment un si petit cerveau peut-il stocker autant d'informations ? « Ces souvenirs ne pourraient pas être mobilisés tous en même temps, explique Guy Beugnon. En fait, il semble qu'ils soient activés séquentiellement, les uns à la suite des autres, selon l'endroit du parcours où se trouve la fourmi. »

UN « GRATTOIR » ABDOMINAL LEUR PERMET DE COMMUNIQUER

Dans cette course à la survie, contrairement à la plupart des autres animaux, la fourmi a très vite bénéficié d'un avantage supplémentaire : la force du groupe. Les premières colonies, composées de quelques dizaines de membres seulement, qui se formèrent dès l'origine, exprimaient déjà ce choix : c'est ensemble qu'elles se développeraient sur Terre.

Là encore, leur organisme a joué un rôle crucial, se transformant très vite en une impressionnante machine à communiquer. Apte à émettre sous forme de substances chimiques une vingtaine de messages (pour signaler la présence d'un intrus, la découverte d'une proie…), la fourmi a également exploité d'autres modes, plus inattendus. Comme « l'aptitude à émettre des signaux vibratoires, grâce à une espèce de "grattoir", appelé organe stridulatoire, présent sur l'abdomen, note Guy Le Roux, de l'Institut de recherche sur la biologie de l'insecte, à Tours, qui vient d'achever une étude à ce sujet. Ce mode de communication vient généralement renforcer le langage chimique. Il peut servir à appeler à l'aide, en cas d'éboulement par exemple, mais aussi à solliciter de la nourriture auprès d'une congénère. »

DES « KAMIKAZES » PRÊTES À FAIRE EXPLOSER LEUR CORPS

Les sociétés se développant, l'organisme-fourmi franchit alors peu à peu le seuil irréversible de la spécialisation morphologique. Confiant à la reine le soin d'assurer la descendance de la colonie, les ouvrières renoncèrent définitivement à leurs organes sexuels,

LES QUATRE PILIERS D'UNE COLONIE

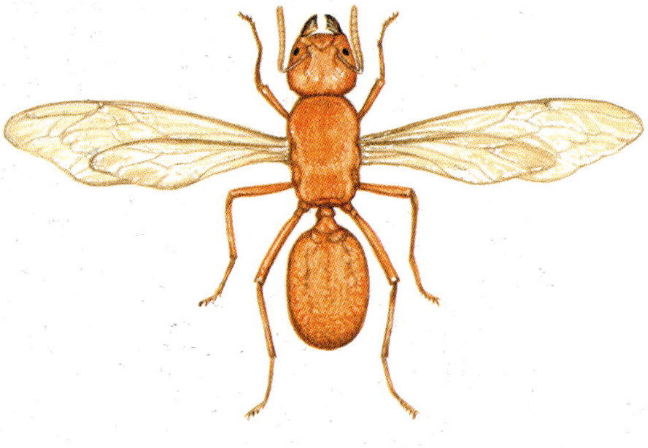

LA REINE
Seule capable de se reproduire, son rôle se résume à assurer une descendance à la colonie.

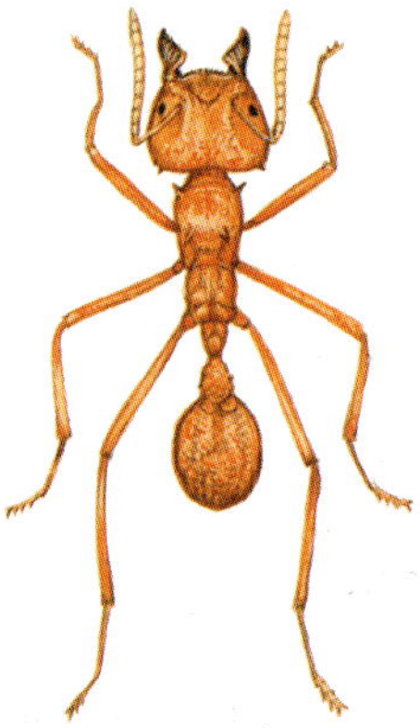

L'OUVRIÈRE MAJOR OU SOLDAT
Stérile, elle possède de fortes mandibules pour défendre le nid et affronter de durs travaux.

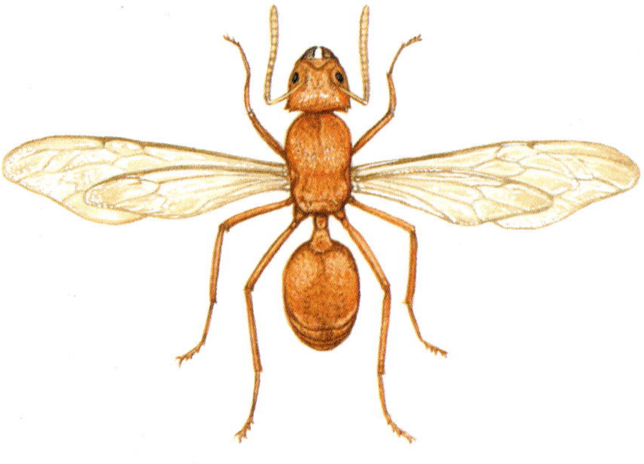

LE MÂLE
Exclusivement élevé pour féconder la reine lors du vol nuptial, il meurt aussitôt après.

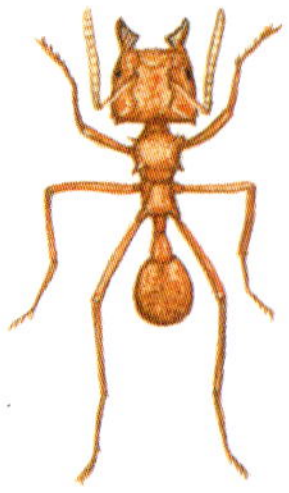

L'OUVRIÈRE MINOR
Majoritaire au sein des colonies mais stérile, elle construit et entretient le nid, soigne les larves…

Minuscule, leur cerveau traite pourtant une masse incroyable d'informations

FAITS & CHIFFRES

La Terre abriterait, entre les pôles, un milliard de milliards de fourmis réparties en 12 000 espèces appartenant à 358 genres, dont 180 rien qu'en France. Tous écosystèmes terrestres confondus, elle représenteraient de 10 à 15 % de la biomasse animale totale, soit, probablement, l'équivalent de la biomasse totale humaine. En forêt tropicale, la densité moyenne des fourmis est de 8 M/ha et peut atteindre 20 M/ha dans la savane africaine. Les ouvrières peuvent porter des charges pesant de 10 à 20 fois leur poids et mesurer, chez Camponotus gigas, jusqu'à 2,5 cm de long.

leurs corps devenant de véritables outils vivants, entièrement dédiés à leur fonction dans la colonie. Certaines ouvrières de Malaisie, véritables kamikazes, sont ainsi prêtes à tout moment à faire exploser leur corps truffé de substances toxiques afin de décourager les prédateurs. En Amérique, ce sont les ouvrières des espèces dites « à miel » qui se transforment fréquemment en véritables « bombonnes vivantes » : suspendues des mois durant au plafond des galeries, elles stockent d'abondantes sécrétions sucrées dans un abdomen démesurément gonflé, qu'elles régurgitent à leurs consœurs lors des périodes de disette…

Aujourd'hui, le temps des fourmis primitives du crétacé n'est plus. Une nouvelle ère s'est ouverte : certaines colonies contemporaines regroupent à présent jusqu'à plusieurs millions d'individus, dont les organismes, sculptés par l'évolution, sont des machines parfaitement huilées. L'histoire s'arrêterait-elle ici ? Non, car à l'échelle collective, les fourmis sont capables de bien d'autres performances…

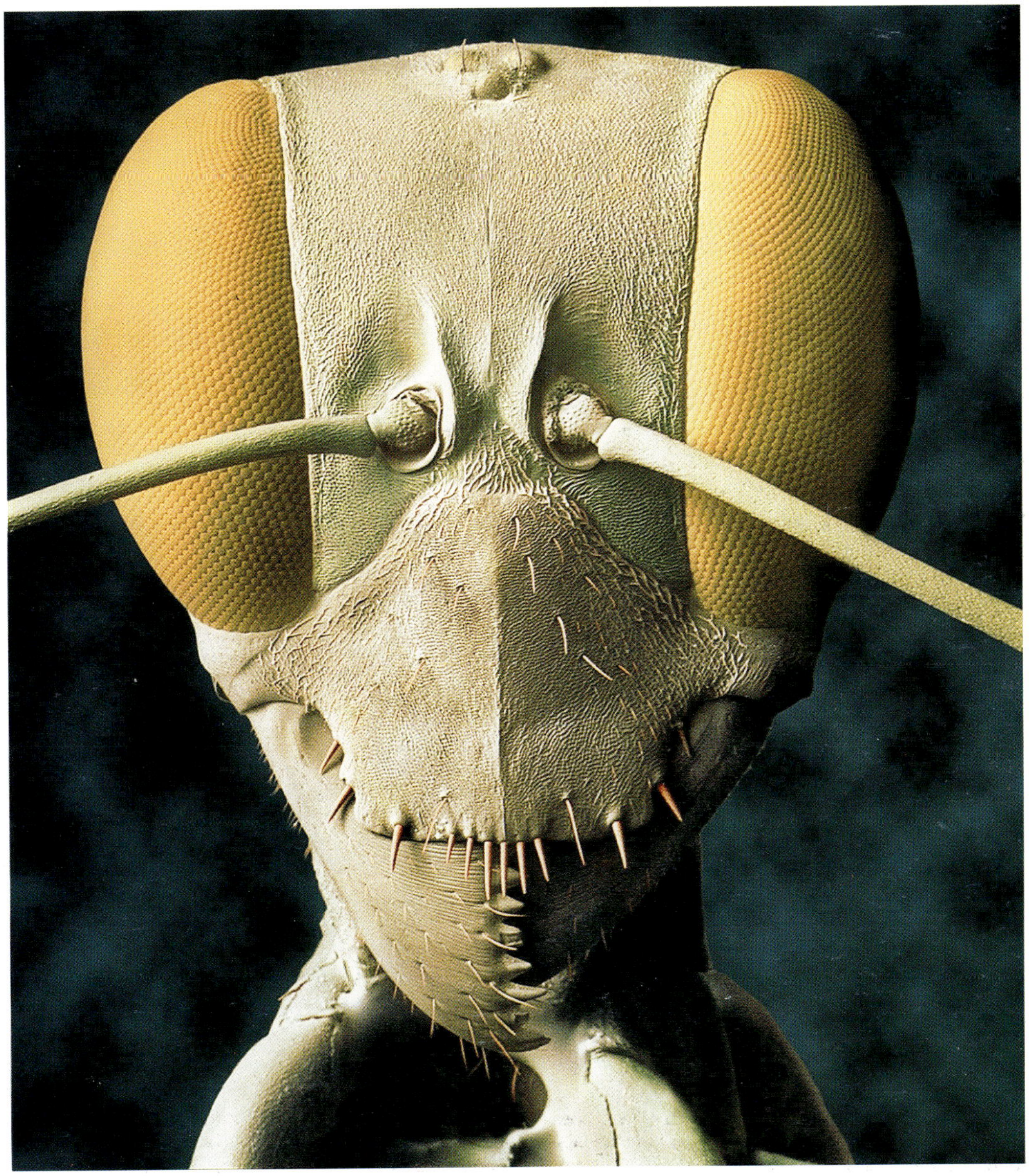

YEUX GÉANTS
Si les fourmis se repèrent en général grâce à l'olfaction, la tropicale Gigantiops destructor (ici, au microscope électronique) utilise, elle, ses yeux géants.

UN EMPIRE HYPER-ORGANISÉ

Chaque fourmilière forme un véritable empire où la vie en société est organisée de A à Z : de la reproduction à la gestion de la nourriture ou des cadavres. Mais la structure de ces cités varie selon les espèces. Ainsi, Lasius creuse des galeries dans le sol, Crematogaster construit ses nids avec une pâte produite en macérant du bois avec sa salive et Oecophylla relie des feuilles avec de la soie larvaire. Cette fourmilière bâtie sur une vieille souche est caractéristique de Formica lugubris, dite fourmi rousse ou des bois. Jusqu'à 1,5 million d'individus peuvent y vivre. Cette Formica est celle-là même qui a formé une supercolonie dans le Jura suisse : soit 1 200 fourmilières reliées par plus de 100 km de pistes et abritant une société de 150 millions de fourmis.

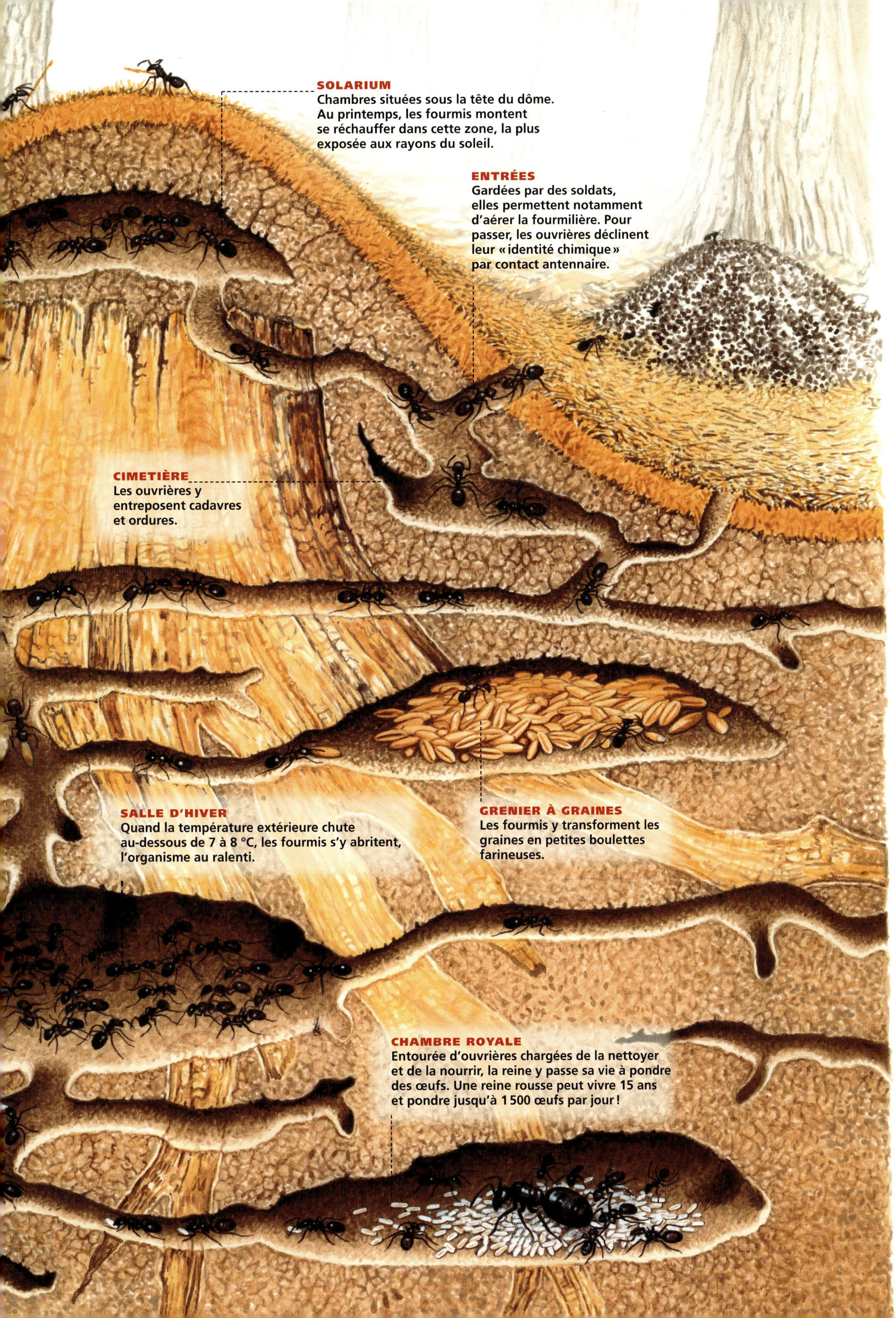
SOLARIUM
Chambres situées sous la tête du dôme. Au printemps, les fourmis montent se réchauffer dans cette zone, la plus exposée aux rayons du soleil.
ENTRÉES
Gardées par des soldats, elles permettent notamment d'aérer la fourmilière. Pour passer, les ouvrières déclinent leur « identité chimique » par contact antennaire.
CIMETIÈRE
Les ouvrières y entreposent cadavres et ordures.
SALLE D'HIVER
Quand la température extérieure chute au-dessous de 7 à 8 °C, les fourmis s'y abritent, l'organisme au ralenti.
GRENIER À GRAINES
Les fourmis y transforment les graines en petites boulettes farineuses.
CHAMBRE ROYALE
Entourée d'ouvrières chargées de la nettoyer et de la nourrir, la reine y passe sa vie à pondre des œufs. Une reine rousse peut vivre 15 ans et pondre jusqu'à 1 500 œufs par jour !

Leur efficacité collective les rend capables de tout

Leur réussite écologique, les fourmis la doivent à une exceptionnelle aptitude à coopérer ensemble au sein de la colonie. Une faculté qui leur vient de leur système social hyperorganisé : dénué d'autorité centrale, il impose, en effet, à chaque individu d'œuvrer inlassablement à la survie et à la prospérité du groupe.

PAR NICOLAS REVOY

Il pleut sur le Texas depuis des semaines. Dans les prairies qui bordent le Mississippi, l'agitation est à son comble : chiens de prairie, chouettes des terriers, marmottes à ventre jaune... tous se préparent aux inondations qui menacent. Au même moment, une colonie de Solenopsis Invicta s'adonne à une étrange activité : 200 000 ouvrières de ces redoutables « fourmis de feu » se regroupent autour de la reine et des larves, se liant les unes aux autres par les pattes.

Une incroyable mobilisation, qui aboutit bientôt à la formation d'une gigantesque boule vivante. Mais déjà le fleuve déborde et sa crue commence à noyer la prairie... Sur l'eau, un radeau insolite se met alors à lentement dériver : grouillant de fourmis, c'est la colonie tout entière que les ouvrières, par un prodigieux effort collectif, viennent de sauver de la noyade.

SEUL MOT D'ORDRE : COOPÉRER !

On le voit, la solidarité dont font preuve les fourmis peut atteindre des sommets. Mais elle se manifeste aussi au jour le jour. Quotidiennement, les ouvrières remplissent, en effet, leurs missions avec le même engagement : tandis que les major (ouvrières soldats) montent la garde, les minor récoltent de la nourriture, entretiennent le nid, etc. Autant de missions essentielles à la prospérité de la colonie, dont le succès repose sur l'entraide permanente qui existe entre les ouvrières. Pour chacune, il ne semble d'ailleurs y avoir qu'une seule raison de vivre : la survie de la colonie. Et pour cause : « Leur organisation sociale repose sur un élément fondamental : la répartition des tâches de reproduction, explique Luc Passera, spécialiste en biologie évolutive des insectes sociaux à l'université Paul-Sabatier de Toulouse. Les ouvrières, stériles, n'ont donc d'autre solution que de coopérer entre elles pour assurer la survie de la reine, seule apte à procurer une descendance à la colonie. » Résultat : les fourmis ont développé une remarquable efficacité collective à l'origine de leur succès écologique.

UNE INCROYABLE SOLIDARITÉ
Lors d'inondations, certaines espèces forment un radeau vivant qui permet à la reine et aux larves de survivre.

Cette aptitude à coopérer, les ouvrières l'utilisent en premier lieu pour assurer l'approvisionnement. Dans la fourmilière, la reine et les larves doivent, en effet, être nourries en permanence et les ouvrières fourrageuses ont ici pour mission de partir en quête de nourriture et de la rapatrier au nid au plus vite, avant qu'un autre animal ne s'en empare. Oui, mais sur de vastes étendues, seule une stratégie collective peut venir à bout d'un tel défi. La solution ? La phéromone, cette « molécule de la communication » qui, une fois déposée au sol, permet de mobiliser les forces vives de la fourmilière sur le lieu des festins : chaque

Elles sont même capables de stocker la nourriture dans leur « estomac social »

UNE ORGANISATION SANS FAILLE
Ces soldats Atta rapportent au nid des bouts de feuilles découpées, qui serviront de substrat pour cultiver un champignon indispensable à leur alimentation.

fourmi suivant une piste chimique dépose à son tour de la phéromone, attirant alors à la rescousse d'autres fourrageuses. Autant de « mandibules supplémentaires » qui aideront à récupérer la nourriture, voire à organiser un transport collectif dans le cas de prises volumineuses (chenille, sauterelle...). Mieux : les fourrageuses stockent cette nourriture dans leur « estomac social » (le jabot) pour la régurgiter, si besoin, dans l'estomac des ouvrières restées au nid. Un comportement, dit « trophallaxie », qui permet à nombre d'ouvrières de se consacrer au nid sans avoir elles-mêmes à fourrager...

Cette solidarité des fourmis n'est pas moins exemplaire dans la défense de la colonie face à un intrus : araignée, lézard... ou même fourmis d'une colonie étrangère. Grâce à la sécrétion de phéromones dites d'alarme, les soldats accourent sur les lieux de l'incursion et livrent bataille, jusqu'à la mort parfois. Et quand il faut migrer, après une bataille perdue ou pour trouver d'autres terrains de chasse, de nouvelles stratégies de coopération sont mises en œuvre. Ainsi, pour faire passer la colonie au-dessus d'une cavité, les fourmis légionnaires Eciton forment un pont vivant ! Une structure qui peut rester en place des heures durant, le temps que toute la colonie traverse ! « Ponts, radeaux, échelles... la formation de telles structures "d'auto-assemblage" reste encore très mystérieuse ! admet Guy Theraulaz, du Centre de recherche en cognition animale à l'université Paul-Sabatier de Toulouse. On ignore ainsi comment les ouvrières identifient le bon moment pour se désassembler. » Quoi qu'il en soit, ce sont bien de telles stratégies qui ont permis aux sociétés de fourmis de se développer jusqu'à basculer dans un véritable « âge industriel » de la coopération, régi par une fine division du travail.

CONTEXTE

Alors que la plupart des espèces animales ont un mode de vie solitaire, certaines ont choisi de vivre en société. Ce mode d'organisation, né à l'ère secondaire (– 245 à – 65 millions d'années), existe à des degrés très divers. Le stade considéré comme le plus avancé est l'eusocialité, regroupant notamment les fourmis, mais aussi les guêpes, les abeilles, les termites et même quelques vertébrés comme le rat-taupe. Les trois critères de l'eusocialité sont le partage des tâches de reproduction (certains se reproduisent et d'autres non), l'élevage en commun des jeunes sur un même site et la coexistence, au sein de la société, d'au moins deux générations.

LE PLUS COURT CHEMIN
Cette simulation montre que les ouvrières choisissent toujours la source de nourriture la plus proche du nid. Sur ce plus court chemin, les allers-retours plus fréquents augmentent la concentration en phéromones. Ce qui finit par attirer toutes les fourmis.

À preuve, les colonies de fourmis Atta, qui instaurent de véritables chaînes de travail afin de cultiver, dans la fourmilière elle-même, un champignon dont elles tireront subsistance : de la découpe des feuilles à l'entretien du substrat, de cinq à sept catégories d'ouvrières interviennent pour réaliser le processus ! Une main-d'œuvre zélée, à l'activité totalement coordonnée, et qui peut mobiliser jusqu'à huit millions d'individus…

« CHEZ ELLES, L'ALTRUISME EST DU PUR ÉGOÏSME ! »

Mais comment une coopération entre un si grand nombre d'ouvrières peut-elle avoir lieu sans le moindre dysfonctionnement ? « Par le fait qu'il n'y a pas de chef chez les fourmis ! », répond le Pr Jean-Louis Deneubourg, spécialiste des comportements collectifs des insectes sociaux à l'Université libre de Bruxelles. Car chez elles, tout se gère à l'échelle de l'individu : « L'ouvrière se contente de répondre, à son niveau, aux informations qui lui parviennent de son environnement immédiat, par des comportements très simples. » Par exemple, lors des processus de défense collective, chaque soldat se borne à réagir à la découverte d'une piste marquée de phéromone d'alarme en la suivant tout en y déposant à son tour de la phéromone afin de renforcer le signal d'alerte. Ce comportement très simple suffit, au final, à mobiliser un grand nombre de combattantes. Que la colonie fonctionne avec une dizaine d'ouvrières ou plusieurs millions, cette gestion exclusivement « locale » des événements permet in fine aux ouvrières de coopérer avec la même efficacité. Une organisation si huilée qu'elle inspire d'ailleurs informaticiens et industriels : « La modélisation des comportements collectifs de fourmis a servi à élaborer des algorithmes de routage dits "par colonie de fourmis", explique Jean-Louis Deneubourg. Ils permettent de rendre plus efficaces les transits de données au sein de réseaux de télécommunications. » (lire encadré page suivante).

À quoi tient réellement le secret d'une telle coopération ? Pour les chercheurs, il résiderait d'abord dans le fait que les fourmis ont, un beau jour, « accepté » d'être stériles, au profit de la reine. Car, issues de la même « mère », les ouvrières d'une même colonie, toutes sœurs, possèdent 75 % de leur patrimoine génétique en commun… alors qu'elles n'auraient que 50 % de gènes en commun avec leur progéniture si elles n'étaient pas stériles. « Il s'agit d'une sorte de "dissymétrie génétique" liée à la spécificité du mode de reproduction, dit "haplodiploïde", des hyménoptères [les fourmis, mais aussi les guêpes et les abeilles, Ndlr] », précise Luc Passera. Le secret du dévouement sans borne des ouvrières pour leurs reines tient donc au fait qu'elles ont « accepté » d'être stériles, car c'est par leurs sœurs que leurs gènes étaient propagés le plus efficacement. « Chez les fourmis, l'altruisme est du pur égoïsme ! », conclut en souriant Luc Passera. Dite « sélection de la parentèle », cette thèse fut formulée, dès 1963, par un jeune étudiant britannique, William D. Hamitton, avant d'être popularisée par le biologiste Edward O. Wilson, fondateur de la sociobiologie (lire interview, p. 74).

Reste qu'il « ne suffit pas que des individus génétiquement proches se regroupent pour qu'il y ait coopération, note Guy Theraulaz. Il faut aussi une certaine prédisposition à la coopération. » Une prédisposition que les fourmis auraient héritée de leurs ancêtres, les guêpes solitaires du crétacé, sans que l'on sache encore comment cet insecte au mode de vie solitaire pendant des millions d'années a pu engendrer l'insecte social le plus évolué de la planète. Car du passage de la guêpe à la fourmi, on sait bien peu. « On imagine que la guêpe solitaire a commencé à ramener des proies, paralysées grâce à son aiguillon, à l'endroit où grandissait sa pro-

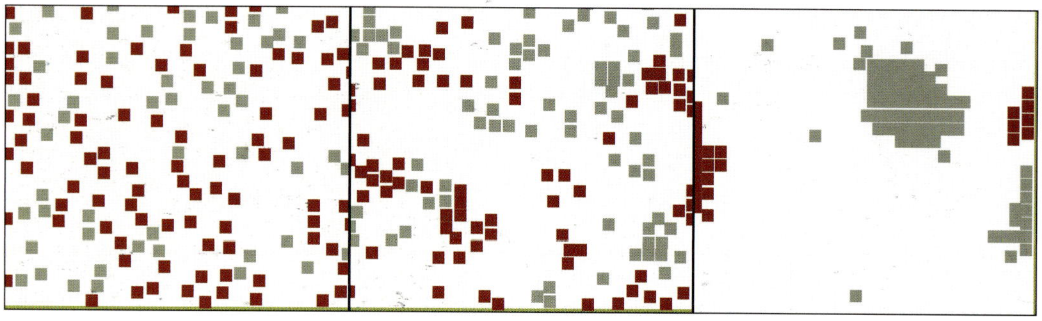

SIMPLICITÉ DES RÈGLES COMPORTEMENTALES
Sur cette simulation, des larves à deux stades de développement différents (gris et rouge). Les ouvrières les trient en plusieurs tas, ce qui facilite l'organisation du nid. Cette action ne passe pas par une compréhension globale de la situation, mais découle de simples règles comportementales.

Les fourmis ont basculé dans un véritable « âge industriel » de la coopération

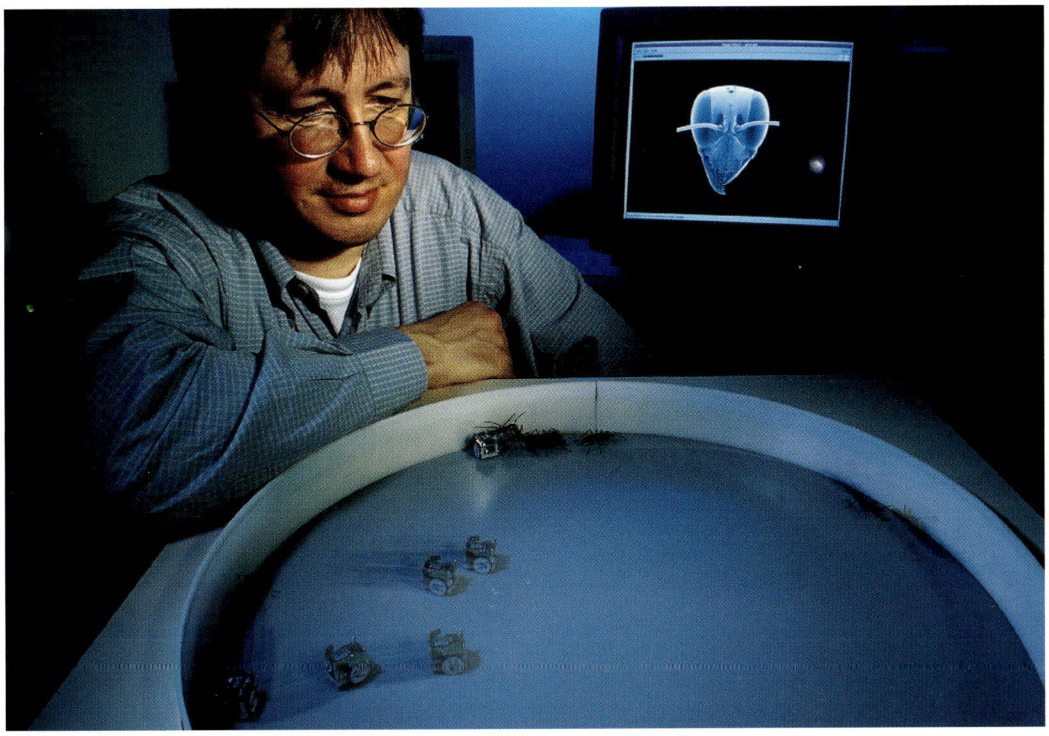

ETUDE DE COMPORTEMENT
Guy Theraulaz, dans son laboratoire de recherche en cognition animale, à Toulouse, étudie la façon dont les ouvrières amassent les cadavres de leurs congénères (ci-dessus), ainsi que la formation des pistes chimiques qui permettent leur mobilisation rapide et massive sur une source de nourriture (ci-dessous).

VIE ET MORT D'UNE COLONIE

Pour une colonie, un moment crucial est l'épisode annuel du vol nuptial, lorsque les mâles et les reines vierges prennent les airs. Chaque reine, fécondée par plusieurs mâles (dont elle conserve plusieurs années les semences dans une poche de son abdomen), se coupe alors les ailes et creuse un trou dans le sol, fondant ainsi sa propre colonie. Elle n'engendre au début que des ouvrières. Puis des mâles et des reines vierges apparaissent, et s'envolent bientôt pour le premier vol nuptial de la colonie. L'épisode se répète au fil des ans jusqu'à la mort de la reine (cinq ans en moyenne). La colonie décline alors rapidement et meurt, à moins qu'elle ne soit « polygyne », c'est-à-dire dotée de plusieurs reines : elle est alors virtuellement « immortelle » (c'est généralement le cas des supercolonies).

QUAND LA FOURMI INSPIRE L'HOMME

Qu'il s'agisse de l'approvisionnement ou de la défense de la fourmilière, mais aussi de la construction du nid, la capacité des fourmis à résoudre collectivement les problèmes qui se posent à l'échelle de la colonie sans nul recours à la moindre autorité centralisée – une aptitude appelée « intelligence collective » ou « intelligence en essaim » – ne pouvait qu'inspirer les scientifiques et, plus particulièrement, les informaticiens. Ainsi, la modélisation du comportement collectif des fourmis a déjà abouti à la mise au point d'algorithmes de routage dits « en colonie de fourmis » ayant pour mission d'optimiser le transport des données au sein des réseaux de télécommunications, fréquemment saturés. Des logiciels dont le principe repose sur la circulation de paquets d'informations assimilés à des « fourmis virtuelles », et émettant une sorte de « phéromone artificielle ». Les nœuds de ces réseaux, les routeurs, peuvent ainsi identifier instantanément les branches du réseau les moins congestionnées et y orienter au plus vite les données. D'autres applications ont également vu le jour, comme la création, par la société Eurobios, d'outils de simulation à destination des entreprises, et servant à optimiser la gestion de stocks ou encore à aider à la mise en place de chaînes de production, lors de l'implantation d'activités dans de nouveaux pays.

géniture, qui a pu ainsi se développer sans avoir à sortir du nid », expose Luc Passera. Les guêpes auraient alors peu à peu abandonné leur mode de vie solitaire pour tenter la grande aventure de la vie en société. La fourmi serait « une guêpe qui a réussi », résume Bruno Corbara, du Laboratoire de psychologie sociale de la cognition, à Clermont-Ferrand.

Un passage à la vie sociale qui, chez l'individu, a peu à peu entraîné la sélection de caractères propices à ce nouveau style de vie. Notamment ceux favorisant la communication : au fil de l'évolution, les descendantes des guêpes solitaires ont ainsi vu leur corps se doter de glandes chimiques capables d'émettre des phéromones toujours plus diversifiées.

Et demain ? Une chose est sûre : les colonies peuvent virtuellement se développer ad libitum sans que ne soit perturbé leur fonctionnement interne. En témoigne l'apparition de supercolonies où coopèrent parfaitement des millions d'individus (lire p. 58).

Quant à d'éventuelles variations environnementales, « les fourmis développeront de nouvelles stratégies pour y faire face », estime Jean-Louis Deneubourg. En fait, un seul facteur pourrait limiter leur développement : leur propre croissance, à l'instar des supercolonies qui appauvrissent peu à peu les écosystèmes sur lesquels elles prospèrent. Mais si l'une ou l'autre de ces espèces disparaissait, comme ce fut le cas à d'innombrables reprises au cours de l'évolution, la place serait de toute façon reprise par une autre des 12 000 espèces de fourmis peuplant la planète… Un cas de figure qui ne s'appliquera pas à l'homme, représenté, lui, par une espèce unique…

LA FOURMILIÈRE EST-ELLE UN SUPER-ORGANISME ?

L'extrême répartition des tâches qui règne au sein des colonies a conduit certains chercheurs à considérer la fourmilière non plus comme une simple association d'individus, mais comme un superorganisme, au sein duquel la reine serait le germen (cellules reproductrices d'un individu, transmettant les caractères héréditaires) et les ouvrières le soma (cellules non reproductrices : sanguines, osseuses…). Les ouvrières étant, par exemple, l'équivalent des globules blancs (défense du nid par les soldats) ou des cellules de la paroi digestive, chargées d'assurer le transfert de la nourriture vers le sang (fourrageuses régurgitant la nourriture aux individus restés au nid). Une comparaison qui comporte aussi ses limites, car des conflits à l'intérieur d'une colonie peuvent apparaître. Chez la fourmi de feu, les ouvrières, partisanes d'une descendance à majorité femelle, s'opposent ainsi fréquemment à la reine, adepte d'une plus grande équité.

Il n'y a que leur propre croissance
qui puisse les freiner... et encore !

Pierre Jaisson

PROFESSEUR D'ÉTHOLOGIE,
UNIVERSITÉ DE VILLETANEUSE

« Elles ne peuvent pas décider
de modifier leurs sociétés »

IL EN PENSE

Au vu du succès écologique de la fourmi, certains sont tentés de dresser un parallèle avec l'homme. Ce dernier se comporterait-il pour autant comme la fourmi ? Chez nous, les humains, il y a quelque chose qui n'existe pas chez les fourmis : nous avons la possibilité de décider de modifier nos sociétés. Au XXe siècle, il y a des pays qui ont changé de système à de nombreuses reprises, et c'est quelque chose d'inimaginable dans une société de fourmis. Mais c'est également un inconvénient si l'on décide d'un changement qui s'avère catastrophique. Et dans ces cas-là, le conservatisme bourgeois des fourmis apparaît bien plus enviable ! L'homme détient donc cette capacité d'intervenir sur le destin des sociétés dans lesquelles il se trouve, et peut-être saura-t-il prendre des décisions positives pour répondre aux défis qui l'attendent ? Car pour l'instant, force est de constater que son développement constitue en soi la sixième grande extinction affectant la planète, après celle de la fin du crétacé... On est loin de pouvoir en dire autant des fourmis !

http://www-leec.univ-paris13.fr/fiches/jaisson/jaisson.html

CHAÎNE VIVANTE
Ces fourmis tisserandes Oecophylla (ci-dessus) forment une véritable chaîne vivante afin de recourber une feuille qui servira de paroi pour leur futur nid.

INSTALLATION
Quelques heures plus tard, la colonie prend possession de sa nouvelle demeure (ci-contre). Cette technique de construction permet à ces fourmis de pallier, depuis des millions d'années, la rareté des abris naturels spacieux.

CONSTRUCTION
Lorsqu'une quantité suffisante de feuilles est réunie (photo ci-dessous), une fourmi soldat s'approche des végétaux, tenant délicatement une larve dans ses mandibules, et « coud » les feuilles entre elles grâce à la soie sécrétée par la larve.

« Comme l'homme, elles peuvent créer des civilisations »

Père de la sociobiologie et spécialiste mondialement reconnu des fourmis, Edward O. Wilson analyse ici ce qui se joue entre notre espèce et les fourmis. Au final, la planète aurait plus besoin d'elles que de nous...

PAR JEAN-JACQUES PERRIER

Science & Vie Vingt-cinq ans après la controverse sur la sociobiologie (voir encadré), que diriez-vous des similarités et des différences entre la nature humaine et celle des fourmis ?

Edward O. Wilson **Le dernier quart de siècle a pleinement justifié l'idée qu'il existe une nature humaine composée de prédispositions mentales et comportementales héréditaires. La nature humaine et celle des fourmis ont en commun d'être fondées sur une base biologique, mais elles sont fondamentalement différentes dans le détail. Les fourmis, contrairement aux humains, sont presque totalement guidées par l'instinct et seulement dans une faible mesure par l'expérience acquise ; leurs colonies sont composées de femelles et divisées en castes de reproducteurs et d'ouvrières ; elles communiquent principalement par le biais de sécrétions chimiques et avec leurs sens du goût et de l'odorat ; et, fait très important, elles n'ont pratiquement aucune identité propre par-delà leur appartenance à leur colonie. Quelqu'un, un jour, a remarqué que « les fourmis, comme les hommes, peuvent créer des civilisations sans user de la raison ». Bien sûr, c'est injuste pour *Homo sapiens ;* mais il est vrai que nous pouvons encore largement nous améliorer !**

LE « POÈTE DES INSECTES »

C'est depuis l'âge de 16 ans que Edward Osborne Wilson, né le 10 juin 1929, voue sa vie à l'étude des fourmis. Professeur à Harvard dès 1956, il est devenu célèbre en 1975 avec un livre dans lequel il a jeté les bases d'une nouvelle discipline, la sociobiologie, qui, en réaction au triomphe des biologistes moléculaires, défend l'idée d'un « fondement biologique des comportements sociaux ». Très controversée à l'époque, la sociobiologie a toutefois ouvert la voie à la recherche des liens entre traits biologiques et dimension sociale. En 1988, E. O. Wilson participe, en outre, à la diffusion du terme « biodiversité », qui deviendra l'un des plus cités de la littérature scientifique. Distingué par deux prix Pulitzer, ce « poète des insectes » a été désigné en 1996 par le magazine *Times* comme « l'un des 25 Américains les plus influents de XXe siècle ».

À lire : *La Sociobiologie*, éd. Du Rocher, 1987, *Voyage chez les fourmis*, Le Seuil, 1996.

S & V Il est tentant de faire le parallèle entre la destruction de la biodiversité par l'homme et les nuisances de certaines fourmis invasives. Qu'en pensez-vous ?

E.W. **Il ne faut pas oublier que les espèces invasives, dont les fourmis, ne sont anormales que parce qu'elles ont été introduites par l'homme, bien qu'accidentellement, dans des milieux déjà modifiés où elles se sont débarrassées de leurs prédateurs naturels et de leurs autres ennemis. En ce sens, elles sont simplement les agents de notre propre pouvoir de destruction. Mais il est vrai que les fourmis, comme les humains, sont capables, en raison de leur organisation sociale, d'avoir un impact général très important sur l'environnement. Une seule espèce, comme la fourmi d'Argentine, peut changer la structure du sol, éliminer d'autres insectes, et même interférer avec la pollinisation et la dispersion des graines de diverses plantes.**

S & V À l'instar de l'homme, les fourmis invasives constituent-elles donc une menace pour les écosystèmes et la biodiversité ?

E.W. **Effectivement, les espèces de fourmis invasives tendent à éliminer les espèces natives, ainsi que celles d'autres insectes, avec des conséquences qui fragilisent le reste de l'écosystème. Dans quelques cas, elles représentent même de véritables fléaux qui causent des dommages économiques considérables. Actuellement, je tente de résoudre le mystère de la « fourmi omnivore » *(Formica omnivora)*, ainsi nommée par les premiers entomologistes. Entre le XVIe et le XVIIIe siècle, sa densité a littéralement explosé dans plusieurs**

îles des Antilles : Hispaniola [aujourd'hui Haïti et la République dominicaine, Ndlr], Grenade, la Barbade et la Jamaïque. Cette fourmi détruisait les cultures, envahissait les maisons, mordait et piquait les gens si férocement qu'elle leur rendait la vie impossible. Heureusement, après quelques décennies, elle a décliné sur chacune des îles qu'elle avait envahie. De quelle espèce s'agissait-il ? D'où venait-elle ? Pourquoi s'est-elle multipliée si intensément ? Ce sont des questions cruciales pour l'écologie.

S & V Vous avez écrit que certaines fourmis appartenant au genre Pheidole sont un exemple d'« hyperdiversité ». À quoi est dû leur succès ?

Il ne faut pas oublier que les espèces invasives ont été introduites par l'homme

E.W. **Pheidole est effectivement l'un des genres les plus divers du règne animal. J'ai distingué et dessiné 624 espèces, dont 347 sont nouvelles pour la science ! Elles représentent 19 % de toutes les espèces de fourmis de l'hémisphère occidental. On peut se demander pourquoi certains groupes atteignent une telle diversité et une telle abondance. C'est une question très importante pour la biologie de l'évolution, mais il ne sera sans doute possible d'y répondre qu'au cas par cas. Je pense que la clé du succès de Pheidole tient à l'existence d'une « brigade » très spécialisée de soldats, combinée à la production d'ouvrières ordinaires à vie brève et à un système rapide et efficace de « recrutement » : constitué de pistes odorantes, il permet aux fourmis d'alerter leurs congénères et de les diriger vers les sources de nourriture, les ennemis ou de nouveaux emplacements où construire les nids. Cette division du travail et ce raffinement dans la communication ont permis aux divers représentants de Pheidole de se multiplier au cours de l'évolution ; différentes espèces ont investi de nouveaux habitats et exploité de nouvelles sources de nourriture.**

S & V Les fourmis doivent-elles craindre la dégradation de l'environnement ?

E.W. **La coupe de forêt ou la conversion d'une prairie naturelle en culture provoquera toujours la disparition de la majorité des fourmis qui y vit. Cela dit, en se constituant en supercolonies, certaines espèces (lire p. 58) ont toutes les chances de survivre aux agressions dues à l'homme. Et il faut bien se dire que les fourmis sont vitales : elles sont tout à la fois « prédateurs en chef » d'autres insectes, « éboueurs » faisant disparaître les cadavres d'insectes ou de petits animaux, pollinisateurs hors pair, sans compter leur rôle majeur dans la dispersion des graines et l'enrichissement des sols. Si l'homme venait à disparaître (n'allez pas croire que je le suggère !), c'est l'inverse qui surviendrait : les écosystèmes cicatriseraient et la biodiversité serait préservée.**

Ces autres insectes qui menacent

Il n'y a pas que les fourmis... Moustiques, blattes, criquets et autres chenilles connaissent, eux aussi, une extension planétaire inédite. Un phénomène tel qu'il risque de toucher de plus en plus nos campagnes, nos villes... et notre santé.

Depuis quinze ans, les moustiques du genre Aedes ne cessent de se répandre à travers le monde : originaires du Japon et d'Egypte, ils ont colonisé les Etats-Unis, l'Amérique centrale, les Caraïbes, l'Albanie et l'Italie. Un spécimen a même été découvert dans le Val d'Oise en 2002 ! Installé sur les côtes italiennes, à moins de 60 km de nos frontières, il progresse au rythme de 6,25 km par an, estiment les chercheurs de l'Entente interdépartementale pour la démoustication du littoral méditerranéen. Ce qui pourrait l'amener à gagner la Côte d'Azur dès 2010. Une situation qui appelle à une surveillance accrue, car Aedes n'est pas un banal moustique : il est le vecteur de la dengue, qui tue 20 000 personnes par an dans le monde.

Et il n'y a pas que lui ! D'autres moustiques, tout autant propagateurs de redoutables maladies infectieuses, inquiètent les autorités sanitaires. Le paludisme (plus de 1,5 million de morts par an dans le monde), véhiculé par l'Anopheles gambia, avait disparu de nos contrées. Or un rapport de l'OMS de 2002 a révélé qu'il resurgissait en Europe centrale et du Sud. Plus près de nous, c'est le moustique Culex, vecteur du virus du Nil occidental (lire Science & Vie, n° 1024, p. 94), qui mobilise depuis fin 2000 en Camargue. A tel point que Jean-Pierre Hervé, du Laboratoire de recherche sur les insectes nuisibles à Montpellier, redoute que le virus du Nil supplante « dès l'an prochain, le Sras à la une des journaux ». En effet, la conquête d'autres territoires change la donne. Et pas seulement sur le plan sanitaire : les cultures ne sont pas moins menacées par le développement inédit de certaines espèces.

LE MIGRATEUR LE PLUS NUISIBLE ? UNE SIMPLE CHENILLE

Ainsi du criquet pèlerin : sévissant en Afrique et en Asie, il aborde aujourd'hui les côtes d'Espagne et d'Italie, et les zones où il pullule se multiplient (Maroc, Yémen et Chypre). Or un seul essaim peut engloutir 300 tonnes de végétaux par jour ! Moins spectaculaire, la chenille processionnaire n'en a pas moins été identifiée en 2001 par la FAO (Organisation des Nations unies pour l'alimentation et l'agriculture) comme « migrateur le plus nuisible ». Implantée dans les forêts méditerranéennes, elle ne cesse de progresser en Europe (Espagne, Portugal et France) et dans les pays du Maghreb, où elle dévore les résineux. Et que dire des abeilles tueuses : d'origine d'africaine, elles ont été importées au Brésil en 1956 et, depuis lors, remontent vers le Nord, jusqu'au Nevada, au rythme de 300 km par an ! Une colonisation qui a déjà tué plus de 1 500 personnes par piqûres...

DES RISQUES POUR LA SANTÉ
Paludisme, dengue, fièvre jaune, virus du Nil... La liste est longue des maladies mortelles que transmettent certains moustiques. Le paludisme que véhicule *Anopheles gambia* (ci-contre) tue plus d'un million et demi de personnes dans le monde. L'abeille africaine *Apis mellifera scutellata* (ci-dessus) a, elle, été importée au Brésil en 1959 pour améliorer la production de miel. Hélas ! son hybridation avec l'abeille locale a donné naissance à l'"abeille tueuse", une race colonisatrice et hyperagressive : elle tue 200 personnes par an et on la retrouve jusqu'en Californie...

Importées du Brésil, les abeilles tueuses remontent vers le nord au rythme de 300 km par an

Dans les villes, la situation n'est pas plus brillante. Là, ce sont les termites qui n'en finissent pas de grignoter charpentes et planchers, au point que le 21 mars 2003, un arrêté préfectoral décrétait même Paris "zone infestée".

DES INVASIONS FAVORISÉES PAR LES ÉCHANGES COMMERCIAUX

Les blattes ne sont pas en reste : colonisant les villes du monde entier, elles seraient responsables d'un nombre croissant d'allergies respiratoires, dont l'asthme. Ironie de l'histoire : cette invasion des insectes qui menace l'homme, c'est lui qui en est le premier responsable. Car c'est bien avec le développement du commerce que moustiques et autres cafards ont pu, en transitant par les soutes des avions ou des bateaux, étendre leurs territoires. La généralisation du chauffage urbain a également joué un rôle, attirant dans les villes blattes et termites. Tandis que les modifications des pratiques agricoles ont favorisé l'expansion du criquet (déboisement, augmentation de la taille des exploitations) et de la chenille (monoculture des résineux, comme le pin d'Alep au Maghreb). Enfin, prévient encore l'OMS, le réchauffement climatique pourrait aggraver la situation. Devenant plus

DES RISQUES POUR LES HABITATIONS ET LES RÉCOLTES
Les fléaux subtropicaux profitent du réchauffement global. Importés en France au XVIIIe siècle avec les bois africains, les termites (page ci-contre en haut) se sont adaptées et grignotent aujourd'hui quelque 6 millions de logements en France. La chenille processionnaire du pin (ci-dessous), hier méditerranéenne, a passé récemment la Loire. Quant au criquet pèlerin africain (page ci-contre), il a franchi la Méditerranée.

EN SAVOIR PLUS

LIVRES

***"Voyage chez les fourmis"*, Bert Hölldobler, Edward O. Wilson, éd. du Seuil, 247 p. (1996).**
***"La Fourmi et le sociobiologiste"*, Pierre Jaisson, éd. Odile Jacob, 311 p. (1993).**
***"Naturaliste : le savant et les fourmis"*, Edward O. Wilson, éd. Christian de Bartillat, 400 p. (2000).**
***"Vie artificielle. Où la biologie rencontre l'informatique"*, Jean-Philippe Renard, éd. Vuibert, 408 p. (2003).**
***"Les Sociétés animales"*, Serge Aron, Luc Passera, éd. De Boeck Université, 336 p. (2000).**
***"Adresses utiles en entomologie"*, Michel Martinez, Jean-Louis Dommanget, éd. OPIE, 60 p. (2002).**

SITES

www.issg.org/index.html#ISSG
Site de l'Union pour la conservation de la nature.
www.myrmecology.org/
Promotion de l'étude scientifique des fourmis.
www.inra.fr/internet/hébergement/opie-insecte
Des pages d'entomologie et d'écologie par l'Office pour les insectes et leur environnement (OPIE).
www.antcolony.org/
Site associatif. Par des passionnés de fourmis.
http://aanthill. free.fr/
Nombreux liens sur les fourmis.
www.univ-tours.fr/desco/UIEIS/UIEIS.htm
La section française de l'Union internationale pour l'étude des insectes sociaux.

Contre de telles invasions, l'homme ne dispose que d'une seule arme : les pesticides

ENJEUX

Avec des épidémies pouvant se propager là où on ne les attend pas, l'invasion territoriale par certains insectes représente d'ores et déjà un risque sanitaire. Sans oublier les ravages agricoles et leurs conséquences économiques. Ainsi stopper l'extension des insectes est un défi pour la science, qui implique, non seulement de comprendre les facultés des espèces concernées, mais aussi de prendre en compte comment l'humain a favorisé des terrains, tel le réchauffement climatique.

chaudes et humides, les zones tempérées pourraient notamment attirer de nouvelles espèces de moustiques et, déjà, l'arrivée en Europe du Sud d'Aedes aegypti, vecteur de la dengue et de la fièvre jaune, est redoutée.

Contre de telles invasions, l'homme ne dispose que d'une seule arme : les pesticides. Mais leur efficacité est limitée. En effet, le patrimoine génétique des insectes mute rapidement, les rendant insensibles aux traitements. En mai dernier, des chercheurs de Montpellier ont identifié des mutations permettant aux moustiques Culex pipiens et Anopheles gambia de résister aux insecticides. Un atout génétique pour les insectes, ces vétérans de la planète qui, représentant 80 % des espèces animales, paraissent en mesure de contester le moindre pouce de terrain à ce nouveau venu qu'est l'homme.

Libye

Et au milieu du désert coule la **grande rivière**

Près de 4 000 kilomètres de pipelines enfouis sous le sable acheminant de l'eau pour fertiliser le désert libyen ? C'est le prodigieux pari que le colonel Kadhafi est en passe de réussir, après que des paléontologues ont exhumé, il y a 20 ans, une gigantesque nappe aquifère datant de l'époque révolue où le Sahara était béni par les pluies...

PAR DANIEL DUHAND
PHOTOS REZA

Un projet fou, irréalisable, mégalomaniaque... voilà ce qui revenait lorsqu'en 1983 le fantasque président de la Libye, le colonel Muammar al-Kadhafi, déclara vouloir créer un fleuve artificiel en plein désert. Pour remédier enfin à la pénurie d'eau dont souffre cruellement son pays, où nulle rivière ne coule, aucune pluie ne ruisselle... Sur le papier, il s'agissait de capter de l'eau dans le Sud du pays, l'endroit le plus désertique qui soit, au moyen de forages très profonds réalisés dans des nappes aquifères ; puis de transporter le précieux liquide sur des milliers de kilomètres jusque dans le Nord libyen, afin d'abreuver les villes de la bande côtière et rendre les terres fertiles. Un projet fou, irréalisable... Et pourtant, vingt ans plus tard, des pipelines transportent chaque jour plusieurs millions de mètres cubes d'eau potable, parcourant 4 000 kilomètres sous le désert. Prodigieux ! D'ailleurs, les Libyens n'hésitent pas à parler de « Huitième merveille du monde ». En tout cas, la « Grande rivière artificielle » irrigue aujourd'hui plus de 250 000 hectares fraîchement cultivés, alors même que la troisième et dernière tranche de ce chantier pharaonique vient à peine de commencer et qu'elle ne sera achevée que dans une dizaine d'années.

On pourrait croire que ce projet du « Guide de la Jamähïrya », comme aime à se faire appeler Kadhafi, prend sa source dans des origines bédouines. Un proverbe n'affirme-t-il pas : « Abondance d'eau reste le rêve de tout Bédouin » ? Mais en réalité, ce miracle revient... aux paléontologues ! Ce sont eux, en effet, qui ont pensé à exploiter l'héritage liquide d'une période où le Sahara était couvert de savanes giboyeuses et de forêts tropicales humides. Car, si aujourd'hui

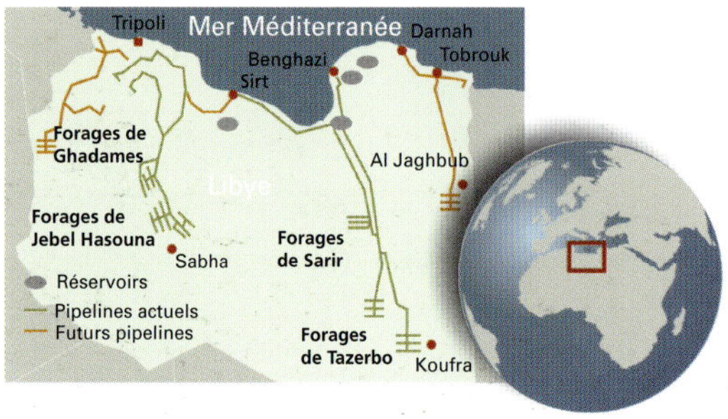

PIPELINES GÉANTS
C'est dans ces canalisations en béton de 4 m de diamètre, enterrées dans les sables, que 4 millions de m³ d'eau sont acheminés chaque jour à travers le désert libyen.

ce désert, l'un des plus arides au monde, couvre 90 % du territoire de la Libye, ce ne fut pas le cas pendant des millions d'années, où les terres étaient largement arrosées par les pluies. Jusqu'à ce qu'un brusque changement climatique ne les tarisse, asséchant fleuves et lacs. Oui, mais l'eau s'était auparavant infiltrée dans le sol, traversant les couches de grès pour former d'immenses nappes, profondes de plusieurs kilomètres. Et c'est précisément à cette eau fossile que les scientifiques ont pensé au moment de relever le défi lancé par Kadhafi. Alors, ils ont sondé, mesuré, creusé, analysé… Claire, pure, l'eau était bien là. Sous le sable. « La nappe court sous la Libye, déborde sous l'Égypte et le Soudan, à l'est, et baigne le sous-sol du Tchad et de la Tunisie, précise Alice Aureli, hydrogéologue, responsable du programme des eaux souterraines à l'Unesco. C'est l'un des plus grands aquifères du monde. Profond de plusieurs centaines de mètres, sa surface dépasse celle de l'Allemagne ! »

Mais en 1984, tout reste à faire. L'essentiel de la population vit au bord de la Méditerranée, où les aquifères côtiers sont épuisés depuis longtemps ou rendus saumâtres par l'eau de mer. Le dessalement de l'eau de mer est beaucoup trop onéreux pour

ABREUVOIR TRADITIONNEL
Au beau milieu du désert, un troupeau de dromadaires se désaltère dans un abreuvoir traditionnel.

À LA GLOIRE DU CALIFE
La Libye a imprimé une série de timbres pour symboliser le vaste projet d'alimentation en eau du pays, sous la forme d'une petite histoire à la gloire de son dirigeant, Muammar Kadhafi.

LACS ARTIFICIELS
À la sortie des forages, des lacs de 4 millions de m^3 ont été construits pour constituer des réserves. Pour éviter la déperdition due à l'évaporation, le débit de l'eau est constant. Une aubaine pour les enfants…

PUITS ANCESTRAUX
Avant la « Grande rivière artificielle », le seul moyen pour les habitants du désert d'avoir de l'eau était de la remonter à la force des bras de rares vieux puits perdus dans les sables, puis de la transvider dans des abreuvoirs traditionnels pour les dromadaires.

Une nappe d'eau fossile grande comme l'Allemagne

4 millions de m³ pompés chaque jour !

CANALISATIONS
La réserve de l'usine de Brega (ci-dessus), qui fabrique les canalisations en béton et en câbles précontraints.
Un ingénieur (en bas, à gauche) contrôle les colliers des canalisations. Depuis chaque station de forage, l'eau met en moyenne neuf jours pour arriver jusqu'à la côte.

MAIN D'ŒUVRE ASIATIQUE
Pendant plusieurs années, plus de 12 000 ouvriers, principalement asiatiques, ont travaillé sur le chantier (ci-contre).

INSTALLATION DE LA COUVERTURE
D'immenses réservoirs sont chargés de réguler l'apport d'eau aux villes côtières (en haut, à droite), on voit ici les piliers avant l'installation de la couverture.

LA SOLUTION À LA CRISE DE L'EAU SERAIT SOUS TERRE

D'énormes quantités d'eau souterraines se cachent sous nos pieds, au mépris des frontières. Des experts du monde entier ont commencé à inventorier et à cartographier et évaluer tous les aquifères transfrontaliers, dans le cadre d'un projet de l'Unesco, intitulé « Internationally Shared Aquifer Resources Management » (Isarm). La Libye, mais aussi d'autres pays d'Afrique, d'Amérique du Sud, d'Europe de l'Ouest et du Moyen-Orient font déjà l'objet de ses recherches. « La tentation est grande de pomper sans consulter le voisin, explique Alice Aureli, responsable du programme des eaux souterraines à l'Unesco. Notre rôle en tant qu'hydrogéologues est de désamorcer ce genre de situation en proposant en amont des solutions de gestion partagées de ces ressources. Réunir les États pour définir un cadre juridique international comme nous le faisons en ce moment même pour l'aquifère de Guarani, à cheval sur le Brésil, l'Argentine, le Paraguay et l'Uruguay, avec l'aide financière de la Banque mondiale. » La gestion des nappes transfrontalières concerne 145 États. Elle ne constitue qu'un des aspects de la crise de l'eau, qui s'aggrave avec l'accroissement des besoins et la contamination des ressources par la pollution. C'est dans le but de mobiliser le plus grand nombre de pays que les Nations unies ont proclamé 2003 « Année internationale de l'eau douce ». Le 5 mars 2003, l'Unesco publiait le premier Rapport mondial sur la mise en valeur des ressources en eau, en prélude au Forum mondial de l'eau, à Kyoto (du 16 au 23 mars 2003).

AUTOSUFFISANCE ALIMENTAIRE
Depuis les embargos sur la Libye, le but ultime du gouvernement est de parvenir à l'autosuffisance alimentaire. Et aujourd'hui, l'irrigation des zones désertiques constitue un eldorado qui attire les ouvriers agricoles, comme ce Soudanais qui cultive des légumes sous serre.

EAU PRÉCIEUSE
L'agriculture est l'une des grandes priorités du projet. Plus de 50 % de l'eau pompée est destinée aux fermes. Du fait que les cultures jouxtent le désert, le taux d'évaporation du précieux liquide dépasse les 60 %.

répondre aux besoins industriels et agricoles. Rien à espérer de ce côté-là. Non, l'eldorado, il se trouve définitivement dans le Sud… et il ne reste au gouvernement libyen qu'à déplacer les populations vers les oasis qui regorgent d'eau. Sauf que personne n'est prêt à s'installer au cœur du désert ! Il faudra donc transporter le précieux liquide vers les utilisateurs. Extravagante a priori, cette solution va être adoptée. D'autant qu'elle n'est pas pour déplaire au « leader de la révolution » quand les Israéliens sont parvenus, au Néguev, à irriguer et à ensemencer le désert pour obtenir des ressources agricoles : cette prouesse, les Libyens peuvent tout autant la réaliser… Sans compter qu'il s'agirait là d'un moyen d'accéder à l'autosuffisance alimentaire face à l'embargo instauré en 1986 par les États-Unis, relayé en 1992 par les Nations unies.

L'idée de la « Grande rivière artificielle » acceptée, un appel d'offres est lancé, auquel répondent des sociétés accourues des quatre coins de la planète. Pour 30 milliards de dollars, la mission consiste à assurer le transfert, via 5 000 km de canalisations en béton de 4 m de diamètre enterrées dans le sol, de 6,5 millions de mètres cubes d'eau par jour depuis les nappes de Tazerbo, Sarir et Koufra vers le réservoir géant d'Ajdabiya. L'opération devrait permettre le ravitaillement des villes et l'irrigation de 400 000 hectares de cultures. Finalement, ce sont les Sud-Coréens qui remportent la compétition. Depuis deux décennies, la Dong-ah, une des plus grandes sociétés de construction au monde, dirige ainsi quelque 12 000 ouvriers, contremaîtres et ingénieurs venus essentiellement d'Asie, mais aussi d'Europe et d'Afrique. Le long de la Grande rivière, ils édifient des stations de pompage, mais aussi de gigantesques réservoirs grands comme plusieurs stades de football et hauts de 10 m. Dans ces lacs artificiels de 4 millions de mètres cubes, l'eau est stockée avant son acheminement dans les villes.

UNE CENTAINE D'ANNÉES D'EXPLOITATION

Reste que si les Libyens pompent actuellement près de 4 millions de mètres cubes par jour, l'extraction de cette eau fossile suscite la controverse. Lors du Symposium international sur l'eau, à Cannes, en juin 2002, Omar Salem, directeur de l'Autorité générale de l'eau en Libye, déclarait : « Les experts redoutent une véritable course au pompage qui verrait certains pays se précipiter pour utiliser le plus d'eau possible. La difficulté consiste à trouver un équilibre entre les préoccupations éthiques, environnementales et scientifiques, et la satisfaction des besoins socio-économiques de la population actuelle, mais aussi des générations futures. » Pour certains, la vraie question est de savoir s'il faut utiliser cette eau fossile non renouvelable. « Si aucune solution au manque d'eau n'avait été apportée, il ne serait pas nécessaire de se préoccuper des générations à venir, car il risquerait de ne pas y en avoir, analyse Alice Aureli. Au rythme actuel, le seuil d'exploitation de l'aquifère nubien est d'environ cent ans. Il faut établir des modèles de gestion de ces ressources vitales, pour aider à faire des prévisions avec différentes échelles de temps et de quantité. Rentabiliser les eaux usées, restaurer les aquifères côtiers, établir une stratégie d'économie dans la consommation individuelle afin d'éviter de gaspiller. Et surtout trouver un équilibre dans l'agriculture, où le besoin représente plus de 50 % des quantités pompées et où la perte par évaporation dépasse les 60 %. » Des priorités qu'il faudra nécessairement intégrer dans la dernière décennie des travaux… Sinon, l'eau se tarira une dernière fois sous les pieds des Bédouins.

GRANDS BASSINS D'IMPORTATIONS
Des fermiers maliens moissonnent dans un champ irrigué par la « Grande rivière » (page de droite). La Libye dépend encore des importations pour 60 % de sa consommation de blé et d'orge.

Si elle est tarie, cette ressource naturelle ne se renouvellera pas...

Le pétrole, et après ?

Comment **l'hydrogène** pourrait sauver le monde

Inépuisable, hautement énergétique, non polluant : tel est l'hydrogène ! Et, d'ores et déjà, il fait espérer une solution miracle pour la planète, dont les réserves pétrolières commenceront à s'épuiser… dès 2050. Mais avant que l'« économie hydrogène » ne devienne réalité, que de défis à relever !

PAR PIERRE GRUMBERG
ET EMMANUEL JULLIEN

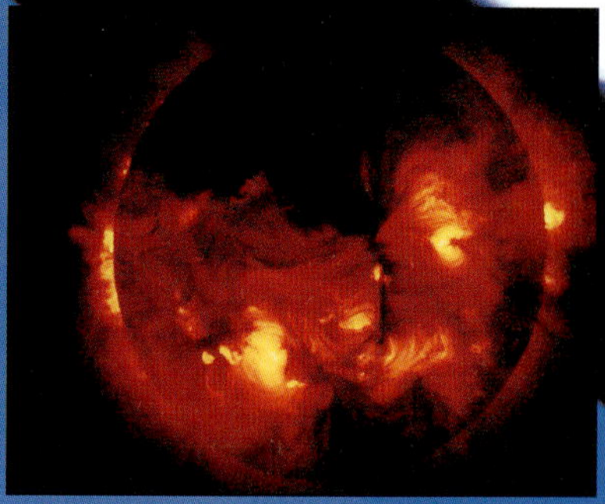

L'HYDROGÈNE, SI PUR, SI PROPRE…
p. 90

UNE RÉALITÉ ENCORE À INVENTER
p. 94

UN LUXE… OU UNE NÉCESSITÉ POUR LA PLANÈTE ?
p. 100

SLIM
LINE

L'hydrogène, si pur, si propre…

Désormais programmé, l'épuisement des réserves pétrolières fait peser une vraie menace pour l'avenir. Or le monde tient peut-être l'élixir énergétique dont il a besoin : c'est l'hydrogène, à la fois inépuisable et non polluant ! Le rêve… sur le papier ? En tout cas, du Japon à l'Islande, le passage à l'« économie hydrogène » est déjà expérimenté.

PAR EMMANUEL JULLIEN

En 1766, le chimiste britannique Henry Cavendish découvrait une étrange substance gazeuse pure dont la violente combustion dans l'air donnait… de l'eau ! Un « air inflammable » que, peu après, Lavoisier baptise « hydrogène », du grec hydro (eau) et gene (créer). Soit le gaz qui produit de l'eau. Sait-il alors que ces neuf lettres seront à l'origine du plus grand rêve énergétique que l'humanité ait jamais caressé ? En tout cas, un siècle plus tard, Jules Verne en donne la mesure dans son roman l'Île Mystérieuse (1874) : « …l'hydrogène et l'oxygène utilisés isolément ou simultanément fourniront une source de chaleur et de lumière inépuisable et d'une intensité que la houille ne saurait avoir… », y prédit ni plus ni moins l'ingénieur Cyrus Smith.

Il faut dire qu'à la fin du XIXe siècle, l'hydrogène est devenu un combustible incontournable. Le gaz de ville en contient 50 % (le reste étant surtout du monoxyde de carbone) et l'hydrogène illumine ainsi rues et salons. Il sert aussi au chauffage et alimente jusqu'au chauffe fer à repasser ou encore les premiers réfrigérateurs.

UN GAZ TAILLÉ À NOTRE USAGE !

C'est que depuis 1800, l'électrolyse permet de décomposer l'eau en hydrogène et oxygène, donc en énergie. Tandis que l'invention de la pile à combustible H_2/O_2 (1839) engendre une réaction électrochimique dans laquelle l'hydrogène et l'oxygène forment de l'eau en produisant du courant électrique. Bref, l'humanité fait progressivement connaissance avec cet atome prodige.

Car prodige il y a. Plus petit atome de la classification périodique, l'hydrogène est d'abord très léger (masse atomique 1,0072) et, dans la nature, il apparaît sous la forme d'un gaz, le dihydrogène (H_2), dont la densité est de seulement 0,08988 kg/m^3 (à 0 °C et pression ambiante), contre 0,6512 pour le gaz naturel. Une volatilité qui, dès la fin du XVIIIe siècle, lui a d'ailleurs valu d'être utilisé pour gonfler des aérostats. Surtout, ce gaz est hautement énergétique, avec un pouvoir calorifique inférieur à 119 MJ/kg (50 MJ/kg pour le gaz naturel). Et sa réaction avec l'oxygène semble taillée à notre usage : non seulement elle propulse, sous forme de combustion, des avions à réaction et même les fusées modernes, mais maîtrisée sous la forme d'une réaction d'oxydoréduction, elle entame aujourd'hui une carrière prometteuse dans l'automobile électrique et la génération de chauffage et de courant domestique. Le tout sans pollution, ou presque : la réaction ne dégage en effet que de l'eau et de la chaleur ($2H_2 + O_2 - 2H_2O$), avec parfois, c'est vrai, des oxydes d'azote.

Et ce n'est pas tout. Car l'hydrogène est l'élément le plus abondant de l'Univers, dont il représente 72 % du total ! Le soleil en est même composé à hauteur de 92 %. Hélas, la Terre fait un peu exception car son attraction est trop faible pour avoir retenu ce gaz trop léger. L'H_2 s'est donc évaporé dans l'espace. Cependant l'hydrogène n'a pas totalement disparu. Il représente encore 15 % des atomes du globe. Seulement, il n'existe jamais tout seul dans la nature : il se trouve systématiquement associé à d'autres éléments, principalement carbone et oxygène. Pour autant, l'association avec le carbone conserve un bon potentiel énergétique, puisque c'est le cas des hydrocarbures, du charbon, du méthane ou encore de la matière biologique. En revanche, quand l'hydrogène est lié à l'oxygène, il n'y a plus rien à en tirer. Regrettable quand on sait que l'eau (H_2O) représente la plus formidable réserve d'hydrogène terrestre (1,5 milliard de km^3). Du coup, pour obtenir ici bas du dihydrogène, il faut le fabriquer. Ce qui signifie casser les liaisons C-H ou O-H. Une opération relativement aisée dans le premier cas, mais très ardue dans le second (voir article p. 100).

UN « VECTEUR », PAS UNE SOURCE !

C'est ici que l'histoire de l'hydrogène bascule. Car produire sur Terre du dihydrogène revient en effet à stocker de l'énergie (chaleur, électricité) dans un assemblage chimique. Assemblage qui pourra être transporté et manipulé jusqu'à être de nouveau décomposé pour restituer l'énergie qui y a été emmagasinée. Pour le dire autrement, H_2 est un « vecteur » énergétique. Et cela change tout. À tel point que lorsque le gaz naturel et surtout le pétrole vont pointer le bout de leur nez, l'hydrogène n'y résistera pas. Et pour cause : si le pétrole est, comme H_2, un vecteur d'énergie, il a surtout l'immense avantage d'être livré par dame nature déjà prêt à consommer. Contrairement à l'hydrogène, il est donc aussi une énergie primaire. C'est pourquoi le pétrole est devenu si populaire. Pensez ! On en met 40 litres

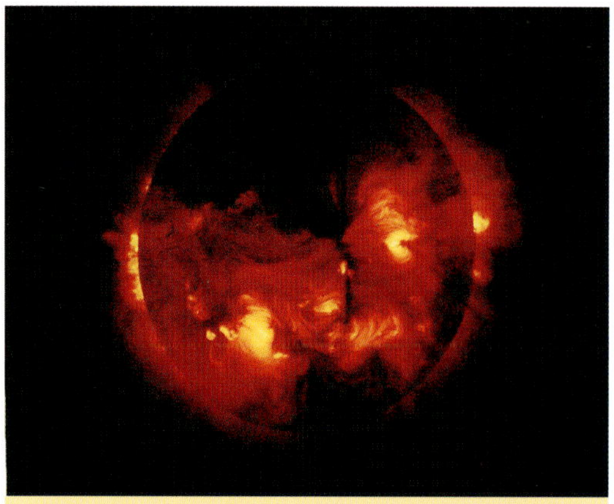

LA FUSION EN FAIT AUSSI UNE ÉNERGIE PRIMAIRE

Curieusement, tous les scénarios d'une économie hydrogène restent totalement indifférents à l'usage énergétique le plus important de cet atome : la fusion, source d'énergie du Soleil. Peut-être que sa déclinaison militaire (la fameuse bombe H) ou sa parenté avec la fission nucléaire en a fait une « energia non grata ». Pourtant, des milliards d'euros sont dépensés de par le monde pour tenter d'en domestiquer les réactions, dans d'énormes chambres magnétiques ou sous le feu de lasers surpuissants. Concrètement, la fusion met en jeu deux isotopes de l'hydrogène : le deutérium, qui a un neutron de plus que l'atome d'hydrogène, et le tritium radioactif qui, lui, en a deux. Le deutérium est un élément commun : il y en a 33 g par m^3 d'eau de mer. Quant au tritium, il est produit dans le cœur même du réacteur par injection de lithium. Ensuite, tout le problème est d'atteindre, de façon contrôlée, les 15 millions de degrés K nécessaires à la fusion. La réaction donne alors un atome d'hélium, un neutron et dégage une bonne bouffée d'énergie. 470 kg de combustible suffiraient à alimenter pendant un an une centrale électrique de 5 000 MW ! Le jour où cette énergie sera effectivement domestiquée et garantie sans danger, l'expression d'« élixir énergétique » utilisée pour désigner l'hydrogène prendra tout son sens.

UNE RÉALITÉ DÉJÀ EN ISLANDE
En utilisant son énergie géothermique pour produire de l'hydrogène, l'Islande est parmi les premières à miser sur le gaz H2.

dans un réservoir et c'est parti pour 500 km de liberté. Aucun autre vecteur énergétique ne peut rivaliser.

En Europe, le déclin du gaz de ville sera progressif. Outre l'arrivée de l'ampoule électrique en 1874, qui aura raison du gaz d'éclairage trop salissant, dès 1855, le pétrole est entré en scène avec l'invention du moteur à essence et, inexorablement, il va évincer tous ses concurrents : le gaz de ville (H_2/CO), la vapeur, etc. Quant au gaz naturel, à la fois plus économique, plus propre et sans risque d'asphyxie lié au CO, il s'imposera avec la découverte de gisements gaziers européens après la Seconde Guerre mondiale. C'est lui qui fera définitivement disparaître le gaz de ville en 1971 et, par conséquent, l'hydrogène du paysage énergétique français.

Une disparition ? Une éclipse plutôt. Car en 2003, le rêve de l'« élixir énergétique » est de nouveau là. Et bien là. D'abord grâce aux physiciens nucléaires qui, en fusionnant les atomes d'hydrogène entre eux, tentent aujourd'hui de domestiquer le feu « inépuisable » du Soleil sur Terre, ce qui ferait alors accéder l'hydrogène au rang d'énergie primaire (voir encadré page de gauche, en bas). Surtout, il est porté par les angoisses profondes qui nous hantent en ce début de XXIe siècle : la pollution, le réchauffement climatique et le spectre de l'épuisement des réserves de pétrole.

De fait, les scénarios du Conseil mondial de l'énergie prédisent que l'intensité énergétique du monde aura progressé d'un facteur 2, voire 3 en 2050. Le pétrole restera toujours l'énergie privilégiée et sa consommation, aujourd'hui de 3,5 milliards de tonnes/an, flirtera probablement avec les 5 milliards de tonnes. Et à ce rythme, dans cinquante ans, la

EN SAVOIR PLUS

SUR L'ÉTAT DE LA RECHERCHE

***L'hydrogène, carburant de demain*, numéro spécial de l'Actualité chimique (n° 12, décembre 2001), éditions Société française de chimie.**

http://www.afh2.org
Le site de l'Association française de l'hydrogène.

http://www.eren.doe.gov/hydrogen/
Documentation vulgarisée et centralisée par le gouvernement américain.

SUR LA PILE À COMBUSTIBLE

http://www.annso.freesurf.fr/index.html
Tout sur les PAC sur ce site en français très documenté.

http://www.ifeu.de/englisch/trans/seiten/fuel_cells_int_j_lca. pdf
Un rapport original et complet sur le cycle de vie de la PAC.

LE CYCLE « VERTUEUX » DE L'HYDROGÈNE

Le dihydrogène (H_2) fonctionne à la façon d'un cycle vertueux. Fabriqué par électrolyse, il consomme de l'eau et rejette de l'oxygène dans l'atmosphère. À l'inverse, lorsqu'il est utilisé, il consomme de l'oxygène et restitue de l'eau dans l'environnement. Et ainsi de suite… Pour peu que l'énergie utilisée pour alimenter ce cycle soit d'origine nucléaire ou renouvelable, le carbone disparaîtrait totalement du paysage énergétique. Mais il y a un problème. Si, techniquement, l'« économie hydrogène sans carbone » est possible, elle reste pour le moment économiquement infaisable. En effet, l'électricité est trop chère et les énergies renouvelables insuffisamment développées.

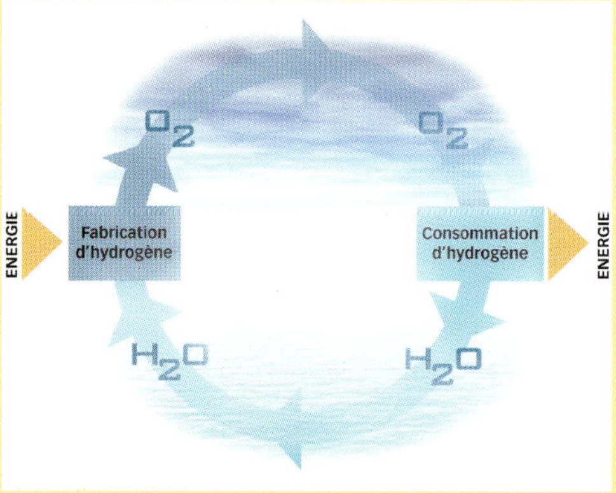

LE CONTEXTE

Du pétrole… jusqu'à quand ? Un seul chiffre est à peu près certain : 143 milliards de tonnes équivalent pétrole (tep) ont à ce jour été recensées dans le sous-sol, d'après Jean-Pierre Favennec, spécialiste de l'Institut français du pétrole. De quoi alimenter le monde encore 40 ans (à niveau de consommation constant)… Mais ce chiffre n'est qu'un pâle reflet de la réalité. Ainsi, entre ceux qui prédisent une raréfaction du pétrole dès 2010 (1) et les plus optimistes, qui ne la voient pas avant 2070, l'Institut français du pétrole, lui, adopte une position médiane. Car selon lui, le progrès technologique fera jaillir 10 % de brut en plus d'un même gisement. Tandis que les experts tablent aussi sur la découverte de 100 milliards de tep supplémentaires. Sans oublier le « mauvais » pétrole, type sables asphaltiques (80 milliards de tep). Mises bout à bout, ces réserves nous conduisent alors jusqu'en 2080. Un simple répit, cependant…

(1) Colin Campbell et Jean Laherrère.

Source : institut français du pétrole

moitié des 420 milliards de tonnes de brut actuellement recensées par l'Institut français du pétrole (voir infographie ci-contre), seront consommés. Ce sera alors le début des ennuis : le prix du pétrole s'envolera mécaniquement et son usage deviendra un luxe.

L'HEURE DE LA REVANCHE ?

Un problème n'arrivant jamais seul, les énergies fossiles (charbon, pétrole et gaz), dont la combustion génère le CO_2, le principal gaz responsable de l'effet de serre, seront pénalisées par des taxes supplémentaires ou la nécessité de capturer le CO_2 émis. Pas de doute, l'énergie préférée de l'humanité est vouée à perdre la cote. Et l'hydrogène pourrait bien en profiter pour prendre sa revanche.

Comment ? Il faut savoir qu'en cas de disparition du pétrole, deux problèmes surgissent. Le premier concerne l'obligation de compenser le déficit énergétique. Car celui-ci est considérable. Rien qu'en France, l'énergie consommée dans les transports équivaut à l'énergie produite par l'ensemble du parc nucléaire national ! Ici, l'hydrogène n'y pourra rien… tant que la fusion contrôlée ne fonctionnera pas. À charge, donc, aux énergies conventionnelles (hydraulique, nucléaire, charbon, gaz…) de compenser, avec un fort accent porté sur les énergies renouvelables. Un pari loin d'être gagné.

Le deuxième problème est celui de la disparition même du pétrole. Comment faire rouler nos voitures, voler les avions, voguer les bateaux, stocker les surplus des énergies renouvelables pour les redistribuer au moment des pics de consommation, échanger de l'énergie entre régions ou nations en fonction de la demande ? Il y a bien le gaz naturel. Mais comme le pétrole, il est promis à un déclin inéluctable (une soixantaine d'années). Les biocarburants produits à partir des cultures ? Ils ne suffiront pas à combler la demande. Le carburant synthétique liquide méthanol ? Il dépend de sources de carbone épuisables et polluantes. Les candidats les plus sérieux restent donc l'électricité (voir tableau page suivante) et… l'hydrogène. On l'a vu, ce dernier est abondant sur Terre. Il peut être transformé en carburant synthétique gazeux H_2 par n'importe quel type de centrale (nucléaire, charbon, gaz, renouvelable), qui aura ainsi la possibilité, au choix, de produire de l'électricité ou de stocker ses excédents sous forme d'hydrogène. Le gaz sera ensuite réutilisé sur place ou ailleurs pour produire du courant, ou employé comme combustible dans les transports ou l'habitat.

Mais surtout, l'hydrogène aurait cette fois tous les atouts pour ne pas rater son rendez-vous avec l'histoire. Pur, il serait en effet totalement « propre » à l'usage. Et certains imaginent déjà une économie hydrogène « écologique » totalement dépourvue de carbone et fondée sur un cycle vertueux. Qui plus est, l'hydrogène profite enfin d'une arme à la hauteur de ses ambitions : de nouvelles versions de la pile à combustible, cet appareil électrochimique qui produit du courant en consommant du H_2 et en libérant de l'eau et de la chaleur. Dans les années 90, soit 150 ans après la découverte du phénomène, la société canadienne Ballard a enfin réussi a en faire une réalité industrielle. Résultat : ces piles ont acquis un bon rendement (45 %) et sont devenues assez compactes pour loger dans une voiture électrique ou dans une maison afin d'y produire courant et eau chaude. Et cela change tout. Car dès lors, l'hydrogène pourra être utilisé avec beaucoup plus de parcimonie et d'efficacité qu'auparavant. Mais rien n'est encore gagné et il reste à démontrer que tout cela fonctionnera dans la réalité. Ce à quoi certains s'emploient déjà.

Direction Reykjavik, en Islande. Là-bas, trois poids lourds industriels (Royal Dutch Shell, Daimler Chrisler, Norsk Hydro) et un consortium local emmené par l'université d'Islande ont décidé de faire de l'île un laboratoire de l'« économie hydrogène ». En 2030 au plus tard, les bus, le parc automobile privé et l'imposante flotte de pêche seront tous priés de carburer à l'hydrogène et à la pile à combustible. L'expérience débutera même l'été prochain avec trois bus à hydrogène flambant neufs, financés par le projet européen CUTE (Clean Urban Transport in Europe). Ils iront s'approvisionner dans la station H_2 de la ville qui vient juste d'être construite… « Dans cette île de 280 000 habitants, 65 % de l'énergie utilisée sont déjà d'origine renouvelable et il y a encore de la marge pour en produire plus. L'Islande est donc un bon exemple, car si ça ne marche pas là-bas, ça ne marchera pas ailleurs », estime Paul Lucchese, responsable des recherches sur l'hydrogène au CEA. Si l'Islande est devenue une sorte de porte-drapeau de l'économie hydrogène, elle n'est pas la seule à explorer le créneau. Un chapelet d'îles lui a emboîté le pas : Islay en Ecosse, Hawaii, Utsira en Norvège, Yakushima dans le sud de l'archipel Japonais. Et chacune entrevoit la chance de devenir enfin indépendante énergétiquement grâce à leurs gisements d'énergies renouvelables et à l'usage de l'hydrogène comme carburant.

LE « KOWEÏT DE L'HYDROGÈNE »

À Yakushima, Masatsugu Taniguchi, président de Yakushima Denko, le producteur d'électricité local à l'origine du projet hydrogène, voudrait même aller plus loin : « Nous voulons produire jusqu'à 150 millions de Nm^3 (1) d'hydrogène par an, qui seront exportés vers Okinawa, la préfecture de Kagoshima, la Corée ou encore Taïwan. » Yakushima deviendrait ainsi une sorte de Koweït de l'hydrogène.

Sur les continents, les choses s'organisent aussi. Car l'effort est soutenu activement pas les pétroliers et les constructeurs automobiles. Les premiers, en tant que distributeurs de carburants, voient dans l'hydrogène la pérennité de leur métier ; les seconds, l'occasion rêvée de se débarrasser définitivement du problème de la pollution des véhicules. Phénomène plus récent, les politiques entrent en scène. Ainsi, alors que le Japon menait jusqu'à présent son effort quasiment en solitaire, les États-Unis se sont dotés en 2002 d'un carnet de route vers une économie hydrogène. Et l'Europe, à l'initiative de la Commission européenne, fera de même dès cet été. Autant d'investissements et de décisions qui font dire à Thierry Alleau, président de l'association française de l'hydrogène, que « le point de non retour vers l'économie hydrogène est atteint ». L'histoire dira si le rêve hydrogène, cent ans après une première tentative, deviendra une réalité.

(1) Volume à 0 °C et 1 atmosphère.

TOTALEMENT ÉCOLOGIQUE
La voiture à hydrogène est 100 % propre. Ses gaz d'échappement ne contiennent que de la vapeur d'eau.

LES QUATRE GRANDS POSTULANTS AU TITRE DE VECTEUR ÉNERGÉTIQUE

	Hydrogène	Électricité	Méthanol/éthanol	Air comprimé
Modes de production	À partir d'eau et d'électricité par électrolyse. Par vaporéformage (méthane + vapeur d'eau). Par gazéification du charbon.	Directement produite par un générateur de courant entraîné par toute forme d'énergie primaire.	Méthanol : hydrogénation du gaz carbonique ou transformation du méthane. Ethanol : produit avec la biomasse.	Avec un compresseur alimenté par du courant ou un combustible.
Avantages	Ressource abondante. Restitue au choix, de la chaleur, de l'énergie mécanique dans un moteur ou de l'électricité dans une pile à combustible. Pas d'émissions de CO_2 à l'utilisation. Moyen de stockage durable de l'énergie.	Le meilleur rendement énergétique. Transfert massif d'énergie facile. Déjà largement diffusé. Sécurité maîtrisée. Usage direct et stockage dans des batteries sans perte de rendement.	Tous les deux sont des carburants aussi simples à manipuler que l'essence. Le méthanol, s'il est produit à partir de CO_2 recyclé et d'énergie renouvelable, aura un bilan CO_2 neutre. L'éthanol est un carburant vert avec un bilan CO_2 neutre.	Pas d'émission de CO_2 lors de son utilisation, ressource facile d'accès et illimitée. Technologie éprouvée. Rendement global de 75 %.
Inconvénients	Produit explosif, stockage compliqué, infrastructure inexistante. Émission de CO_2 s'il n'est pas produit avec des énergies renouvelables.	Le stockage (batteries, super condensateurs, roues à inertie…) reste cher ou n'est pas encore au point. Autonomie médiocre des transports et de l'électronique nomade. Lignes à haute tension de moins en moins tolérées.	Le méthanol est un neurotoxique, cher à produire si l'on veut que son bilan CO_2 reste neutre. L'éthanol, tributaire de l'agriculture, ne pourra être produit qu'en quantités limitées.	Stockage à 300 bars, limité ou tributaire de vastes réservoirs naturels.
Utilisations	Électricité pour le bâtiment, les transports, l'électronique portable, stockage d'électricité. Moteurs d'avion et de fusée.	Adapté à tous les usages : éclairage, chauffage, transport, électronique portable.	Application dans les transports, les piles à combustibles miniatures et stationnaires.	Application dans les transports et le stockage de courant électrique à grande et petite échelle.

Le générateur à hydrogène pourrait bien gagner tous les transports de surface

Une réalité encore à inventer

Avant que le monde ne se chauffe, s'éclaire ou roule proprement à l'hydrogène, encore faut-il que ce gaz puisse être produit et acheminé au moindre coût. Un vrai défi pour les industriels. Lesquels sont toutefois bien décidés à le relever.

PAR PIERRE GRUMBERG

Silence et air pur... Voici ce que promet l'énergie hydrogène dès que les voitures auront une pile à combustible (PAC) sous leur capot. Et il n'y a pas que la pollution : en ville, la PAC propose de fournir deux à trois fois plus d'énergie mécanique que le moteur à combustion interne pour une même quantité d'énergie injectée. Avec un tel rendement, le « générateur à hydrogène » pourrait d'ailleurs gagner tous les transports de surface, voire remplacer la chaudière à gaz du foyer. Un rêve ? Plus vraiment. Mais pas une réalité non plus. Car si le tandem PAC-hydrogène se profile déjà, une série d'obstacles se dressent encore sur sa route.

Le premier est aussi le plus décisif : où trouver le précieux hydrogène destiné aux piles ? Eh bien !, il faut l'extraire, puisque cet élément ne se trouve, sur Terre, qu'associé à d'autres, oxygène ou carbone, par exemple. De fait, il n'est pas une source primaire d'énergie, comme le pétrole ou le Soleil, mais un vecteur énergétique, c'est-à-dire un moyen de stocker et de transporter de l'énergie (chaleur ou électricité), laquelle est ensuite restituée sous forme de chaleur simple (dans un moteur de fusée, par exemple) ou accompagnée d'électricité dans une PAC. Or, l'extraction de l'hydrogène n'a, en apparence, rien de compliqué. Elle est même couramment pratiquée et, chaque année, des industriels comme Linde-AGA, L'Air Liquide ou Norsk Hydro en extraient 500 milliards de m³. Toutefois, cet hydrogène n'a pas, aujourd'hui, vocation à servir de vecteur d'énergie : la moitié de la production mondiale entre dans la fabrication d'engrais ammoniaqués, le reste sert à élaborer des carburants et à fabriquer des aciers, des verres et... de la margarine.

EN THÉORIE, TOUT EST PRÊT...

Il n'empêche : quelle que soit la destination, le procédé d'extraction, appelé vaporeformage, reste le même. Il consiste à faire réagir le méthane du gaz naturel avec de la vapeur d'eau sur un catalyseur (voir Jargon) en nickel à haute température (900 °C environ) pour en libérer l'hydrogène. La technique étant déjà au point, l'hydrogène ne coûterait pas cher à la pompe, s'il devait y remplacer le Super : « Si l'on considère que mille litres d'hydrogène fournissent autant d'énergie mécanique dans une pile à combustible qu'un demi-litre d'essence avec un moteur à explosion, nous pouvons déjà annoncer qu'un coût équivalent, soit 0,5 €, sera réaliste entre 2005 et 2010 », affirme ainsi Jean-François Deschamps, directeur de l'offre Hydrogène énergie chez L'Air Liquide.

EXTRACTION DE L'HYDROGÈNE
Dans ce complexe de Brunsbüttel, en Allemagne, l'hydrogène est extrait du gaz naturel par reformage. Ce procédé, le plus utilisé, « casse » le méthane à haute température, séparant hydrogène et carbone.

HYDROGÈNE À MOINDRE COÛT
En diminuant le temps de démarrage de ses électrolyseurs de dix minutes à moins d'une seconde, le fabricant Norsk Hydro espère obtenir une réactivité suffisante pour exploiter les surplus d'électricité nucléaire et, de là, produire de l'hydrogène à bon prix.

LES SIX GRANDS TYPES DE PILES À COMBUSTIBLE

Fer de lance de l'énergie hydrogène, les piles à combustible se différencient par leur électrolyte, l'élément chargé de véhiculer les noyaux d'hydrogène (protons) d'un pôle à l'autre. Cet électrolyte définit la température de fonctionnement de la pile et, de fait, ses applications. Si leur principe est simple, les piles ne sont toutefois pas encore au point, en raison de problèmes de température ou de tenue des matériaux. Les efforts principaux portent actuellement sur trois familles à électrolytes solides, plus souples d'utilisation. La pile à membrane échangeuse de protons (Proton Exchange Membrane Fuel Cell, PEMFC) fonctionne à 80 °C avec une électrolyte en polymère, le nafion. Une variante, la Direct Methanol Fuel Cell sait consommer directement l'alcool. Très compacte, cette DMFC est promise à l'alimentation de la microélectronique. Enfin, la pile à oxyde solide (Solid Oxyd Fuel Cell, SOFC) utilise un électrolyte céramique à base d'oxydes de zirconium et d'yttrium. Sa température de fonctionnement élevée (900 °C) la rend séduisante pour la cogénération, avec association d'une turbine. Trois autres piles à électrolyte liquide complètent la liste : la pile à électrolyte alcalin (Alkaline Fuel Cell, AFC), la pile à acide phosphorique (Phosphoric Acid Fuel Cell, PAFC) et la pile à carbonate fondu (Molten Carbonate Fuel Cell, MCFC). La première ne supporte pas le CO2, ce qui implique de traiter l'air. Les deux dernières utilisent des électrolytes agressifs, difficiles à maîtriser.

JARGON
Catalyseur : substance, souvent métallique, qui modifie la vitesse d'une réaction chimique. Par exemple, le platine accélère la formation d'eau à partir de molécules d'hydrogène et d'oxygène.

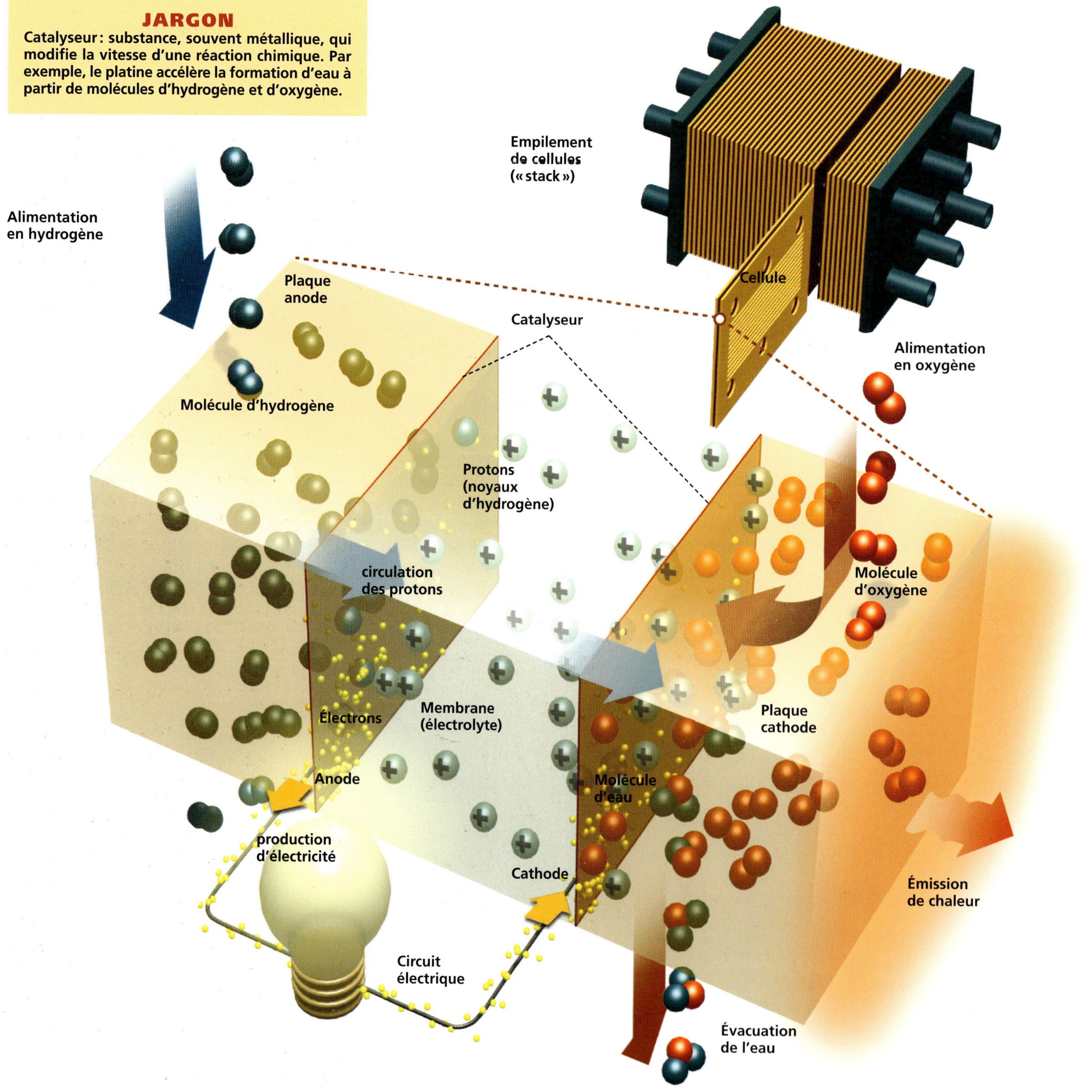

COMMENT LA PAC GÉNÈRE DE L'ÉLECTRICITÉ
La pile à combustible produit de l'électricité en séparant, au contact d'un catalyseur, les électrons des noyaux d'hydrogène (protons). Captés à l'anode, les électrons transitent par le circuit électrique. De leur côté, les protons traversent l'électrolyte et retrouvent leurs électrons à la cathode. Là, un nouveau catalyseur fait réagir protons, électrons et oxygène, ce qui produit de l'eau et de la chaleur.

Le hic, c'est qu'il n'y a pas de solution miracle pour obtenir le précieux gaz

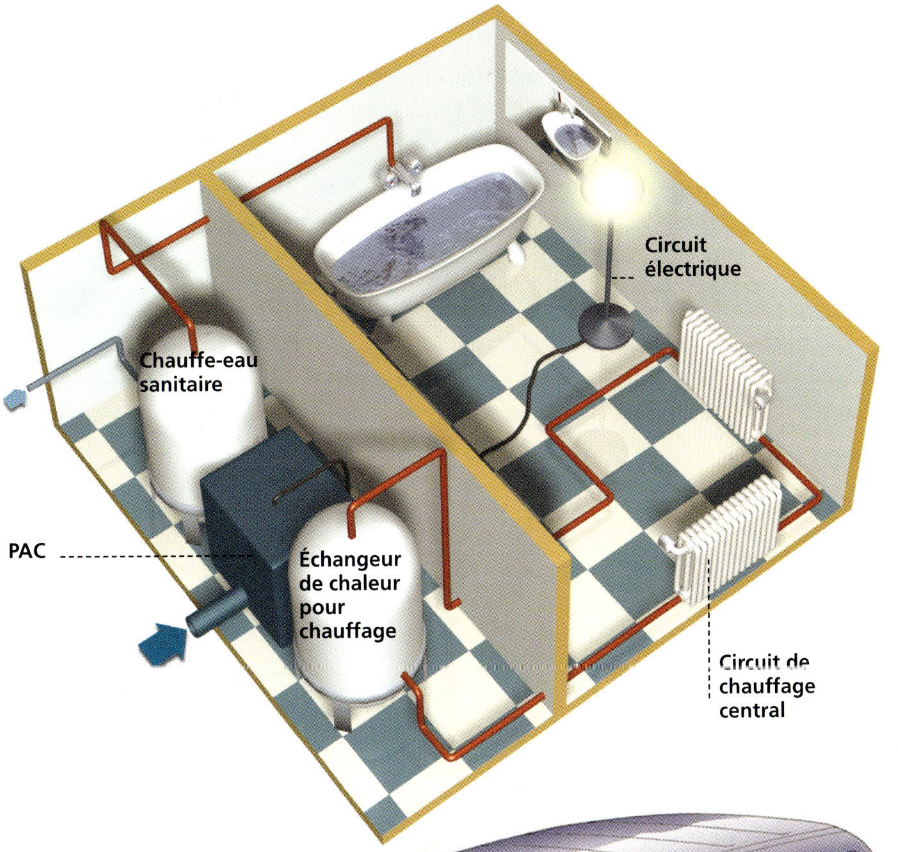

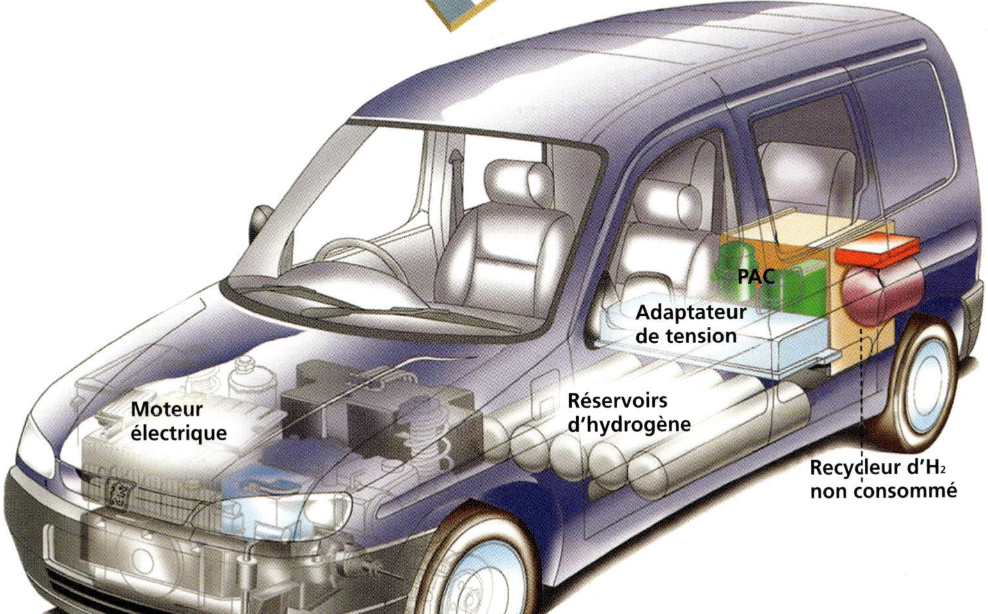

INSTALLÉE DANS UNE MAISON…
Dans l'habitat, la pile à combustible produit l'électricité. La chaleur dégagée par la pile peut alors être récupérée pour chauffer, en cogénération, l'eau du bain et des radiateurs.

…OU DANS UNE VOITURE
Dans l'Hydro-Gen de PSA-Peugeot-Citroën, la pile à combustible alimente déjà le moteur électrique d'un utilitaire Partner de série.

Industrie existante, procédé éprouvé, prix acceptable… Ne resterait plus, en théorie, qu'à multiplier par vingt-cinq la production actuelle pour que l'hydrogène vecteur réponde à 20 % des besoins énergétiques de la planète en 2050, selon l'objectif fixé par la plupart des scénarios. Où donc se cache l'obstacle ? Eh bien, il résulte de facteurs combinés. D'abord, le pari économique de Jean-François Deschamps s'accompagne de trois conditions : augmentation de la demande pour justifier les investissements, stabilité des prix du gaz naturel et encouragement fiscal des gouvernements (le prix de 0,5 e est HT pour l'hydrogène, TTC pour l'essence). Surtout, l'inconvénient majeur tient à l'utilisation même du gaz naturel : comme le pétrole, il s'agit d'un hydrocarbure dont les ressources ne sont pas éternelles !

LE VAPOREFORMAGE, EN ATTENDANT DE TROUVER MIEUX

Problème subsidiaire : le vaporeformage rejette du CO_2 qu'il faudrait piéger à grand prix (25 % du coût de production) sous peine d'aggraver l'effet de serre. Comment s'en tirer dans ces conditions ? « Le reformage de gaz naturel constituera la principale source d'hydrogène en 2050, répond Thierry Alleau, président de l'Association française de l'hydrogène (AFH2). Mais il est possible d'envisager des méthodes de production complémentaires, qui se substitueront progressivement. » Outre celle du reformage, la fabrication de l'hydrogène peut emprunter trois filières : la transformation thermochimique de matières organiques (ou « biomasse »), l'électrolyse et le craquage. Or toutes trois se heurtent à de vraies difficultés.

Prenons les procédés liés à la biomasse, qui consistent à dégrader des végétaux (bois, paille…) en les chauffant sans combustion. Arrêtée entre 500 et 600 °C, la réaction, appelée pyrolyse, permet de récupérer des alcools (éthanol, méthanol…) dont l'hydrogène sera extrait par reformage. Pousser la température pendant une durée prolongée à plus de 1 000 °C assure la gazéification complète des composants pour donner le bon vieux « gaz de ville » à base de CO et d'hydrogène, qu'on pourra filtrer. Certes, la filière rejette du CO_2, mais il retournerait à l'atmosphère dont les plantes l'ont extrait et n'aggraverait donc pas l'effet de serre. Un autre intérêt réside dans le fait que la chaleur nécessaire à la réaction est autoproduite, ce qui réduit le coût de fabrication. Oui, mais même en consacrant toute sa surface cultivable à la biomasse, la France ne subviendrait pas aux besoins en carburant de son parc automobile actuel !

Face au vaporeformage et à la production de biomasse, l'électrolyse de l'eau fait figure de solution miracle : très simple à mettre en œuvre, le procédé ne rejette que de l'hydrogène et de l'oxygène ! Ces deux composants primaires de l'eau sont obtenus par le

LA BIOTECHNOLOGIE, SOURCE D'HYDROGÈNE

Certaines bactéries et algues vertes utilisent la lumière pour « casser » l'eau et rejeter de l'hydrogène. Bien pratique pour l'extraction du précieux gaz ! Mais ce mécanisme ne fonctionne qu'en l'absence d'oxygène et ne peut donc durer. « L'enjeu pour les biologistes est de prolonger cet état transitoire en produisant des organismes adaptés par génie génétique, explique Gilles Peltier, chercheur CEA au Laboratoire d'écophysiologie de la photosynthèse. La productivité serait alors celle de la photosynthèse, qui est excellente. » Encore très en amont, la recherche, poursuivie partout dans le monde (le généticien américain Craig Venter a même déclaré s'y intéresser), pourrait déboucher sur des réacteurs destinés à la production dans les zones très ensoleillées comme les déserts.

ALGUES VERTES
En cultivant ces algues vertes, les chercheurs exploiteraient la photosynthèse pour produire de l'hydrogène.

passage d'un courant électrique entre deux électrodes. Mais le rendement énergétique de l'électrolyse est désastreux : si 5 kWh sont nécessaires pour produire 1 m³ d'hydrogène, on n'en récupère que 1,8 kWh d'électricité dans une PAC… Cette faiblesse physique ne condamne pas totalement l'électrolyse du point de vue économique : elle remplirait éventuellement une mission d'appoint, en stockant les surplus d'électricité issus de l'atome et des énergies renouvelables. En raison de l'inertie de leur fonctionnement, les centrales nucléaires ne peuvent s'accorder instantanément avec les fluctuations de la demande, ce qui induit une inévitable surproduction. Quant à l'ensoleillement et au vent, ils dépendent de la météo, trop aléatoirement synchronisée avec l'activité humaine…

L'électrolyse sortira-t-elle un jour d'une logique de surplus ? Difficile, mais pas exclu. La technologie progresse, sur la voie de l'élévation des pressions et du temps de réactivité des électrolyseurs. De nouvelles voies expérimentales à très haute température (800 °C) sont aussi explorées, en tandem avec un nouveau type de réacteur nucléaire, le Very High Temperature Reactor (VHTR), dont le premier prototype pourrait voir le jour, vers 2015, dans un pays non encore déterminé. Étudié dans le cadre du programme international dit « Generation IV » (dix pays participent, dont la France), ce réacteur utiliserait un fluide de refroidissement – de l'hélium – porté à 1 000 °C, contre 330 °C avec l'eau pressurisée des réacteurs actuels. Cette chaleur serait alors convertie d'une part en électricité, d'autre part en hydrogène, dans une usine annexe.

Ce principe de cogénération sans CO_2 pourrait être aussi exploité par l'ultime filière de production actuellement envisagée : le craquage catalytique. Ce procédé consiste à « casser » les liaisons moléculaires de l'eau en la chauffant à 700 °C, en présence d'un catalyseur. Toutefois, le craquage catalytique, comme du reste l'électrolyse à haute température, n'est encore qu'une hypothèse de recherche, liée au VHTR. Reste également à accepter les contraintes du nucléaire.

TRANSFORMER LES ACTUELS PIPE-LINES EN HYDROGÉNODUCS

Une fois le bon équilibre trouvé entre les filières de production, encore faut-il acheminer l'hydrogène jusqu'au consommateur. C'est ici le deuxième grand obstacle. Sans en exagérer le danger, l'hydrogène est inflammable et son stockage comporte des risques. Surtout, l'hydrogène est un gaz léger, volumineux, dont l'indispensable compression a un prix. Trop coûteuse, la liquéfaction rend illusoire le transport intercontinental par « hydrotanker ». En revanche, l'hydrogène, produit à un échelon continental, pourrait emprunter les pipe-lines existants : « Il y a quarante ans, les gazoducs transportaient du gaz de ville, moitié hydrogène, moitié CO, rappelle Jean-Pierre Roncato, directeur adjoint de la recherche chez Gaz de France. Peu d'adaptations suffiraient pour transformer le réseau actuel en hydrogénoduc. »

Certes, tous les foyers ne sont pas connectés au gaz. La distribution et le stockage sous forme de bouteilles ou de réservoirs à très haute pression prendrait alors le relais, le temps de mettre au point le stockage solide (billes de sels, hydrures métalliques…) plus compact, donc plus compatible avec l'automobile. Cependant, le stockage solide n'en est encore qu'au stade de balbutiements : encore vingt ans avant de vérifier si les espoirs actuels sont justifiés…

En attendant, il reste un dernier obstacle avant d'entrer dans l'ère hydrogène : la pile à combustible elle-même. Car, malgré les progrès accomplis, elle est encore loin d'être au point. Économiquement d'abord, la PAC et ses systèmes périphériques (reformeur…) coûtent encore chers : vingt fois plus qu'un moteur « standard » pour une voiture, douze fois pour une PAC-chaudière destinée à l'habitat… Ce prix élevé est d'abord dû à des exclusivités industrielles. Ainsi, la pile à membrane échangeuse de protons (Proton Exchange Membrane Fuel Cell, ou PEMFC, la plus répandue actuellement) utilise une membrane en Nafion, un polymère vendu au prix fort par Dupont de Nemours : ce matériau représente 25 à 40 % du prix du système PAC ! Techniquement ensuite, la PEMFC est largement perfectible : sa température de fonctionnement de 80 °C est trop basse, ce qui complique le refroidissement. Ainsi, la faible différence de chaleur avec l'air ambiant induit des radiateurs énormes, difficiles à intégrer dans les voitures. Les solutions ? « Porter la température de fonctionnement à 120 °C !, répond Claude Lamy, professeur à l'université de Poitiers et directeur du groupe de recherche PAC à électrolyte membrane (Pacem) au CNRS. On élimine ainsi une partie des inconvénients liés à la température. Et avec l'impératif de trouver une nouvelle membrane : en effet, le Nafion perd son eau et ses capacités conductrices de protons à partir de 90 °C… » Pourquoi ne pas opter alors pour une technologie concurrente, la pile à oxyde solide (Solid Oxyd Fuel Cell, SOFC) ? Hélas, sa température de 900 °C est, cette fois, trop élevée, ce qui use prématurément les matériaux. Pour utiliser des métaux standards comme l'inox et baisser le coût de la pile, tout en prolongeant la durée de vie, la température devra descendre à 700 °C.

Tous ces obstacles n'empêchent pas la pression de monter autour de la PAC. En Allemagne, patrie des énergies renouvelables, Daimler-Chrysler a déjà investi 1 milliard d'euros dans son programme PAC. La France s'y est aussi mise, depuis 2001, via Helion, filiale de Technicatome, et Axane, filiale de L'Air Liquide. Pour Axane, son PDG, Patrick Sanglan, identifie deux axes prioritaires : la PAC de petite puissance (de 500 W à 5 kW) pour l'alimentation électrique portable, les petits véhicules ou les pavillons et la PAC intermédiaire pour le transport public (20 kW), destinée, par exemple, à un projet de bus pour la RATP. Côté résidentiel, GDF vient d'installer cinq piles à reformeur gaz naturel pour évaluation. L'objectif étant de proposer une PAC à 6 000 e d'ici quatre ans, vendue avec la promesse d'une économie de 20 % sur la facture d'énergie domestique, pour un retour sur investissement en sept ans. GDF compte sur l'éclosion d'un marché de masse vers 2010. Mais le décollage s'accomplira grâce à l'électronique, estime Thierry Alleau : « Il y a un vrai besoin actuellement pour des microchargeurs de batterie autonomes. Or la PAC n'a pas de concurrence sur ce marché, très professionnel et peu conditionné par le prix. Nous verrons des préséries dès 2004-2005, avec d'énormes enjeux. » Ainsi, c'est par une porte miniature que l'Humanité pourrait bien faire, un jour peut-être pas si lointain, son entrée dans l'ère de l'hydrogène !

Daimler a déjà investi 1 milliard d'euros dans son programme PAC !

ILS VONT MARCHER À L'HYDROGÈNE

Déjà utilisé depuis les années 60 dans l'espace, l'hydrogène devrait faire une première apparition en masse, dès 2005, dans la micro-électronique. En même temps, les premiers véhicules expérimentaux feront leur apparition dans les centre-villes. En revanche, les projets d'avions semblent peu avancés.

AVION

Airbus étudie le Cryoplane, un avion propulsé par des réacteurs modifiés pour l'hydrogène. Reste à concevoir des réservoirs pour loger le gaz, quatre fois plus volumineux que le kérosène. Boeing avait prévu de présenter, en 2003, un projet d'avion léger doté d'une pile à combustible.

VÉHICULE SPATIAL

Depuis l'époque héroïque des capsules Gemini et autres Apollo, la PAC fournit l'électricité à bord des vaisseaux spatiaux habités. Et l'hydrogène fournit la carburant nécessaire aux fusées : le moteur Vulcain d'Ariane V en consomme 25 t, qui sont stockées sous forme liquide.

BUS

Daimler Chrysler construit trente exemplaires de son bus Citaro en version hydrogène, destinés à dix villes européennes. Une PAC de 200 kW assure le transport de soixante passagers sur 200 km. D'autres constructeurs (MAN, Renault VI, Volvo...) travaillent sur ce créneau.

SCOOTER

Le Mojito FC est l'un des premiers deux roues fonctionnant avec une PAC. Conçu par Aprilia et Manhattan Scientifics, ce scooter pourrait couvrir 200 km à une vitesse maximale de 56 km/h. Le moteur PAC et son réservoir d'hydrogène à 300 bars pèsent 10,3 kg pour 3 000 W.

CHAUDIÈRE PAC

GDF teste cinq PAC de 4 kW, alimentées au gaz naturel sur cinq sites tertiaires : Dunkerque (2), Sophia-Antipolis, Nancy et Limoges. D'ici dix ans, des PAC remplaceraient chaudières et chauffe-eau, tout en fournissant le gros de la consommation électrique aux foyers français.

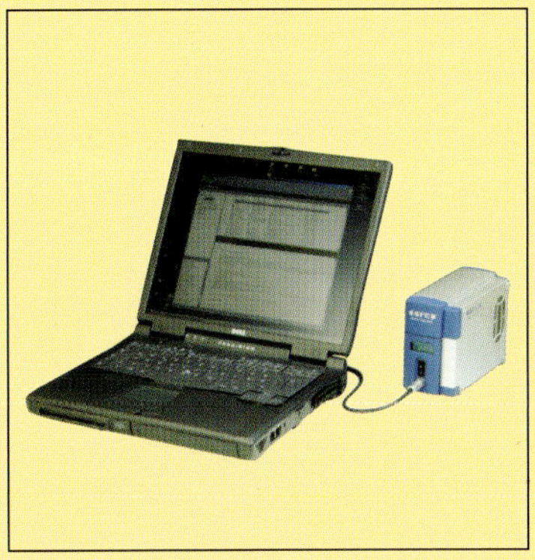

ORDINATEUR

La société allemande Smart Fuel Cell lance des groupes électrogènes compacts à base de PAC, alimentées par cartouche de méthanol. Chaque cartouche offre dix heures de fonctionnement à un ordinateur portable. Casio étudie des modules de ce type intégrables à ses appareils.

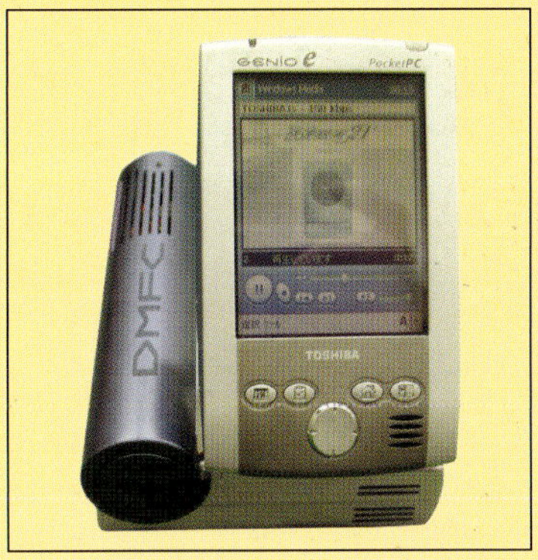

TÉLÉPHONE, PDA

Toshiba commercialiserait, avant 2005, ce chargeur autonome basé sur une PAC à cartouche méthanol, destiné à un assistant personnel de poche Genio. Motorola a présenté, en 2001, un démonstrateur de téléphone mobile organisé autour de la combinaison Pac-méthanol.

Un luxe… ou une nécessité pour la planète ?

Comme tout projet majeur, l'économie hydrogène suscite des avis divergents. Peut-elle relever le défi de l'après-pétrole ? Faut-il opter pour l'hydrogène unique ou pour la diversité ? Sur ces questions, et sur d'autres, les deux spécialistes du futur énergétique de notre planète que sont l'Américain Jeremy Rifkin et le Français Benjamin Dessus ont accepté de confronter leurs analyses.

PAR EMMANUEL JULLIEN ET PIERRE GRUMBERG

JEREMY RIFKIN

BENJAMIN DESSUS

Si l'hydrogène est la solution à notre avenir énergétique, Jeremy Rifkin est son prophète. Car pour cet observateur réputé des grands tournants industriels (biotechnologies, internet…), président de la Foundation of Economic Trends, un très influent groupe de prospective américain, nous sommes à l'aube d'une révolution comparable à celle qui a vu naître, il y a deux siècles, la civilisation du charbon, de la vapeur et de l'acier. Son dernier ouvrage, L'Économie hydrogène (éd. La Découverte), est même un plaidoyer en faveur de ce vecteur d'énergie ubiquitaire et bon marché qui, pense-t-il, va bouleverser les échanges économiques, réduire la fracture Nord-Sud, effacer les menaces de l'effet de serre, éradiquer les guerres du pétrole… Et le plus formidable, c'est que nous n'y échapperons pas, car il n'y a pas d'alternative.

Un enthousiasme volontariste qu'est loin de partager Benjamin Dessus. Economiste et ingénieur, directeur du programme de recherche interdisciplinaire Ecodev, au CNRS, de 1987 à sa fermeture, en 2001, son regard sur l'économie hydrogène est d'abord pragmatique. Et pour lui, non seulement l'hydrogène n'est qu'un moyen parmi d'autres de remplacer le pétrole, mais il est très coûteux, ce qui rend illusoire le discours sur l'énergie bon marché. Ces deux points de vue disent bien toute la complexité du débat sur l'hydrogène. Sont-ils irréductibles ? C'est bien pour le savoir que nous avons voulu les confronter.

Science & Vie La filière hydrogène, de la production au stockage en passant par le transport, est très gourmande en énergie. Une économie basée sur ce vecteur ne serait-elle pas un luxe ?

Jeremy Rifkin **Non, c'est une nécessité ! Car nous n'avons guère d'autres choix. L'Union européenne s'est fixée pour objectif, d'ici huit ans, de produire 22 % de son électricité à partir de sources renouvelables (comme l'électricité éolienne ou solaire). Or cette électricité ne peut pas être stockée : si le Soleil ne brille pas et que le vent ne souffle pas, l'économie s'arrête. L'hydrogène, lui, permettrait de stocker le courant et de créer une économie qui, même basée sur les énergies renouvelables, resterait prédictible. Mais c'est vrai, le coût de l'hydrogène ainsi produit reste élevé, parce que l'électricité doit être produite deux fois : à la source pour permettre l'électrolyse, puis dans la pile à combustible. Toutefois, la production deviendra de plus en plus compétitive avec les économies d'échelles, alors que le prix du pétrole ne fera que monter à cause de l'effet de pénurie, mais aussi à cause des dépenses militaires nécessaires pour en conserver l'accès. Sans compter le prix des catastrophes générées par l'effet de serre. Et puis, trois autres atouts plaident pour l'hydrogène. D'abord, les énergies renouvelables sont souvent décentralisées, ce qui gomme les inévitables déperditions occasionnées par un transport sur de longues distances. Ensuite, les piles à combustibles sont bien plus efficaces que les moteurs à combustion interne. Enfin, la chaleur générée par les piles peut être récupérée pour produire encore plus d'électricité par cogénération.**

Benjamin Dessus **C'est peu de dire que la filière hydrogène est gourmande en énergie, surtout si l'on passe par l'électrolyse de l'eau… Or il faut bien comprendre que si le rendement est mauvais, le prix de l'hydrogène obtenu sera élevé ! D'abord, il faut fabriquer l'électricité, ce qui n'est pas donné, même avec du Soleil gratuit, car il aura fallu acheter les photopiles. Viennent ensuite l'électrolyse, le transport et, éventuellement, le stockage, qui font perdre encore à peu près la moitié de l'énergie électrique. À l'arrivée, on obtient des rendements de 7 à 30 %, au mieux, pour se procurer l'hydrogène ! Et ce rendement est encore dégradé par la suite : à partir d'1 m³ d'hydrogène, qui a nécessité 5 kWh d'électricité pour le produire, on obtient environ 3 kWh d'énergie de chauffage et 1,5 à 1,7 kWh d'électricité dans une pile à combustible. Savez-vous qu'en France, pour alimenter nos voitures et nos camions en hydrogène électrolytique, il faudrait consacrer un parc nucléaire à peu près équivalent à celui dont nous disposons et dont nous savons bien qu'il n'est pas vraiment donné ! Alors oui, l'économie hydrogène pour tous, fondée sur l'électricité renouvelable, risque bien de rester encore pour longtemps un luxe pour la plupart des humains !**

S & V Électricité, méthanol, éthanol… Il existe d'autres moyens pour stocker et véhiculer l'énergie. Quelles sont leurs chances ?

Jeremy Rifkin **La finalité est d'adopter une énergie dont l'élément chimique de base se trouve partout, ce qui mènerait à un système où l'énergie serait bon marché et disponible pour tous. Or l'hydrogène est l'élément de base de l'Univers et il n'émet pas de CO_2 quand il est brûlé : juste de l'eau et de la chaleur. Il est devenu assez évident pour les industriels de l'automobile et de l'énergie que l'hydrogène représente le futur. Cela ne veut pas dire qu'il n'y aura pas d'autres vecteurs d'énergie, mais ils ne compteront que pour une petite partie dans l'ensemble.**

Benjamin Dessus **Je pense que l'hydrogène est loin d'être l'unique solution au problème de l'alimentation en énergie. Il y a, en effet, bien d'autres façons de se la procurer sous ses différentes formes**

« Rien ne prouve que tout le monde pourra en profiter. Au contraire. »

d'usage, des carburants issus de la biomasse à l'électricité photovoltaïque, en passant par les chauffe-eaux solaires, les éoliennes, le bois, etc. Et pourquoi rayer définitivement l'ensemble des énergies fossiles, alors qu'un usage plus rationnel nous permettrait d'en prolonger la disponibilité pour des décennies, sans aggraver l'effet de serre ? Il faut ici savoir que la généralisation des véhicules hybrides (même à essence) permettraient de diviser par deux notre consommation de pétrole et nos émissions de CO_2. Et pour encore les réduire, on sait bien que l'isolation des maisons, les ampoules basse consommation, les véhicules hybrides, les piles à combustible utilisant des carburants fossiles en cogénération, les carburants issus de la biomasse, et j'en passe, sont des solutions au moins aussi efficaces, moins chères et, surtout, bien plus aisément diffusables que l'hydrogène.

S & V Pour décoller, l'économie hydrogène aura besoin de fortes motivations. Lesquelles, selon vous ?

Jeremy Rifkin **L'accélération peut découler de la conjonction de plusieurs crises. La première repose sur une flambée du prix des hydrocarbures, liée à l'inconnue du Moyen-Orient. La seconde découle de la crise boursière : la plupart des fournisseurs d'énergie n'ont plus la surface financière requise pour construire de nouvelles centrales et répondre à l'accroissement de la demande. Si les coupures d'électricité se multiplient, le public et les entreprises vont réclamer des sources d'énergie plus fiables et faire appel, de plus en plus, aux piles à combustible de grande puissance. La troisième crise est liée à la préoccupation grandissante face aux effets du réchauffement global. Enfin, quatrième crise, le fossé se creuse entre riches et pauvres. Les pays du tiers-monde doivent faire face à un accroissement de leur dette parce qu'il leur faut emprunter sans cesse pour acheter un pétrole inabordable et moderniser leur économie. Il faut ajouter à cela des accélérateurs locaux, aux conséquences importantes. Ainsi, l'industrie automobile a investi 2 milliards d'euros dans les véhicules à hydrogène. Ce n'est pas par soudain désir d'abandonner le moteur à combustion, mais parce que l'État de Californie vient de voter une loi qui impose un taux d'émission proche de zéro pour les véhicules vendus à partir de 2009. General Motors et les autres constructeurs poursuivent l'État de Californie pour faire abroger cette loi, appuyés d'ailleurs de façon regrettable par le président George Bush. Mais le lobby automobile a toutes les chances de perdre ce procès. Or personne ne peut se permettre d'être absent sur le marché californien de la voiture, l'un des plus importants du monde. Résultat : une course furieuse pour savoir qui sera le premier à proposer des véhicules à hydrogène.**

Benjamin Dessus **Le principal accélérateur repose sur l'intérêt d'un certain nombre de lobbies, au premier rang desquels je placerais le lobby nucléaire, qui voit dans la « civilisation de l'hydrogène » une planche de salut pour son activité stagnante, puisque la tendance est plutôt à la fermeture de centrales en fin de vie qu'à la construction de nouvelles installations, sauf en Asie du Sud-Est. Pas d'effet de serre, une façon élégante d'utiliser l'électricité d'heures creuses que produisent fatalement les centrales dont la production n'est guère modulable… Le nucléaire se découvre avec l'hydrogène des atouts et un beau débouché pour relancer une activité, qui essuie bien des revers aujourd'hui. Juste derrière le lobby nucléaire, je place volontiers le lobby pétrolier. Savez-vous que 95 % de l'hydrogène actuellement fabriqué dans le monde l'est par des pétroliers ? Alors pourquoi ne pas continuer, en se donnant au passage une image inattaquable de « buveur d'eau » : on sait qu'avant que les renouvelables et l'électrolyse ne viennent réellement concurrencer leur métier, les pétroliers auront fait fortune en vendant de l'hydrogène issu d'hydrocarbures ! Quant aux constructeurs automobiles, pourquoi ne pas se payer quelques prototypes de voitures parfaitement propres ? C'est bon pour l'image de marque et cela n'empêche pas d'investir massivement dans d'autres filières : l'amélioration des moteurs existants, les hybrides, etc. Finalement, personne n'a intérêt à décrier la filière hydrogène, même si tous, et de loin, ne sont pas convaincus que c'est LA solution.**

S & V Jeremy Rifkin, vous avez imaginé un réseau décentralisé à l'extrême, calqué sur le World Wide Web, et que vous avez baptisé l'Hydronet, pour distribuer l'hydrogène. En quoi serait-il plus sûr et plus efficace qu'une production centralisée ?

Jeremy Rifkin **Dans la foulée des attentats du 11 septembre, aux États-Unis, mais aussi de plus en plus en Europe, l'idée qu'une attaque terroriste puisse viser le système énergétique fait son chemin. Rappelez-vous : Arpanet, le précurseur du Web, a été mis en place en partie parce que les militaires américains souhaitaient un réseau de télécommunication décentralisé, qui pourrait fonctionner même si un nœud était endommagé par une attaque. L'idée est la même pour le réseau énergétique, qui va être de plus en plus décentralisé et reposera sur une production d'énergie locale.**

S & V Et vous, Benjamin Dessus, que pensez-vous d'un tel système ?

Benjamin Dessus **On commence à penser très sérieusement que la production décentralisée, adossée à un système de mutualisation permettant au producteur-consommateur local des échanges avec ses voisins proches ou lointains, présente des avantages vis-à-vis d'un certain nombre de risques naturels ou d'agressions. Mais ce débat n'est pas un débat sur l'hydrogène, c'est un débat sur les « énergies de réseau ». Et dans ce contexte, on peut se demander sérieusement si l'hydrogène peut s'adapter à une production et à une distribution réellement décentralisées.**

S & V L'hydrogène peut-il résoudre la question cruciale de l'énergie pour les pays émergents ?

Jeremy Rifkin **Cela fait trente ans que les pays du tiers-monde empruntent désespérément de l'argent au FMI, à la Banque mondiale, pour se procurer le pétrole nécessaire à leur développement économique. Pour cette raison, ces pays doivent développer les énergies renouvelables, l'électrolyse de l'eau et les piles à combustible à l'échelle locale pour produire éclairage, chaleur et électricité. L'hydrogène crée l'opportunité de mettre en place un système énergétique distributif et décentralisé, fondé sur des sources d'énergies multiples et auquel chaque communauté peut être branchée. Le but ultime serait de brancher toutes les communautés du monde de sorte qu'elles puissent y générer leur propre énergie et produire des biens ou des services susceptibles d'être vendus au reste du monde.**

Benjamin Dessus **Affirmer que l'hydrogène sera équitablement réparti au service de toute l'humanité me semble difficile à justifier. En fait, la production et le transport de l'énergie domineront, dans cette affaire, et je ne suis pas certain que ces deux aspects, capitalistiques et monopolistiques, répondent automatiquement aux critères d'équité évoqués par Jeremy Rifkin. Mais, sur ce point, je suis d'accord avec lui : ce serait souhaitable.**

EN SAVOIR PLUS

SUR L'APRÈS-PÉTROLE

***L'Économie hydrogène*, Jeremy Rifkin, éditions La Découverte (2002).**

***Énergie, un défi planétaire*, Benjamin Dessus, éditions Belin (1999).**

Calmars géants

Le mystère s'éclaircit

En remontant un calmar géant rarissime, des pêcheurs ont mis au jour le plus gros invertébré jamais vu. Mais comment ces animaux dépassent-ils 10 m en un peu plus d'un an ? Pour le savoir, des bébés calmars géants vont être élevés en aquarium. Une première.

PAR PIERRE GRUMBERG

Dans les bestiaires et les livres de biologie, *Architeuthis,* le « calmar géant », comme son nom scientifique l'indique, figure comme le plus gros invertébré jamais répertorié. Avec ses 13 m de long (1), tentacules compris, difficile en effet de lui contester cette place ! C'est pourtant chose faite : le géant vient d'être détrôné par le *Mesonychoteuthis,* ou « calmar colossal ». L'animal était certes connu depuis 1925 grâce à des restes de spécimens adultes (bras, becs…) trouvés dans l'estomac de cachalots, mais on n'avait jamais réussi à vérifier ses dimensions. Jusqu'à ce qu'un navire de pêche néo-zélandais ne capture une femelle adulte dans les eaux de l'Antarctique, fin mars 2003. Le calmar mérite bien son nom : long de 2,5 m, son corps (ou « manteau » : abdomen et tête, bras et tentacules non compris) dépasse déjà de 25 cm le plus grand des *Architeuthis* scientifiquement mesurés.

« Et cette femelle récemment pêchée n'a pas achevé sa croissance, ajoute Steve O'Shea, biologiste à l'Institut de recherche sur les sciences de la terre et de l'océan d'Auckland (Nouvelle-Zélande), l'un des meilleurs spécialistes mondiaux des calmars géants. En examinant le spécimen post mortem, nous avons pu mesurer un bec dont le rostre de la partie inférieure (Lower Beak Rostral Length ou LRL, une référence standard qui permet d'évaluer la taille des calmars) atteint 37 mm. Or, nous avons déjà retrouvé dans l'estomac de cachalots, dont le calmar constitue l'une des proies préférées, des becs semblables présentant une LRL de 48 mm ! Nous en déduisons sans trop de risques que la taille corporelle de *Mesonychoteuthis* atteindrait 4 m, soit 56 % de plus que celle d'*Architeuthis…* » Bien que ses tentacules soient plus courts que ceux d'Architeuthis, le « calmar colossal » pourrait atteindre une taille similaire, soit 13 m. Avec un poids notablement supérieur : à partir des 150 kg de la femelle examinée, Steve O'Shea estime à 350 kg le poids maximal d'un *Mesonychoteuthis,* contre 275 kg « seulement » pour le plus gros *Architeuthis.*

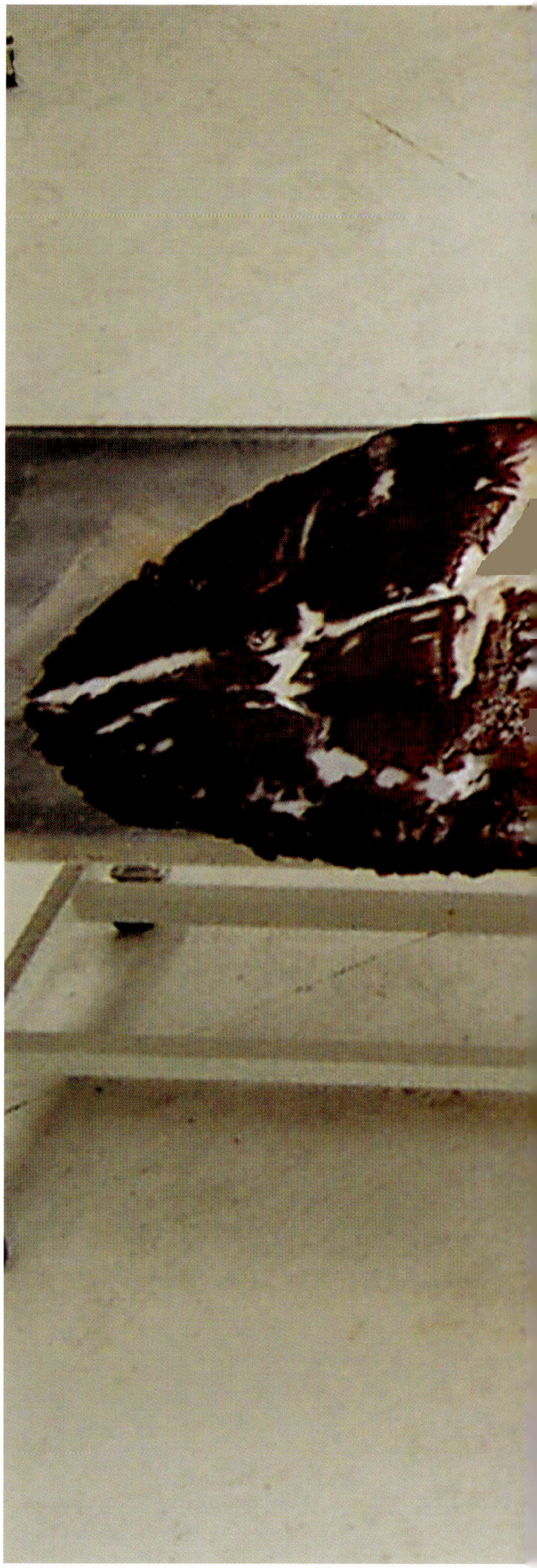

CALMAR COLOSSAL
Ce *Mesonychoteuthis* de 8 m de long et pesant 150 kg est encore jeune : adulte, l'animal dépasserait 13 m pour 300 kg !

VENTOUSES
Les bras (photo en bas à gauche) sont dotés de ventouses et de crocs pivotants, ici longs de 32 mm.

BEC ET MANDIBULE
Le bec corné (photo en bas à droite), ici en taille réelle, est semblable à celui d'un perroquet. La mandibule de gauche mesure 37 mm.

C'est le plus gros invertébré jamais répertorié !

FAITS & CHIFFRES

Avec une taille maximale de 13 m (et non 18 m comme souvent indiqué), les calmars géants *Architeuthis* (275 kg) et *Mesonychoteuthis* (350 kg) sont les plus grands invertébrés jamais répertoriés. Les méduses comme la physalie, capable d'atteindre 20 m de long, sont en effet constituées de colonies d'individus de petite taille. Toutefois, ces dimensions restent bien inférieures à celles atteintes par les vertébrés, en particulier les baleines, qui peuvent atteindre jusqu'à 30 m de long. Oui, mais les calmars géants, animaux dont l'absence d'observation directe renforce le caractère mythique, se distinguent des vertébrés par la rapidité de leur croissance : en effet, trois ans suffiraient pour qu'ils passent de 10 mm à leur taille maximale !

CALMAR GÉANT
Dans l'œuf, les embryons de calmars géants ne mesurent encore que 2 mm. Agé de quatre semaines environ (en haut), *Architeuthis* atteint 10 mm. Devenu adulte (ci-dessus), l'animal atteindra une longueur de 13 m pour 275 kg.

Reste que la vraie découverte, c'est qu'il n'existe donc pas un seul calmar géant, mais deux ! « Nous connaissons si peu les grandes profondeurs où vivent généralement les calmars géants que rien n'exclut d'autres découvertes ! envisage d'ailleurs Bernard Métivier, biologiste spécialiste des mollusques au Muséum national d'histoire naturelle de Paris. Certes, des calmars de 40 m tiennent aujourd'hui du délire. Mais nous ne sommes pas à l'abri d'autres surprises. » La preuve : une plongée d'exploration cinématographique du sous-marin Alvin entreprise en 2001 dans le golfe du Mexique a permis de découvrir et de filmer à 2 000 m de profondeur une espèce inconnue de calmar atteignant les 6 m de long grâce à de longs bras filamenteux ! Pas vraiment un géant, puisque le corps ne dépasse pas 60 cm, mais une belle taille tout de même ! Cet animal sans nom est à ce jour le seul grand calmar jamais observé et filmé dans son élément, malgré une multitude d'expéditions en Nouvelle-Zélande et au large de la côte espagnole des Asturies entre 1997 et 2002, deux régions connues pour abriter d'importantes populations d'*Architeuthis*.

D'EXTRAORDINAIRES « MACHINES À GRANDIR »

Leur taille impressionnante, les mythes liés à leur existence (voir encadré) suffisent à expliquer l'engouement des biologistes (et du grand public !) pour les calmars géants de toutes espèces. Mais ce ne sont pas les seules raisons de cet intérêt : ces animaux si méconnus constituent pour la science des énigmes vivantes, dont la plus mystérieuse et la plus passionnante reste celle de leur croissance météorique. Selon les méthodes de calcul de l'âge, basées sur le comptage des stries journalières des statolithes (organes calcifiés liés à l'équilibre), l'*Architeuthis* le plus âgé jamais trouvé ne dépasserait pas 460 jours. Soit un peu plus de 15 mois pour passer de 2 mm à 13 m !

Certes, la méthode, validée pour les petits calmars de surface, ne peut être transposée aussi aisément aux géants des profondeurs : « Faute de lumière dans les grands fonds où vit *Architeuthis,* il n'est donc pas certain que le rythme de croissance de ses statolithes soit quotidien, nuance ainsi Peter Boyle, professeur de zoologie à l'université d'Aberdeen (Ecosse) et spécialiste des céphalopodes de l'Atlantique Nord. Souvent, les espèces qui vivent au-delà de 1 000 m de profondeur sont connues pour leur rythme de vie lent, mais prolongé. » Même si la durée de vie du calmar géant s'allongeait au-delà des 460 jours jusqu'à trois ans, âge le plus souvent évoqué, sa croissance n'en serait pas moins spectaculaire.

Est-ce tellement surprenant ? Pas forcément. Car les calmars sont d'extraordinaires machines à grandir : tout, dans leur organisme, fonctionne dans ce but unique. Cette quête de la croissance à tout prix se base d'abord sur l'efficacité du chasseur. Et, à ce titre, *Mesonychoteuthis* se révèle formidablement armé ! Longs de 6 à 9 m, ses deux tentacules (à distinguer des huit « bras », plus courts) sont équipés de deux rangées de crocs pivotants, atteignant déjà 32 mm sur la jeune femelle capturée. Quant aux bras, ils sont équipés de ventouses (24 mm de diamètre) et de nouvelles rangées de crochets. *Architeuthis* n'est pas en reste : ses tentacules sont munis de dizaines de ventouses bordées de concré-

Il ne leur faut pas plus de 15 mois pour passer de 2 mm à... 13 m. Un record !

tions dentées, fonctionnant à la manière de scies circulaires. Cet arsenal se double d'un équipement sensoriel hors pair : avec 25 cm de diamètre, soit la taille d'une assiette à dessert, les yeux d'*Architeuthis* sont les plus gros de tout le règne animal. Ceux de *Mesonychoteuthis* pourraient être plus grands encore ! Capables de capter le moindre photon dans des zones où sévit une pénombre quasi totale, de tels organes constituent un avantage décisif pour la chasse.

D'ÉTONNANTES CAPACITÉS INTELLECTUELLES

Non contents de disposer d'armes hors pair, les calmars géants s'en serviraient d'autant plus efficacement qu'ils disposeraient, comme tous les céphalopodes, de capacités intellectuelles étonnantes. Certes, avec un cerveau de 30 g pour un poids total de 275 kg, *Architeuthis* n'est sans doute pas l'animal le mieux doté par la nature... Mais il ne faut pas s'y fier. « Les calmars montrent en général des capacités d'apprentissage étonnantes dans les méthodes de prédation, précise Jean-Paul Robin, chercheur spécialiste des céphalopodes au laboratoire de biologie et biotechnologies marines de l'université de Caen. Cet apprentissage serait décisif pour la croissance, ce qui expliquerait les grandes disparités de taille observées dans une même génération. » Bien sûr, Jean-Paul Robin s'interdit d'extrapoler ces études pratiquées sur des animaux de surface à des animaux des profondeurs. Steve O'Shea n'en soupçonne pas moins que l'« intelligence » relative des calmars géants expliquerait leur rareté supposée en leur permettant d'échapper aux filets des biologistes... Et leur habileté à capturer tout ce qui passe à portée : car les calmars géants sont des opportunistes voraces.

Longtemps ignoré, car l'estomac des calmars géants échoués est généralement vide (la digestion a fait son œuvre depuis longtemps), le menu d'*Architeuthis* s'éclaire peu à peu, grâce à la remontée de spécimens frais due aux nouvelles techniques de chalutage (voir encadré). Le calmar géant est un glouton, qui consomme indifféremment poissons (chinchards, macroures : le « grenadier » de nos assiettes), langoustines, coquillages, vers... et calmars, de toutes espèces ! Serait-il à l'occasion cannibale, comme le sont systématiquement ses cousins de surface ? Ce n'est pas exclu. La capture en Nouvelle-Zélande, à la fin 2002, d'un nouveau spécimen récemment nourri pourrait bientôt apporter une réponse.

« MÊME L'URINE EST EXPLOITÉE »

Chasseurs affûtés et voraces, les calmars géants exploitent la moindre parcelle de leur proie pour grandir. « Le secret de la croissance des calmars tient d'abord à la sélection d'une nourriture de premier

Au XIIe siècle, *Architeuthis* a inspiré le kraken, monstre marin des légendes nordiques.

DU MYTHE À LA RÉALITÉ

Rejeté sur les côtes depuis des temps immémoriaux, le calmar *Architeuthis* est évoqué dans l'Antiquité par Homère et Aristote, tandis que Pline l'Ancien (23-79) décrit dans son Histoire naturelle un animal doté de tentacules de 9 m de long pour 300 kg, ce qui est fort précis ! Mais c'est dans les eaux nordiques, où il est aujourd'hui régulièrement signalé, que le calmar géant a fait germer, au XIIe siècle, le mythe du kraken, un monstre de la taille d'une île, capable d'entraîner des navires dans les abysses ! Toutefois, c'est surtout à Jules Verne et à Vingt mille lieues sous les mers (publié en 1869) que le calmar doit sa mauvaise réputation. L'inventeur du Capitaine Nemo a peut-être puisé son inspiration dans la première description de l'espèce *Architeuthis dux* donnée par le zoologiste danois Johan Steenstrup en 1857. À moins qu'il ne se soit inspiré de l'affaire de l'Alecton, un bateau français confronté à un *Architeuthis* au large de Ténériffe en 1861. C'est d'ailleurs dans les mêmes parages que Geronimo, le voilier d'Olivier de Kersauzon a rencontré un calmar géant en janvier 2003 : selon Didier Ragot, à la barre lors de l'incident, le céphalopode a réussi à ramener de 20 à 10 nœuds les 23 tonnes du bateau ! Du calmar, Didier Ragot n'a pu voir que deux tentacules rouge-orange, de 10 à 12 cm de diamètre. Mais il y a peu de doute sur l'identité de l'animal. Didier Ragot est l'un des rares marins au monde à avoir vu un *Architeuthis* dans son élément !

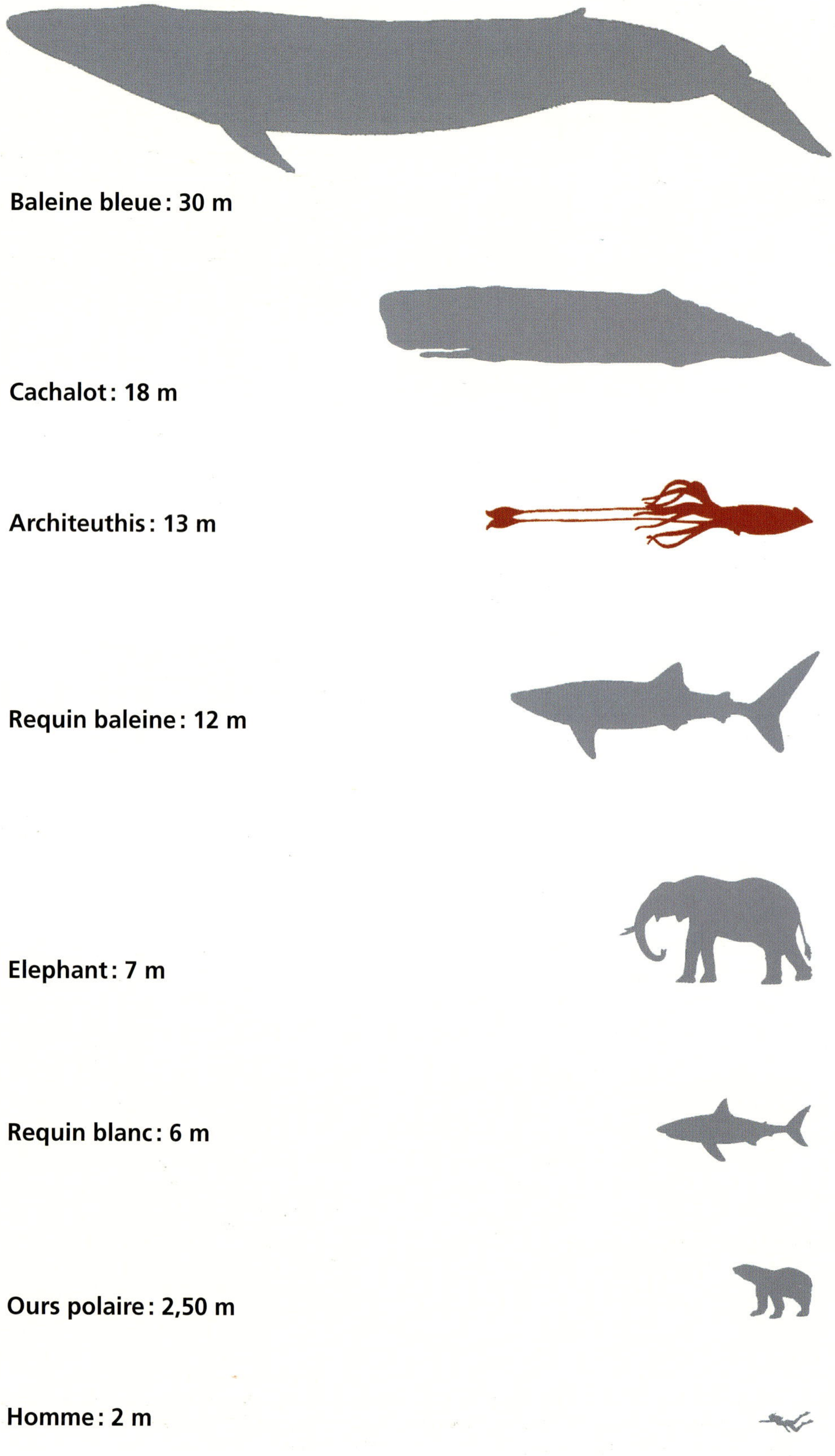

DE NOUVELLES TECHNIQUES DE PÊCHE MULTIPLIENT LES PRISES

Jusqu'aux années 80, la quasi-totalité des calmars géants recensés provenait d'animaux morts de longue date, sortis de l'estomac de cachalots, échoués ou trouvés en surface. La donne a complètement changé avec le chalutage, entre 500 et 1 500 m, de poissons des profondeurs tels que l'empereur, le rat (ou « grenadier »), le sabre, le hoki... Cette pêche, controversée car ciblant massivement des espèces au renouvellement très lent, a multiplié les prises d'Architeuthis. Un mal pour un bien : c'est ainsi que l'on connaît mieux aujourd'hui, grâce à l'examen de son estomac, le menu de cet animal ! Par ailleurs, ces chalutages confirment que les calmars géants sont loin d'être rares, comme le laissait supposer l'examen des estomacs de cachalot : *Mesonychoteuthis* constituerait même 77 % de la biomasse absorbée par les cachalots de l'Antarctique !

choix, estime George Jackson, chercheur en biologie des céphalopodes à l'Institut d'études de l'Antarctique et des océans du Sud (Hobart, Tasmanie). Les proies sont découpées en petits morceaux par le bec, les parties dures étant rejetées. Ainsi, la digestion est facile, rapide et nécessite moins de dépense énergétique. Cette alimentation presque exclusivement composée de protéines n'est pas « stockée » sous forme de graisses, mais utilisée directement par le métabolisme ou convertie immédiatement en muscle. » Avec des rendements remarquables : chez les céphalopodes, 50 % du poids alimentaire (et même plus chez certaines espèces sédentaires comme le poulpe...) peut être transformé en masse corporelle, contre 20 % pour les poissons ou les mammifères. « Très peu de matières sont rejetées, confirme Sigurd von Boletzky, spécialiste des céphalopodes à l'Observatoire océanologique de Banyuls. Même l'urine est exploitée : l'azote rejeté par le métabolisme est stocké dans les chairs d'Architeuthis sous forme d'ammoniac (NH_3). Plus léger que l'eau, l'ammoniac assure en effet une flottaison sans effort... Encore une économie à convertir en croissance ! » Ultime perfectionnement commun à tous les calmars : une croissance linéaire, jusqu'à la mort. Toute leur vie, ils savent fabriquer des fibres musculaires, à la différence des vertébrés, qui, eux, ne les créent que pendant leur jeunesse (voir courbes page de droite).

LE PLUS LONG ANIMAL MARIN APRÈS LES CÉTACÉS

Long de 13 m, tentacules compris, le calmar géant est le plus grand animal invertébré actuellement vivant. Sa taille n'est dépassée que par des cétacés : baleines et cachalots. En revanche, le plus gros des calmars ne dépasserait pas 350 kg, à comparer aux 150 tonnes de la baleine bleue...

À Auckland, un aquarium cylindrique n'attend plus que des bébés calmars

EN SAVOIR PLUS
Musée de la mer de Biarritz, où est exposé un spécimen d'*Architeuthis* conservé dans l'alcool (www.museedelamer.com).
« Chasing Giants : on the Trail of the Giant Squid », les expéditions de Steve O'Shea en vidéo (sur shopping. discovery. com).
http://perso.wanadoo.fr/cryptozoo/decouvertes/architeuthis.htm, site sur les mythes liés aux calmars
www.proyectokraken.com, site consacré à l'expédition espagnole, la plus récente.
www.abdn.ac.uk/eurosquid/index.htm, le site de l'université d'Aberdeen.

« Bien sûr, ce que nous présumons du mécanisme de croissance des calmars géants repose encore sur des traits communs aux céphalopodes, modère Steve O'Shea. Si notre connaissance progresse indirectement grâce à la pêche, il reste à valider les hypothèses par une observation directe. Cela ne saurait tarder : nous sommes en effet en mesure d'élever le calmar géant en aquarium ! » Si ses cinq expéditions cinématographiques organisées en 2000 et 2001 avec le concours de la chaîne Discovery Channel n'ont pas ramené d'images d'Architeuthis adulte, Steve O'Shea n'est pas rentré bredouille, loin de là : à deux reprises, le chercheur a pu capturer de tous jeunes Architeuthis vivants. À 10 mm, on est bien loin de la taille d'un géant ! Comment être sûr de leur pedigree ? « Nous avons comparé leur ADN avec celui d'adultes : pas de doute là-dessus, explique Steve O'Shea. Malheureusement, nous ne savions pas alors comment conserver les calmars en vie : ils sont morts au bout d'une semaine… »

RELEVER LE DÉFI DE LA NOURRITURE EN CAPTIVITÉ

« Depuis, nous avons considérablement travaillé, reprend Kathrin Bolstad, collègue de Steve O'Shea, en charge de l'opération d'élevage. La solution réside dans l'utilisation d'un aquarium cylindrique (les aquariums rectangulaires sont mortels pour les calmars) et sur le maintien d'une température égale pour éviter tout choc thermique. » Une fois au labo, la nourriture sera le plus grand défi à relever : « Les jeunes exigent des proies dont la taille représente de une fois à une fois et demie la leur, continue Kathrin Bolstad. Ils aiment les larves de poissons et les petites crevettes. L'ennui est que ces dernières sont agressives et qu'on ne peut les empêcher de manger… leur prédateur ! Aussi devons-nous élever un grand nombre de petits calmars pour multiplier les chances de survie. » Pour loger ses futurs bébés calmars, le laboratoire d'Auckland a commandé un aquarium cylindrique de 2,2 m de diamètre et 2,4 m de haut. Les petits Architeuthis y grandiront sous bonne surveillance, avant d'être transférés dans des bacs plus grands, jusqu'à atteindre idéalement une taille totale de 5 m. « À ce stade, nous les remettrons en liberté, conclut Kathrin Bolstad. Difficile en effet de les maintenir en vie plus longtemps. Sans compter avec les inquiétudes du public. » On conçoit en effet que l'arsenal du calmar géant inquiète les voisins ! Reste maintenant à capturer les nouvelles recrues, ce qui devrait être accompli dans les prochains mois, si la prochaine expédition de capture réussit. Et le mystère de la croissance du géant sera enfin résolu.

(1) Certaines sources font état d'*Architeuthis* atteignant 18 m. Après avoir examiné plus de 100 spécimens adultes, Steve O'Shea estime ces mesures surévaluées.

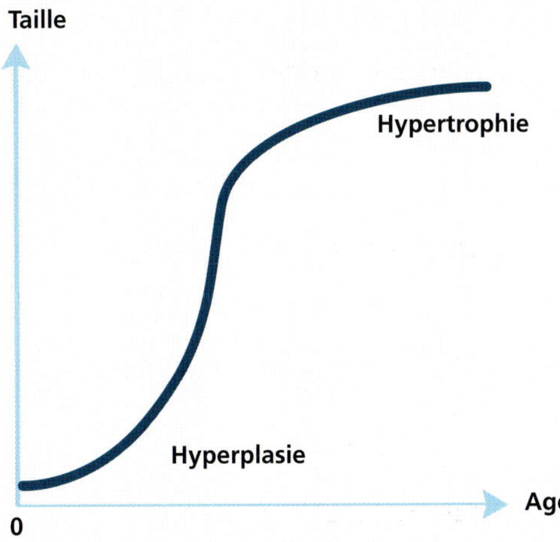

LA CROISSANCE DES POISSONS…
Le jeune poisson grandit en créant des fibres musculaires (hyperplasie), qu'il fait ensuite croître (hypertrophie) à l'âge adulte.

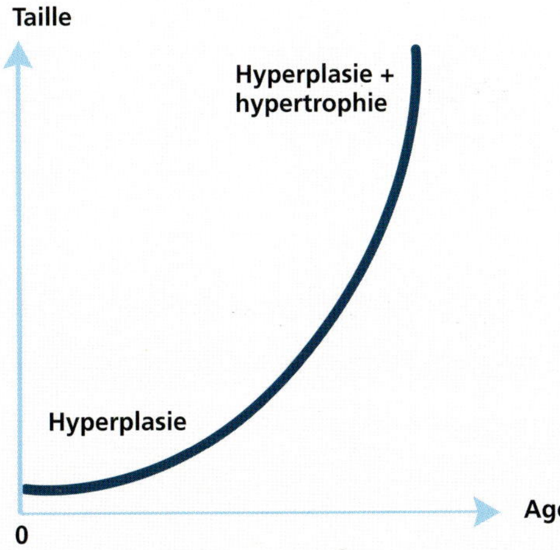

Source : Dr George Jackson

… ET CELLE DES CALMARS
Le calmar, lui, fabrique de nouvelles fibres musculaires (hyperplasie) toute sa vie : sa courbe de croissance ne plafonne jamais !

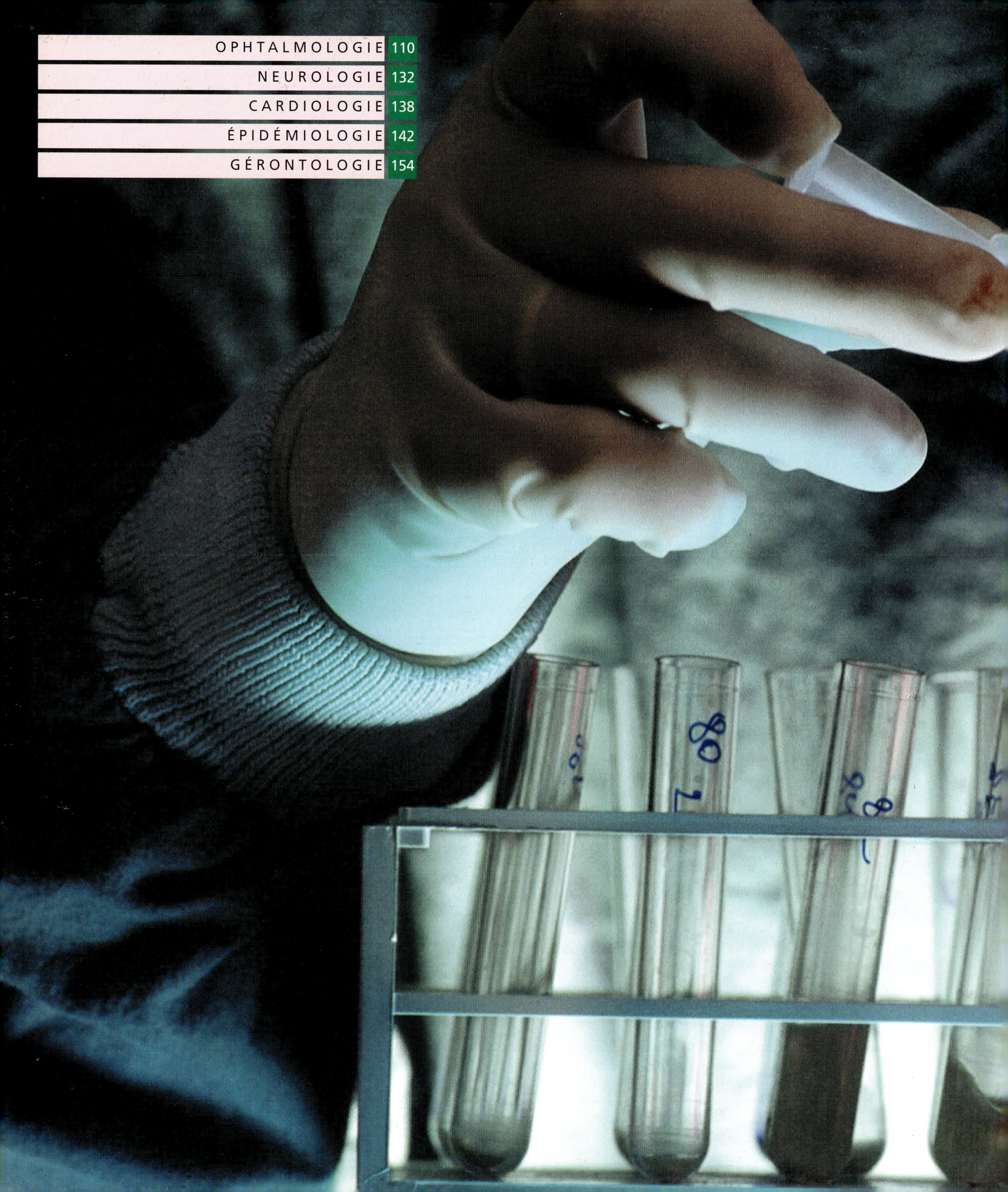
80

CHAPITRE TROISIÈME

SANTÉ-MÉDECINE

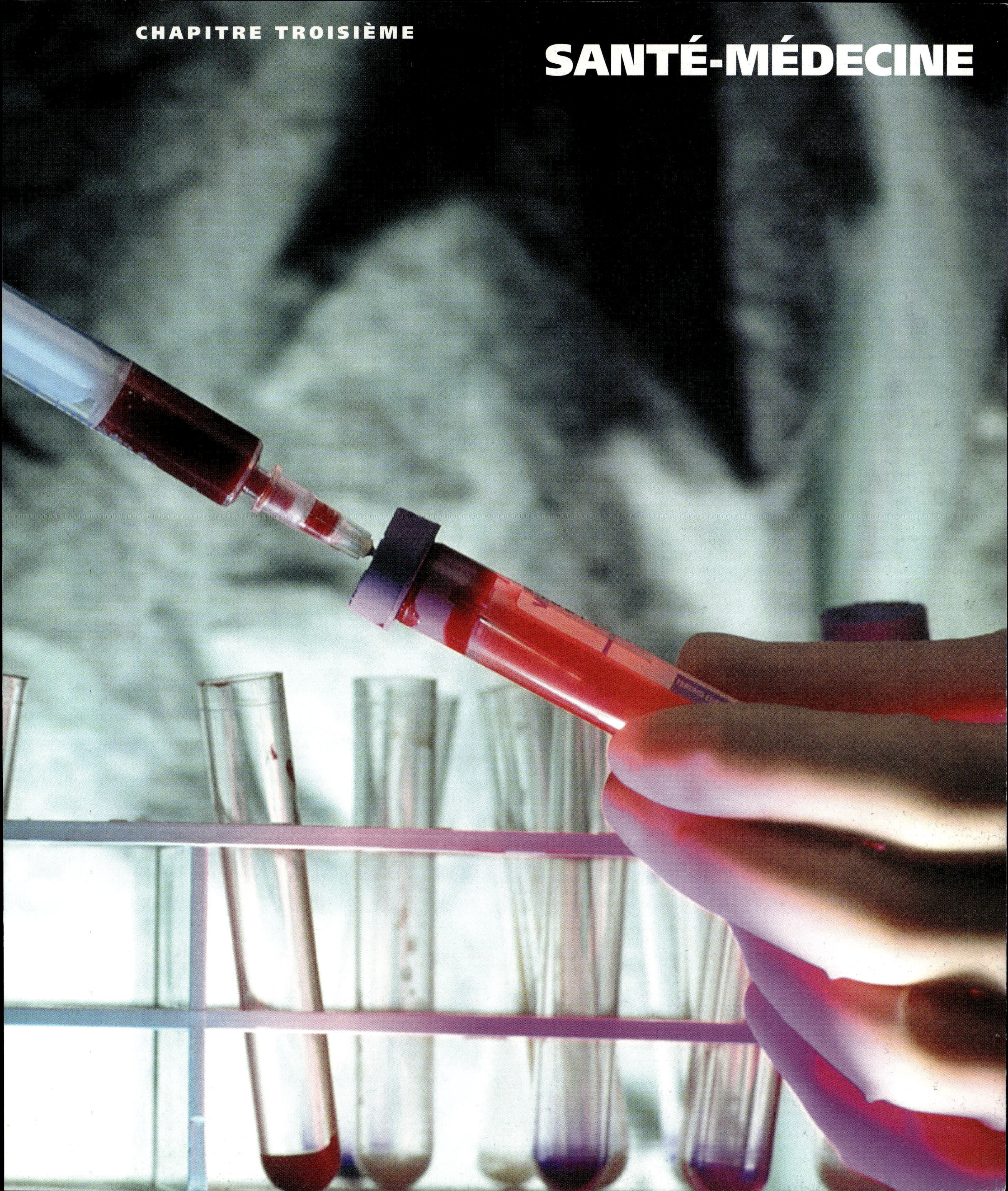

Vision

Vous pouvez dire adieu à vos **lunettes**

Myope, hypermétrope, astigmate, presbyte… Un Français sur deux voit mal. Mais aujourd'hui, l'ophtalmologie peut faire beaucoup mieux que leur offrir des lunettes ou des lentilles. Grâce aux innovations majeures en matière d'instrumentation et de matériaux. Grâce aussi, et peut-être surtout, à l'audace de chirurgiens pionniers. Et si, malheureusement, certaines maladies de la rétine restent encore incurables, les chercheurs nourrissent le secret espoir qu'elles ne le soient plus dans les années à venir.

PAR AKÉLA SARI, KHEIRA BETTAYEB, LÉO AGRET, PIERRE ROSSION

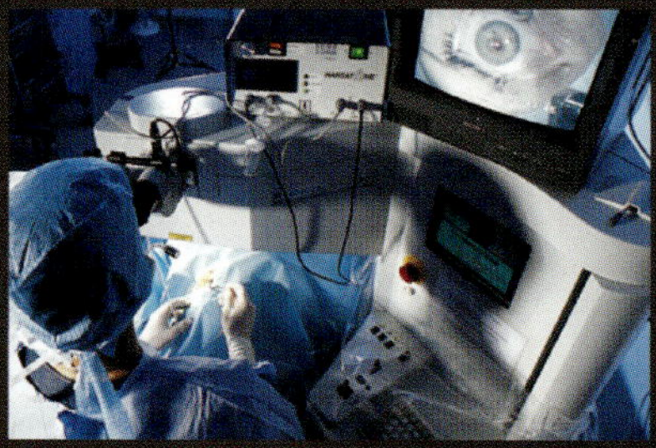

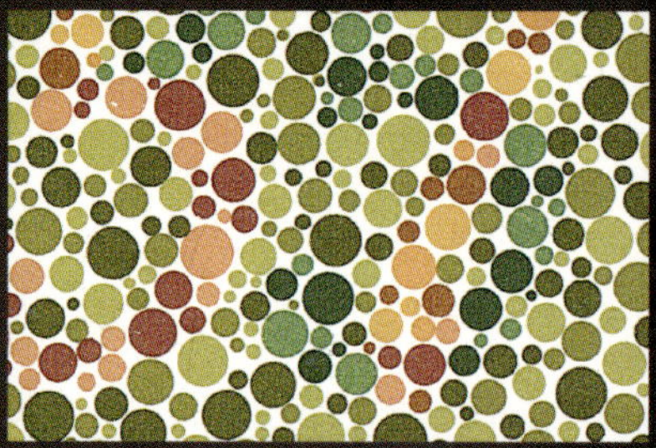

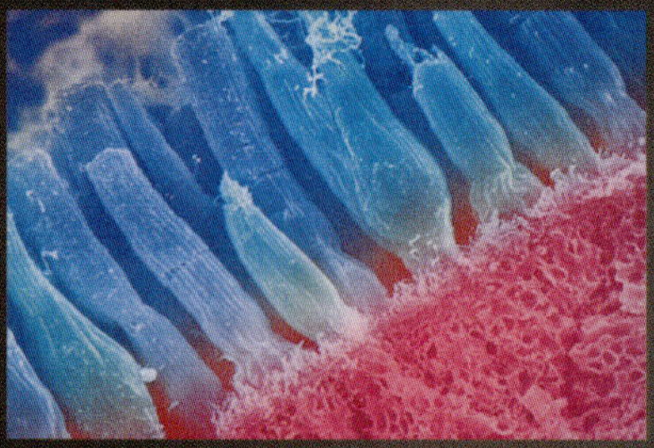

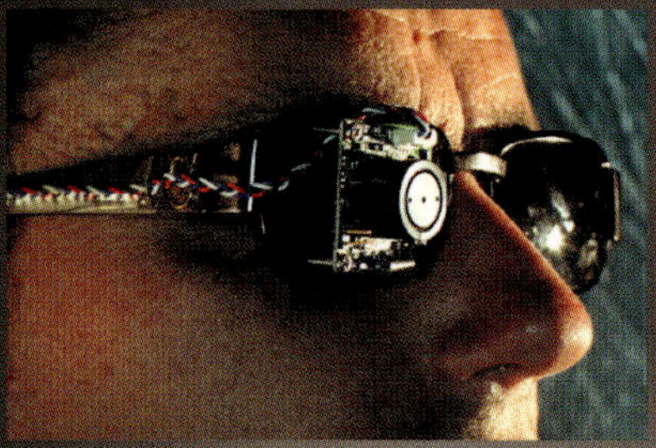

Comment voit l'œil

Diamètre : 2, 4 cm. Poids : 7 g. L'œil est une petite caméra biologique dont les prouesses dépassent celles des plus subtils appareils photo. Deux mondes le composent. À l'avant, les objectifs qui assurent la mise au point ; à l'arrière, la pellicule sensible que forme la rétine. Mais attention, si l'œil regarde, c'est le cerveau qui voit.

1. L'OBJECTIF

LA CORNÉE

Partie antérieure et transparente de l'œil. Grâce à sa forme courbe, elle dévie les rayons lumineux vers l'intérieur de l'œil. C'est la principale lentille oculaire.

L'IRIS

Muscle rond dont la dilatation ou la contraction déterminent l'ouverture de la pupille (espace séparant les bords internes de l'iris). Sa couleur varie selon les individus.

LE CRISTALLIN

Lentille biconvexe transparente située derrière l'iris et devant le corps vitré. Les modifications de sa courbure assurent la mise au point d'images nettes sur la rétine.

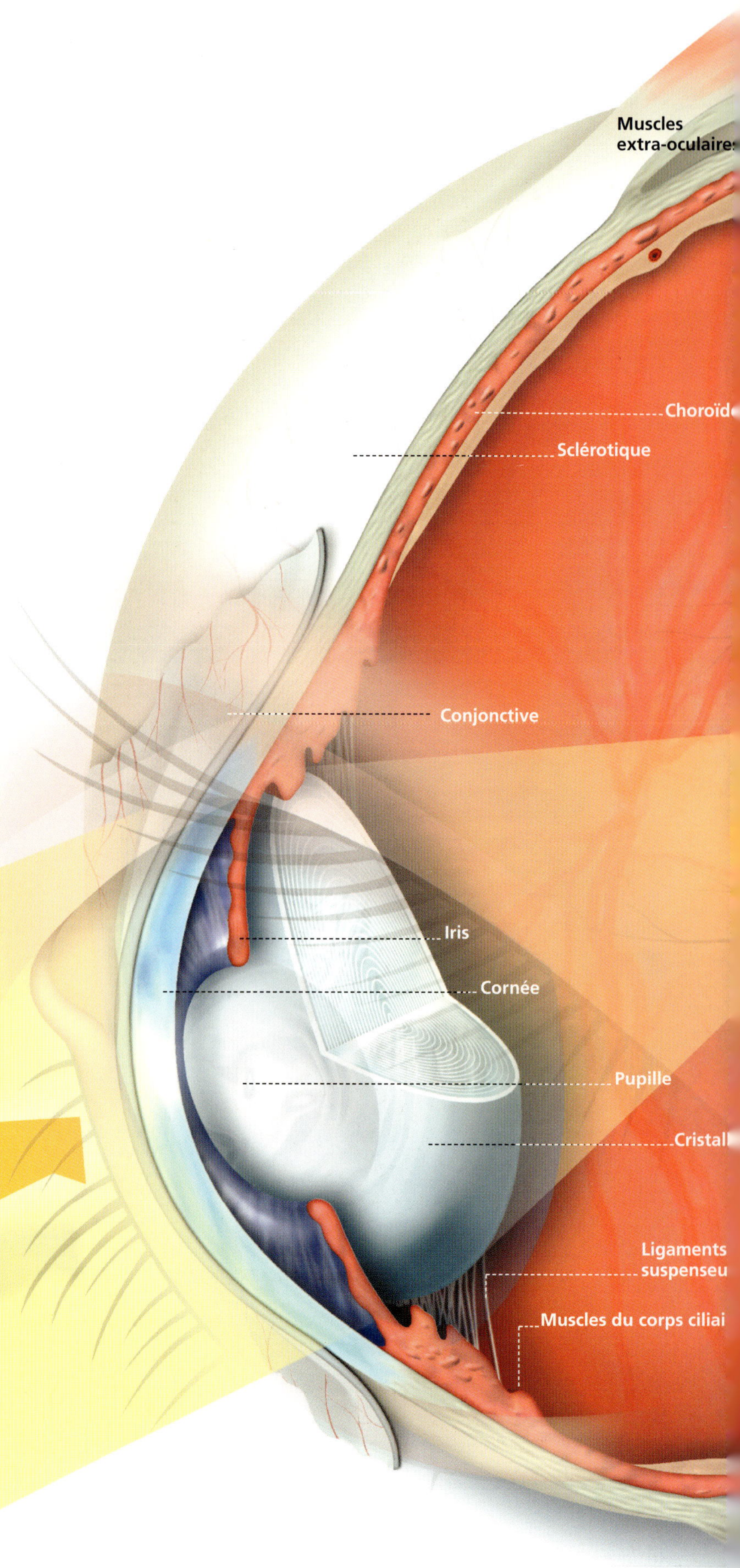

Il s'agit d'une véritable petite caméra biologique !

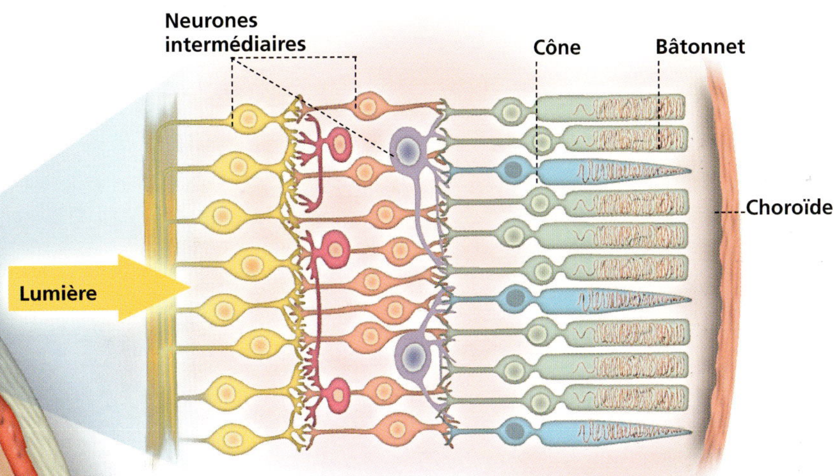

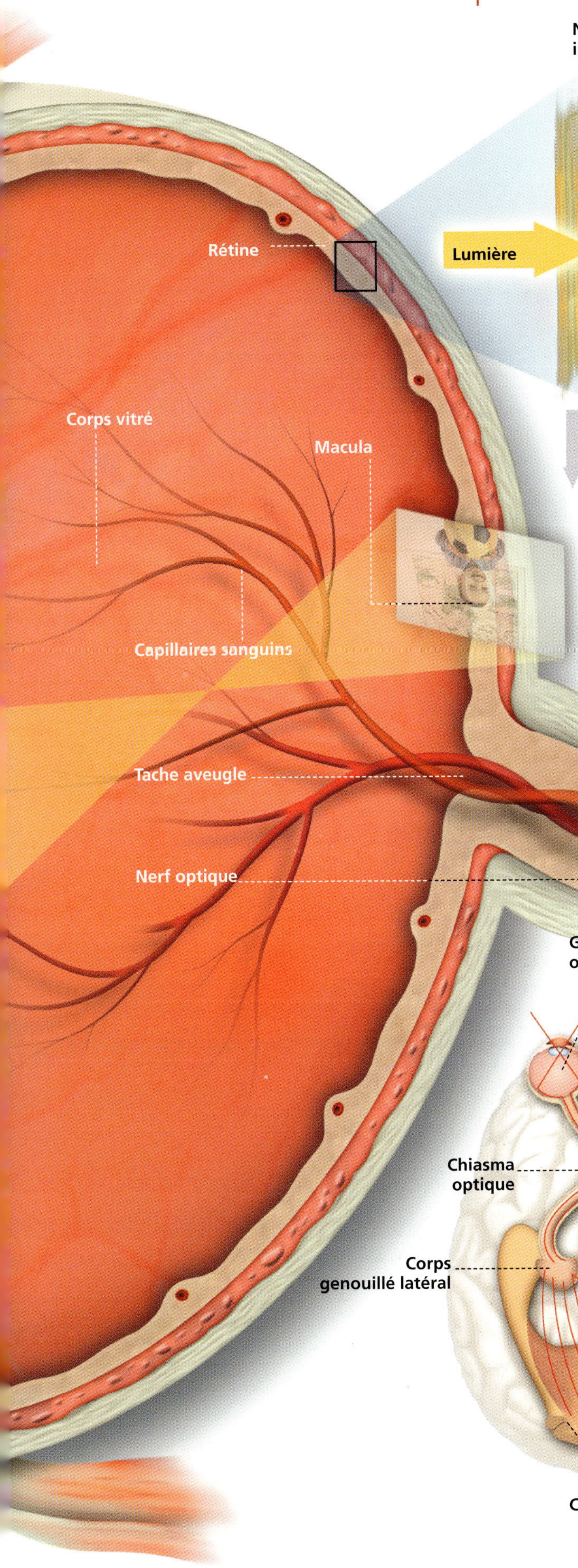

2. LA PELLICULE

LA RÉTINE

Membrane sensible contenant deux types de cellules photoréceptrices, les cônes et les bâtonnets. Responsables de la vision nocturne, les bâtonnets, plus abondants à la périphérie qu'au centre de la rétine, forment 95 % du total. Les cônes, permettent, eux la vision diurne et celle des couleurs.

LA MACULA

Région de la rétine, diamétralement opposée à la cornée, où la densité des cônes est la plus importante. C'est là que l'acuité visuelle est la plus forte.

LE NERF OPTIQUE

Nerf crânien qui concentre environ un million d'axones (prolongements de neurones) provenant de la rétine. Il sert à acheminer les messages rétiniens vers le cerveau (cortex visuel).

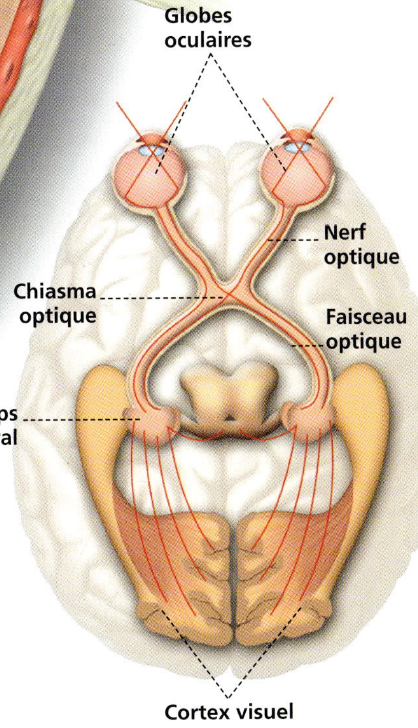

3. LE DÉVELOPPEMENT

Quand les rayons lumineux frappent la rétine, ils sont convertis par les cellules photoréceptrices en signaux électriques. Ceux-ci empruntent les deux nerfs optiques, qui se rencontrent au chiasma optique, puis gagnent les corps genouillés latéraux, excroissances du cerveau. De là, les signaux rejoignent le cortex visuel pour être reconstruits en images intelligibles.

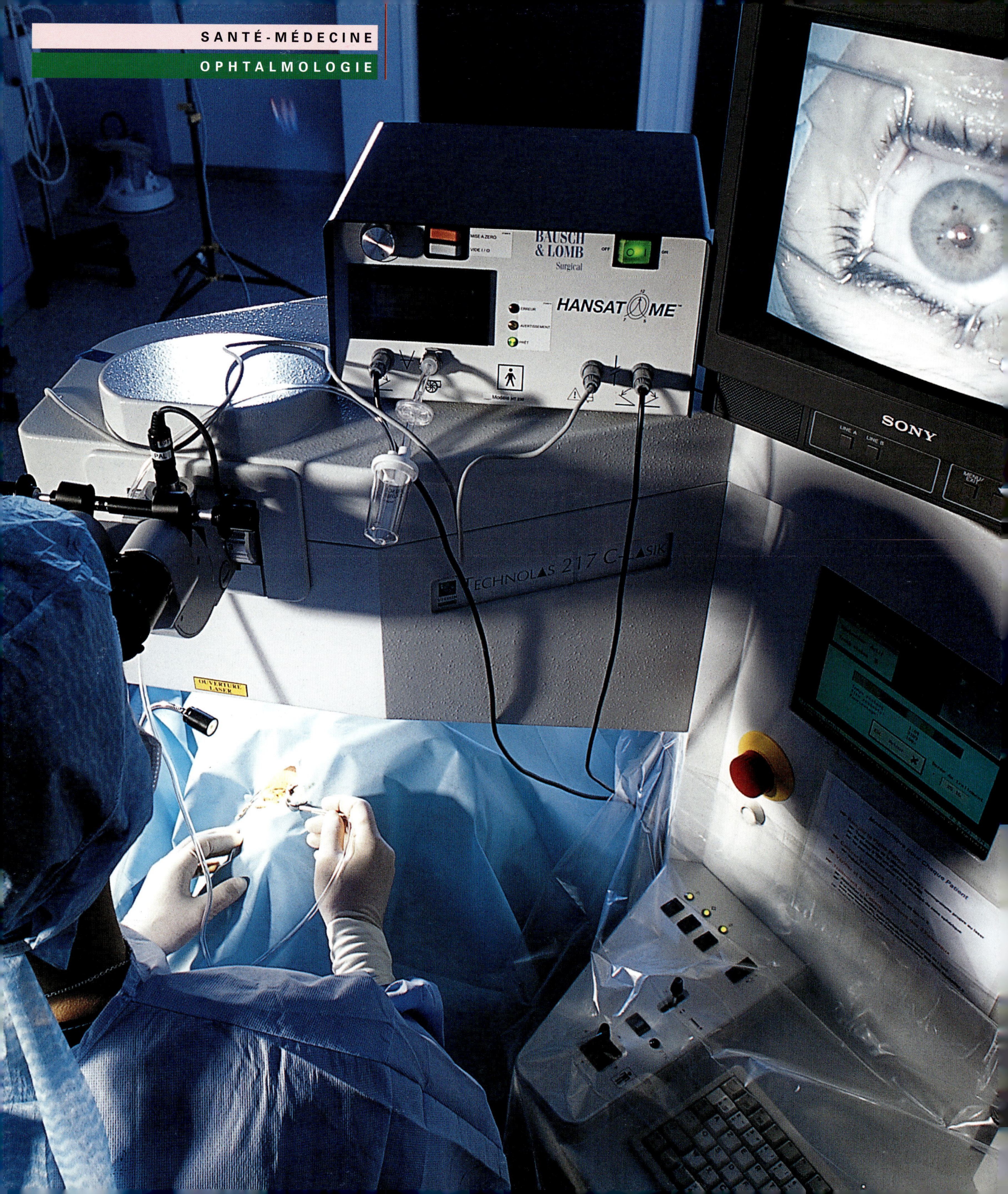
BAUSCH & LOMB
Surgical
HANSATOME
SONY
TECHNOLAS 217 C-LASIK
OUVERTURE LASER

L'étonnante technique du « lasik » sculpte littéralement la cornée

Les incroyables avancées de l'ophtalmologie

Un laser qui répare la cornée, des ultrasons contre la cataracte du cristallin, des techniques d'imagerie sophistiquées pour la rétine... chaque jour se pratiquent en France des gestes chirurgicaux d'une virtuosité inouïe pour soigner les problèmes visuels. Entre audace et prouesses technologiques, la révolution de l'ophtalmologie est bel et bien en marche.

PAR KHEIRA BETTAYEB ET LÉO AGRET

Il y a cinquante ans, personne n'imaginait qu'on opérerait un jour un œil pour corriger une myopie tellement cet organe semblait petit et fragile. Et pourtant : grâce à l'étonnante technique du « lasik » (Laser ASsisted In situ Keratomileusis), l'intervention s'est aujourd'hui banalisée. Ce qui ne l'empêche d'être impressionnante ! Qu'on en juge : après anesthésie locale, le chirurgien, dont la plupart des gestes sont assistés par ordinateur, dirige vers le globe oculaire un anneau de 9 mm de diamètre muni d'une fine lame oscillante : sorte de « minirabot », ce microkératome découpe alors une minuscule fenêtre à la surface de l'œil. Sous cette lamelle de quelque 160 micromètres, un laser à « excimères » (de l'anglais excited dimer : molécule excitée composée de deux mêmes constituants) entre en action : faisceau d'ultraviolets de 1 mm de diamètre, il sculpte littéralement la cornée, retirant à chaque impact 0,25 micromètre de tissu. Pour finir, la lamelle découpée est replacée, sans sutures. Le tout n'a pas pris plus de dix minutes !

Apparu en 1994, le lasik corrige la plupart des défauts visuels : myopie, mais aussi astigmatisme, hypermétropie et, depuis peu, la presbytie. Prenons la myopie : dans ce cas, l'œil est trop long et l'image de l'objet regardé se forme donc en avant de la rétine, d'où une vision floue. Eh bien, l'intervention réussit à aplanir la cornée pour « raccourcir » la sphère oculaire.

Inouïe, cette technique n'est toutefois pas la seule à apporter l'espoir aux millions de Français qui souffrent de problèmes visuels. Car en quelques années, les révolutions thérapeutiques se sont succédées. « Il y a trente-cinq ans, rappelle même Jean-Antoine Bernard, directeur scientifique de la Société française d'ophtalmologie, l'ophtalmologie en était à la préhistoire. Un médecin de cette époque serait émerveillé de voir tout ce que nous possédons aujourd'hui. »

Longtemps, en effet, les verres correcteurs ont été la seule solution contre les défauts de la vision. « Ces troubles ne provoquent pas la cécité et opérer pour une myopie était hors de propos, insiste Jean-Antoine Bernard. Car c'était prendre d'énormes risques : les instruments chirurgicaux étaient bien trop gros pour la petite échelle de l'œil. » En effet, les défauts de la vision affectent la cornée ou le cristallin, dont les tailles se mesurent en micromètre (un millième de millimètre) ! Pour pénétrer dans l'univers lilliputien de l'œil, il a donc fallu attendre que les instruments du chirurgien deviennent des outils d'orfèvre. En vingt-cinq ans, par exemple, la taille du mors des pinces est ainsi passée de 1 à 1/3 de millimètre.

Reste que la chirurgie des yeux doit aussi beaucoup à la créativité et la volonté de pionniers, dont deux furent particulièrement audacieux. Le premier fut le Japonais Tsutomu Sato. Dans les années 30, il eut l'idée de pratiquer de petites incisions en forme de rayons de bicyclette dans la cornée pour l'aplatir au centre. Ainsi fut posé le principe de la kératotomie radiaire pour traiter la myopie, que le Russe Svyatoslav Fyodorov améliora ensuite. L'autre défricheur fut le médecin colombien José Barraquer qui, dans les années 60, imagina prélever une partie de la cornée, la congeler, la sculpter et la remettre en place. À l'époque, ces procédés connurent un franc succès ; mais peu à peu leurs bénéfices s'estompèrent, suscitant de vives controverses.

« La kératotomie radiaire, précise Jean-Louis Arné, le médecin toulousain qui développa la technique en France dès 1983, a ainsi été délaissée avec l'arrivée du laser à excimères, plus simple et plus précis. » Utilisé dans l'industrie du plastique pour sculpter les matériaux depuis 1975, ce laser fit sa véritable entrée en chirurgie en 1983 : la PKR (pour photokéractectomie réfractive) voyait le jour. Son principe est simple : dirigé contre la surface de la cornée, le rayon d'ultraviolets gomme en douceur la surface de l'œil, sans brûlures. Petits soucis cependant : au cours des quarante-huit heures qui suivent l'opération, le patient ressent de vives douleurs et une gêne visuelle dominée par un phénomène de halo (flou).

LA CATARACTE OPÉRÉE EN 15 MIN

Soulevant seulement une lamelle de tissu cornéen et la replaçant après le travail du laser, la technique du lasik apparut pour pallier ces inconvénients. « Cette fabuleuse technique a fait exploser la chirurgie des yeux, s'enthousiasme Catherine Albou-Ganem, spécialiste à Paris. Le patient retrouve une vision parfaite dès le lendemain de l'intervention ». Aujourd'hui, la PKR est réservée pour les faibles myopies, le lasik pour les myopies modérées. Et pour les fortes myopies, il faut s'en remettre à l'implantation – réversible – de microlentilles en avant ou en arrière de l'iris. Plus pour longtemps peut-être...

De fait, toutes ces techniques devraient bientôt subir la concurrence de la CRT (Corneal Refractive Therapy), un procédé qui remodèle la cornée via une lentille spéciale, réalisée d'après calcul sur ordinateur à partir d'un modèle tridimensionnel de l'œil du patient. Portée la nuit, cette lentille redistribue les cellules épithéliales vers la périphérie de la cornée, tout en diminuant son épaisseur au centre (voir schéma p. 117). Le résultat est une cornée remodelée, comparable à ce qu'on obtient par le laser, mais sans le caractère définitif, ni le coût... Magique. Sauf que

FAITS & CHIFFRES

Une personne sur deux dans le monde voit mal. En France, 13 % des nouveau-nés et un enfant sur trois entre 6 et 14 ans ont un ou plusieurs défauts visuels. 62 % de la population portent des lunettes, soit 38 millions de personnes. Les lentilles forment 21 % du marché français de l'optique ; 600 000 opérations par laser sont pratiquées chaque année en dans l'Union européenne, dont 120 000 en France.

SCULPTER LA CORNÉE
La chirurgie des yeux s'est banalisée grâce au « lasik », une technique qui utilise un faisceau d'ultraviolets pour « sculpter » la cornée.

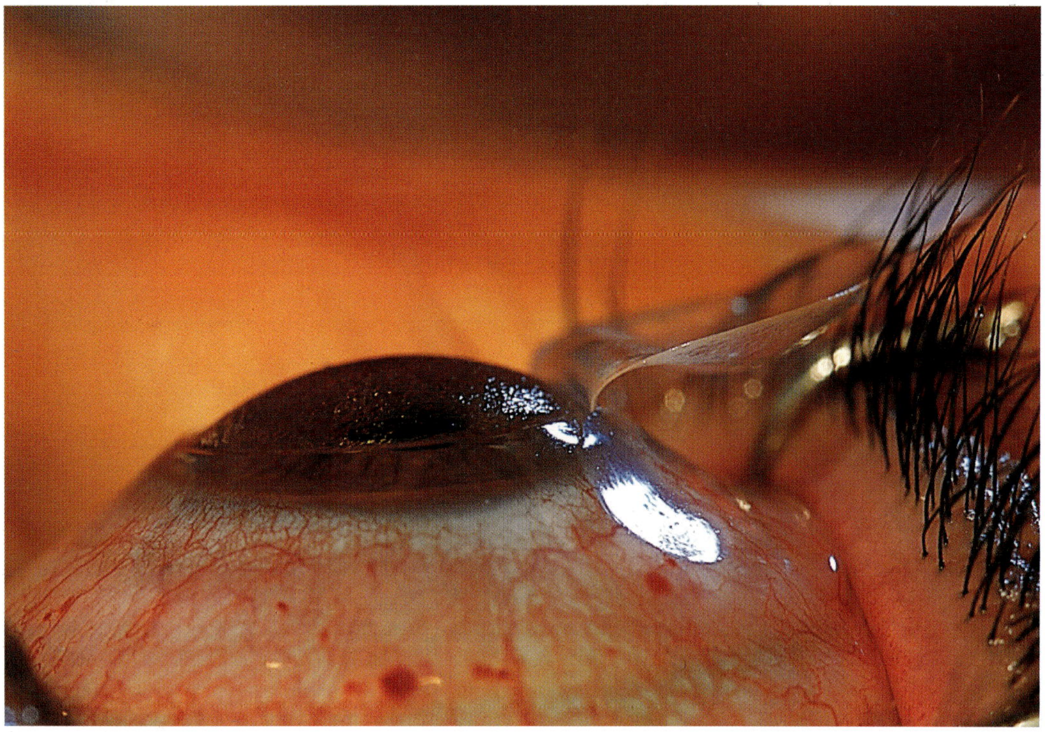

FAISCEAU LASER
Pour que le faisceau laser du lasik puisse atteindre la cornée, on place sur la sphère oculaire un anneau muni d'une fine lame : cette sorte de « mini-rabot » va découper une lamelle superficielle (flèche) à la surface de l'œil. Ce « capot » est soulevé par le chirurgien, puis remis en place après l'intervention, cela sans aucune suture.

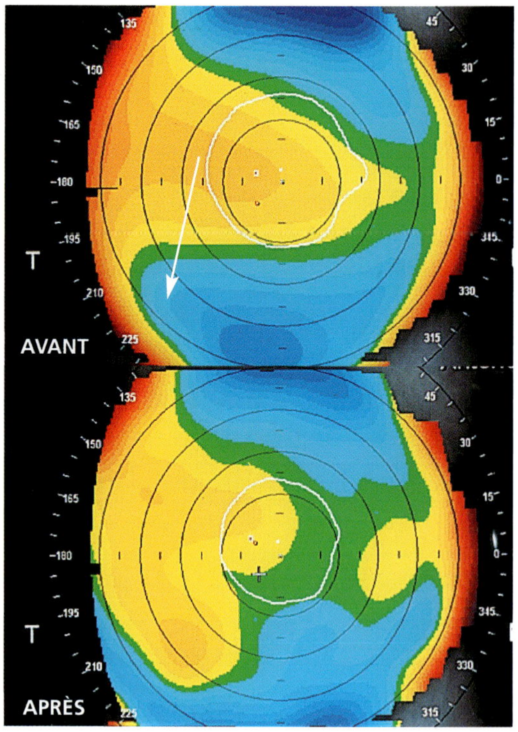

CORNÉE MODIFIÉE
Ces images numérisées montrent la surface cornéenne d'un myope avant et après avoir été « sculptée » par le lasik. Après intervention, on s'aperçoit que l'élévation de la cornée a été modifiée en différents points comme en témoigne la répartition des couleurs.

cette technique ne s'applique qu'à la correction de la myopie, éventuellement doublée d'un astigmatisme léger. Mais c'est déjà un vrai progrès et, aux États-Unis, cette méthode est désormais disponible. Il faut dire que les essais cliniques ont montré que 93 % des patients traités retrouvent une vue suffisante pour conduire sans lunettes.

Et il n'y a pas que la cornée. Le cristallin, par exemple, n'est pas moins important dans la vision : qu'il s'opacifie, et c'est la cataracte, qui peut entraîner la cécité. Or, une révolution a également eu lieu dans ce domaine grâce à un nouvel outil, inventé en 1976 par le praticien new-yorkais Charles Kelman : une sonde à ultrasons capable de désintégrer le cristallin pour l'extraire et le remplacer par une microlentille. Quand on sait que, depuis la première thérapie de la cataracte réalisée en 1745 par le Français Jacques Daviel, il fallait jusqu'alors pratiquer une grande incision dans la cornée… Aujourd'hui, l'intervention est d'une précision étonnante. Et à l'hôpital des Quinze-Vingts, le pôle d'ophtalmologie parisien de référence en France, elle fait désormais partie de la routine.

Les yeux sur le binoculaire et le geste sûr, le chirurgien Éric Tuil pratique une imperceptible incision de 3 mm dans l'œil du patient pour y faufiler un minuscule instrument. Il découpe un cercle dans la capsule qui entoure le cristallin, glisse la sonde à ultrason qui désintègre le cristallin en quelques minutes, puis l'aspire et, à la place, introduit une lentille repliée sur elle-même, qui se déploie et prend sa forme définitive. Cette intervention, qui concerne 400 000 Français chaque année, dure à peine quinze minutes. Et c'est l'acte chirurgical le plus fréquemment remboursé par la Sécurité sociale !

Mais ce n'est pas tout. Car les traitements d'autres maladies visuelles ont également connu des progrès considérables. En particulier, la lutte contre le glaucome, qui détruit les fibres du nerf optique en augmentant la pression dans l'œil de 10 à 20 mm de mercure – pression normale – jusqu'à parfois 90, vient d'être renforcée ces derniers mois avec l'arrivée de nouveaux médicaments, surtout des collyres, qui diminuent la pression de 30 %.

Cependant, tout n'est pas rose. « En général, les problèmes visuels affectant le segment antérieur de l'œil (cornée, cristallin) sont bien soignés. Mais pour les maladies du fond de l'œil, la révolution thérapeutique a été moins impressionnante, tempère

HÉRÉDITÉ, MAIS AUSSI TABAC, SOLEIL ET ALIMENTATION

Les ophtalmologistes sont formels : le tabac, le soleil et une mauvaise alimentation nuisent à la vision. La nicotine est un facteur aggravant de la dégénérescence maculaire, responsable d'une diminution de la vision centrale. C'est aussi une source de cataracte précoce et sans doute une cause de glaucome. Quant au soleil, à long terme, l'accumulation des expositions aux ultraviolets (UV) provoque des dommages irréversibles, entraînant cataracte, presbytie précoce et dégénérescence. Les conséquences d'une mauvaise alimentation sur la vision sont moins évidentes. Mais il a été démontré que d'importantes carences en vitamines A peuvent être à l'origine de xérophtalmie, une sécheresse de l'œil. Quant au travail sur ordinateur, l'usage de la télévision et des jeux vidéo, si 30 à 40 % des utilisateurs se plaignent de fatigue oculaire, la focalisation de notre regard sur un écran ne crée pas de défauts visuels, mais révèle ceux passés inaperçus, comme un léger astigmatisme ou une myopie latente. C'est plutôt une sécheresse accrue de l'œil, due à une diminution de la fréquence des clignements, qui est à craindre. Enfin, nous ne sommes pas égaux face aux troubles de la vision. Ainsi, l'hérédité est un facteur aggravant dans la survenue de la myopie. Un enfant dont les deux parents sont atteints, a tous les risques de l'être également. Mais à ce jour, aucun gène n'a été identifié.

Dès le lendemain de l'intervention, le patient retrouve une vision parfaite !

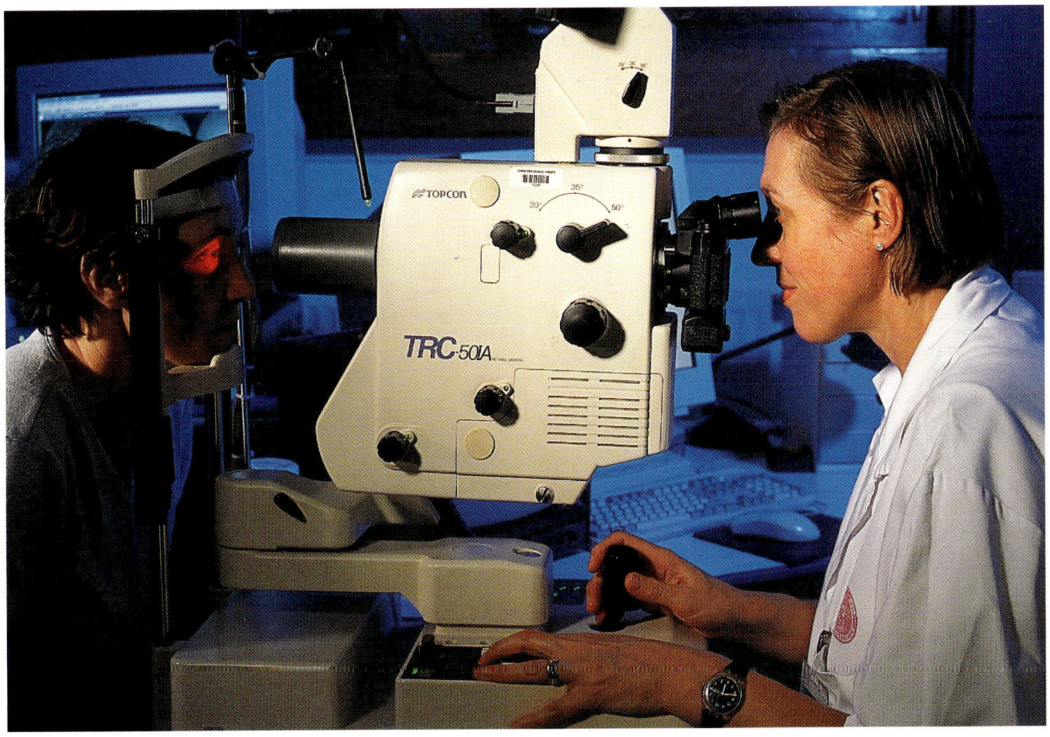

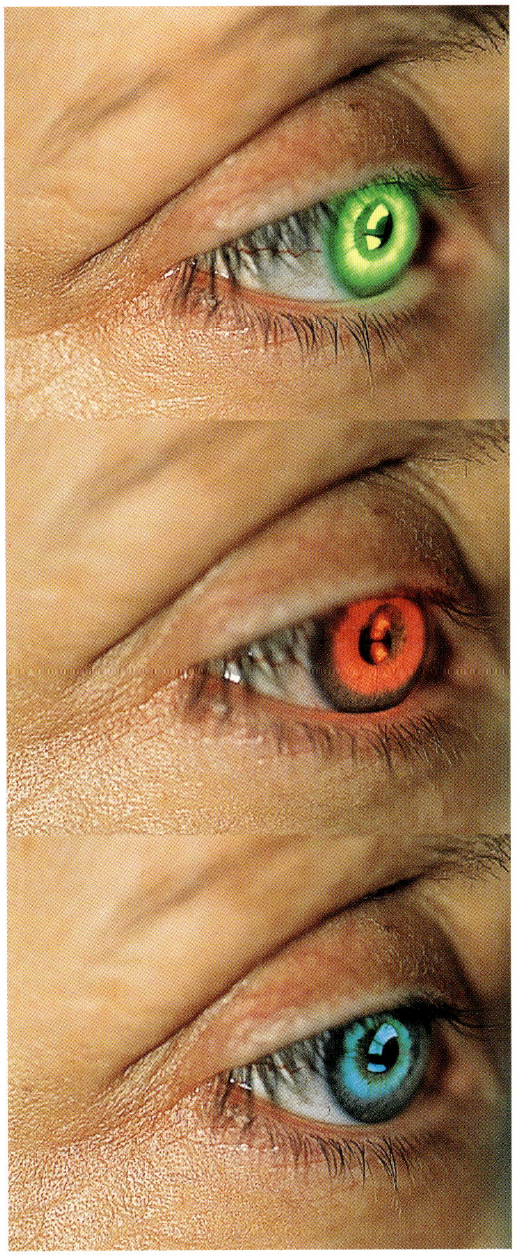

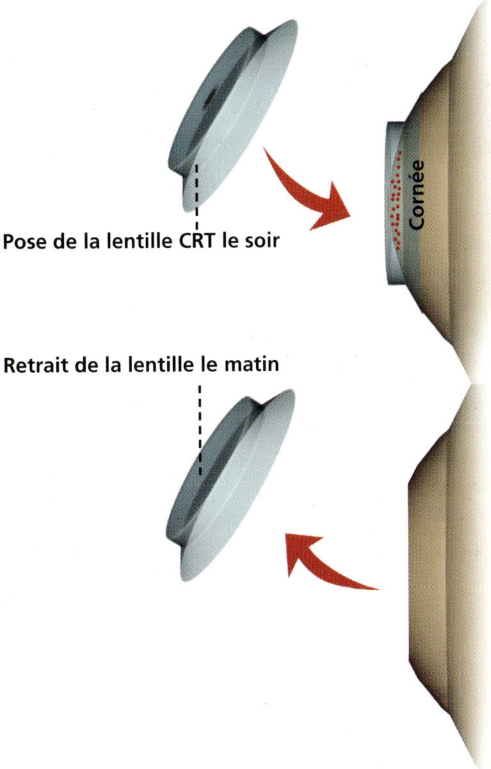

SOIGNER LA CATARACTE
Pour soigner la cataracte on implante une microlentilles à la place du cristallin, préalablement désintégré par une sonde à ultrasons.

LA LENTILLE CHIRURGIENNE
La lentille CRT traite la myopie en remodelant la cornée. Elle repousse les cellules épithéliales du centre vers la périphérie. Le patient la porte la nuit, et il recouvre une vision nette dès son réveil !

COLORANT FLUORESCENT
L'angiographie (en haut, à gauche) sert à détecter les maladies du fond de l'œil. Après avoir injecté un colorant fluorescent au patient, on utilise des filtres colorés (ci-dessus) pour observer différentes parties de la rétine : vaisseaux sanguins, épithélium, macula...

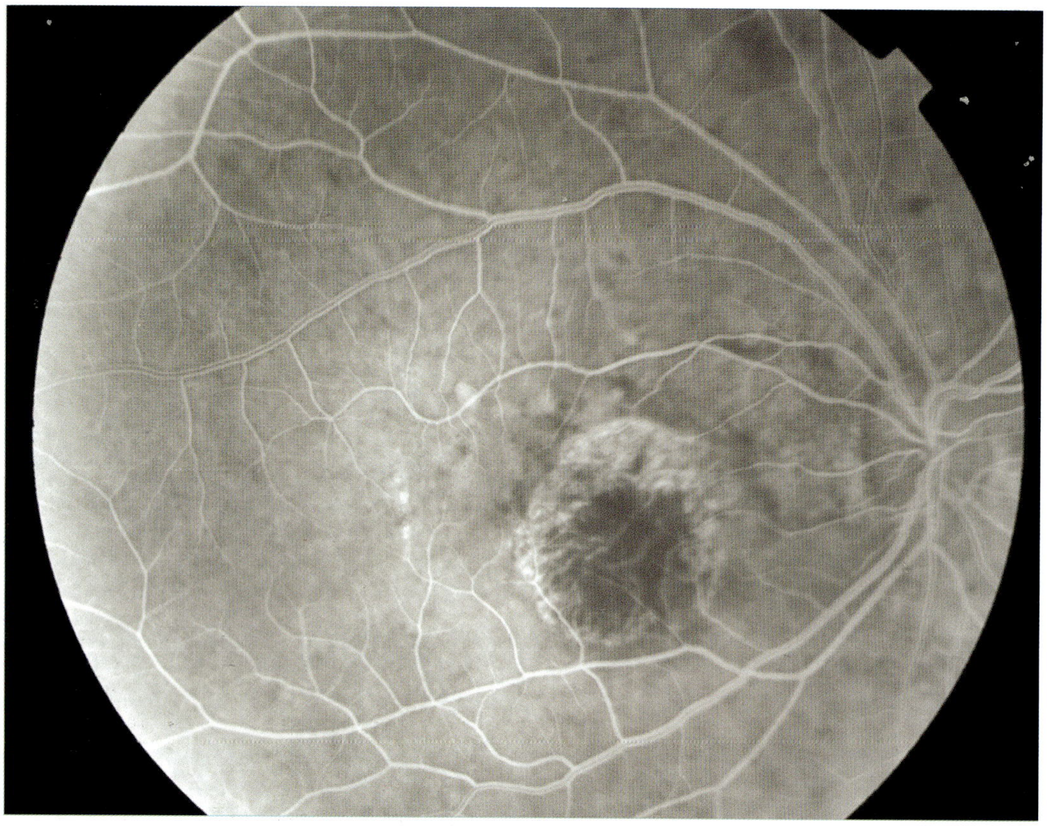

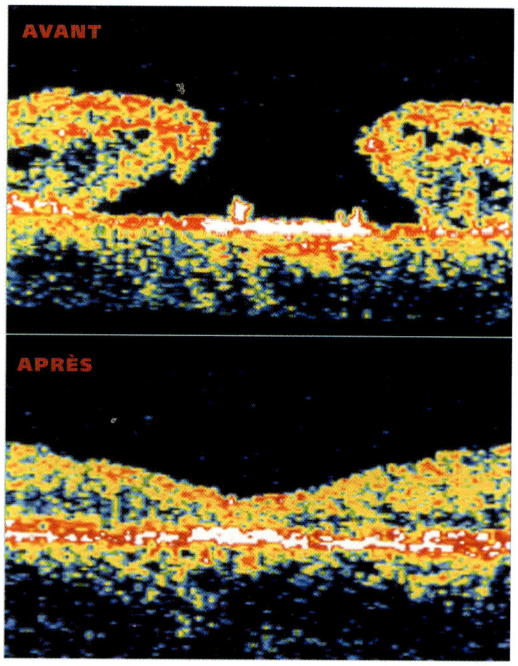

EXAMEN DE L'ŒIL
Un examen du fond d'œil (ci-contre) suffit à diagnostiquer la dégénérescence maculaire liée à l'âge (DMLA) pour la traiter à temps. Ci-dessus, une rétine présentant un « trou » dans la macula redevient normale après l'intervention chirurgicale.

Catherine Albou-Ganem. Certaines maladies de la rétine restent incurables, car ce tissu nerveux ne se régénère pas, une fois lésé. Ici, le progrès a surtout concerné le diagnostic et les méthodes de stabilisation de la maladie. » De son côté, Gisèle Soubrane, chef du service ophtalmologie de l'hôpital de Créteil, déplore que « pour la dégénérescence maculaire (DMLA), la première cause de cécité chez les plus de 50 ans en France, de 30 à 40 % des cas ne sont pas diagnostiqués à temps ». Or, si cette maladie n'entraîne pas la cécité totale, le patient ne peut plus lire, écrire ou regarder la télévision. Car elle altère la macula, une zone de 1,5 mm de diamètre dans la rétine, impliquée dans la vision fine. La forme « humide » de cette maladie se caractérise par la prolifération de vaisseaux sanguins anormaux sous la macula…

Détectés tôt, ces vaisseaux peuvent êtres brûlés au laser. Mais ce traitement laisse des cicatrices qui grèvent le champ de vision. Cependant, une véritable révolution a eu lieu depuis deux ans grâce à la mise au point de la photothérapie dynamique. Le service de Gisèle Soubrane en réalise à lui seul environ cinq par jour. Par voie intraveineuse, le patient reçoit une substance photosensibilisante : la vertéporfine qui se répand dans les vaisseaux sanguins : activé par une lumière laser, il détruit les parties malades sans abîmer – en principe – le reste de la rétine. Et puis, un autre traitement, tout récent et pas moins probant, est la thérapeutique vitaminique, qui associe un cocktail de vitamines A, C et E et du zinc. Résultat : une diminution de 25 % les formes évoluant vers la cécité.

Reste la principale cause de cécité des moins de 65 ans : la redoutable rétinopathie diabétique. Cette complication du diabète, due à l'accumulation du glucose dans le sang, provoque soit des œdèmes, soit la prolifération de vaisseaux sanguins anormaux sources d'hémorragies dans la rétine. Il s'agit d'un grave problème de santé publique : sur les 2 millions de diabétiques français, seule la moitié est diagnostiquée… Or, parmi ceux-là, 45 % ne sont pas suivis par un ophtalmologiste. « Un examen du fond de l'œil annuel doit être systématique », insiste Claudine Guyot, spécialiste de la rétinopathie diabétique à Paris. D'autant qu'en la matière les progrès sont patents. Aujourd'hui, en effet, deux types de traitements sont disponibles : le laser et l'ablation chirurgicale du vitré, le corps visqueux situé entre le cristallin et la rétine sur lequel se fixent les vaisseaux anormaux responsables de tractions décollant la rétine. Bonne nouvelle : un système de dépistage de masse est en cours de développement. Son principe ? Installer dans les différents centres de diabétologie de France un appareil formé d'une caméra, d'un ordinateur et d'un système à balayage laser infrarouge pour prendre des photos du fond de l'œil, dans l'obscurité et sans administration de collyre. Envoyées par l'internet au service d'ophtalmologie le plus proche, ces images sont alors analysées par un médecin. Depuis un an, la formule marche déjà à Paris, entre les services de diabétologie de l'hôpital Bichat et d'ophtalmologie de l'hôpital Lariboisière. Sa généralisation est attendue dans dix ans.

D'ici là, l'ophtalmologie aura sans doute connu d'autres révolutions dans le diagnostic des maladies de la rétine. Alors que de son côté, la chirurgie de la cornée ne cesse de progresser : « En six ans, le lasik a connu une formidable évolution, raconte le chirurgien nantais Bruno Cisneros. L'incision de la cornée est devenue plus sûre et le laser permet un traitement plus localisé. Nous avançons vers la perfection. »

EN SAVOIR PLUS

« Chirurgie réfractive », de Jean-Jacques Saragoussi, éd. Masson, 2001. Tout sur la chirurgie de correction.
« Dictionnaire d'ophtalmologie », d'Yves Pouliquen, éd. Cilf, 2002. Pour comprendre le jargon.
www.snof.org
Le site du syndicat national des ophtalmologistes.
www.presbyopia.org
Les nouveautés pour les presbytes (verres).

MYOPIE

LES SYMPTÔMES

Vision floue de loin, mais nette de près. Ce trouble se rencontre plus fréquemment chez les garçons que chez les filles. Il se manifeste d'ordinaire à partir de l'âge de dix ans.

LES CAUSES

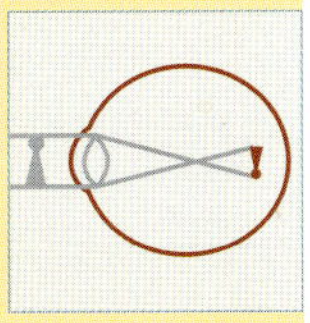

Anomalie, quelquefois héréditaire mais le plus souvent acquise, de la réfraction de l'œil. Elle se caractérise par l'allongement du globe oculaire (l'œil est « trop long »), ou par un cristallin trop puissant. En conséquence, l'image d'un objet éloigné se forme en avant de la rétine de l'observateur. Au niveau de la rétine, c'est une image floue qui est projetée.

FRÉQUENCE

20 % de la population*

LES TRAITEMENTS

Lunettes ou lentilles à verres concaves (divergents). L'acte chirurgical consiste à « aplatir » la cornée. Pour cela, on a le plus généralement recours au lasik (voir article précédent), laser « sculptant » la cornée de la manière désirée. Cette chirurgie réfractive peut aussi faire appel à la photokéractectomie réfractive (PKR). Dans tous les cas, c'est la surface antérieure de la cornée qui est traitée. D'autres méthodes, plus marginales, peuvent être utilisées (implantation d'anneaux intracornéens).

* En France

HYPERMÉTROPIE

LES SYMPTÔMES

Vision floue de près et de loin. L'hypermétropie peut apparaître chez le sujet jeune, mais jusqu'à la quarantaine, elle est souvent compensée par l'accommodation, au prix d'une fatigue visuelle.

LES CAUSES

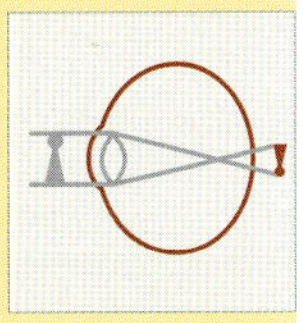

Anomalie héréditaire qui se caractérise par une diminution de la longueur du globe oculaire (œil « trop court »), ou par un cristallin trop faible. De ce fait, les rayons lumineux ne parviennent pas à converger sur la rétine (l'image se forme en arrière de celle-ci) lorsque l'accommodation ne compense plus ce défaut. Une autre cause, plus rare, est une anomalie de la convergence du cristallin.

FRÉQUENCE

35 % chez les moins de 60 ans, 70 % chez les plus de 70 ans*.

LES TRAITEMENTS

Lunettes ou lentilles à verres convexes (convergents). Comme dans le cas de la myopie, les différentes méthodes de chirurgie réfractive sont parfaitement adaptées et de mieux en mieux maîtrisées. Ici encore, lasik et PKR sont abondamment utilisés. Ces interventions chirurgicales consistent à modifier la courbure de la cornée, de manière à obtenir davantage de convergence, pour que les images des objets éloignés se forment sur la rétine, et non en arrière de celle-ci.

* En France

ASTIGMATISME

LES SYMPTÔMES

Vision floue, selon l'orientation des objets observés. Formation d'une image tantôt floue, tantôt nette au niveau de la rétine. Incapacité fréquente à distinguer les lettres « H » et « M ».

LES CAUSES

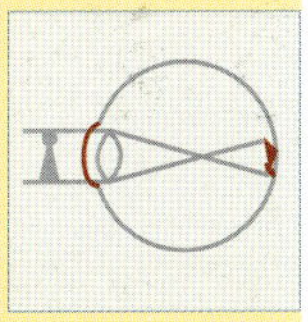

Irrégularités de la courbure de la cornée (à la manière d'une cuillère vue de profil). En conséquence, la convergence des rayons lumineux est variable selon l'angle d'observation. L'œil ne délivre pas une image nette en tout point de la rétine. L'origine de l'astigmatisme est principalement cornéenne, mais le cristallin peut aussi être responsable.

FRÉQUENCE

20 % des myopes et hypermétropes*.

LES TRAITEMENTS

Lunettes à verres cylindriques, également appelés toriques (leur forme évoque celle d'une chambre à air), ou lentilles cornéennes. Comme dans les autres troubles affectant la partie optique de l'œil, la chirurgie au laser peut venir à bout de ce défaut de vision. L'astigmatisme étant souvent lié à la myopie ainsi qu'à l'hypermétropie, une même intervention peut corriger l'ensemble de ces défauts de la vue, dès lors qu'ils partagent une origine cornéenne.

* En France

PRESBYTIE

LES SYMPTÔMES

Vision nette de loin, mais floue de près (les bras ne sont plus assez longs pour lire le journal). Maux de tête. Chez le myope, il peut y avoir compensation complète de la presbytie.

LES CAUSES

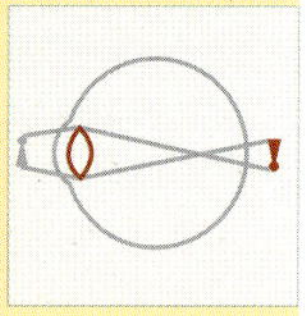

Diminution, avec l'âge, du pouvoir accommodateur du cristallin. C'est une évolution naturelle de la vue qui se traduit par une perte progressive de l'élasticité de cette lentille oculaire et par une moindre contraction du corps ciliaire (le muscle du cristallin). La presbytie apparaît principalement entre 45 – 50 ans, avant de se stabiliser ultérieurement, par déficit de l'accommodation.

FRÉQUENCE

95 % au-delà de 48 ans*.

LES TRAITEMENTS

Comme l'hypermétropie, la presbytie se corrige à l'aide de lunettes à verres convexes (convergents). Le traitement chirurgical de la presbytie en est à ses débuts. Il consiste à modifier la courbure de la cornée, pour lui donner deux foyers optiques : l'un pour la vue de loin, l'autre pour la vue de près. Une autre méthode, encore au stade expérimental, consiste à tenter de récupérer l'accommodation perdue avec l'âge en remobilisant la tonicité des muscles dont dépendent l'accommodation.

* En France

GLAUCOME

LES SYMPTÔMES

Baisse insidieuse de la vision par réduction progressive du champ visuel pouvant, à terme, conduire à la cécité. Le glaucome survient généralement chez l'adulte et chez les personnes très âgées.

LES CAUSES

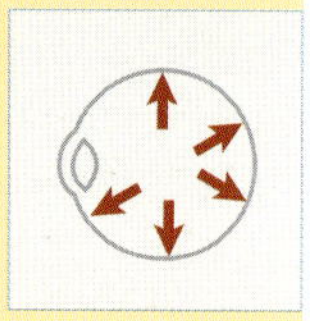

Le glaucome est lié à l'augmentation de la pression intraoculaire, en raison d'un obstacle s'opposant à l'évacuation de l'humeur aqueuse. Les causes sont mal connues (on pense que l'hérédité en fait partie). Le nerf optique est alors comprimé au niveau du fond de l'œil entraînant une destruction de ses fibres. Le champ visuel se détériore insidieusement. À terme, menace de cécité.

FRÉQUENCE

2 % (non diagnostiqué dans 50 % des cas)*.

LES TRAITEMENTS

Les causes étant mal connues, les médecins se fixent pour objectif de lutter contre les effets. Plusieurs traitements peuvent être combinés, selon la réaction du patient : médicaments (collyres oculaires hypotenseurs), chirurgie, laser (en expérimentation). L'acte chirurgical vise à diminuer la pression interne de l'œil en créant une dérivation permettant à l'humeur aqueuse de s'échapper. Il n'existe pas de traitement éradiquant le glaucome ; il doit être surveillé à vie.

* En France

CATARACTE

LES SYMPTÔMES

Baisse d'acuité visuelle, diminution des contrastes, sensation de flou, images d'échos, altération de la perception des couleurs. Peut conduire à la cécité en cas d'opacité totale du cristallin.

LES CAUSES

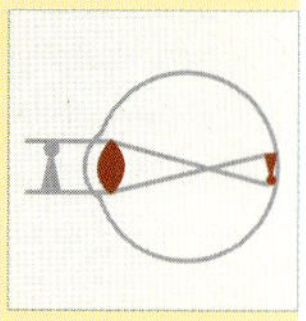

Dans le cas de la cataracte sénile, usure physiologique des tissus entraînant une perte partielle, voire totale, de la transparence du cristallin qui tend à s'opacifier. Parfois héréditaire (cataracte congénitale), cette pathologie peut également être due à un traumatisme, à une forte myopie ou au diabète. Le tabagisme constitue aussi un facteur de risques.

FRÉQUENCE

Moins de 10 % avant 65 ans, plus de 60 % après 85 ans*.

LES TRAITEMENTS

La chirurgie constitue le seul traitement possible. Elle est à conseiller dès que le patient se plaint d'une gêne visuelle significative. On pratique alors une ouverture circulaire dans la partie antérieure de l'enveloppe du cristallin (capsule antérieure). Le cristallin est fragmenté à l'aide d'une sonde à ultrasons, puis aspiré. Un implant synthétique est ensuite inséré dans l'enveloppe résiduelle du cristallin. Le patient retrouve la vue qu'il avait avant l'apparition de la cataracte.

* En France

Chaque problème a aujourd'hui un remède, ou presque…

DÉCOLLEMENT RÉTINE

LES SYMPTÔMES

Apparition d'un voile noir, perception de « flashes » de lumière, ou encore de petits nuages gris ou noirs. Le champ visuel est amputé dans des proportions variables.

LES CAUSES

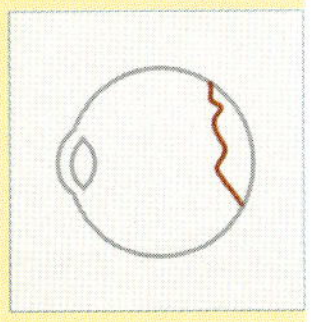

Le décollement est caractérisé par la séparation de deux couches de la rétine : l'épithélium pigmentaire et le neuroépithélium. Il est plus fréquent chez les myopes (rétine amincie), les opérés de la cataracte, les sujets atteints de tumeurs oculaires, d'infections (uvéites), de blessures, les victimes de chocs et les personnes âgées (liquéfaction inéluctable du corps vitré avec l'âge).

FRÉQUENCE

Moins de 0,1 %*.

LES TRAITEMENTS

Injection dans le globe oculaire d'un gaz expansif ou d'huile de silicone, ou encore placement d'un coussin sur la paroi externe de l'œil. Dans tous les cas, l'objectif est d'assurer une pression sur la zone décollée afin de la remettre en place. En cas de déchirure, la rétine sera ressoudée par cryo-application ou par laser. Afin d'éviter l'extension du décollement à l'ensemble de la rétine, l'intervention doit être envisagée dans les meilleurs délais après l'observation du décollement.

* En France

RÉTINOPATHIE DIABÉTIQUE

LES SYMPTÔMES

Baisse d'acuité visuelle souvent sévère, caractérisée par l'apparition de taches sombres dans différentes zones du champ visuel. Principale cause de cécité chez les moins de 65 ans.

LES CAUSES

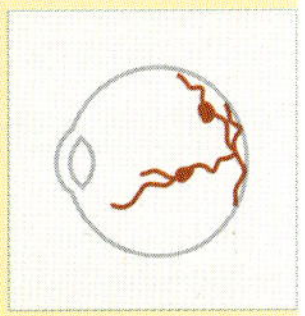

Complication fréquente du diabète sucré. Prolifération de vaisseaux sanguins au niveau de la rétine, par angiogenèse, avec apparition d'hémorragies. Ou encore œdème de la rétine dû à l'altération de la perméabilité de ses vaisseaux. L'œdème empêchant le bon fonctionnement des photorécepteurs ceux-ci sont, à terme, menacés de disparition irréversible.

FRÉQUENCE

Plus de 50 % des diabétiques après quinze ans de diabète non traité*.

LES TRAITEMENTS

Photocoagulation par laser des zones malades de la rétine, responsables de la prolifération des vaisseaux sanguins néoformés. L'intervention chirurgicale, délicate, n'est indiquée que pour les stades évolués. Le diabète devrait donner lieu à davantage de prévention, tant sa responsabilité est clairement établie dans cette pathologie. La France compte 2 millions de diabétiques, la moitié d'entre eux ignorent qu'ils sont malades. Moins d'un diabétique avéré sur deux est suivi par un ophtalmologiste.

* En France

DMLA

LES SYMPTÔMES

Vision périphérique normale, mais vision centrale floue, car la macula, située au centre de la rétine (là où l'acuité visuelle est maximale), est atteinte. Cette pathologie est particulièrement gênante.

LES CAUSES

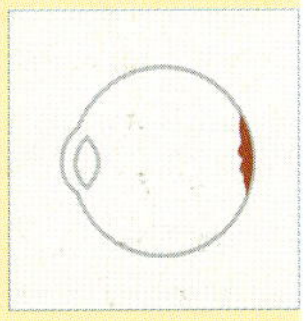

Dans la plupart des cas, atrophie de la macula (disparition des cellules photoréceptrices – cônes et bâtonnets). Plus rarement, la cause est une vascularisation anormale, par angiogenèse, de la rétine. Des facteurs génétiques (qui restent à découvrir), et des facteurs externes (notamment le tabagisme) se conjuguent pour accélérer le vieillissement de cette zone de la rétine.

FRÉQUENCE

1 à 2 % avant 60 ans, 30 % après 60 ans, 60 % après 90 ans*.

LES TRAITEMENTS

Pas de traitement connu dans la forme dite « sèche » de la maladie Dans sa forme « humide », différentes techniques utilisant le laser, les photosensibilisants, voire la chirurgie, peuvent permettre de stabiliser et parfois d'améliorer la maladie. Dans certains types de DMLA, il a été montré l'intérêt d'adopter une nourriture riche en antioxydants. À un stade avancé, des méthodes de compensation optique basse vision peuvent rendre d'appréciables services aux patients.

* En France

Fiches réalisées par Pierre Rossion

Neuf tests clés évaluent la qualité de votre vue

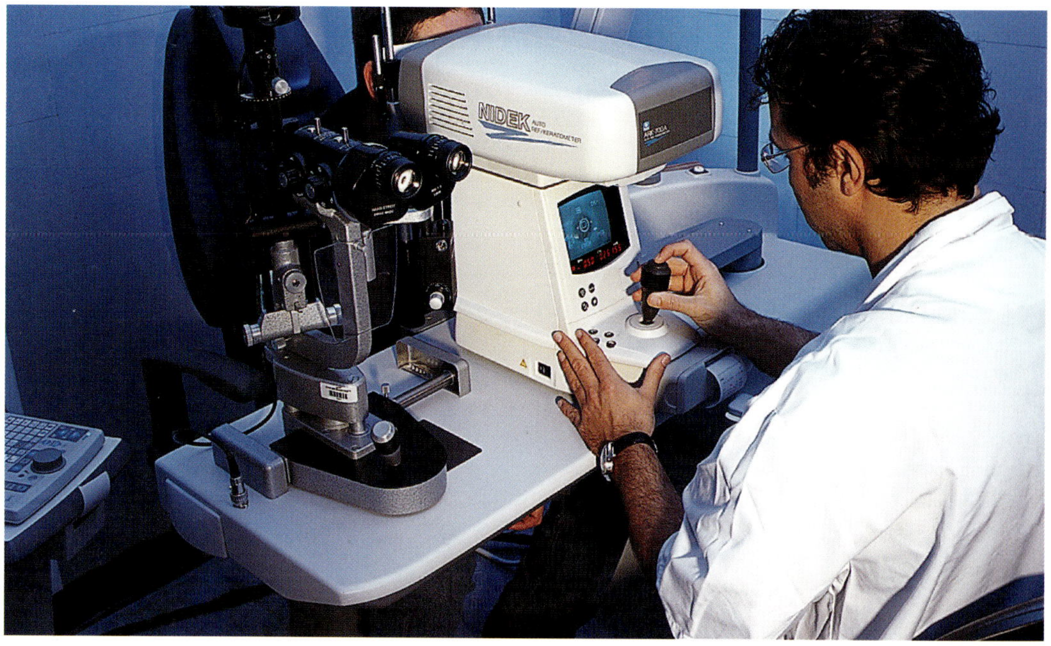

La lutte contre les problèmes visuels passent d'abord par leur dépistage. Et le plus tôt étant le mieux, voici neuf tests, certifiés (mais pas forcément suffisants), pour se faire une idée de la qualité de sa vue.

Trop souvent, hélas !, les problèmes visuels passent inaperçus. Ainsi, en France, on estime qu'un trouble sur trois est mal corrigé. Les conséquences peuvent être dramatiques. En particulier, les enfants non dépistés à temps risquent de souffrir de retards d'apprentissage et de problèmes de communication. Par ailleurs, selon le syndicat national des ophtalmologistes, les troubles visuels sont à l'origine de quelque 20 % des accidents mortels de la circulation !

Interrogez-vous. Votre vision de près et de loin est-elle bonne ? Distinguez-vous tous les détails et toutes les couleurs ? Votre appréciation des distances est-elle correcte ? Et votre cerveau intègre-t-il convenablement les images perçues par vos deux yeux ? Voici, pour mettre à l'épreuve votre vision en famille, une série de neuf tests simples, réalisés avec l'aide d'ophtalmologistes. Bien évidemment, ces exercices ne remplacent, en aucun cas, l'examen d'un spécialiste, qui, seul, possède toutes les compétences et le matériel requis pour établir un diagnostic rigoureux et fiable. Mais ils vous permettront de vérifier si votre vision est totalement satisfaisante.

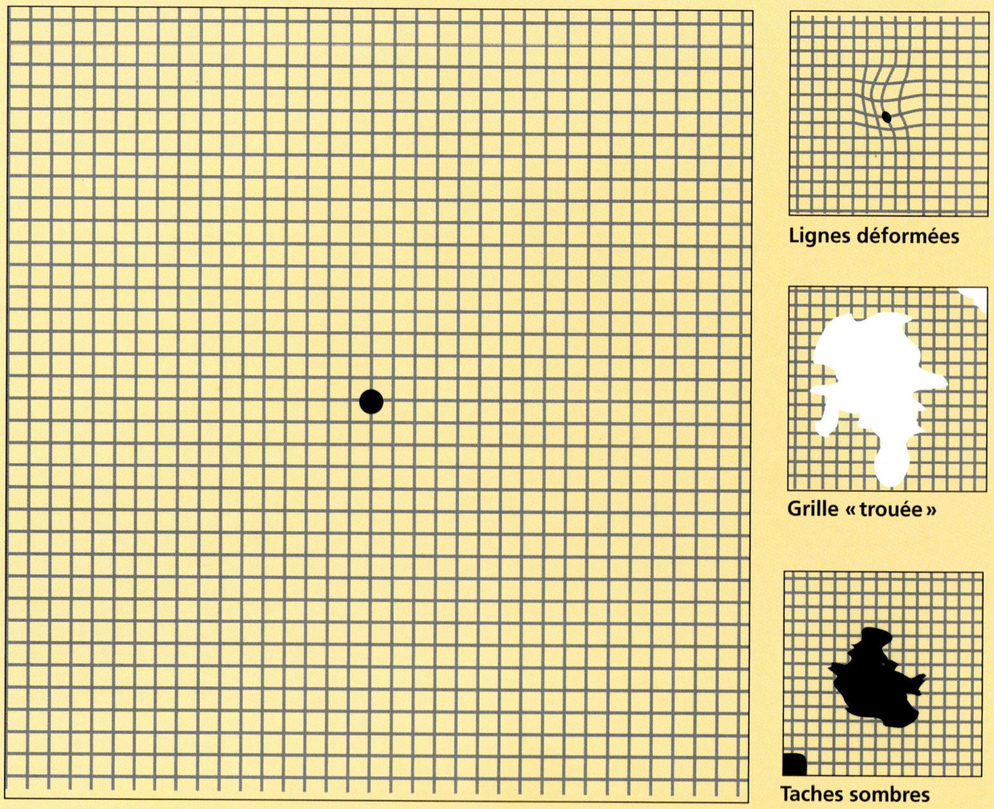

LA DMLA (DÉGÉNÉRESCENCE MACULAIRE LIÉE À L'ÂGE)

Passé 60 ans, testez votre vision centrale une fois par mois avec la grille d'Amsler, ci-dessous. Regardez-la à une distance de 33 cm environ, avec vos lunettes si vous en portez. Cachez un œil, puis l'autre, sans appuyer avec la main correspondante, et fixez le point noir central. Si la grille est déformée ou altérée, comme sur l'un des trois quadrillages de droite, consultez un ophtalmologiste au plus vite.

En France, un tiers des troubles sont mal corrigés

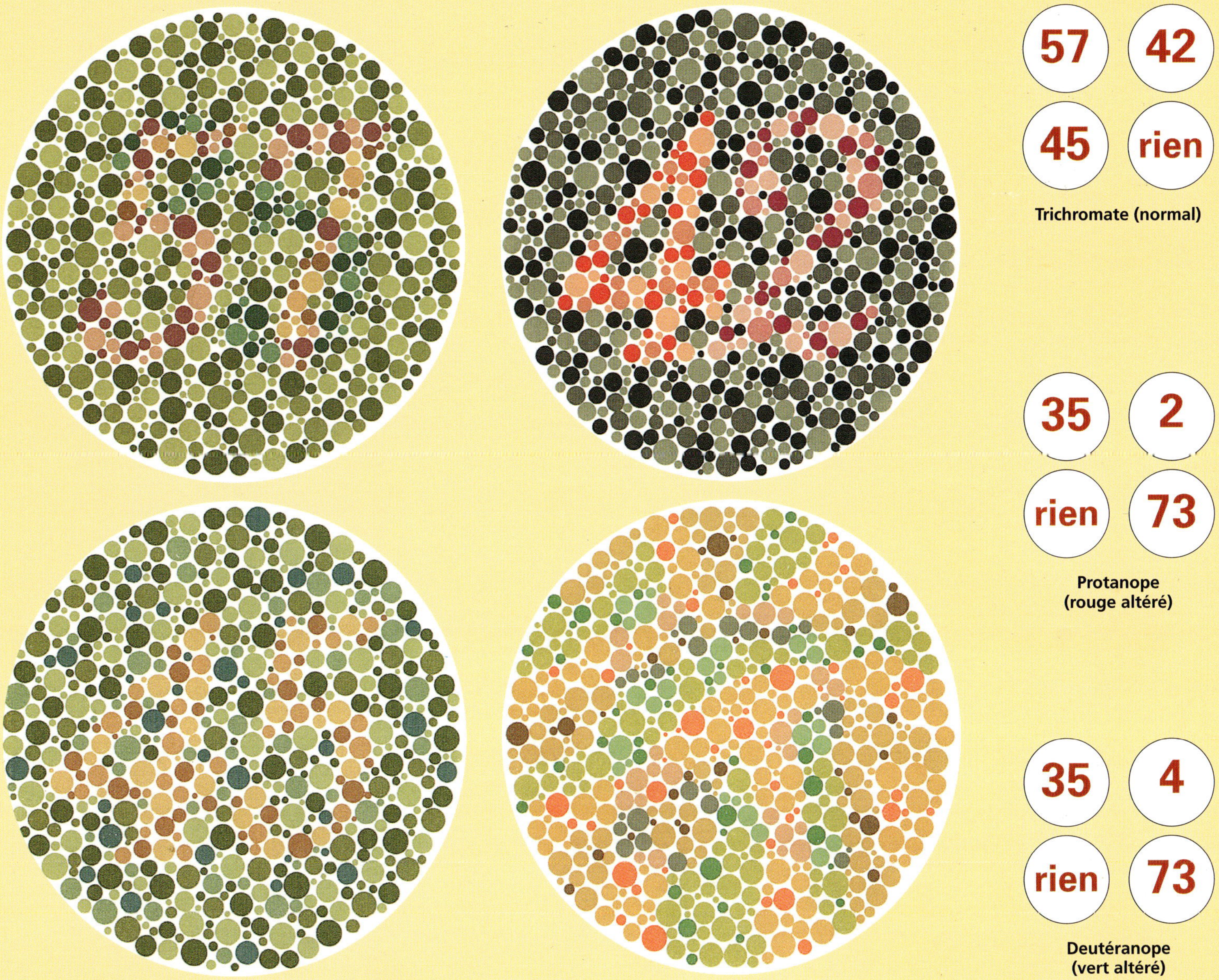

LE DALTONISME

Les planches du test d'Ishihara permettent de déceler d'éventuelles incapacités à différencier les couleurs. L'œil peut distinguer 17 000 nuances colorées grâce à trois types de cônes (cellules de la rétine) permettant de voir le rouge, le vert et le bleu (les sujets sont alors dits « trichromates normaux »). Les daltoniens (8 % des hommes, 0,45 % des femmes) ne disposent pas des trois canaux pour former les couleurs. Ils sont dits « protanopes » quand le canal du rouge est absent et « deutéranopes » quand il leur manque celui du vert. Cela ne signifie pas qu'ils ne voient pas ces couleurs, mais ils ne les perçoivent pas correctement d'où, chez eux, des confusions colorées. Et vous ? Comparez le chiffre que vous voyez avec les réponses ci-dessus. (Attention : les aléas d'imprimerie peuvent rendre ce test inopérant).

raison de ne pas suivre, j'espère qu'il sera utile à quelques-uns, sans être nuisible à personne, et que tous me seront gré de ma franchise. J'ai été nourri aux lettres dès mon enfance ; et, pour ce qu'on me persuadait que, par moyen, on pouvait acquérir une connaissance claire et assurée de tout ce qui est utile à la vie,

j'avais un extrême désir de les apprendre. mais sitôt que j'eus achevé tout ce cours d'études au bout duquel on a coutume d'être reçu au rang des doctes, je changeai entièrement d'opinion. Car je me trouvais embarrassé de tant de doutes et d'erreurs, qu'il me semblait n'avoir fait autre profit, en tâchant de m'instruire, sinon que j'avais découvert de plus en plus mon

ignorance. Et néanmoins j'étais en l'une des plus célèbre école de l'Europe, où je pensais qu'il devait y avoir de savants hommes, s'il y en avait en aucun endroit de la terre. J'y avais appris tout ce que d'autres y apprenaient ; et même ne m'étant pas contenté des sciences qu'on nous enseignait, j'avais parcouru tous les livres traitant de celles qu'on estime les plus curieuses et les plus rares, qui avaient pu tomber entre mes mains. Avec cela, je savais les jugements que les autres faisaient de moi ; et je ne voyais point qu'on m'estimât inférieur à mes condisciples,

bien qu'il y en eût entre eux déjà quelques-uns, qu'on destinait à remplir les places de nos maîtres ; et enfin notre siècle, me semblait aussi fleurissant et aussi fertile en bons esprits, qu'ait été aucun des précédents. Ce qui me faisait prendre le liberté de juger par moi de tous les autres, et de penser qu'il n'y avait aucune doctrine dans le monde qui fût telle qu'on m'avait auparavant fait espérer. Je ne laissais pas toutefois d'estimer les exercices auxquels on s'occupe dans les écoles. Je savais que les langues, quon y apprend sont nécessaires pour l'intelligence des livres anciens, que la gentillesse des fables réveille

que les actions mémorables des histoires le relèvent, et qu'étant lues avec discrétion elles aident à former le jugement ; que la lecture de tous les bons livres est comme une conversation avec les plus honnêtes gens des siècles passés, qui en ont été les auteurs, et même une conversation étudiée en laquelle ls ne nous découvrent que les meilleures de leurs pensées ; que l'éloquence a des forces et des beautés incomparables ; que la poésie a des délicatesse et des douceurs très ravissantes ; que les mathématiques ont des inventions très subtiles et qui peuvent beaucoup servir, tant à contenter les curieux, qu'à faciliter tous les arts et diminuer le travail des hommes ; que les écrits qui traitent des mœurs contiennent plusieurs enseignements et plusieurs exhortations à la vertu qui sont fort utiles ; que la théologie enseigne à gagner le ciel ; que la philosophie donne moyen de parler vraisemblablement de toutes choses, et se faire admirer des moins savants, que la jurisprudence, la médecine et les autres sciences apportent des honneurs et des richesses

LA MYOPIE ET L'HYPERMÉTROPIE

Vous ne portez pas de lunettes. Mais votre vision de près et de loin sont-elles sans défauts ? Pour vous en assurer, tenez votre magazine à distance de travail, soit 33 centimètres, et réalisez le test ci-contre. Masquez un œil avec la main correspondante sans appuyer, et regardez le O sur fond rouge et le O sur fond vert. Si la lettre est plus nette ou plus noire dans le rouge, vous êtes myope ou vous avez une tendance myopique. Si, au contraire, vous la voyez mieux dans le vert, c'est que vous êtes sans doute hypermétrope. Faites de même avec l'autre œil. Le test de Parinaud, ci-dessus, vous demandera plus d'effort. Il doit être réalisé œil par œil, toujours à distance de travail.

Cachez un œil, avec la main correspondante, et lisez le texte. Si vous ne parvenez pas à le déchiffrer jusqu'à l'avant-dernier paragraphe inclus sans éloigner le texte progressivement, vous êtes hypermétrope. À l'inverse, si vous devez le rapprocher, c'est que vous êtes myope. Attention, votre incapacité à lire ce texte à distance de travail peut aussi traduire d'autres troubles : presbytie, amblyopie ou dégénérescence maculaire liée à l'âge. Si vous décelez une anomalie d'un ou des deux yeux, consultez.
Vous réussissez à lire le dernier paragraphe de ce texte sans difficulté ? Bravo, vous avez une vue plus perçante que la plupart des individus !

L'ASTIGMATISME

Faites passer ce test à vos yeux, alternativement. D'abord, masquez l'œil gauche, sans le comprimer, avec la main gauche. Puis masquez l'autre œil avec la main correspondante. Si vous percevez des directions plus sombres ou que vous ne parvenez pas à bien distinguer les trois lignes de chaque axe, vous êtes probablement astigmate. Vous devriez consulter un spécialiste de la vue.

LA PRESBYTIE

Vous êtes presbyte et vous portez des lunettes ? Mais êtes-vous bien corrigé ? Chaussez vos lunettes et, à 33 cm, lisez les lettres sur fonds rouge et vert. Si votre correction de près est trop forte, vous verrez, spontanément, plus noires les lettres dans le rouge. À l'inverse, si les lettres sur fond vert sont plus noires, c'est que votre correction de près est insuffisante.

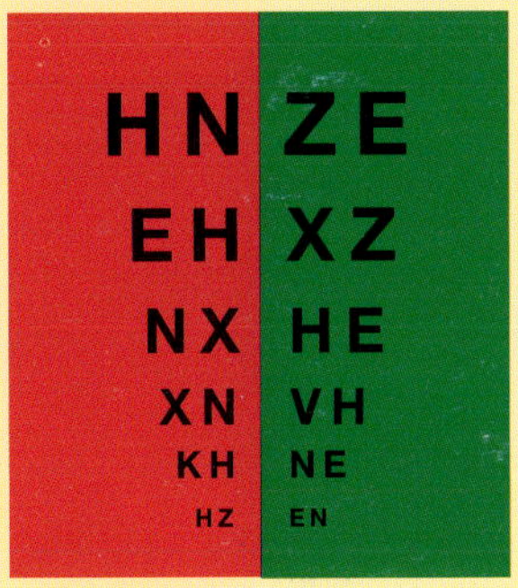

LA VISION BINOCULAIRE

Pour savoir si votre cerveau fusionne bien les images de vos deux yeux, placez la tranche d'une feuille de 10 cm de haut sur la ligne entre les deux dessins et posez votre nez dessus : le poisson doit se rapprocher du vase. Sinon, consultez.

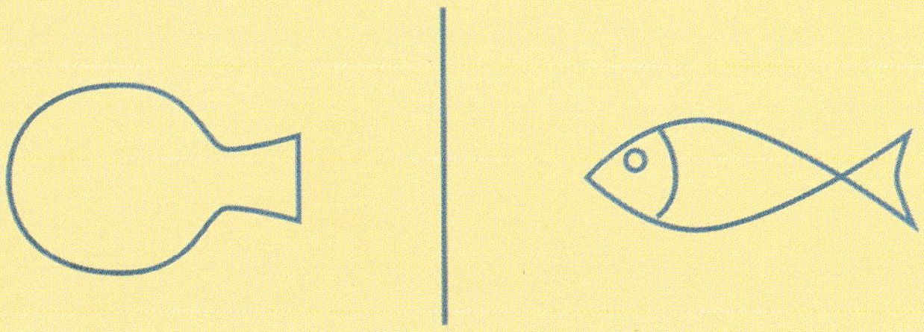

L'AMBLYOPIE

À défaut de traitement, l'amblyopie perturbe la maturation du cortex visuel, lequel se développe dans la prime enfance. Il s'agit le plus souvent du défaut d'utilisation d'un œil (« œil paresseux »), tandis que l'autre voit bien. On peut dépister ce trouble dès l'âge de 3 mois. Placez ces cercles à 30 cm de votre bébé et déplacez les doucement de haut en bas, puis de gauche à droite. L'œil sain les suivra aisément. Mais du côté de l'œil paresseux, l'enfant tournera la tête, voire tout le corps.

ESTIMER LES DISTANCES

Cette faculté est essentielle, notamment au volant. Dirigez votre index gauche vers le haut, à hauteur de vos yeux ; puis remontez l'autre index rapidement pour venir le toucher. Si vous appréciez bien les distances, vous devez réussir ce test du premier coup, sinon prenez l'avis d'un spécialiste.

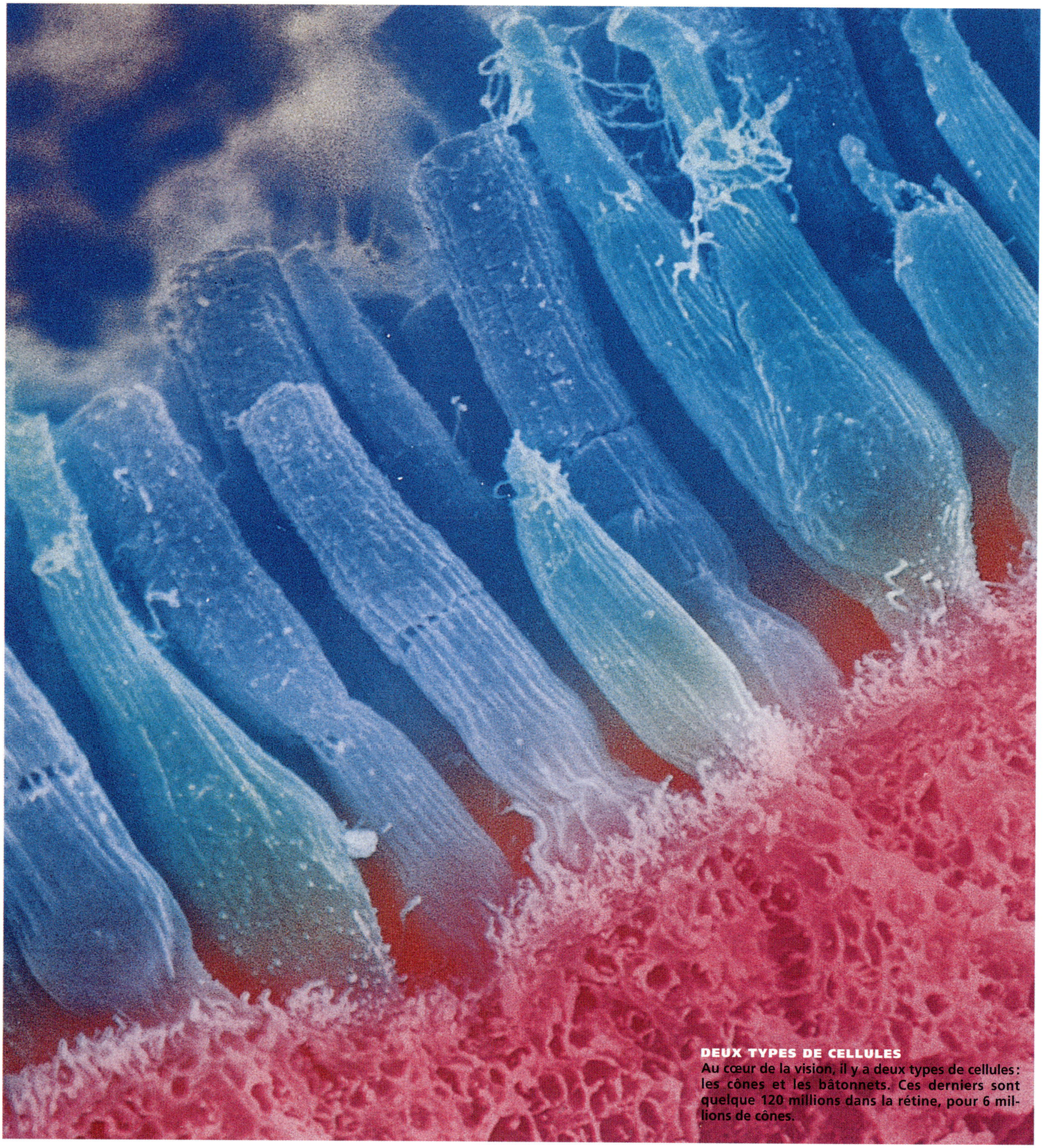

DEUX TYPES DE CELLULES
Au cœur de la vision, il y a deux types de cellules : les cônes et les bâtonnets. Ces derniers sont quelque 120 millions dans la rétine, pour 6 millions de cônes.

Des gènes au secours de la rétine !

Malgré les progrès inouïs de l'ophtalmologie, les médecins sont désarmés devant la plupart des maladies dégénératives du fond de l'œil, qu'elles soient héréditaires ou liées à l'âge. Heureusement, le développement des thérapies géniques, voire cellulaires, laissent percer l'espoir.

PAR PIERRE ROSSION

Cela peut démarrer dès l'âge de 50 ans : la macula, point central de la rétine, se dégrade lentement. Peu à peu, la vision s'obscurcit, jusqu'à la cécité parfois. Un véritable problème de santé publique, puisque les dégénérescences maculaires liées à l'âge (DMLA) sont les plus fréquentes des maladies dégénératives de la rétine, principales causes de la cécité dans le monde. En France, plus d'un million et demi de personnes sont ainsi frappées, et le risque augmente avec l'âge. À tel point que, face au vieillissement de la population, l'Organisation mondiale de la Santé (OMS) parle « d'épidémie » à venir.

Le fait est que 80 à 85 % des DMLA échappent à tout traitement. Certes, on connaît déjà 131 gènes impliqués dans les maladies de la rétine, mais cette composante génétique reste complexe et sensible aux interactions avec l'environnement. De plus, 40 000 patients en France, souvent jeunes, souffrent de rétinopathies pigmentaires, purement héréditaires, qui, elles, touchent la périphérie de la rétine. « Bien qu'encore incomplète, la connaissance des aspects génétiques de ces maladies laisse envisager de nouvelles pistes de traitement, notamment par thérapie génique », espère le Pr José-Alain Sahel, directeur de l'Institut de la vision, à Paris. Quant à l'Inserm (Institut national de la santé et de la recherche médicale), il estime que « ces maladies pourraient constituer l'un des tout premiers exemples de l'efficacité de la thérapie génique chez l'homme ».

Et les premiers résultats sont encourageants. Parmi les plus spectaculaires, les travaux de Jean Bennett, de l'université de Pennsylvanie, qui a réussi à redonner la vue à de jeunes chiens briards atteints d'une maladie semblable à une rétinopathie pigmentaire humaine, l'amaurose de Leber.

IL RESTE À ÉPROUVER L'INNOCUITÉ DES THÉRAPIES GÉNIQUES

Cette dégénérescence rétinienne héréditaire, qui atteint la vision humaine dès la naissance, est due à une anomalie du gène RPE65. Lequel code une protéine du même nom, intervenant dans la synthèse du pigment visuel, la rhodopsine. Les photorécepteurs des patients ayant des mutations dans ce gène réagissent peu à la lumière. Les chercheurs américains ont injecté aux chiens ayant un gène RPE65 anormal un virus dans lequel ils avaient implanté le gène sain. En six semaines, la vision de ces animaux s'est améliorée ! Certes, les anomalies du gène RPE65 ne concernent que 16 % des enfants atteints de cette amaurose, mais c'est un début. De telles expériences visent à restaurer les fonctions des cellules de la rétine, mais d'autres approches sont explorées. Par exemple, l'introduction dans l'œil de gènes qui vont contraindre les cellules à produire elles-mêmes le remède. C'est le cas du transfert du gène d'une substance qui bloque la prolifération anormale de vaisseaux sanguins dans la rétine, trouble caractéristique de la forme la plus grave de DMLA.

« Les premières thérapies géniques de maladies de la rétine devraient être testées chez l'homme d'ici deux ans », indique José-Alain Sahel. Mais l'insertion d'un gène étranger dans le génome des cellules rétiniennes risque d'induire des cancers. Avant d'être appliquée, la thérapie génique devra donc prouver son innocuité.

En attendant, d'autres chercheurs étudient la piste des thérapies cellulaires. Cette fois, il ne s'agit plus de transférer un gène sain dans l'œil, mais d'y implanter des cellules curatives. En effet, le Pr Sahel a montré que les cônes ont besoin pour vivre de RdCVF1, une substance sécrétée par les bâtonnets. D'où l'idée de greffer des bâtonnets sains pour ralentir la destruction des cônes. Les tests sur l'animal sont prometteurs. Des essais sont prévus chez l'homme d'ici deux ans. Il est aussi question d'injecter dans la rétine des cellules génétiquement modifiées pour produire du RdCVF1. Les implants seraient encapsulés pour éviter leur rejet par le système immunitaire.

Plus lointain, l'usage de cellules souches, soit des cellulles immatures de la rétine, fait rêver les spécialistes. L'idée est d'obtenir des cellules neuves qu'on implanterait pour remplacer les cellules malades. Mais, prévient le Pr Sahel, « il ne faut pas attendre de résultats avant une dizaine d'années. »

JARGON

RÉTINOPATHIES
Maladies souvent héréditaires, qui affectent les diverses cellules de la rétine, notamment les cellules photoréceptrices et pigmentaires. À ce jour, 131 mutations ont été identifiées.

RHODOPSINE
Pigment visuel des bâtonnets, impliqué dans les réactions chimiques, qui transforment l'énergie lumineuse en énergie électrique et aboutissent à la sensation visuelle dans le cerveau.

LA RÉTINITE PIGMENTAIRE

Les symptômes de la rétinite pigmentaire, forme la plus fréquente (50 %) des rétinopathies pigmentaires, sont des difficultés à voir la nuit ou dans la pénombre, et un rétrécissement progressif du champ de la vision. Ils sont dus à la disparition des bâtonnets (la rétine en compte 120 millions pour 6 millions de cônes) avec atrophie de la rétine et accumulation de pigments en amas au fond de l'œil, résidus de la mort des cellules de l'épithélium pigmentaire. La disparition des bâtonnets, due à une « mort cellulaire programmée » (apoptose), a pour origine des mutations de gènes dévolus au fonctionnement de ces cellules photoréceptrices. À ce jour, 42 mutations ont été identifiées : il y en aurait plus. Quant aux cônes, bien qu'ils ne soient pas touchés par les mutations des bâtonnets, ils disparaissent par l'absence d'un facteur neuroprotecteur normalement produit par les bâtonnets, que l'équipe du Pr Sahel a mis en évidence. La rétinite pigmentaire touche environ 20 000 personnes, en France, de tous âges. Il n'existe encore aucun traitement pour la soigner, mais les recherches avancent à pas de géant.

IMPLANT CORTICAL
Aveugle depuis 22 ans, Jens a reçu un implant cortical inventé par le chercheur William Dobelle : des câbles entrent dans son crâne pour relier ses électrodes à des lunettes dotées d'une caméra et un PC à la ceinture.

Les aveugles vont-ils recouvrer la vue ?

Cela fait bientôt trente ans que l'on greffe toutes sortes de prothèses sur le système nerveux de personnes ayant perdu la vue. Et déjà, certains perçoivent des lueurs, de gros pixels. Autant de résultats qui en annoncent d'autres. Car l'œil bionique est bel et bien une piste pour lutter contre certaines cécités.

PAR LÉO AGRET

Au départ, il s'agit d'une idée toute simple. Une personne devient aveugle parce qu'un maillon est tombé en panne dans le circuit de sa vision, quelque part entre les cônes et les bâtonnets, qui détectent la lumière, et le cortex visuel, qui cherche du sens dans notre champ de vision. Du coup, pourquoi ne pas envisager une petite caméra filmant le réel, un ordinateur analysant ces images et produisant des signaux ad hoc, pour les injecter, à l'aide d'électrodes, précisément en aval du maillon lésé ? Ainsi est né, il y a une trentaine d'années aux Etats-Unis, le projet de l'œil bionique.

Un rêve ? Le 19 février 2002, l'équipe de Mark Humayun et Eugene de Juan, du Doheny Eye Institute à San Diego, procédait pourtant à la première implantation d'une prothèse « épirétinale » sur un volontaire. Le principe ? Injecter, via seize électrodes placées sur la rétine, des signaux électriques véhiculant une infime information visuelle en direction des neurones ganglionnaires, dont les axones forment le nerf optique.

Concrètement, l'implant comporte une bobine réceptrice qui capte, par induction, ces signaux émis par un module émetteur externe. Situé derrière l'oreille, celui-ci pourra, à terme, être intégré dans une paire de lunettes, où le rejoindra une minuscule caméra. Plus loin, au bout d'un câble, le dispositif se complétera d'un boîtier à la ceinture contenant batterie et électronique.

Une victoire serait que le patient voit le monde en 16 pixels. Mais Mark Humayun se refuse pour l'instant à en dire plus. Il est vrai que des effets d'annonce font, dans ce domaine, plus de mal que de bien… Il n'empêche ! Un deuxième patient pourrait à l'heure qu'il est avoir déjà reçu une autre prothèse d'une définition supérieure. Un espoir est peut-être né pour de nombreuses personnes devenues aveugles suite à une lésion ou à une pathologie de la rétine.

DES FORMES SONT PERÇUES !

La voix épirétinale n'est toutefois pas la seule et d'autres techniques ont déjà permis à quelques aveugles volontaires de recouvrer, non pas la vue, mais la faculté de distinguer des lueurs (phosphènes) ou de percevoir le monde grossièrement pixellisé à travers une grille de quelques dizaines de carreaux, de temps à autres. De quoi deviner de gros obstacles ou déchiffrer d'énormes caractères. C'est peu, certes, mais toujours mieux que le noir intégral.

Que de chemin pourtant avant d'en arriver là ! Car pour envoyer un signal, on a envisagé de stimuler divers étages du circuit de la vision : la face externe de la rétine (siège des photorécepteurs), sa

UN RÊVE EN PIXELS
Les spécialistes de la prothèse visuelle n'espèrent pas offrir aux aveugles mieux qu'un brin de vue très pixellisée : des dizaines, puis des centaines de taches. Cette image représente leur rêve le plus fou : 1024 pixels (32 x 32) contigus et colorés.

face interne (cellules ganglionnaires, point de départ des axones qui forment le nerf optique), le nerf optique, le « corps genouillé latéral » (un centre relais dans le thalamus), enfin le cortex visuel. Or, si c'est le nerf optique qui est lésé, injecter un signal dans sa rétine ne sert à rien... Ce sont donc différentes approches qui doivent être envisagées pour compenser les cécités résultant d'une lésion en amont de la structure choisie. Et ne parlons pas de la difficulté à faire dialoguer l'électronique avec le nerveux. De fait, si les cônes et les bâtonnets mesurent une simple intensité lumineuse, les neurones suivants manipulent des informations relatives à la couleur, aux contours, au mouvement... Des informations de plus en plus complexes, qu'il s'agit donc de maîtriser si l'on veut dialoguer avec des neurones plus en aval.

S'ajoute, enfin, un dernier défi : en plantant une électrode ici, quels neurones seront stimulés, et de quels types ? Les chercheurs aimeraient pouvoir leur parler un à un, mais ils n'en sont pas encore là.

DES ÉLECTRODES SUR LE CORTEX...

Historiquement, les premiers balbutiements de l'œil artificiel n'ont pas suivi la piste de la prothèse épirétinale, mais la voie corticale. Il se trouve, en effet, que c'est en stimulant le cortex que l'on a découvert qu'il était possible d'engendrer des phosphènes. Dès 1929, l'Allemand Otfrid Foerster étudiait ainsi les effets de la stimulation électrique du cortex occipital. Mais poser des électrodes sur le cortex d'un humain n'est pas une mince affaire. En revanche, cette approche laissait espérer des applications à une grande variété de cécités, pourvu qu'elles aient laissé une « aire visuelle » intacte dans le cortex.

C'est ainsi qu'en 1974, le chercheur américain William Dobelle installe durablement une grille d'électrodes à la surface du cortex visuel chez deux patients. Et deux nouveaux implantés, en 1978, garderont leurs électrodes plus de vingt ans. Encourageant : tous perçoivent quelques dizaines de phosphènes plus ou moins clignotants et aléatoirement répartis. Mais le problème, c'est que des impulsions identiques ne provoquent le même effet au fil du temps...

Aujourd'hui, William Dobelle est le seul à persister dans cette direction. Et en septembre 2002, il présentait son dernier prototype, testé sur Jens, un volontaire canadien. On a posé sur son cortex visuel une grille d'électrodes (sans doute une centaine, aucun détail n'a été publié), reliées par des câbles traversant son crâne à un ordinateur porté à la ceinture, lui-même connecté à une caméra miniature intégrée dans une paire de lunettes. Résultat : Jens distinguerait des obstacles et aurait manœuvré une voiture sur un parking. Mais il a aussi fait une crise d'épilepsie. Taquiner le cortex avec des volts et milliampères n'est pas sans risque.

... AUX IMPLANTS SUR LA RÉTINE

C'est dans un second temps qu'a pris corps le projet d'injecter l'information visuelle, cette fois, au niveau de la rétine, et non plus du cortex. En 1988, à Boston, démarre le Retinal Implant Project mené par John Wyatt, du MIT, et Joseph Rizzo, de la Harvard Medical School. Leur idée ? Stimuler la rétine du côté de son « étage de sortie », c'est-à-dire au niveau des cellules ganglionnaires, point de départ des axones constituant le nerf optique : c'est l'approche épirétinale. De fait, elle permettrait de traiter toutes les pathologies rendant inopérants les premiers étages de neurones rétiniens. Et c'est bien tout l'enjeu de la première réalisée le 19 février 2002 par l'équipe de San Diego...

Et ce n'est pas tout. Car, en parallèle, une autre approche, plus modeste, est aussi envisagée : l'implant « subrétinal », qui injecte, cette fois, des signaux tout en amont, là où la lumière est traduite en influx nerveux. Autant dire qu'elle ne peut répondre qu'à une cécité résultant d'une lésion affectant les seuls photorécepteurs et laissant intact tout le reste de la chaîne de la vision. Mais voilà qui suffirait pour traiter des pathologies comme la rétinite pigmentaire ou la dégénérescence maculaire, responsables de dizaines de milliers de cécités.

Concrètement, la rétine artificielle subrétinale consiste en une puce électronique posée sur la face externe de la rétine, où se trouvent les photorécepteurs (qui peuvent avoir disparu, du fait de la pathologie). En général, l'optique de l'œil est restée fonctionnelle et une image se forme donc à ce niveau. Une rétine artificielle subrétinale peut donc capter celle-ci directement via des photorécepteurs électroniques, pour ensuite injecter, là encore à l'aide d'électrodes, des signaux électriques dans les couches cellulaires adjacentes.

Cette approche a notamment été choisie par la société américaine Optobionics (Chicago) d'Alan Chow. Lequel a déjà procédé, en 2000 et 2001, à six implantations d'un prototype constitué d'une puce simplissime de 2 mm de diamètre et dénuée... d'alimentation électrique. Selon son concepteur, la puce produit son électricité elle-même, via des photodiodes qui transforment la lumière incidente reçue en un infime courant électrique dirigé vers la rétine grâce à une électrode. Certes, un tel procédé gagne en simplicité, mais Alan Chow semble être le seul à y croire. Et aujourd'hui, il tarde à publier les résultats obtenus avec ses patients... En attendant, une équipe allemande de l'université de Tübingen travaille sur un projet similaire. Or, pour Eberhart Zrenner, qui la dirige, une rétine artificielle subrétinale nécessite une source d'énergie, ce qui suppose un schéma plus complexe que la puce d'Optobionics. Même son de cloche en Suisse, où l'équipe de Pontus Linderholm prévoit ainsi d'alimenter sa puce subrétinale par induction magnétique. Quoi qu'il en soit, plus d'une douzaine de projets d'œil bionique sont, toutes approches confondues, aujourd'hui en cours. L'espoir de rendre un soupçon de vue à ceux qui l'ont perdue existe donc bel et bien.

CHRONOLOGIE

1751 :
Benjamin Franklin a l'intuition du rôle de l'électricité dans la vision.
1929 :
L'Allemand Otfrid Foerster étudie les effets de la stimulation électrique du cortex occipital.
1967 :
Giles S. Brindley (University of Cambridge, Angleterre) pose 80 électrodes sur le cortex d'une aveugle. Elle voit des « phosphènes », parfois de simples formes.
1974 :
William H. Dobelle réalise sa première implantation corticale permanente sur un volontaire.
1988 :
John Wyatt (MIT) et Joseph Rizzo (Harvard Medical School) lancent le Retinal Implant Project.

LA BATAILLE DES PIXELS

William Dobelle a publié en 2000 (*) les résultats de ses travaux sur un volontaire, Jerry, sur lequel il implanta un réseau d'électrodes corticales en 1978. On sait ainsi que Jerry, alors âgé de 41 ans et aveugle depuis 5 ans, a reçu un dispositif semblable à celui de Jens (photo p. 128) ainsi qu'un implant comportant une grille de 8 par 8, soit 64 électrodes. Souvent imprécis, l'article situe sur un graphique seulement 21 phosphènes « vus » par Jerry, répartis au hasard sur une surface apparente de 20 cm de haut sur 8 de large, à bout de bras. Jerry compterait sur les doigts d'une main et distinguerait des lettres de 15 cm, à 1,5 m de distance. Plus modeste, la prothèse épirétinale de l'équipe de Mark Humayun est, elle, constituée de 16 électrodes. Tandis que la puce subrétinale d'Alan Chow comporte 5 000 pixels. Dans les deux cas, aucun résultat n'a été publié. Mais au fait, combien de « pixels » pour qu'une prothèse permette à un aveugle de distinguer assez bien les obstacles pour marcher sans canne ? Les spécialistes situent entre 100 et 1 000 pixels le passage entre voir la lumière et... voir.

(*) Artificial Vision for the Blind by Connecting a Television Camera to the Visual Cortex, W. H. Dobelle, ASAIO Journal 2000.

L'espoir existe bel et bien
de rendre un soupçon de vue
à ceux qui l'ont perdue

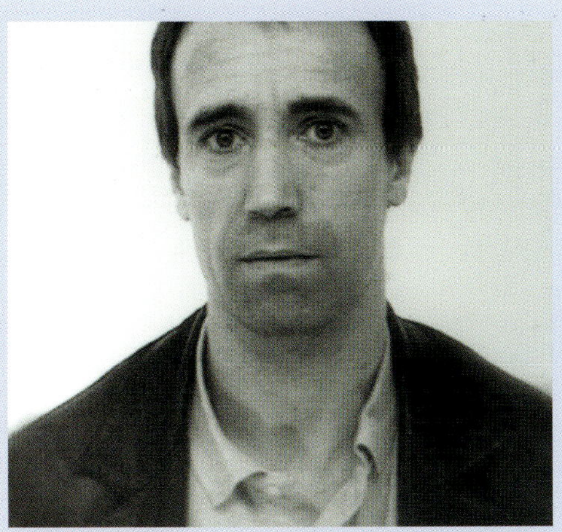

Serge Picaud
DIRECTEUR DE RECHERCHE
À L'INSERM,
HÔPITAL SAINT-ANTOINE (75)

TROIS QUESTIONS À…

QUELLE APPROCHE DE « L'ŒIL BIONIQUE » VOUS SEMBLE LA PLUS PROCHE DU BUT ?

L'implant subrétinal offre des avantages indéniables. Notamment celui de travailler au niveau où l'information à manipuler est la plus « brute », puisqu'il se substitue aux photorécepteurs. À l'inverse, la prothèse épirétinale stimule des neurones ganglionnaires, qui intègrent des signaux sophistiqués. En outre, on connaît une douzaine de types de neurones ganglionnaires, envoyant des signaux différents au cerveau. La difficulté sera de procurer artificiellement le bon stimulus à chaque cellule ganglionnaire.

MÊME AVEC UN IMPLANT SUBRÉTINAL, LES TENTATIVES D'ALAN CHOW SONT « PRÉLIMINAIRES » CHEZ L'HOMME.

L'équipe allemande de Tübingen a déjà publié des expériences intéressantes sur l'animal. Elle doit encore résoudre des problèmes, telle l'alimentation électrique de l'implant, mais ses résultats sont prometteurs.

L'APPROCHE CORTICALE VOUS SEMBLE SANS ISSUE ?

Pas du tout. La piste explorée par Dobelle n'est pas à négliger et pourrait avoir des applications pour les gens ayant perdu les connections rétine-cerveau.

LES QUATRE GRANDES APPROCHES ACTUELLES DE L'ŒIL BIONIQUE

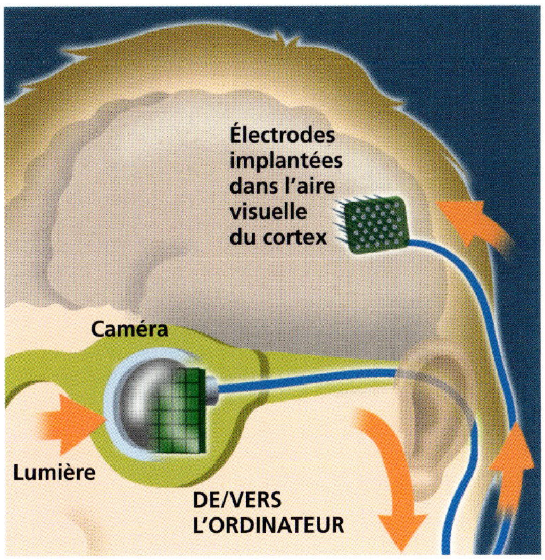

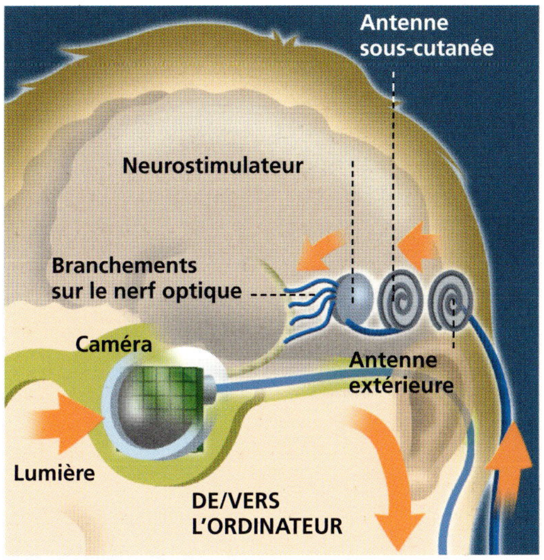

L'IMPLANT CORTICAL

Les images issues d'une caméra externe sont traitées par un ordinateur. Il produit des signaux stimulant des électrodes placées sur le cortex visuel.

L'IMPLANT ÉPIRÉTINAL

Les signaux produits par un ordinateur à partir d'une caméra sont captés dans l'œil et dirigés vers un réseau d'électrodes posé sur la face interne de la rétine.

LA STIMULATION DU NERF OPTIQUE

Les images d'une caméra sont traitées par un ordinateur. Il produit des signaux transmis à un neurostimulateur dont les électrodes excitent le nerf optique.

L'IMPLANT SUBRÉTINAL

La lumière focalisée par l'œil intact frappe les photodiodes de la prothèse, derrière la rétine. Des électrodes stimulent alors les neurones connectés sur le nerf optique.

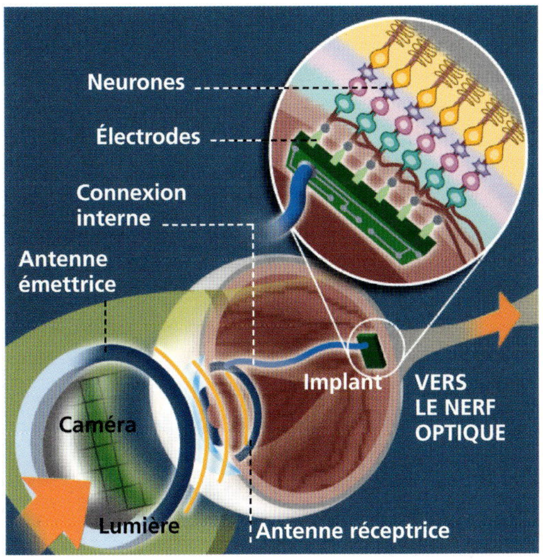

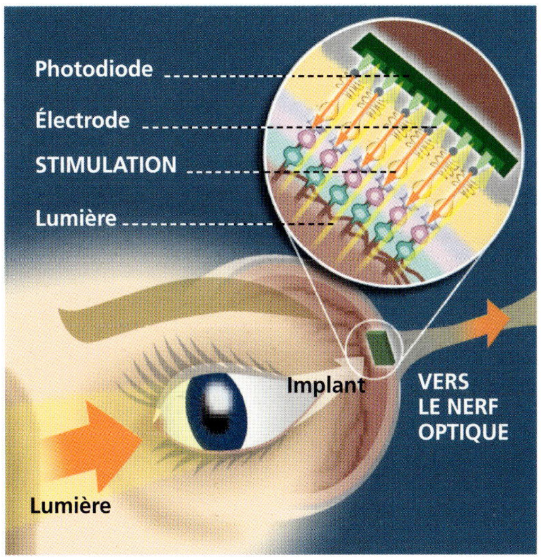

Mémoire

Ils ont trouvé la molécule de **l'oubli**

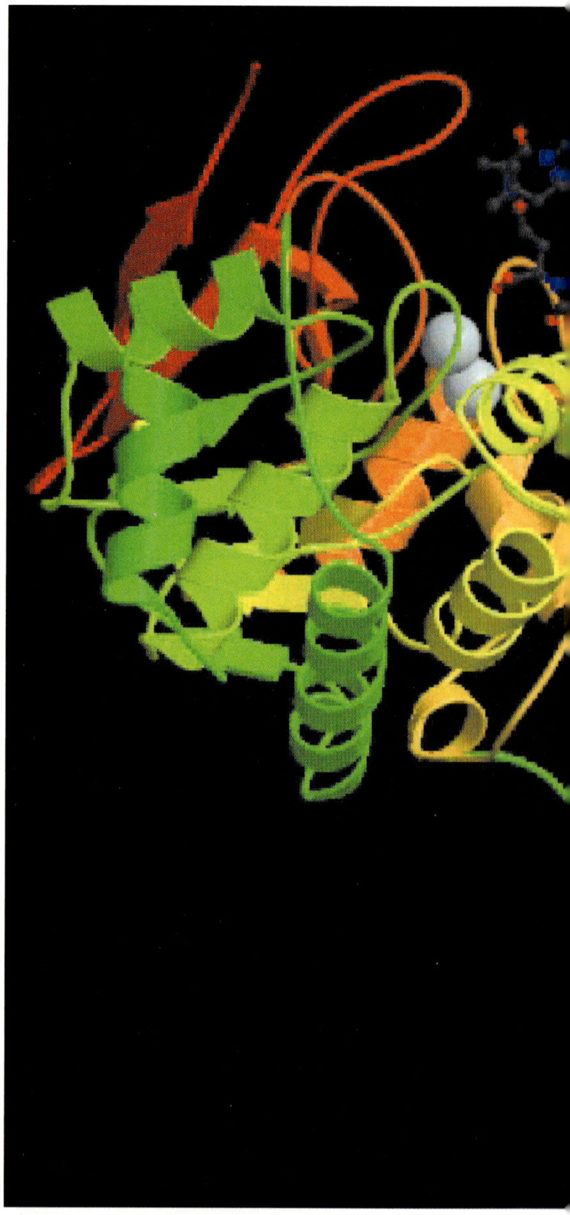

Une équipe de chercheurs vient de découvrir une protéine qui « gomme » les souvenirs et les empêche de se former. L'existence d'un substrat biologique de l'oubli montre que la mémoire est un subtil équilibre entre stockage et effacement de l'information. Et que, à rebours de ce qu'on croyait, oublier est un processus actif, vital pour la mémorisation !

PAR KHEIRA BETTAYEB

Notre mémoire est d'une déconcertante complexité. Pont jeté dans le temps, elle puise dans notre passé pour enrichir notre présent, garde les données actuelles pour les transformer en repères à venir, tout en nous permettant de remonter les ans. Elle façonne ainsi notre identité, notre relation au monde, nos actes, nos rêves, notre savoir. Pour les neurobiologistes le support organique des souvenirs est une entité dynamique qui fonctionne à travers l'insondable réseau que forment nos milliards de neurones. Une fascinante faculté, mue par l'action continue de petites molécules qui stimulent ou freinent l'activité des neurones via des cascades de réactions biochimiques en chaîne. Les chercheurs ont découvert des dizaines de ces « molécules de la mémoire » baptisées GABA, dopamine, acétylcholine…

Mais jusque-là, les travaux tournaient surtout autour de la mémorisation.Essentiel, ce point de vue reste incomplet. Il occulte la face obscure de la mémoire : l'oubli. Ce que Freud identifiait comme « un élémentaire instinct de défense relié à l'inconscient » (1) aurait-il un substrat biologique ? Oui. Trois ans de recherche sur ce versant inexploré de la mémoire ont conduit Isabelle Mansuy, une biologiste française, et son groupe de l'Ecole polytechnique fédérale de Zurich, en Suisse, à jeter les premières bases moléculaires d'un mécanisme actif de l'oubli. Ces chercheurs se sont intéressés à une enzyme, la PP1 (Protein Phosphatase 1) et ont découvert qu'elle déclenche l'effacement des informations ! Rien, a priori, ne vouait cette petite molécule à un tel destin ! Présente dans presque toutes les cellules de notre organisme : foie, muscles, peau, cerveau…, les scientifiques savent depuis vingt ans qu'elle régule des processus vitaux comme le développement embryonnaire ou la division cellulaire.

UNE VOIE ENCORE INEXPLORÉE

En fait, la PP1 appartient à la grande famille des phosphatases. Ces protéines ont la particularité de retirer des atomes de phosphate à d'autres substances « cibles », telles les histones, ces protéines autour desquelles s'enroule l'ADN et qui déterminent son expression. De la sorte, elles « désactivent » leurs cibles, ce qui a pour effet de les ralentir, voire d'inhiber leur processus. Les phosphatases agissent donc comme de véritables freins moléculaires. Elles faisaient figure d'éléments "négatifs", peu susceptibles d'expliquer comment se construisent les souvenirs. On se doute depuis longtemps que la mémoire est régulée par un équilibre entre les mécanismes biologiques de stockage et ceux d'effacement de l'information. Mais la plupart des

ENJEUX

Une meilleure compréhension du phénomène d'oubli permettrait, d'une part, de mieux cerner le fonctionnement normal de la mémoire. Jusqu'ici les neurobiologistes ont cherché à décrire les différents stades de cette fonction mentale : l'apprentissage de l'information, le stockage et le rappel des souvenirs. L'oubli, lui, un processus négatif a été peu exploré. Or la mémoire ne peut être totalement appréhendée que si tous ses mécanismes (impliqués dans sa formation mais aussi responsables de son déclin) sont bien décrits. D'autre part, une définition plus précise de la physiologie de la mémoire devrait mener à mieux cerner les mécanismes à l'origine des multiples désordres d'apprentissage et de mémoire.

C'est une curieuse enzyme, la PP1, qui déclenche l'effacement des informations

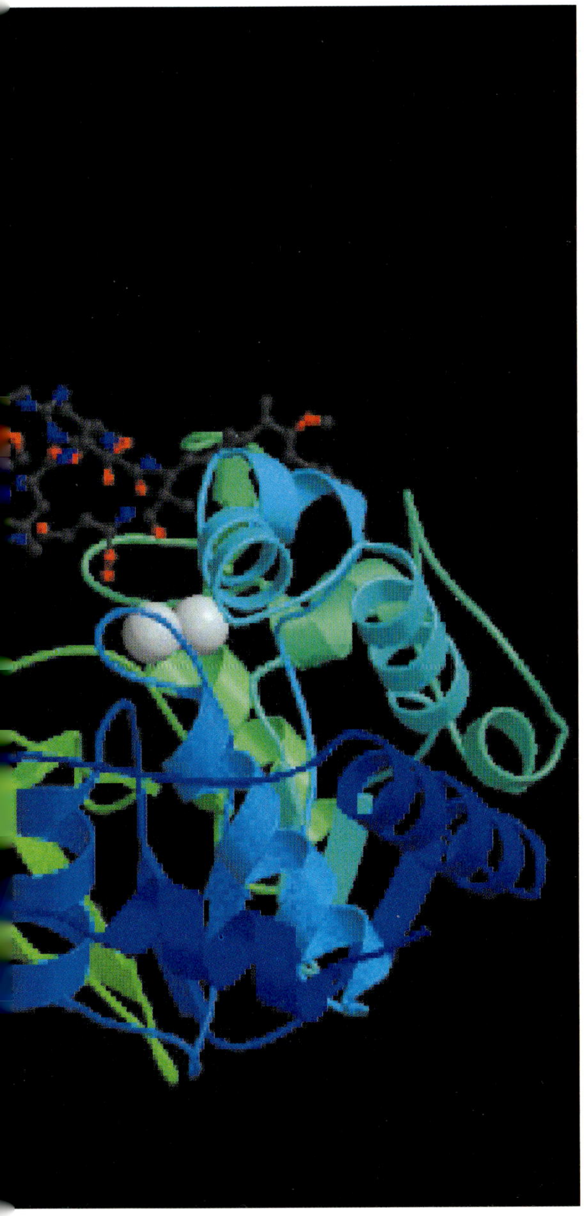

MOLÉCULE
C'est Isabelle Mansuy (ci-contre au centre) et son équipe zurichoise qui ont découvert le rôle de la molécule PP1 dans l'oubli. Pourtant cette protéine, vue ici en 3D (ci-dessus), abonde dans l'organisme.

recherches se concentraient sur les enzymes favorables à la mémorisation, raconte Isabelle Mansuy. Dans ce contexte, étudier le rôle d'une phosphatase dans le cerveau semblait "contre-intuitif". Nous avons pourtant choisi cette voie et découvert ainsi le rôle de la PP1. Pour cela, les neurobiologistes zurichois ont créé des souris génétiquement modifiées chez lesquelles l'activité de cette protéine peut être aisément contrôlable. Ils ont donc introduit dans l'ADN des rongeurs un transgène codant pour un inhibiteur de la PP1, appelé « inhibiteur 1 ». Le but : réguler l'activité de la PP1, un peu à la manière d'un bouton « on/off », indirectement en modulant celle de son inhibiteur. En l'occurrence, ils ont ajouté dans la nourriture des animaux de la doxycycline, un antibiotique qui se fixe sur le transgène de l'inhibiteur et lui permet de s'exprimer.

ÉVITER LE "BOURRAGE DE CRÂNE"

Afin d'évaluer l'importance de la PP1, les chercheurs ont entraîné leurs souris à reconnaître des objets. « Ces animaux manifestant plus d'intérêt pour les nouveaux objets, leur capacité à réussir un tel apprentissage a pu être aisément vérifiée », explique Isabelle Mansuy. Premier constat : comme les bons élèves, les souris apprennent mieux en cinq séances de « travail » espacées de 15 min que de 5 min seulement ou qu'une seule longue et unique session de 25 min. Mais quand l'activité de la PP1 est diminuée, une séance de 25 min devient aussi efficace que cinq sessions de 5 min à intervalle de 15 min ! De plus, chez les souris « normales », non modifiées génétiquement, l'activité de la PP1 est au régime bas quand on laisse de longs intervalles entre les séances d'apprentissage. Comme si la PP1 empêchait la mémoire de se former pendant les apprentissages type « bourrage de crâne ». Plusieurs séances de travail espacées de longues pauses seraient plus efficaces car elles permettraient d'échapper à la « contrainte » imposée par la PP1. Mais comment ? Pour comprendre, il faut savoir comment sont stockés nos souvenirs dans l'enchevêtrement de nos neurones. Tout se passe dans l'espace étroit de la synapse, les 15 nanomètres (soit 15 milliardième de mètre) situés à la « jonction » des neurones.

À LA MANIÈRE D'UN CD GRAVÉ

« Lors d'un apprentissage, des changements moléculaires se produisent dans les synapses, qui faciliteraient la communication entre les neurones, résume Serge Laroche, spécialiste des mécanismes moléculaires et cellulaires de la mémoire à l'université d'Orsay. Cela activerait des enzymes clés, des kinases, qui assureraient l'enregistrement des souvenirs par altération des synapses, un peu comme des informations numériques sont gravées sur un CD par altération de sa surface. Ceci notamment par croissance de nouvelles synapses à partir de celles préexistantes ». Et la PP1 ? « Lors de l'apprentissage, la molécule bloquerait la formation des souvenirs en neutralisant l'activité des kinases », avance Isabelle Mansuy. Elle a pu le constater avec la CaMKII, une kinase nécessaire à l'apprentissage : son activité est

COMMENT LA PP1 EMPÊCHE LA FORMATION DES SOUVENIRS...

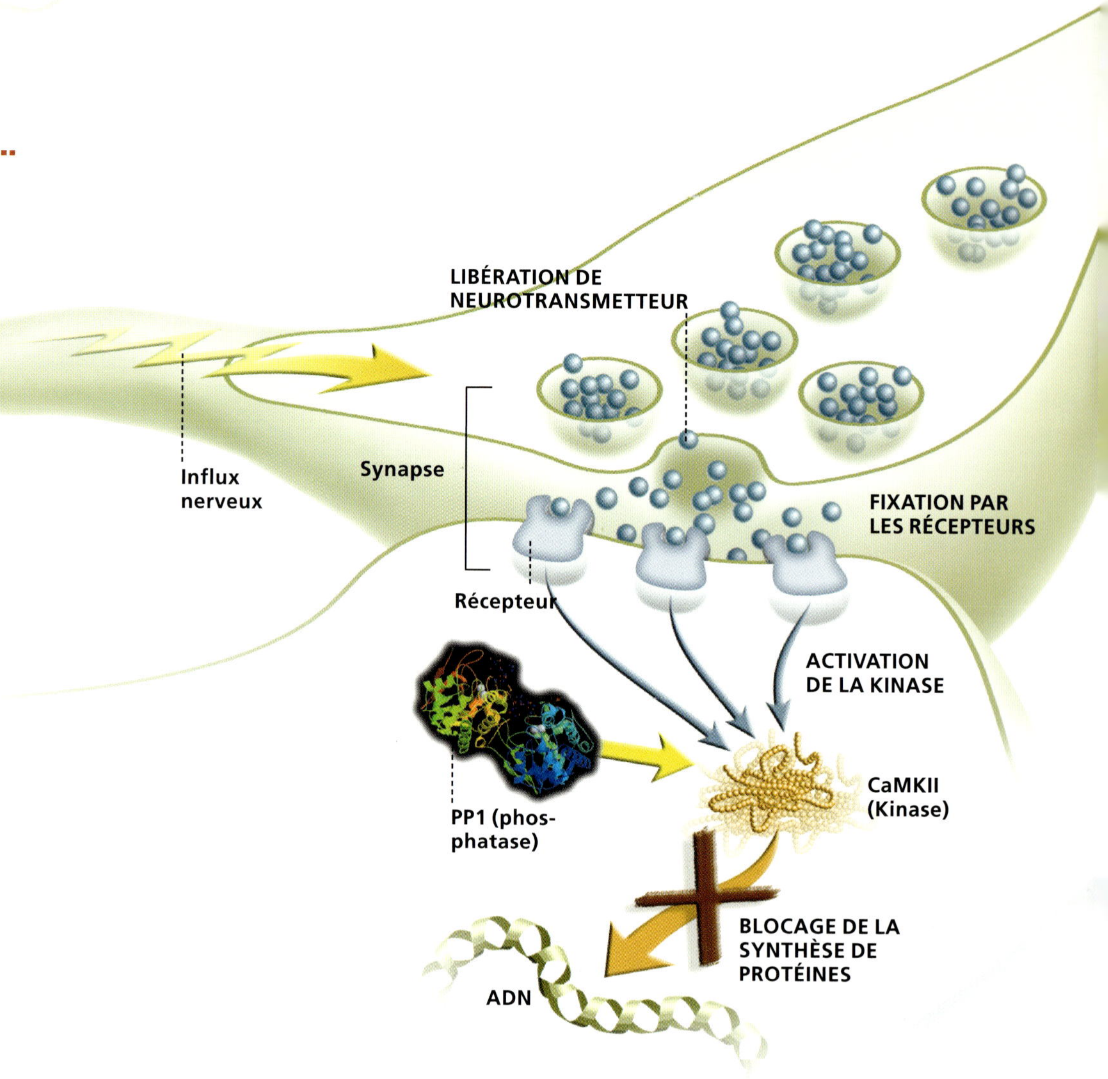

1 LES SOUVENIRS SE FIXENT

La mémorisation dans l'hippocampe (la « porte d'entrée » des nouvelles informations qui deviendront des souvenirs) a lieu en trois temps :
- un influx nerveux arrive dans l'axone d'un neurone pré-synaptique, où il provoque la libération de molécules de neurotransmetteur. - ces dernières se fixent sur des récepteurs du neurone post-synaptique...
- ce qui active une molécule essentielle pour la formation de la mémoire, une kinase, la CaMKII.

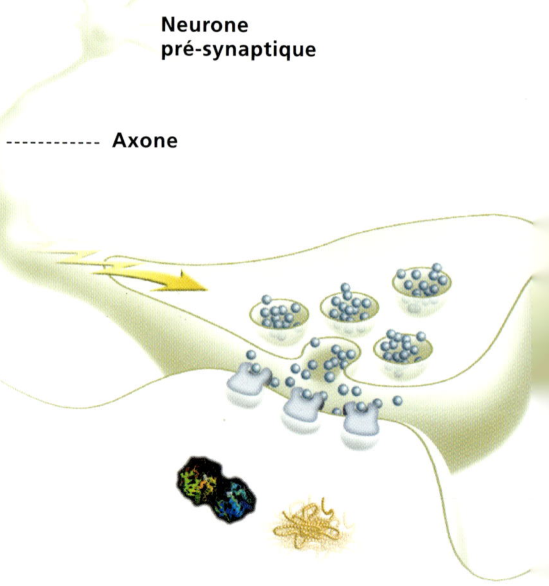

2 SI LA PPI ENTRE EN ACTION

Elle neutralise alors l'activité de la kinase. Laquelle ne peut donc plus agir sur ses multiples cibles dans les neurones. En outre, désormais inactivée, la kinase ne peut plus « demander » à l'ADN des neurones de produire les protéines nécessaires à la construction de nouvelles synapses. Or, ces phénomènes sont indispensables au stockage par le cerveau de nouvelles informations, autrement dit à la fixation de nouveaux souvenirs...

Tout se passe dans l'espace étroit de la synapse, là où sont enregistrés les souvenirs

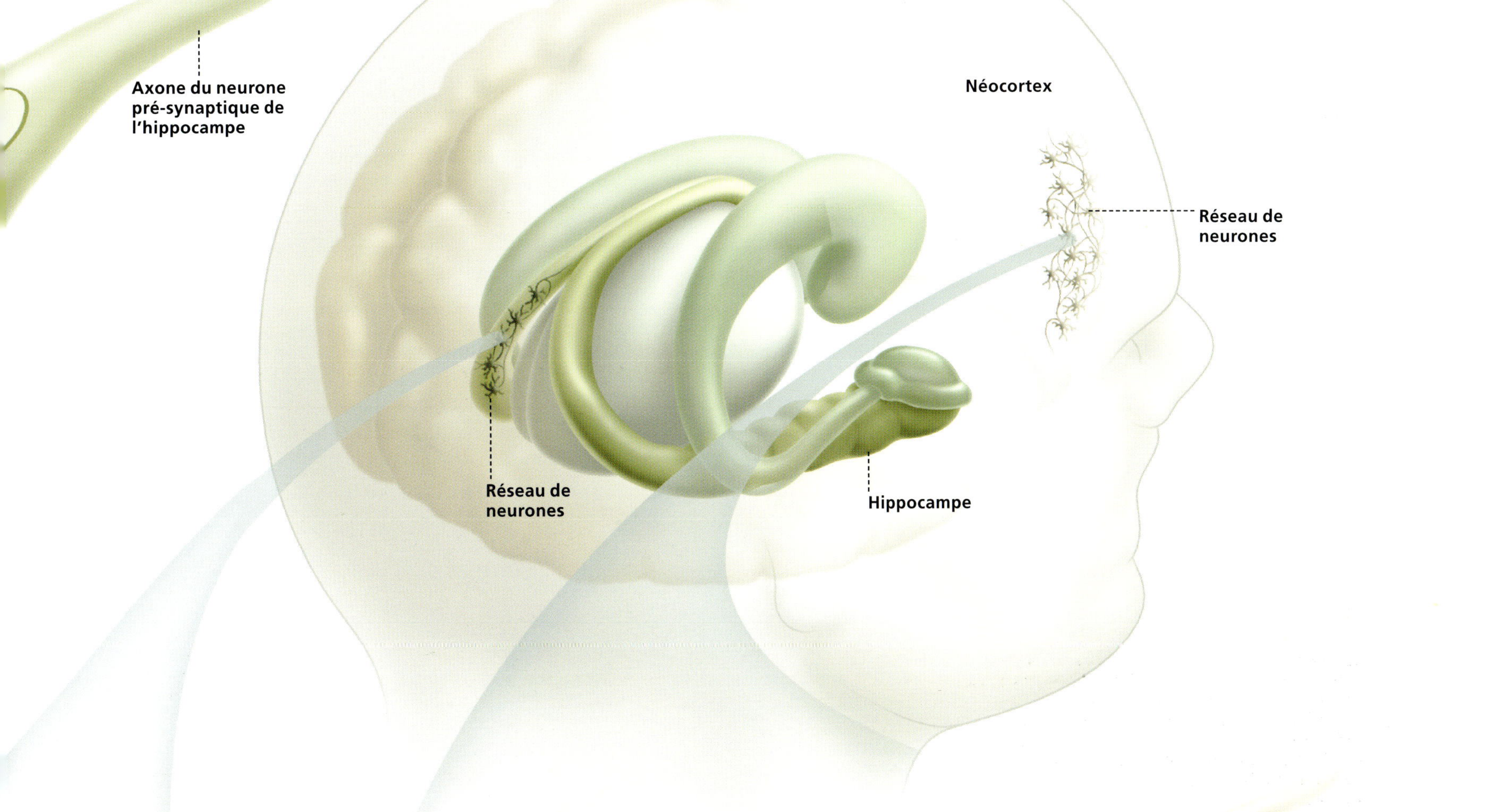

...ET EFFACERAIT LES SOUVENIRS DÉJÀ STOCKÉS

Les informations ayant franchi la « porte d'entrée » de l'hippocampe n'y restent pas : elles sont destinées à être stockées dans le néocortex. La mémorisation de ces nouveaux souvenirs fait appel au remodelage de réseaux neuronaux avec, pensent les chercheurs, la croissance de nouvelles synapses (ici, la synapse de gauche).
Mais la PP1 empêcherait cette croissance et provoquerait, peut-être, la disparition de synapses déjà existantes, donc de souvenirs...

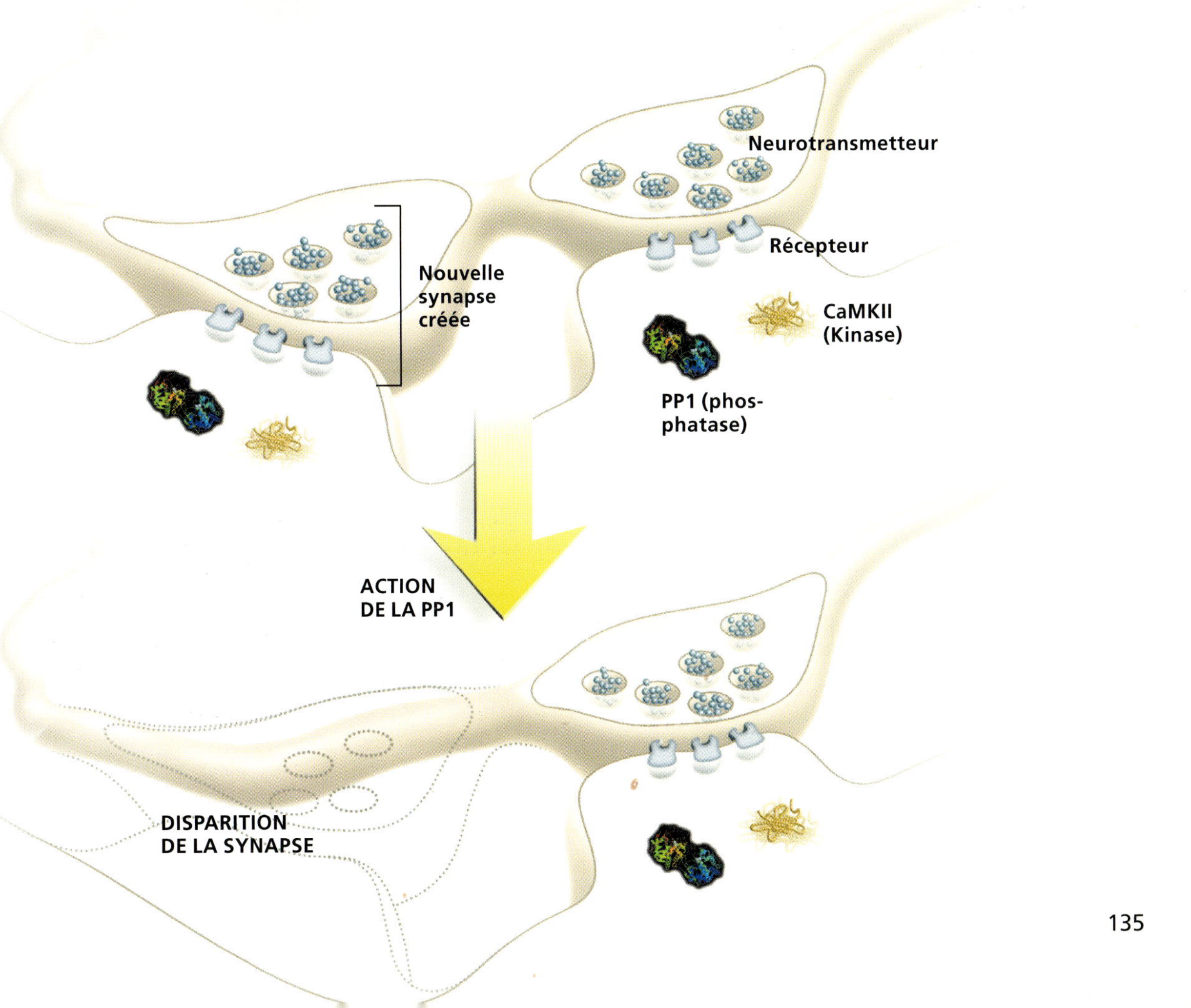

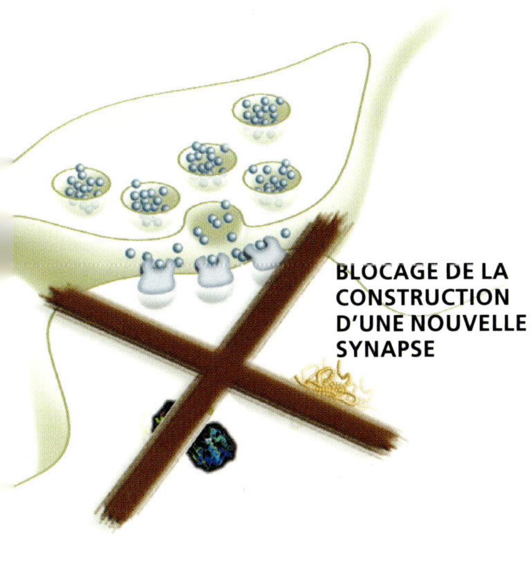

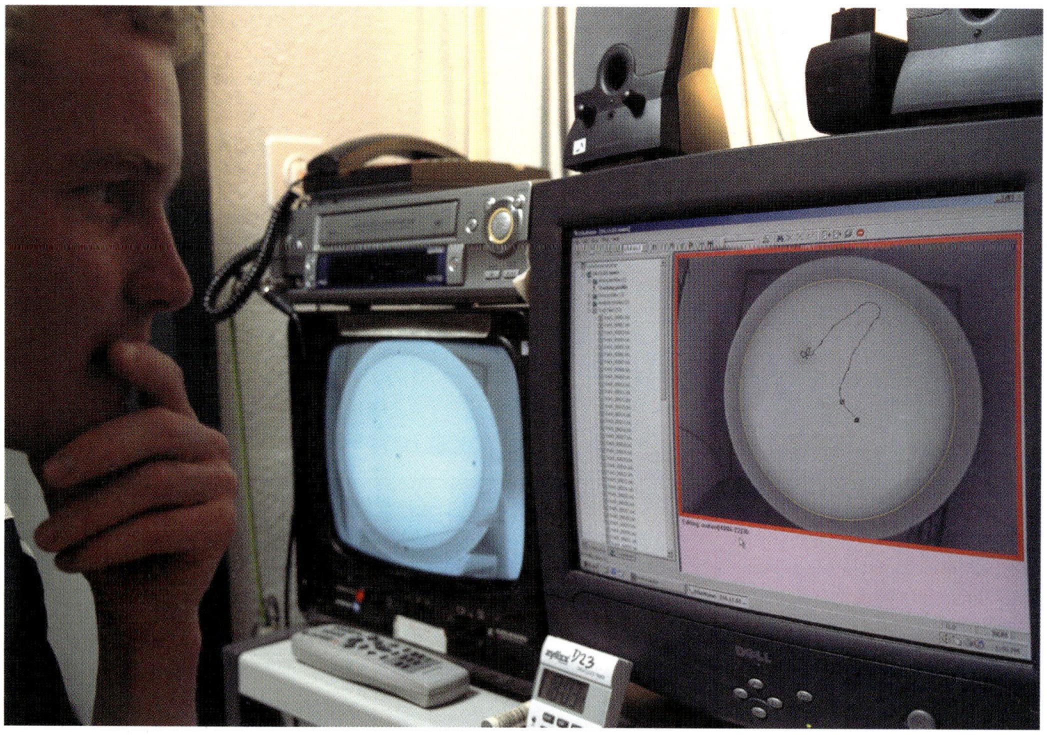

L'EXPÉRIENCE DE « LA PLATE-FORME »
Un chercheur observe des souris entraînées à retrouver une plate-forme dans un bassin d'eau opaque à l'aide de repères fixés aux murs du laboratoire. Les souris « normales » vont finir par oublier le chemin, contrairement à celles chez qui on a inhibé l'activité de la molécule PP1.

naturellement neutralisée par la PP1, mais quand on « éteint » cette dernière chez la souris transgénique, la CaMKII est plus active lors des sessions d'apprentissage.

Le groupe de Zurich s'est alors demandé si la PP1 pouvait aussi influencer la persistance d'un souvenir à long terme. Cette fois, ils ont entraîné leurs souris à trouver dans une « piscine » d'eau opaque une plate-forme cachée en s'aidant de repères spatiaux placés dans le laboratoire. L'intérêt de la plate-forme pour les souris est de constituer un refuge pour échapper au milieu liquide. Essai après essai, de nouvelles informations spatiales devaient être apprises, mémorisées et restituées afin de nager directement jusqu'à la plate-forme. Après un entraînement intensif, pendant neuf jours, les chercheurs ont retiré la plate-forme de l'eau. Résultat : au départ, les souris « normales » la recherchent au bon endroit. Mais au fil du temps, cette aptitude se dégrade rapidement, jusqu'à disparaître après six semaines.

VERS DE NOUVEAUX REMÈDES ?

En revanche, chez les souris dont l'activité de la PP1 avait été réduite – après l'entraînement –, le souvenir se maintient jusqu'à six semaines. Ainsi, indépendamment de sa fonction lors de l'apprentissage où elle empêche la formation des souvenirs, la PP1 provoque aussi l'oubli des informations déjà stockées dans le cerveau. Comment ? Les travaux de Zurich suggèrent que dans ce cas, la PP1 inhibe l'activité d'une protéine nommée creb. Il s'agit de ce qu'on appelle un facteur de transcription qui, en réponse à différents signaux, décide si un gène donné est exprimé ou non. Lequel gène, contrôle la production de nouvelles protéines nécessaires, en l'occurrence, à la formation et au stockage des souvenirs. « Deux mécanismes pourraient intervenir, observe Isabelle Mansuy, selon que l'on considère que l'oubli est total (effacement) ou transitoire (masquage du souvenir). En fait, la découverte montre que des traces peu importantes sont définitivement effacées. Et que d'autres, plus fondamentales, sont juste occultées transitoirement. D'une part, la PP1 bloque le renouvellement des constituants formant les synapses nées lors de l'apprentissage. D'où leur disparition et donc l'effacement progressif et irréversible du souvenir. D'autre part, elle inhibe le rappel d'autres souvenirs selon des mécanismes encore inconnus. Mais tout ceci reste très obscur ».

Qu'importe ! Selon Eric Kandel de l'université Columbia, à New York, lauréat du Nobel de médecine en 2000 pour ses travaux sur la mémoire, la découverte d'une « molécule de l'oubli » est déjà en soi « un formidable pas en avant ». Car elle démontre ce que beaucoup ont encore du mal à concevoir : que loin d'être le résultat banal et aléatoire du temps qui passe, l'oubli est un processus biologique à part entière, actif, précis et contrôlé. De quoi reconsidérer nos petits « trous » de mémoire, nos agaçantes pertes de clés ou de lunettes. A la lumière de cette découverte, l'oubli apparaît donc comme un phénomène vital : « En supprimant la formation de certains souvenirs au cours d'un apprentissage intensif, la PP1 préserverait de la saturation les circuits de notre mémoire, précise Isabelle Mansuy. De plus, en provoquant l'oubli de souvenirs déjà constitués, elle aiderait notre cerveau à faire le tri parmi ceux qui sont essentiels à la cohérence de l'individu ; ceux qui le sont moins ; ceux qui ne le sont plus du tout ». De fait, imaginons que nous mémorisions tout ce que nous voyons et entendons, la vie serait un vrai cauchemar ! « Les neuropsychologues en ont conscience depuis plus d'un siècle, rappelle Robert Jaffard, professeur de biologie et spécialiste de la mémoire à l'université de Bordeaux 1. Notamment grâce à l'observation de personnes aux capacités mnésiques quasiment illimitées. A l'instar de ceux souffrant du "syndrome du savant", souvent associé à un handicap comme l'autisme qui se manifeste par une mémoire exceptionnelle dans un domaine particulier. Avec la PP1, cette vérité empirique trouve enfin une explication moléculaire ».

Unc avancée qui intéresse aussi certaines firmes pharmaceutiques. Car la PP1 ouvre une autre voie. « Il se pourrait que la véritable cause du délabrement de la mémoire avec l'âge ne soit pas une irréversible réduction des composants moléculaires comme on le pensait jusque-là mais une dérégulation de la PP1 », suggère Isabelle Mansuy. D'où son idée de restaurer les capacités de mémorisation, non pas en stimulant les mécanismes déficients de la mémoire mais en inhibant ceux de l'oubli qui impliquent la PP1. Cela suppose d'en savoir un peu plus. Sur quelles molécules agit-elle ? Quelles protéines lui prêtent main-forte ? Comment interagit-elle avec ces dernières ?, etc. Une foule de questions auxquelles le groupe de Zurich espère bien un jour répondre pour lever complètement le voile sur l'oubli.

(1) « Du mécanisme psychique de la tendance à l'oubli », in Monatsschrift für Psychiatrie und Neurologie, 1898.

L'EXPÉRIENCE DES « OBJETS »
Des souris sont entraînées à reconnaître des objets. Le succès de l'épreuve varie selon que l'activité de la PP1 a été inhibée ou non. L'expérience a permis de démontrer que cette protéine bloque la mémoire pendant l'apprentissage.

LES SEPT PÉCHÉS CAPITAUX DE LA MÉMOIRE

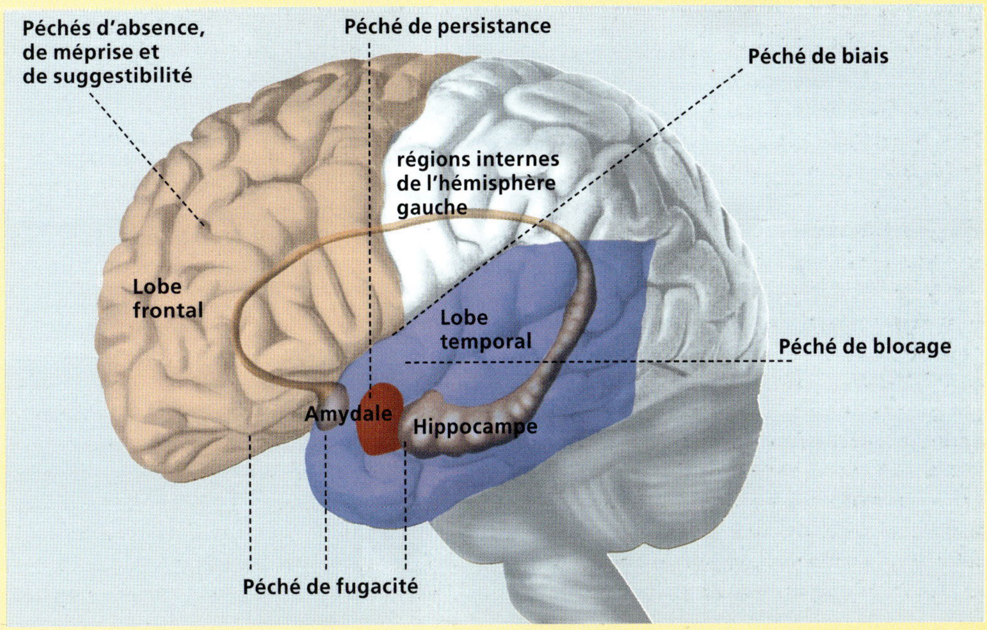

Les biologistes de l'oubli devraient sans doute trouver matière à inspiration dans le dernier livre de Daniel Schacter, psychologue, de l'université Harvard, aux Etats-Unis, et éminent spécialiste de la mémoire (1). Il s'essaye là à « un modèle conceptuel unifié des erreurs mnésiques », qu'il classe en sept « péchés » : la fugacité (l'érosion du souvenir dans le temps), l'absence (l'oubli d'une invitation à déjeuner par exemple), le blocage (le classique mot sur le bout de la langue), la méprise (l'erreur ou la distorsion mnésique), la suggestibilité (les faux souvenirs suggérés), le biais (la tendance à reconstruire le passé en fonctions de connaissances présentes) et la persistance (les souvenirs qu'on tente désespérément d'oublier sans y parvenir).
A la lumière des neurosciences et de la psychologie évolutionniste, Daniel Schacter propose même à ces transgressions une localisation dans différentes régions du cerveau (voir ci-contre) ainsi qu'une explication à leur apparition chez l'homme. Avant de conclure : « Les vices de la mémoire sont aussi ses vertus, les éléments d'un pont qui unit l'esprit au monde ». A méditer.

(1) *Science de la mémoire, Oublier et se souvenir*, éd. Odile Jacob

Infarctus

Une protéine révolutionne son **dépistage**

Des cardiologues américains viennent d'en avoir la confirmation : le taux dans le sang d'une petite protéine dépiste le risque de maladies cardiovasculaires, même si le taux de cholestérol est normal ! Une réussite due à une nouvelle approche de l'infarctus.

PAR KHEIRA BETTAYEB

S'il est un enjeu de santé publique, c'est celui du dépistage des maladies cardiovasculaires, première cause de mortalité en France. Or, le test sur lequel s'appuient depuis des années les médecins demeure insuffisant : fondé sur le dosage du cholestérol, dont l'excès dans le sang menace d'obstruer les artères, il ne permet pas de repérer l'ensemble des personnes à risque… quand la moitié des victimes d'infarctus affichent un taux normal de cholestérol ! Du coup, les chercheurs rêvent d'un autre test capable d'identifier plus largement les patients avant qu'il ne soit trop tard. Un rêve désormais réalité après les travaux du cardiologue américain Paul Ridker et de son équipe : ils viennent de montrer que le dosage d'une petite molécule, la CRP (« C-Reactive Protein »), permet de repérer les personnes qui courent le risque d'un infarctus en ayant pourtant un taux normal de cholestérol. Une avancée majeure qui promet de révolutionner le diagnostic des maladies cardiovasculaires.

MARQUEUR DE L'INFLAMMATION

La CRP ? En fait, cette substance est connue depuis près de soixante-dix ans. Fabriquée par le foie, elle est impliquée dans la cascade de réactions immunitaires déclenchées lors d'un rhume, une grippe ou une blessure et caractérisée par une rougeur, une tuméfaction, ainsi que toute douleur au niveau du tissu concerné : l'inflammation. C'est pourquoi les chercheurs appellent aussi la CRP « marqueur de l'inflammation » : son taux élevé dans le sang révèle une réaction inflammatoire dans l'organisme, permettant ainsi de diagnostiquer de graves maladies comme la pneumonie ou l'arthrite.

Reste que si le dosage de la CRP constitue un test couramment utilisé dans les laboratoires de biologie, personne n'avait songé à lui pour le dépistage prévisionnel d'infarctus. Et pour cause : il fallait se douter d'un lien entre l'inflammation et le risque d'infarctus ! « Il faut savoir qu'il y a encore quelques années, on considérait les maladies cardiovasculaires comme un simple "problème de plomberie", impliquant l'accumulation du cholestérol dans les artères et la formation d'une plaque d'athérome, explique Paul Ridker. Ce n'est qu'au début des années 80 que certains cardiologues ont commencé à soupçonner l'implication de l'inflammation dans la survenue de l'infarctus. » Plus précisément, ces chercheurs postulèrent que les

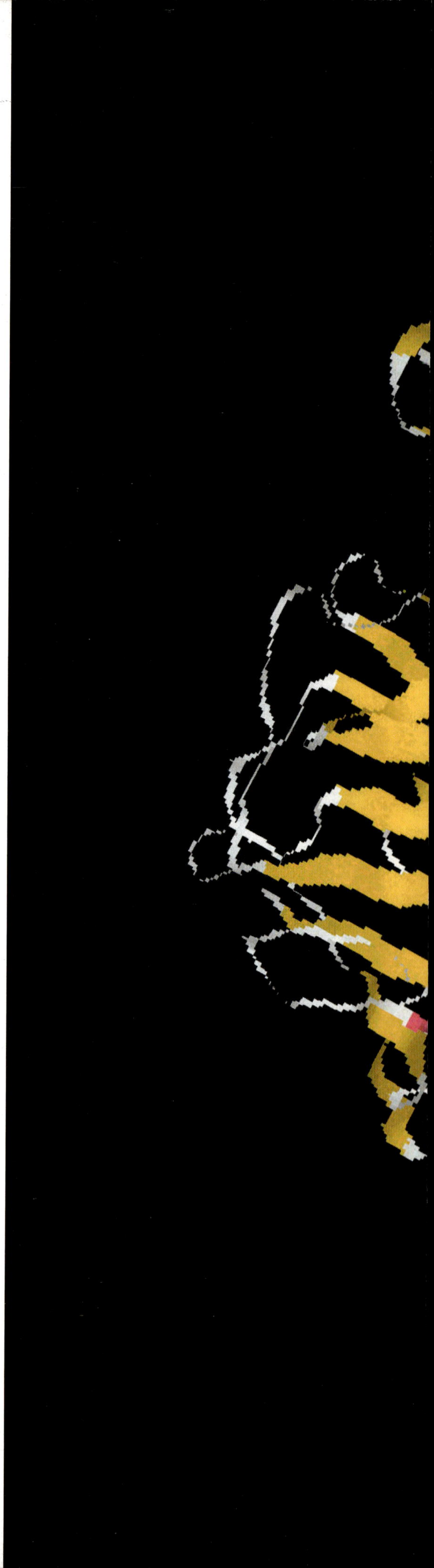

MOLÉCULE
La C-Reactive Protein (CRP) est une molécule fabriquée par le foie lors d'un rhume, d'une grippe ou bien d'une blessure. Elle révèle qu'une réaction inflammatoire a lieu dans le corps.

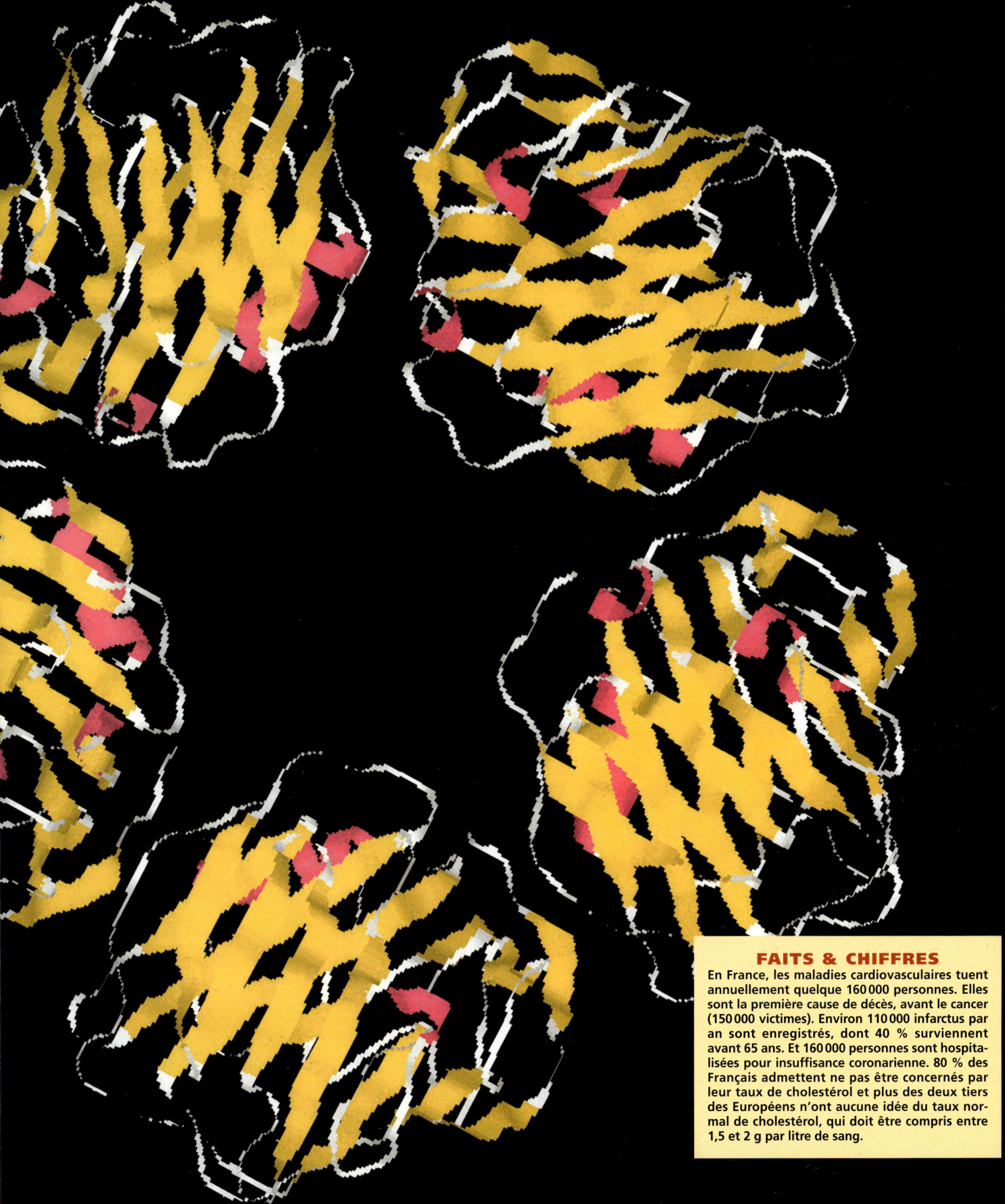

FAITS & CHIFFRES

En France, les maladies cardiovasculaires tuent annuellement quelque 160 000 personnes. Elles sont la première cause de décès, avant le cancer (150 000 victimes). Environ 110 000 infarctus par an sont enregistrés, dont 40 % surviennent avant 65 ans. Et 160 000 personnes sont hospitalisées pour insuffisance coronarienne. 80 % des Français admettent ne pas être concernés par leur taux de cholestérol et plus des deux tiers des Européens n'ont aucune idée du taux normal de cholestérol, qui doit être compris entre 1,5 et 2 g par litre de sang.

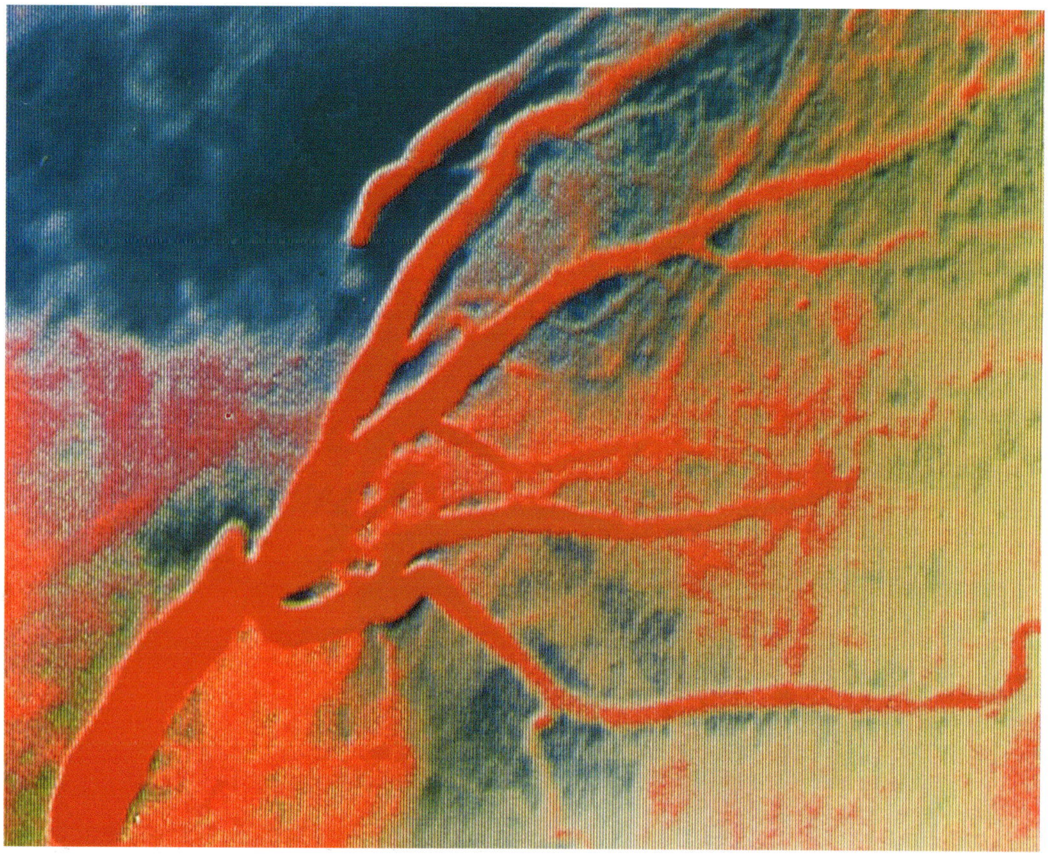

INFARCTUS DU MYOCARDE
L'infarctus du myocarde est dû à l'obstruction d'une artère coronaire par une plaque d'athérome ou un caillot (ci-contre).

Le cardiologue américain Paul Ridker et son équipe ont montré le lien qui existe entre une inflammation dans le corps et le risque d'infarctus du myocarde.

L'INFARCTUS, UN LENT PROCESSUS

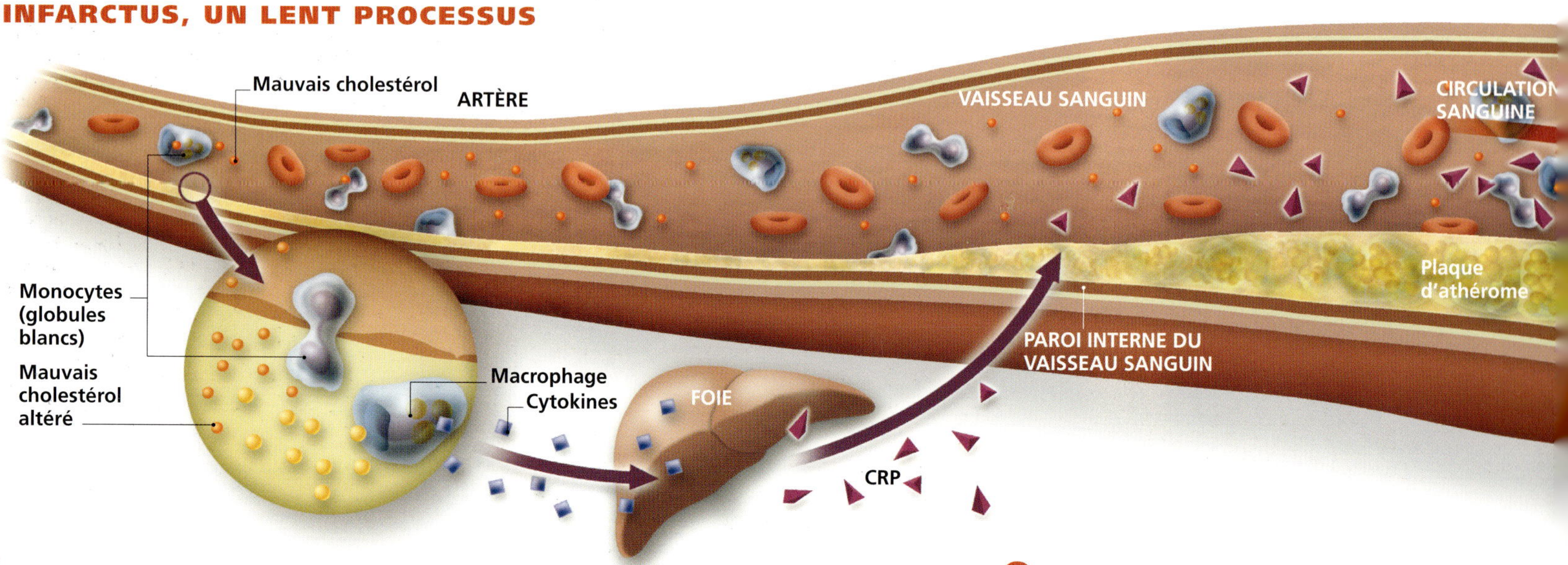

1 LES GLOBULES BLANCS SE MOBILISENT

À l'origine de l'infarctus, on trouve le mauvais cholestérol qui s'accumule dans la paroi interne de l'artère. Là, il subit une altération et attire les cellules de l'immunité, les globules blancs (ou monocytes), qui se transforment en macrophages et sécrètent des cytokines.

2 LE TAUX DE CRP SANGUIN AUGMENTE

Ces cytokines stimulent la production par le foie d'une protéine, la CRP, dont le taux sanguin augmente. C'est le signe d'une inflammation dans le corps.

« Le test de la CRP doit maintenant être systématique chez les plus de 25 ans »

globules blancs, cellules activées lors de l'inflammation, attaquent la plaque d'athérome en formation, jusqu'à provoquer sa rupture ; s'échappant dans le sang, des morceaux de la plaque forment alors des caillots, aboutissant in fine à l'infarctus (voir infographie). « Dans le monde de la cardiologie, la thèse de l'inflammation a constitué une véritable révolution, poursuit Paul Ridker. Pour la première fois, on envisageait l'existence d'un autre processus à l'origine de l'infarctus tout aussi dangereux, voire plus, que le cholestérol. Ce progrès a complètement bouleversé notre conception du diagnostic des maladies cardiovasculaires. Et il nous a amenés à nous intéresser à la CRP pour mettre au point un nouveau test. »

Le rôle de cette substance n'a cependant pas été tout de suite identifié. Car des marqueurs de l'inflammation, l'organisme en produit des dizaines et, au début des années 90, l'équipe de Paul Ridker mise d'abord sur d'autres substances, telle l'interleukine-6. Sans succès. Il faudra en fait attendre 1996 pour qu'une expérience mette en lumière le pouvoir prédictif de la CRP. Cette étude réalisée à l'initiative de Paul Ridker et portant sur près de 1 120 hommes américains apparemment sains, révèle que les taux élevés de CRP permettent d'identifier les personnes à risque. Dès lors, les choses vont s'accélérer. En 2000, les cardiologues entreprennent de vérifier ces résultats chez des femmes. Banco : non seulement la CRP s'avère un bon indicateur des maladies cardio-vasculaires, mais aussi un meilleur indicateur de risque que le puissant cholestérol. De fait, elle permet de repérer les personnes en danger… même si elles présentent un taux normal de cholestérol ! Reste que les observations n'ayant porté que sur 366 femmes, les scientifiques se refusent à crier trop vite victoire. Et de mettre sur pied une dernière étude, à partir d'échantillons sanguins recueillis dans le cadre d'une vaste enquête sur la santé des femmes américaine, « The women's health study » (WHS). En cours depuis 1992, elle vise notamment à déterminer le rôle de l'aspirine et de la vitamine E dans la prévention des maladies cardiovasculaires. Les chercheurs ont pu ainsi analyser les taux de LDL cholestérol et de CRP chez 28 000 femmes dont le risque d'infarctus était connu grâce à l'étude WHS. « Cette expérience a confirmé nos précédents résultats. Mieux, elle montre de façon irréfutable qu'un dosage de la CRP doit être systématiquement réalisé chez toutes les personnes potentiellement à risque, c'est-à-dire âgées de plus de 25 ans. Mais attention, prévient Nader Rifai, collègue du cardiologue de Boston, ce test ne dispensera pas d'un dosage du cholestérol. L'idée est de réaliser les deux tests en parallèle et d'évaluer ainsi deux risques différents : celui lié à l'accumulation de cholestérol dans le sang et celui relatif à l'inflammation. »

Et ce n'est pas tout ! Car la découverte du rôle de la CRP devrait aussi étendre l'utilisation de deux familles de médicaments. La première concerne tous les anti-inflammatoires qui, à l'instar de l'aspirine, diminuent l'inflammation ; mais à ce jour, aucune étude n'a encore été entreprise pour vérifier que l'administration de ces molécules réduit bien le risque d'infarctus. L'autre classe de médicaments est celle de produits prescrits actuellement pour abaisser des taux élevés de cholestérol : les statines.

DÉJÀ PRATIQUÉ EN FRANCE

De précédents travaux de Paul Ridker ont montré que certaines d'entre elles diminuent significativement le risque d'infarctus chez des personnes ayant un taux élevé de CRP : une propriété liée non à l'effet anticholestérol de ces médicaments, mais à leur rôle anti-inflammatoire ! Toutefois, ces données ne portaient que sur 500 femmes. « Nous allons bientôt lancer une étude plus vaste, révèle Paul Ridker. Elle concernera cette fois près de 15 000 femmes et hommes. »

En attendant, outre-Atlantique, certains cardiologues proposent déjà systématiquement un test CRP à leurs patients. En France, l'outil ne fait pas encore partie des recommandations de l'Agence nationale d'accréditation et d'évaluation en santé (Anaes). Mais cela ne saurait tarder… D'ailleurs, quelques médecins français ont déjà pris l'initiative d'utiliser ce test chez leurs patients…

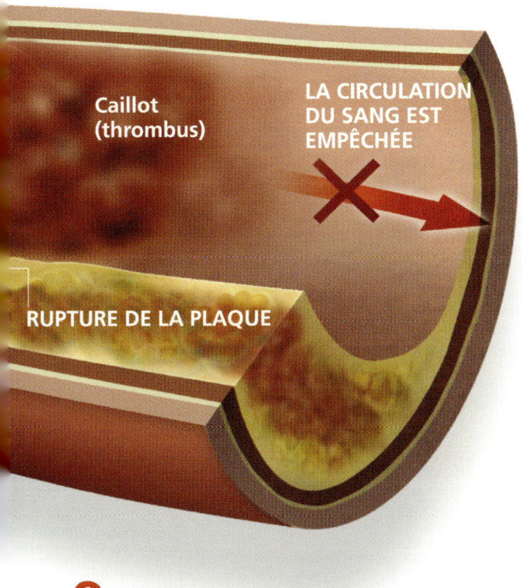

3 ENFIN, LA PLAQUE D'ATHÉROME SE DÉTACHE
Au bout de vingt ou trente ans, l'inflammation au niveau des artères provoque la rupture de la plaque d'athérome en formation. Des morceaux de la plaque s'échappent alors et constituent un caillot qui, in fine, empêche la circulation du sang. Ce qui aboutit à l'infarctus.

Didier Blanchard
CARDIOLOGUE,
HÔPITAL GEORGES POMPIDOU,
PARIS

« Complémentaire, le test CRP est à analyser avec précaution »

IL EN PENSE

L'étude de Paul Ridker et de ses collègues est très importante pour dépister les incidents cardiovasculaires. Au vu de leurs résultats, il serait logique de proposer à toute personne de plus de 25 ans un test CRP. Mais attention, ce test ne dispensera pas des autres existant actuellement. Il serait complémentaire du bilan de santé classique regroupant un interrogatoire d'évaluation du risque d'infarctus (tabagisme, antécédents vasculaires…), une glycémie à jeun (dosage de sucre dans le sang) et le fameux dosage de cholestérol et de ses sous fractions (comme le LDL cholestérol ou « mauvais cholestérol »). De plus, le test CRP devrait être réalisé avec une précaution majeure : le médecin devrait s'assurer qu'un taux élevé de CRP révèle bien autre chose qu'un vulgaire rhume, une maladie qui implique aussi des réactions inflammatoires. D'ailleurs, le test CRP est déjà couramment utilisé dans les hôpitaux pour révéler les inflammations cachées, comme celle qui survient lors d'une arthrite (inflammation des articulations). En tout état de cause, il faudrait donc répéter le test plusieurs semaines après.

Pneumopathie atypique

Que peut la science face aux **virus** ?

L'épidémie de pneumopathie venue d'Asie a révélé l'exceptionnelle capacité des chercheurs à se mobiliser. Mais aussi que les virus restent une menace…

PAR PHILIPPE CHAMBON,
AVEC MARIE BEUZARD À NEW YORK, ISABELLE CUCHET À TORONTO,
MARINA JULIENNE À PARIS ET STÉPHANIE OLLIVIER À PÉKIN.

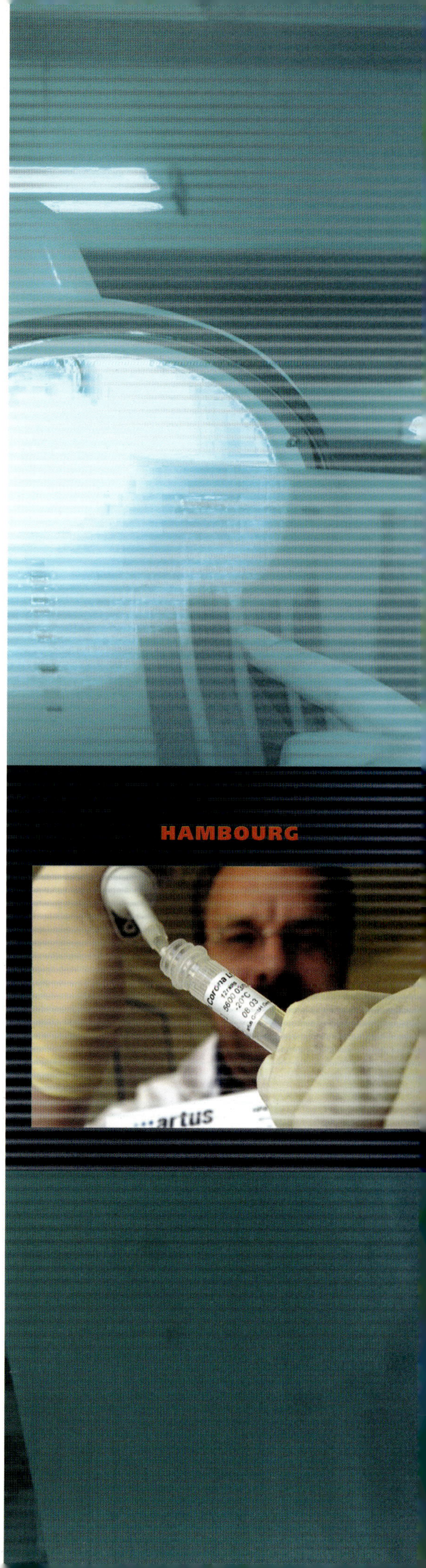

Un mois et demi après l'annonce d'un début d'épidémie de pneumonie atypique partie d'Asie, et déjà le virus a été identifié, son génome séquencé, un test diagnostic élaboré et des pistes thérapeutiques commencées d'être explorées. Du jamais vu en si peu de temps! Et la preuve de l'incontestable brio avec lequel l'Organisation mondiale de la santé (OMS) est capable d'orchestrer la mobilisation planétaire de chercheurs. Il y a vingt ans, il avait fallu plus de deux ans pour identifier le virus du sida…

Que s'est-il passé exactement lors de ce petit mois et demi ? Il faut revenir ici au 26 février 2003, lorsqu'un homme d'affaires sino-américain, M. Chen, est admis à l'hôpital français de Hanoï, au Vietnam. Toussant et fiévreux, les médecins songent d'abord à une mauvaise grippe. Cependant, il éprouve une gène respiratoire qui s'aggrave d'heure en heure. Au vu des radios, c'est une pneumopathie; mais la vitesse avec laquelle elle évolue la rend atypique. En trois jours, l'homme est au plus mal, ses poumons ne travaillent plus, son sang manque d'oxygène… Très vite, il ne doit sa survie qu'à une assistance respiratoire continue. Inquiets, des membres de l'équipe s'en confient à Carlo Urbani, un médecin italien de l'OMS spécialiste des maladies tropicales, installé à Hanoï. Lequel se rend au chevet du patient, où il apprend qu'une infirmière du service est également malade. Puis une autre… Le 5 mars, six soignants éprouvent des symptômes similaires.

Pour Urbani, nul doute qu'il s'agit-là d'un microbe particulièrement virulent et contagieux. Fait-il le lien avec cette épidémie de pneumonie dont le gouvernement chinois, à la mi-février, a discrètement annoncé avoir recensé 305 cas dans le sud-est du pays ? Toujours est-il qu'il décrit soigneusement les symptômes de la maladie et prévient le QG de l'OMS à Genève.

SAVOIR D'OÙ VENAIT M. CHEN…

Aussitôt, les services de l'hôpital français sont placés en quarantaine et des mesures d'hygiène draconiennes sont instaurées avec l'aide d'une équipe du Samu dépêchée dès le 14 mars, depuis Paris. En outre, l'itinéraire de M. Chen est reconstitué. Il arrivait d'un hôtel de Hong-Kong, où il logeait dans une chambre dont l'occupant précédent venait de Canton, ville chinoise toute proche… et souffrait de la même maladie. En quelques jours, toutes les chaînes de contamination reconstituées par les experts de l'OMS remontent d'ailleurs à la région de Canton. Dès lors, le lien avec l'épidémie de pneumopathie chinoise apparaît évident aux épidémiologistes. Lesquels nomment alors la maladie Sras (Syndrome

HONG-KONG
PARIS
WINNIPEG
BIOHAZARD

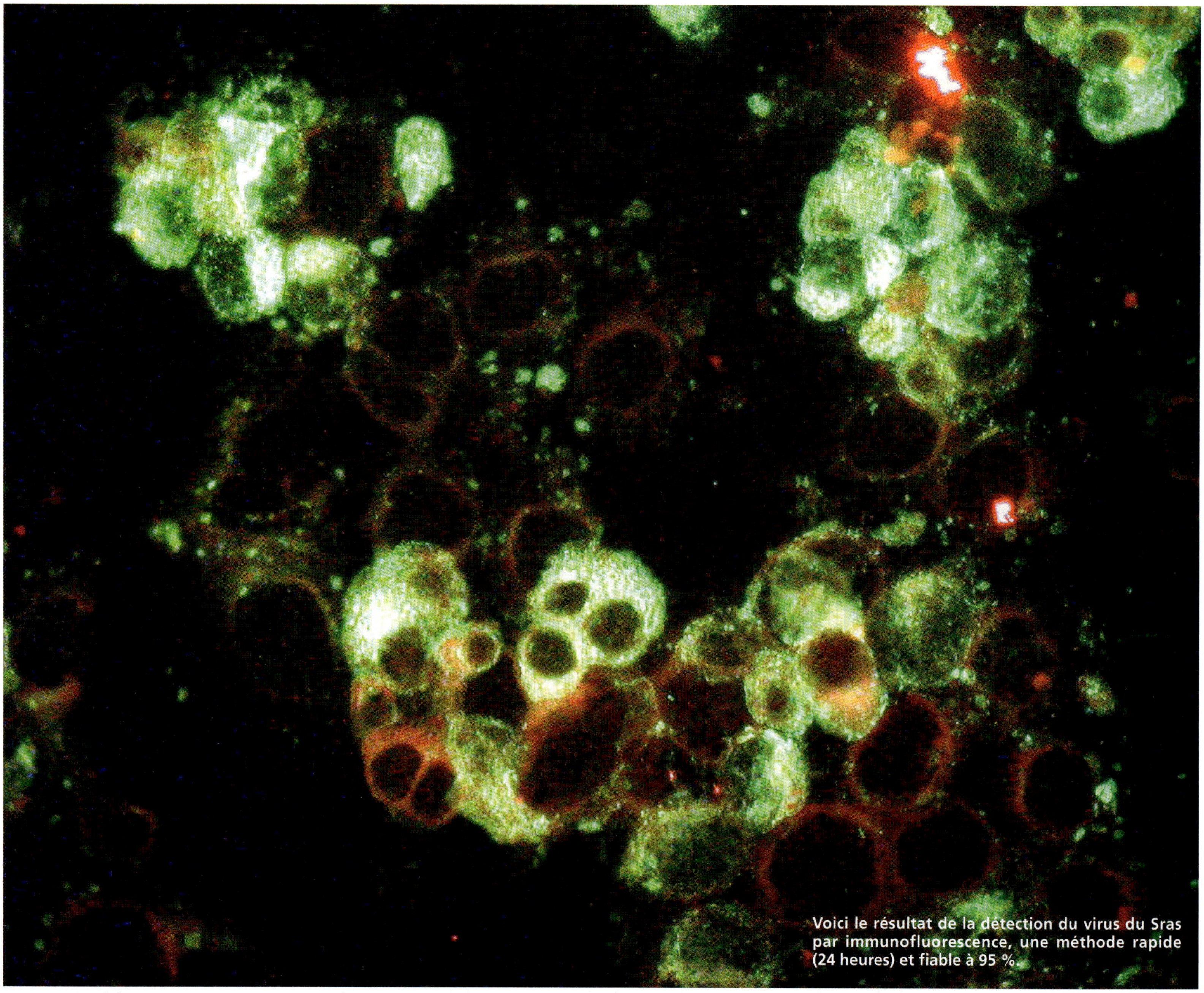

Voici le résultat de la détection du virus du Sras par immunofluorescence, une méthode rapide (24 heures) et fiable à 95 %.

respiratoire aigu sévère) et, devant sa virulence, redoutent le pire.

À Genève, dès l'appel de Carlo Urbani, l'OMS met en branle une formidable machine de guerre mobilisant une trentaine de personnes. Pièce centrale du dispositif: la communication, via e-mail, téléphone, sites web et téléconférences. Chacun doit pouvoir s'échanger en permanence toutes les données, toutes les interrogations, toutes les réponses… Qui plus est, des équipes du GOARN (Global Outbreak Alert and Response Network, réseau mondial d'alerte et de réponse) sont envoyées à Hanoï, Hong-Kong et Singapour. Plus tard, elles iront en Chine et aux Philippines. Mission: organiser la protection et collecter des données sur le terrain avec l'appui de l'Unicef, la Croix rouge et les OGN du secteur sanitaire. Simultanément, d'un bout à l'autre du monde, quatre-vingts cliniciens étudient la maladie elle-même et sa prise en charge, tandis que des épidémiologistes se penchent sur la propagation du Sras.

Dès le 17 mars 2003, un réseau de treize laboratoires dans neuf pays est ainsi mobilisé par l'OMS. Membres du réseau de surveillance de la grippe, tels que l'Institut Pasteur en France ou le Center for Disease Control aux États-Unis, ces labos sont souvent eux-mêmes à la tête de leur propre réseau d'unités de recherches et de médecins.

Pour eux, il s'agit d'identifier au plus vite la cause de la maladie et d'élaborer des tests de diagnostic et de dépistage fiables et rapides. Convoyés par avions depuis les désormais multiples foyers de l'épidémie, des prélèvements de sang et de sécrétions nasales et pulmonaires arrivent sur les paillasses de salles de

À l'OMS, c'est le branle-bas : il s'agit que toutes les infos circulent au plus vite

SRAS : LE FIL D'UNE CRISE MONDIALE

NOVEMBRE 2002
Premier cas chinois dans la ville de Foshan, entre HongKong et Canton. Nul n'en saura rien jusqu'en février…

DÉBUT FÉVRIER 2003
Le gouvernement chinois (ici, le ministre de la Santé, Zhang Wenkang) notifie 305 cas. Il « omet » d'en informer l'OMS.

World Health Organization

Acute respiratory syndrome in Hong Kong Special Administrative Region of China/ Viet Nam

12 March 2003

Disease Outbreak Reported

PRESS RELEASE ISSUED BY WHO
12 March 2003

12 MARS 2003
Après l'apparition de cas à l'hôpital franco-vietnamien d'Hanoï et à l'hôpital Prince-de-Galles à Hong-Kong, l'OMS lance une alerte planétaire (ici, extrait du communiqué de presse émis). Une première depuis près de dix ans.

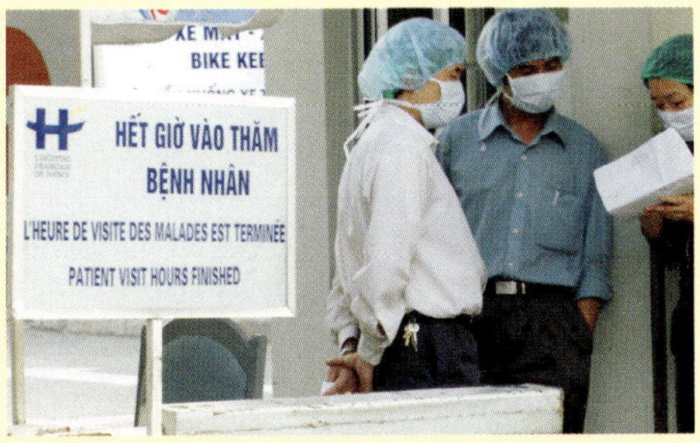

14 MARS 2003
Les autorités françaises envoient une équipe du Samu à l'hôpital d'Hanoï pour évaluer la santé du personnel (ici) et de ses patients.

24 MARS 2003
Le Centre de contrôle des maladies d'Atlanta annonce l'identification d'un coronavirus comme cause la plus probable.

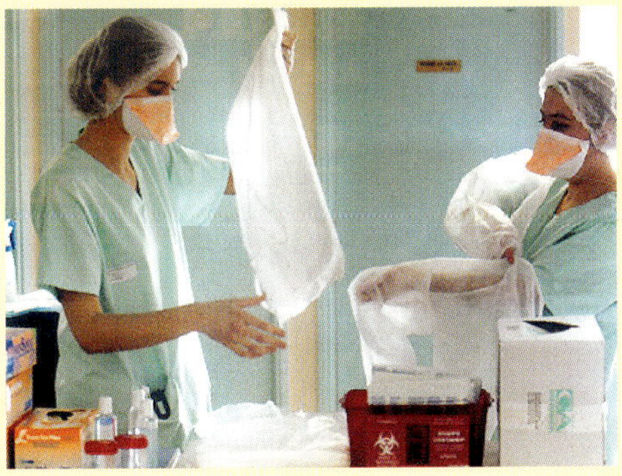

24 MARS 2003
Premier cas français avéré. Il s'agit d'un cardiologue rentré du Vietnam et hospitalisé à Tourcoing, près de Lille. Ci-dessus, des infirmières se préparant à rentrer dans sa chambre.

1ER AVRIL 2003
À Hong-Kong, après avoir fermé les écoles et les universités, les autorités mettent en place des quarantaines strictes. Ici, isolement total des tours de la résidence d'Amoy Gardens.

2 AVRIL 2003
L'OMS déconseille les voyages vers les principaux foyers de la maladie, Hong-Kong et la province chinoise de Guangdong.

7 AVRIL 2003
La directrice de l'OMS, Gro Harlem Bruntland, reproche à la Chine sa gestion secrète de l'épidémie pour ne pas dégrader son image à l'étranger.

8 AVRIL 2003
Franchissant un pas important dans la lutte contre l'épidémie, la France ferme le Lycée français de Pékin.

16 AVRIL 2003
Pékin : ville fantôme. La peur du Sras plane sur la ville. L'OMS vient d'annoncer que c'est bien un coronavirus qui est responsable de l'épidémie.

22 AVRIL 2003
En France, l'hospitalisation des malades est obligatoire.

17 ET 18 JUIN 2003
L'OMS organise un colloque international « bilan » sur le Sras.

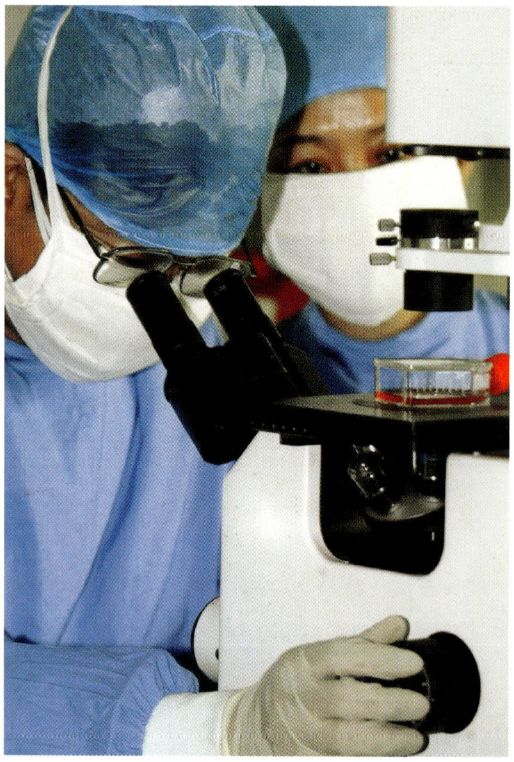

CONTEXTE

L'émergence, ces derniers mois, du virus de la pneumopathie atypique (SRAS) survient alors que les autorités sanitaires du monde entier s'interrogeaient sur le risque de voir apparaître une forme de grippe aussi terrible que la grippe espagnole qui fit entre 20 et 40 millions de morts dans le monde en 1918. Ce n'est pas ce virus qui a sévi, mais celui du simple rhume, transformé en vrai tueur. Lequel s'est avéré d'autant plus redoutable que sa diffusion est favorisée par la mondialisation des échanges. Heureusement, il est arrivé alors que la plupart des pays sont aujourd'hui sensibilisés aux risques d'épidémies mondiales et capables de mettre en place des dispositifs de protection efficaces. Quant à son foyer, nulle surprise : la Chine, par la promiscuité homme-animal qui y règne, est une zone à risques.

TOUS UNIS
Dans les laboratoires du monde entier, les scientifiques étudient le virus dans des salles de haute sécurité (niveau de sécurité P3).

niveau de sécurité P3. Jour et nuit, les chercheurs s'y relaient, l'œil rivé à leurs microscopes et à leurs écrans.

L'EXPLOIT DU CDC D'ATLANTA

À Hong-Kong et Frankfort, deux équipes annoncent avoir détecté un paramyxovirus, de la famille de ceux qui causent la rougeole ou les oreillons. Puis des chercheurs canadiens évoquent un métapneumovirus (bronchiolites). Mais ces résultats ne sont pas confirmés par d'autres observations. Le 24 mars, le CDC (Centre de contrôle des maladies) d'Atlanta annonce avoir repéré un virus de la famille des coronavirus, responsable du rhume des animaux et des humains, d'un genre inconnu. Or, il est présent dans d'autres prélèvements. À l'Institut Pasteur, l'équipe de Sylvie van der Werf le confirme le même jour dans quatre échantillons. La traque se précise tandis qu'on apprend la mort de Carlo Urbani : il avait contracté le virus à Hanoï...

Le virus apparemment identifié, la recherche se déploie aussitôt sur trois fronts : élaborer un test de dépistage (c'est l'affaire des biologistes), étudier le mode de transmission du virus et sa virulence (via les épidémiologistes) et, bien sûr, rechercher un traitement, le Graal des cliniciens. Côté traitement, les médecins testent d'abord le plus évident : une association d'antiviraux (ribavirine et interféron) connue pour être efficace contre plusieurs virus. Les résultats sont décevants, voire nuls. En cette fin du mois de mars, il n'existe donc contre le Sras qu'un traitement symptomatique de la fièvre, doublée, si besoin, d'une assistance respiratoire. En fait, l'étonnante variation de virulence d'une personne à l'autre reste inexplicable. Plusieurs virus sont-ils à l'œuvre ? Existe-t-il des facteurs aggravant encore inconnus ?

Il est 4 heures du matin, à Vancouver, le 12 avril, quand les bioinformaticiens du Michael Smith Genome Sciences Center chargent sur leur site internet la séquence complète du génome du mystérieux coronavirus. Un record : il n'a fallu que deux semaines pour décrypter l'ARN du virus. Quinze jours pour extraire le virus et purifier son génome à partir du prélèvement d'un patient de Toronto, puis, une fois obtenu un millionième de gramme de matériel génétique, en analyser des fragments et reconstituer le puzzle avec des robots de séquençage et mettre enfin en ligne le génome du coronavirus pour que tous les virologues puissent commencer à plancher sur des tests de dépistage... Surtout que, dans le même temps, à Rotterdam, l'équipe d'Albert Osterhaus a inoculé une dose du coronavirus à des singes. Qui développent la maladie. Pour l'OMS, la preuve est faite : ce virus est bien la cause du Sras. L'annonce est officielle le 16 avril.

QUELLE PÉRIODE D'INCUBATION ?

De leur côté, les épidémiolgistes rattachés à l'OMS n'ont pas relâché leur attention. Avec les cliniciens et les virologues, ils sont parvenus à une certitude : le virus se transmet par les postillons et le contact direct avec les personnes infectées ou via des objets qu'ils ont manipulés. En étudiant de multiples chaînes de transmissions, ils établissent que le virus survit jusqu'à 24 heures hors de l'organisme, trois ou quatre fois plus longtemps que la plupart des virus. De quoi affiner les procédures de mise en quarantaine. Dès le début de l'épidémie, les médecins ont, en effet, noté que la période d'incubation est courte (de 2 à 10 jours), sans déceler aucun cas de transmission pendant cette période. Existe-t-il alors des porteurs sains qui pourraient transmettre la maladie sans qu'elle se manifeste chez eux ? Les premiers signes de régression de l'épidémie laissent espérer que non. Car dans la trentaine de pays contaminés, le mal semble à présent reculer. Quarantaine, masques et gants, hygiène renforcée dans les hôpitaux, contrôle des déplacements : les mesures sanitaires portent leurs fruits. Au point que le Vietnam, pays d'où l'alerte fut lancée, est retiré de la liste des pays contaminés le 28 avril après vingt jours sans un seul cas, soit deux périodes d'incubation.

Une véritable réussite. Dont les médecins et les autorités sanitaires tirent aujourd'hui la leçon : face à une épidémie, il faut agir vite, avec le conseil d'experts indépendants et libres d'intervenir partout dans le monde. Pourvu que l'information leur parvienne, et à temps ! Car si les chercheurs se sont mobilisés à partir de l'alerte donnée fin février 2003 à Hanoï, le problème existait depuis déjà trois mois en Chine. Après enquête, l'OMS a, en effet, identifié le premier cas officiel de Sras, baptisé « patient index », comme un homme de 46 ans admis le 16 novembre 2002 à l'hôpital de Foshan, ville proche de Canton ! Pendant des semaines, l'épidémie s'est donc propagée à l'insu des chercheurs, faute que les autorités chinoises aient donné l'alerte. Or, si elles avaient réagi normalement, l'affaire n'aurait sans doute jamais dépassé Canton... Pour autant, même si la plupart des pays touchés ont désormais maîtrisé l'épidémie, quantité de questions subsistent encore sur le Sras et, plus généralement, sur les virus, cette menace permanente pour l'humanité.

10 questions pour tout savoir sur les virus

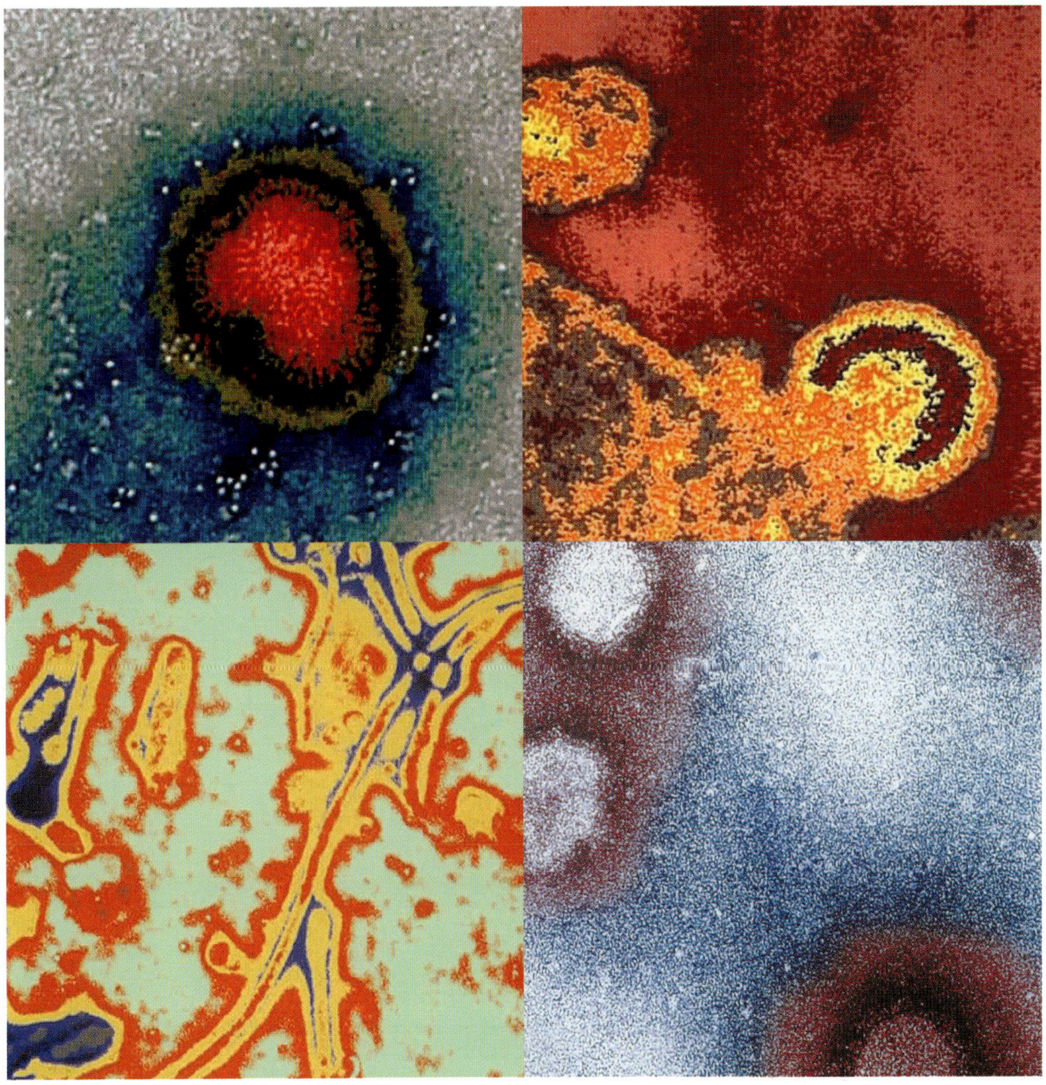

L'épidémie de SRAS l'a brutalement rappelé : les virus sont un danger permanent pour l'homme. Pourquoi ? Comment s'en protéger ? Et que réserve l'avenir ?... Toutes les réponses de la science.

1 QU'EST-CE QU'UN VIRUS ?

Composés de protéines et d'acides nucléiques, les virus (du latin « poison ») n'ont pas la capacité de tirer de l'énergie de leur environnement, comme les bactéries ou les cellules des organismes. Pour se reproduire, ils utilisent les cellules qu'ils infectent en les détournant à leur profit.

Les virus ont des formes et des compositions génétiques très diverses. La science en connaît plus de 2 000, mais il en existe certainement beaucoup plus. Côté taille, un virus mesure entre 30 et 300 nm (10^{-9} mètre), contre quelques micromètres (10^{-6} mètre) pour une cellule. Son « cœur » est son information génétique, appelée le virion, soit de l'ARN ou de l'ADN. Le virion est entouré d'une structure de protection, la capside, qui peut être enfermée ou non dans une enveloppe. La capside ou l'enveloppe portent les « déterminants viraux », des protéines qui se lient aux récepteurs cellulaires des cellules hôtes et permettent au virus d'injecter le virion dans ces dernières. Immédiatement après cette injection ou après une période de latence pouvant durer des années (comme pour le VIH), le matériel génétique du virus est pris en charge par le dispositif cellulaire chargé de synthétiser les protéines. Le virus est alors reconstitué et il quitte sa cellule hôte, prêt à en infecter d'autres. Sur le plan génétique, les virus connaissent de nombreuses mutations, notamment parce qu'ils sont dépourvus des moyens de correction de l'ADN lors de leur réplication.

Apparus très tôt dans l'histoire de la vie, les virus ont vécu en plus ou moins bonne harmonie avec les cellules qu'ils parasitent. Ils ont même, au fil du temps, laissé un peu de leur patrimoine génétique dans les cellules qu'ils ont infectées. Preuve de cette bonne entente avec l'hôte : le virus de l'herpès, par exemple, peut résider à l'état latent chez l'homme sans jamais se manifester. Il peut aussi s'éveiller de temps à autre et provoquer un affaiblissement de l'organisme pendant quelques jours. À l'inverse, d'autres virus sont très virulents (tel le virus Ebola) : ils détruisent les cellules qu'ils infectent ou perturbent leur fonctionnement, provoquant, dans le pire des cas, la mort de l'organisme tout entier. La médecine connaît environ 300 maladies virales humaines, parmi lesquelles le rhume, la grippe (due à des virus de la famille des influenza), la poliomyélite, la rage, la variole, etc.

2000 VIRUS

Parmi plus de 2 000 virus connus, 300 sont à l'origine de maladies humaines. Le sida, la grippe, la fièvre Ebola et les fièvres hémorragiques sont parmi les plus préoccupantes.

SRAS

Le virus du SRAS appartient à la famille des coronavirus. Ce type de virus à ARN est doté d'une enveloppe qui lui donne une forme de couronne, d'où son nom. Capables d'infecter plusieurs espèces (porc, félins,

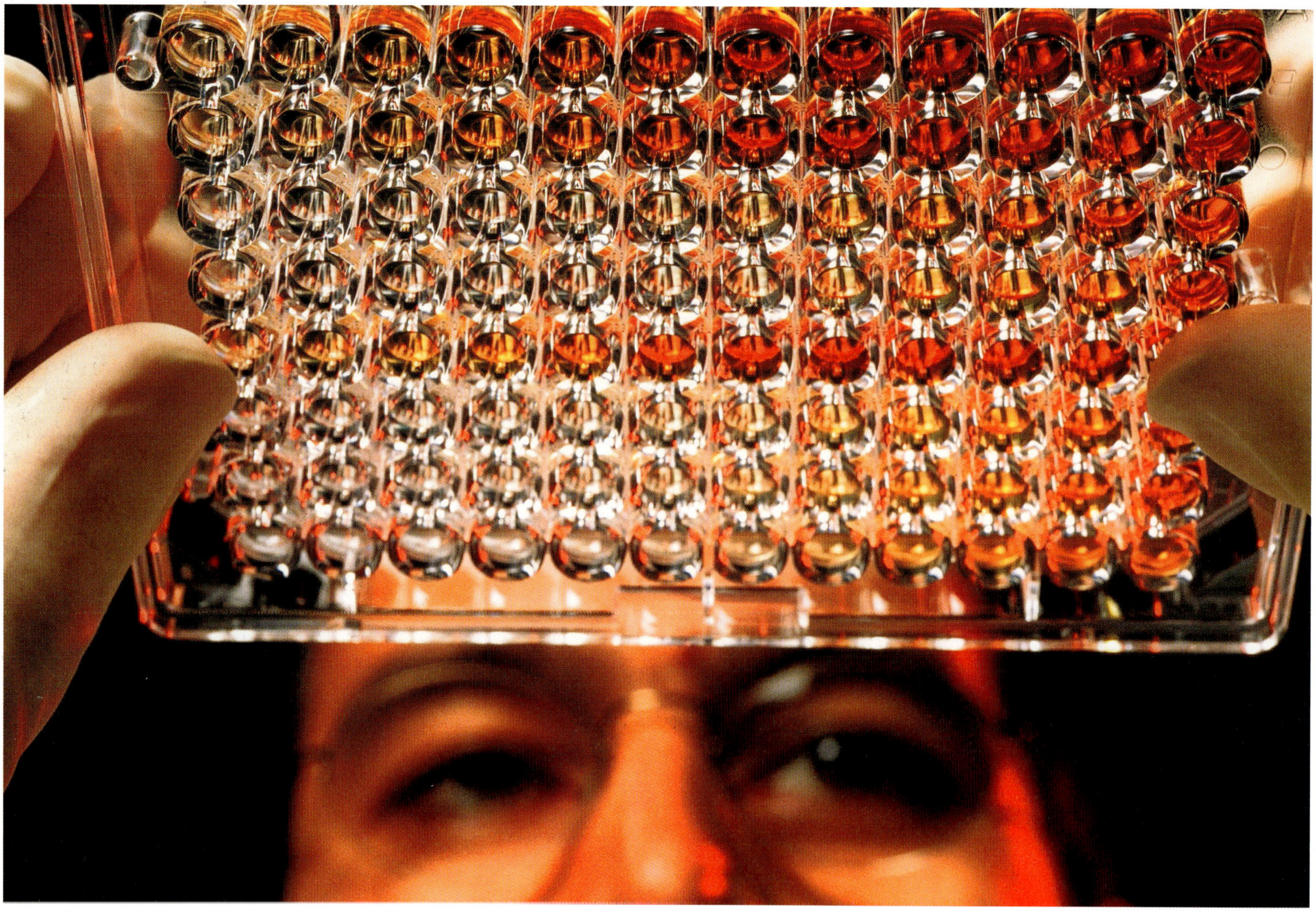

veau, chien, lapin, etc.), les coronavirus étaient jusqu'à présent connus pour être responsables d'un tiers des rhumes. Le nouveau coronavirus ne semble pas étroitement apparenté à une souche connue.

2 COMMENT LES IDENTIFIER ?

Si le virus est connu, on peut rechercher dans le sang du patient les anticorps qu'il a produits, en les piégeant avec une partie du virus (antigène). Inversement, on peut détecter la présence du virus dans un fluide corporel avec des anticorps. Dans les deux cas, ces tests immunologiques révèlent la fixation de l'anticorps au virus par une réaction chimique (coloration, ajout de molécule fluorescente, etc.). Une autre méthode consiste à utiliser une sonde génétique – un fragment du génome du virus – que l'on associe à une enzyme capable de copier le matériel génétique qu'elle rencontre. Si la sonde reconnaît une séquence virale, le gène correspondant est amplifié, en assez grande quantité pour être identifié. C'est la méthode dite de la PCR (Polymerase Chain Reaction). Mais des sondes génétiques peuvent aussi être fixées sur un support : une puce à ADN. L'usage d'un marqueur fluorescent permet de visualiser la sonde lorsqu'elle a capté du matériel génétique viral. Pour démasquer un virus inconnu, quand les caractéristiques de la maladie étudiée évoquent une infection virale, les virologues commencent généralement par rechercher au microscope électronique la présence de particules virales dans les fluides corporels des patients. Les virologues peuvent aussi être amenés à comparer un tissu sain avec celui d'un malade. La présence de matériel génétique différent dans le tissu infecté peut signer la présence d'un virus. Celui-ci devra ensuite être isolé puis étudié. Dans le cas du sida, c'est en observant la destruction de cellules mises en culture et en découvrant une activité enzymatique caractéristique des virus à ARN que les chercheurs de l'Institut Pasteur ont mis la main sur le VIH.

TEST ELISA

Le test Elisa permet de déceler la présence d'anticorps contre un virus dans un extrait sanguin. À l'inverse d'autres tests, Il ne détecte pas le virus lui-même.

SRAS

C'est en combinant l'observation au microscope et la PCR que les virologues ont isolé le virus du SRAS et qu'ils ont déterminé la famille (corona) à laquelle il appartient. À mesure qu'ils extrayaient des fragments de son génome, ils les utilisaient comme sondes de PCR.

Il existe à peu près autant de mode de transmission qu'il y a de virus

JARGON

GÉNOME ensemble des gènes constituant le matériel génétique d'un virus ou des cellules d'un organisme.
PROTÉINES constituants majoritaires des cellules et des virus, les protéines sont réalisées par les cellules à partir de l'information fournie par le génome.
ENZYME protéine douée d'un pouvoir catalytique. Les enzymes accélèrent des réactions chimiques spécifiques.
ANTIGÈNE molécule organique qui a le pouvoir de susciter une réaction immunitaire. Les anticorps se fixent sur l'antigène pour le neutraliser ou le signaler à l'intention de cellules immunitaires chargées de le détruire.
EPIZOOTIE maladie animale contagieuse qui peut s'étendre à tout un élevage et gagner tout un continent. C'est le cas de la fièvre aphteuse qui a conduit à l'isolement de pays entiers comme l'Angleterre en 2001, ou de la myxomatose, introduite en 1952 en France contre le lapin de garenne, et qui a décimé les lapins en Europe.
BACTÉRIE les bactéries forment un groupe de micro-organismes généralement unicellulaires, dont le génome n'est pas rassemblé dans un noyau. Elles font partie du règne des procaryotes. Les organismes dont les cellules sont dotées d'un noyau sont dits eucaryotes.
MICROBE ce terme désigne tous les organismes microscopiques responsables de maladies infectieuses. Bien que les virus ne soient pas des organismes vivants, ils sont qualifiés de microbes pour leurs caractères pathogènes.

GRIPPE AVIAIRE
En février 2002, 30 000 poulets ont été abattus dans une ferme de Hong Kong, afin d'enrayer la diffusion de la grippe aviaire.

3 POURQUOI DE NOUVEAUX VIRUS ?

Ici, tout est affaire de mutation, de mélange de gènes et de passage d'une espèce à l'autre. Car les virus sont spécifiques d'un type d'organisme (ceux des plantes ne contaminent pas les animaux et ceux des insectes n'infectent pas les mammifères). Mais, au sein d'un même ordre, on observe parfois des passages d'une espèce à l'autre. C'est le cas du VIH ou du virus Ebola, qui proviennent tous les deux du singe.

Pour franchir la barrière naturelle qui sépare les espèces, il faut d'abord que celles-ci soient en étroit contact (élevage, par exemple) et que les virus d'une espèce, à l'occasion des multiples mutations qui les affectent habituellement, acquièrent la capacité de se reproduire dans les cellules d'une autre. Parfois, des virus se mélangent avec d'autres lorsqu'ils co-infectent des cellules. Ces « hybrides » peuvent présenter de nouvelles caractéristiques ; certains, inoffensifs chez l'animal, s'avèrent parfois fatals pour l'homme, sans que l'on puisse le prévoir.

La grande promiscuité entre l'homme et diverses espèces animales domestiques (notamment les volailles et les porcs) et les mesures d'hygiène peu développées qui caractérisent les méthodes d'agriculture ancestrale des pays en voie de développement (comme la Chine) favorisent les échanges entre les espèces. Les pratiques d'élevage intensif dans les pays développés encouragent aussi la diffusion des virus d'origine animale chez les humains. C'est ainsi qu'au mois d'avril 2003, une forme virulente de grippe issue d'élevages de poulets est apparue en Hollande et en Belgique.

SRAS

L'origine animale du virus du SRAS n'est toujours pas démontrée, mais plusieurs spécialistes le soupçonnent d'être un mutant issu d'animaux largement consommés dans la région de Canton, en Chine, où la gastronomie fait une large place aux espèces animales les plus diverses. Par ailleurs, l'analyse du génome du virus incriminé révèle qu'il contient plusieurs séquences spécifiques de divers groupes de coronavirus connus chez l'animal. Ce qui pourrait éclairer sur son origine.

4 COMMENT S'EN PROTÉGER ?

Il existe à peu près autant de modes de transmission qu'il y a de virus. Certains, comme le virus de la grippe, se transmettent directement d'un individu à un autre en voyageant dans les particules d'eau de la respiration ou dans les projections humides (éternuements, toux) ; d'autres sont véhiculés par voie sexuelle et sanguine (sida, hépatite), par contact avec les muqueuses (herpès), par piqûre ou morsure (rage). D'autres encore ont besoin d'un vecteur, une espèce qui véhicule et transmet le virus. C'est le cas des rongeurs pour les fièvres hémorragiques (hantavirus), des volailles pour la grippe du poulet, des insectes, par exemple les moustiques pour la dengue et la fièvre jaune, ou des tiques pour la fièvre de Crimée-Congo. Le virus de la polio, lui, se transmet par ingestion d'eau ou d'aliments contaminés. Et certains virus, celui de la grippe notamment, persistent dans l'environnement et peuvent être transmis par des objets ou des surfaces contaminées.

Plus la période d'incubation et de contagion est longue, plus le virus peut se propager en silence. Quand les symptômes se déclarent, le patient a déjà contaminé de nombreuses personnes, qui elles-mêmes… On connaît l'étendue que peut ainsi prendre une épidémie due à un virus dit « lent », comme celui du sida.

Pour se protéger des virus, s'il n'existe pas de vaccin, il faut éviter d'entrer en contact avec eux. Les moyens sont simples et connus : préservatifs contre la transmission sexuelle, masque et gants contre les virus qui survivent dans l'air et dans l'environnement... Des mesures collectives peuvent cependant s'imposer, telle que la mise en quarantaine des personnes infectées et de leur lieu de résidence. Enfin, il peut aussi être utile de supprimer le réservoir dans lequel le virus se reproduit. En 1997, l'abattage de l'ensemble des poulets de la ville de Hong Kong a permis d'enrayer l'épidémie de grippe aviaire qui commençait à sévir.

SRAS

Le virus du Sras se transmet dans les particules d'eau émises par la respiration et par contact. L'isolement complet des personnes et des locaux contaminés, la limitation des déplacements de population et le respect scrupuleux des mesures d'hygiène dans les hôpitaux ont permis d'enrayer l'épidémie dans la plupart des pays.

5 DES REMÈDES EXISTENT-ILS ?

Ils sont rares, car traiter un organisme infecté par un virus est une tâche délicate, à trois niveaux : les médicaments doivent tout à la fois détruire le virus ou stopper sa multiplication sans détruire les cellules hôtes ; ils doivent viser une cible en perpétuelle évolution, puisque les virus mutent très rapidement ; et, enfin, les remèdes doivent agir vite, car de nombreuses infections virales sont aussi violentes que brèves. C'est pourquoi les antiviraux sont peu nombreux et produisent des effets secondaires parfois difficiles à supporter par les patients. Dans ce domaine, la recherche pharmaceutique est très active.

Les antiviraux « classiques » combattent avec une certaine efficacité les virus de l'herpès, du sida et des hépatites. Certains visent à inhiber la décapsidation, ce qui évite la pénétration du virion dans la cellule hôte, d'autres empêchent la réplication du virion dans la cellule. Mais les virus développent des résistances aux traitements (c'est le cas du VIH) qui peuvent faire rechuter le patient.

SRAS

Jusqu'à présent, la recherche pharmacologique s'était peu intéressée aux coronavirus, virus du simple rhume. Fin avril 2003, l'arsenal thérapeutique contre le virus du SRAS ne comprenait donc que la ribavirine et l'interféron, qui ont été préconisés avant même l'identification du coronavirus. Ces deux molécules, antiviraux à large spectre, inhibent la réplication des acides nucléiques dans la cellule. Leurs effets contre le SRAS restent faibles. Comme pour tout médicament, la recherche d'antiviraux peut prendre des années, de l'identification de la molécule active aux diverses phases de tests sur des animaux, puis sur des humains. La mise à disposition sera plus rapide si un médicament existant (contre la grippe ou le sida, par exemple) montre son efficacité.
Plusieurs laboratoires travaillent dans ce sens, notamment les chercheurs du Center Disease Control (CDC) d'Atlanta. Mais il est possible que la maladie ait disparu avant que ces recherches n'aboutissent.

6 COMMENT FONCTIONNENT LES VACCINS ?

Vacciner, c'est porter à la connaissance du système immunitaire l'existence du microbe qu'il devra combattre. Ainsi informé, il pourra le reconnaître à temps, avant qu'il n'ait pu envahir l'organisme tout entier. Pour cela, de nombreux vaccins contiennent le virus lui-même, dont la virulence est atténuée. D'autres sont préparés avec des virus tués par un agent chimique (eau de Javel) ou un traitement physique (choc thermique, irradiation UV, microcentrifugation, etc.). Ces traitements ont pour but de détruire le virion et de ne conserver que la capside ou l'enveloppe, puisque c'est elle que reconnaît le système immunitaire. En fait, ce qu'il identifie, grâce à des cellules spécialisées dans cette tâche, ce sont des fragments de la surface des virus, les « déterminants viraux » ou « antigènes ». Le vaccin permet au système immunitaire du récipiendaire de fabriquer des anticorps spécifiques qui seront prêts à intervenir en cas d'attaque réelle du virus contre l'organisme et de mémoriser cette réaction. Cela dit, il existe des vaccins « passifs », qui ne contiennent pas de virus affaibli ou mort, mais directement les anticorps adéquats. Ici, la protection dure peu de temps : quelques semaines ou quelques mois. Ces sérothérapies sont généralement pratiquées après l'infection, dans l'espoir d'éliminer le virus.

Les vaccins sont des armes idéales contre les virus stables, comme celui de la variole ou de la varicelle. Mais la plupart des virus mutent très rapidement – tous les trois mois environ pour le VIH ! – et trouver un vaccin est ici plus délicat, à moins de découvrir une molécule stable d'une mutation à l'autre. Dans le cas du sida, le problème est rendu encore plus complexe du fait qu'un organisme infecté par le VIH ne synthétise pas d'anticorps.

SRAS

Pour mettre au point un vaccin contre le SRAS, il faut d'abord vérifier que le coronavirus entraîne la sécrétion d'anticorps, ce qui est le cas. Il faut ensuite parve-

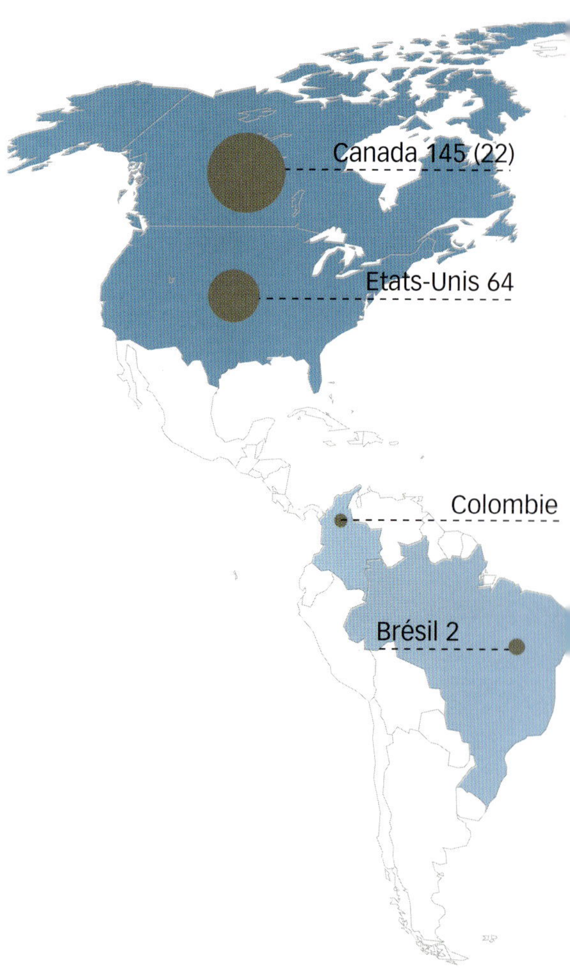

Le problème, c'est que
les remèdes restent rares

LA CHINE, PREMIÈRE VICTIME

Le 10 mai 2003, l'OMS avait recencé 7 296 cas probables de pneumopathie atypique dans le monde. 526 personnes en sont mortes. L'épidémie, favorisée par l'intensité des échanges, s'est répandue dans trente-trois pays.

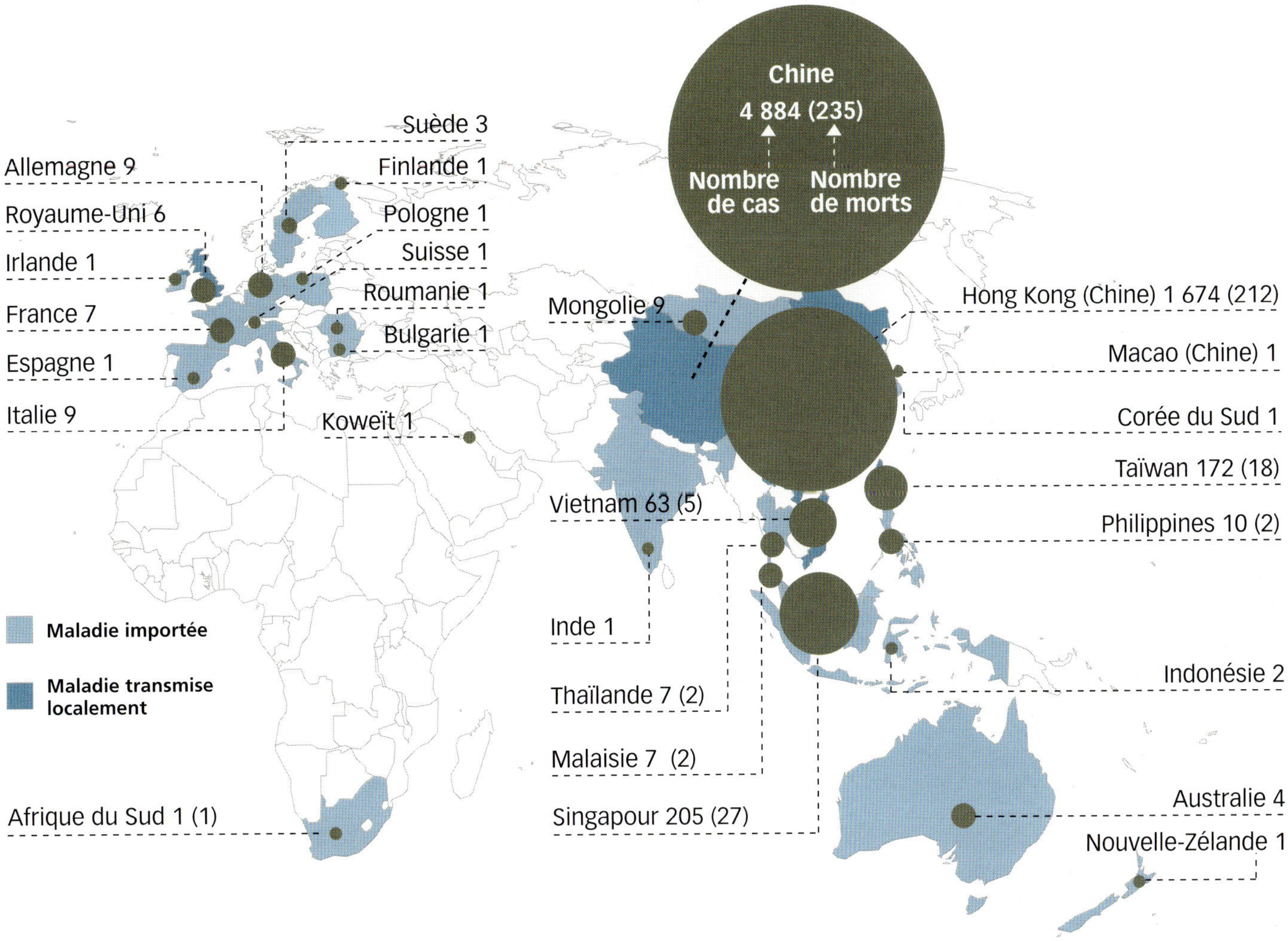

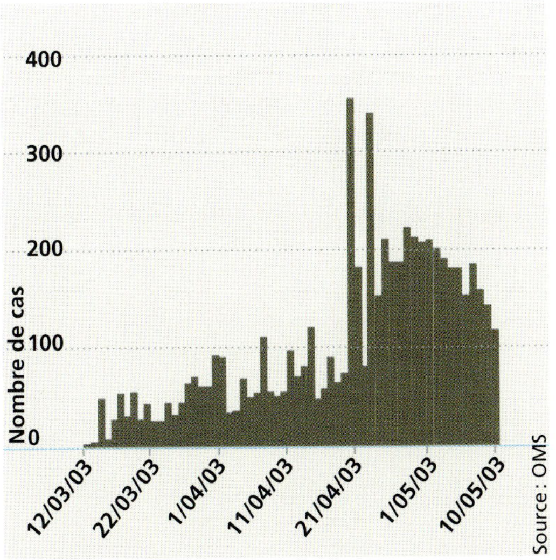

L'ÉPIDÉMIE AU JOUR LE JOUR

Le nombre de nouveaux cas probables enregistrés par jour depuis le 12 mars 2003 met en évidence un rythme élevé de progression de l'épidémie.

FAITS & CHIFFRES

Comparée à celle d'autres maladies virales, la mortalité de la pneumopathie atypique est assez élevée : environ 14 % des personnes infectées en sont aujourd'hui décédées. La mortalité par les virus varie beaucoup selon la nature de la maladie. Ainsi, la fièvre hémorragique Ebola est fatale dans 80 % des cas, alors que la mortalité de la fièvre du Nil est de 10 %. Sans traitement, le taux de mortalité du sida est de 100 %. En France, il n'est plus que de 37 % actuellement. Chaque année, le sida tue 978 personnes en France et 2 943 000 dans le monde. Détectée en 1983, cette pathologie a fait 25 millions de victimes en vingt ans.

Bernard Vallat

DIRECTEUR DE L'OFFICE INTERNATIONAL DES ÉPIZOOTIES

« Les épizooties sont un risque pour l'homme »

IL EN PENSE

Même si l'origine animale du virus du Sras n'est pas démontrée, elle est probable et nous rappelle les risques que représentent les épizooties pour l'homme. Ces phénomènes sont suivis par un réseau mondial de 156 laboratoires de référence qui sont intervenus dans toutes les crises que nous avons connues récemment.
La concentration de milliers d'animaux dans les élevages modernes favorise la recombinaison génétique entre virus et l'émergence de nouveaux pathogènes à la virulence imprévisible. Le risque est encore plus grand quand les volailles élevées en plein air entrent en contact avec les oiseaux sauvages, pourvoyeurs de nombreux virus.

SE PROTÉGER

Pour se protéger des virus, les moyens sont connus : masque contre ceux qui survivent dans l'air et préservatif contre la transmission sexuelle.

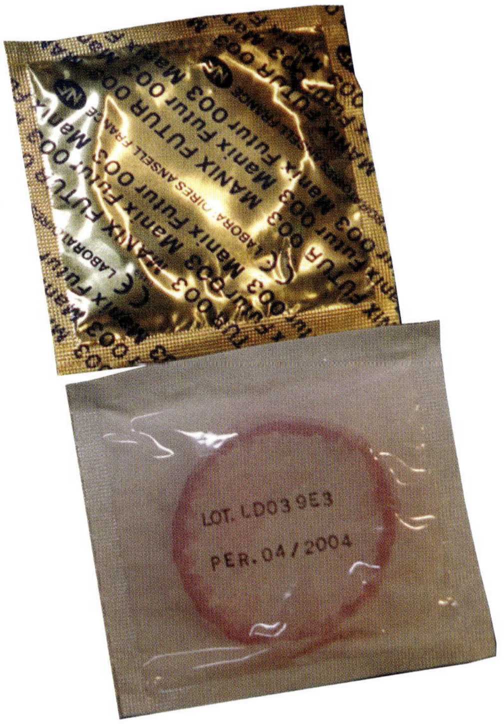

nir à cultiver le virus et à l'inoculer à des animaux afin de mener des essais. Un vaccin traditionnel à partir d'un virus inactivé sera alors envisageable. Une autre voie de recherche pourrait être un vaccin thérapeutique constitué d'anticorps. Administrée à un patient infecté, cette préparation neutraliserait le virus.

7 À QUOI SERT LE SÉQUENÇAGE ?

Décrypter le génome d'un virus permet d'établir sa composition génétique et, partant de là, de fabriquer des tests génétiques qui pourront le détecter à coup sûr. Ces tests sont nécessaires pour déterminer de façon rapide et fiable si un patient qui présente des symptômes d'une maladie virale est bel et bien porteur du virus soupçonné. Dans un deuxième temps, le séquençage d'un virus permet de comprendre sa dynamique et d'analyser notamment son taux de mutation. Enfin, le séquençage d'un génome viral est la première phase de l'élaboration d'un antiviral.

SRAS

Dans ce cas précis, le séquençage permet de fabriquer et de mettre un test de dépistage à la disposition des personnels médicaux. Un test utile pour dissiper rapidement les craintes des personnes enrhumées, pour éviter des mises en quarantaine inutiles, mieux surveiller les sujets à risques et pour isoler rapidement les personnes touchées par le virus. En comparant les séquences du génome du coronavirus identifié sur différents patients, les médecins étudieront la capacité de mutation du virus.

8 À PARTIR DE QUAND PARLE-T-ON D'ÉPIDÉMIE ?

Pour l'épidémiologie, une épidémie commence lorsque le nombre de cas observés est plus élevé que le nombre de cas habituels au moment où on l'observe. Ainsi, en France, le réseau sentinelle de l'Inserm (Sentiweb) estime qu'il y a eu épidémie de grippe dans la quinzième semaine de l'année 2003, puisque l'incidence hebdomadaire était de 137 cas pour 100 000 habitants, soit plus que le seuil moyen des années passées, 99 pour 100 000. En revanche, pour un virus encore inconnu au moment de sa première irruption, le premier cas observé chez l'humain constitue en lui-même une épidémie.

On commence à parler de pandémie quand une épidémie s'étend sur une vaste région, un continent, voire le monde entier, et affecte un nombre très élevé de personnes : c'était le cas de la grippe espagnole en 1917, c'est aussi celui du sida ou de la récente pandémie de Sras.

SRAS

Dans la mesure où ce coronavirus était inconnu, le premier cas est une épidémie en soi. Mais les épidémiologues s'inquiètent surtout de savoir si la pandémie pourrait s'entendre encore plus largement. Il est en effet possible que des personnes contaminées se rendent en Afrique ou en Amérique du Sud, là où les moyens manquent pour reconnaître et prendre en charge correctement les malades. Ces personnes pourraient alors être à l'origine de nouvelles épidémies dans ces zones géographiques.

9 ET QUAND PARLE-T-ON D'ENDÉMIE ?

Une maladie est dite endémique quand sa présence est permanente dans une région donnée.

Le sida est un exemple récent d'une épidémie devenue endémique, parce que les porteurs du VIH peuvent contaminer de nombreuses personnes avant de se savoir infectés. Le nombre de nouveaux cas, en Europe, n'étant pas supérieur au nombre de cas statistiquement attendus, on ne parle plus d'épidémie, mais d'endémie. Ailleurs, notamment en Afrique et

Entre 1900 et 1967, la variole a tué 135 millions de personnes

VERS UNE HOSPITALISATION OBLIGATOIRE

En avril dernier, pour éviter une explosion de l'épidémie de pneumopathie atypique sur son territoire, le gouvernement français voulait se doter d'un outil juridique: un décret d'hospitalisation obligatoire pour des malades qui refuseraient de se soigner. Un tel dispositif ne fait qu'étendre une mesure autorisée par le code de la santé dans le cas où une épidémie menace « tout ou une partie du territoire ». La loi permet déjà l'hospitalisation d'office des aliénés et des alcooliques dangereux. Toutefois, à l'heure où nous écrivons ces lignes, la France n'a décidé aucune procédure de mise en quarantaine. Et pour cause: grâce à l'identification des malades en provenance d'Asie dès leur arrivée, l'épidémie a été maîtrisée. Mais en cas de quarantaine, les personnes concernées, qui ne pourraient plus travailler, seraient-elles indemnisées financièrement, comme à Hong Kong ou à Toronto ? Les autorités françaises avouent ne pas avoir encore abordé la question. Cependant, selon Laurence Danand, de la Direction générale de la santé (DGS), « des mesures seront probablement prises pour éviter les répercussions économiques. Dans le cas de voyages vers l'Asie annulés, dans le cadre des recommandations de la DGS, le ministère du Tourisme réfléchit à l'indemnisation des voyageurs... »

en Chine, le sida est une pandémie: une épidémie étendue sur un énorme territoire. La dengue est peut-être en train de devenir endémique au Mexique, car les mesures de démoustication n'ont pas empêché le virus de s'installer dans certaines zones géographiques où le mode de vie favorise la contamination. Ici encore, un individu apparemment sain peut infecter les moustiques, et donc transmettre le virus.

SRAS

D'après l'OMS, si, malgré les précautions prises, l'épidémie se poursuit au-delà de six à douze mois, le SRAS deviendra endémique. Au cours de la période d'incubation (deux à dix jours), les personnes contaminées peuvent transporter le virus loin du lieu de contamination et, une fois malades, contaminer d'autres personnes. Cette situation serait favorisée par l'existence de porteurs sains contagieux, ce qui, à l'heure actuelle, n'est pas prouvé.

10 LES VIRUS MENACENT-ILS L'HUMANITÉ ?

Un virus qui se transmettrait par l'air et l'eau, dont la période d'incubation serait longue, les porteurs sains hautement contagieux et la maladie rapidement fatale pourrait-il avoir raison de l'humanité? C'est peu probable, et aucune épidémie n'a encore mis en danger la survie de l'espèce. Même si l'intensité des déplacements humains favorise la diffusion des virus, il y a toujours des confinements géographiques possibles et certaines personnes qui résistent naturellement. Cependant, un virus peut terrasser des pans entiers de l'humanité, comme la variole qui a tué près de 135 millions de personnes entre 1900 et 1967, et emporté plus de vies que toutes les autres maladies infectieuses réunies. Sa contagiosité et son taux de mortalité relativement élevé (30 %) en font la maladie infectieuse la plus dangereuse. Elle a toutefois été éradiquée par la vaccination depuis 1977. Le sida, lui, est en train de ravager l'Afrique, où il infecte déjà plus de 30 millions de personnes, ainsi que la Chine, où l'ampleur de l'épidémie reste inconnue. Un problème subsiste. « Dans le cas du VIH, des médicaments existants permettraient de maîtriser la situation, mais ils ne sont pas à la disposition de tous, explique Daniel Lévy-Bruhl (INVS). Cependant nous ne sommes pas à l'abri d'une pandémie comme la grippe espagnole qui fit plus de 20 millions de morts en 1917. »

Paradoxalement, un virus très mortel comme Ebola (de 60 à 80 % des cas) est plus facile à contrôler qu'un virus virulent de la grippe: les personnes qu'il infecte sont aisément repérables et la transmission ne s'opère que par contact rapproché avec quelqu'un qui est infecté. Les mesures d'isolement sont donc simples à prendre et tout de suite très efficaces.

DÉCRET

Jean-François Mattei, ministre de la Santé, annonce le 22 avril 2003 un décret permettant l'hospitalisation d'office de patients atteints du Sras qui refusent de se soigner.

SRAS

La menace devrait s'éteindre progressivement dans les mois qui viennent et la mobilisation planétaire contre le virus aura probablement évité le pire. Le Sras confirme cependant que l'émergence de nouveaux virus reste une menace réelle.

Alzheimer

Et si la recherche s'égarait depuis **dix ans...**

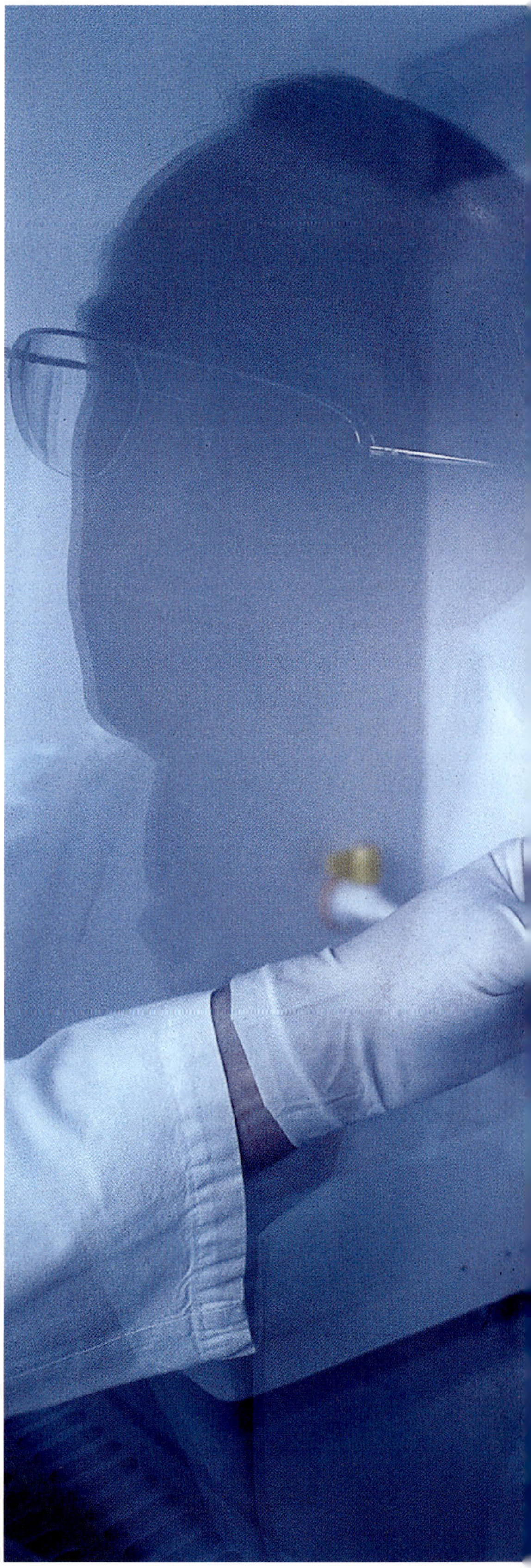

Dans les années 90, une théorie sur les causes de l'Alzheimer mobilisait tous les efforts pour élaborer un traitement. En vain ! Se serait-on alors trompé de piste ? Des chercheurs l'affirment aujourd'hui...

PAR ISABELLE CUCHET

En 1906, le neuropsychiatre allemand Aloïs Alzheimer a décrit le cerveau d'une de ses patientes, Auguste D., atteinte d'une forme de démence non encore répertoriée. Alors qu'elle souffrait de son vivant d'une grave altération de la mémoire, de dépression, de paranoïa et avait perdu toute autonomie, l'autopsie de son cerveau révéla d'étranges « plaques » à l'extérieur des cellules neuronales, ainsi qu'un enchevêtrement de petites fibres logé à l'intérieur, qu'il baptisa « dégénérescence neurofibrillaire ». Encore aujourd'hui, ces deux symptômes valident un diagnostic de la maladie d'Alzheimer, quoiqu'ils ne peuvent être identifiés qu'après la mort du patient. Jusque dans les années 80, très peu d'études ont été menées sur la maladie. Mais il y a vingt ans, poussés par le vieillissement de la population et l'augmentation du nombre de malades dans les pays industrialisés, les laboratoires se sont lancés dans la recherche. Et leurs efforts se sont rapidement concentrés sur les « plaques » séniles qui contiennent une molécule, baptisée peptide bêta-amyloïde. Du coup, la voie apparut tracée : pour guérir d'Alzheimer, il suffisait de trouver le moyen de débarrasser le cerveau de ces dépôts de bêta-amyloïde qui, en s'accumulant dans le cerveau, bloquent la transmission entre les neurones, ce qui les tue à petit feu. Mais après dix ans de recherches, aucun médicament efficace n'a encore vu le jour (lire encadré). Du coup, certains chercheurs agitent, aujourd'hui, une question impensable, il y a seulement quelques mois. Et si l'on s'était trompé sur les vraies causes de la maladie d'Alzheimer ? S'il fallait tout revoir depuis le début ?

« La théorie de l'amyloïde est née au début des années 90, se souvient André Delacourte, directeur de recherche au laboratoire Inserm du vieillissement cérébral et de la dégénérescence neuronale, à Lille. À l'époque, on a découvert qu'une forme héréditaire de la maladie, touchant 0,3 % des malades, était liée à

CONTEXTE

La maladie d'Alzheimer est la forme de démence la plus courante dans les pays industrialisés. Elle touche 12 millions de personnes à travers le monde, la plupart âgées de plus de 60 ans. En France, on estime que le nombre de patients avoisine 350 000 et qu'il atteindra 800 000 d'ici vingt ans. Mais le diagnostic est délicat à établir, surtout dans les premiers stades de la maladie, et de nombreux cas passent inaperçus. Les symptômes débutent par une altération des capacités de mémorisation suivie d'une perte progressive d'autonomie, très difficile à gérer pour les malades et leurs proches. La dépression, la paranoïa et les troubles du sommeil sont souvent liés à la maladie.

La théorie de l'amyloïde n'a toujours pas débouché sur un médicament efficace !

JARGON

PROTÉINE molécule organique constituée d'acides aminés et qui entre pour une forte proportion dans la composition du corps humain.
PEPTIDE enchaînement formé par un nombre restreint d'acides aminés.
ENZYME protéine dont le rôle est d'initier ou d'accélérer une réaction biochimique.
STRESS OXYDATIF conséquence de réactions biochimiques mal contrôlées qui engendrent la production de radicaux libres. En surnombre dans l'organisme, ces molécules sont responsables, notamment, de la dégénérescence des neurones.
PRÉVALENCE nombre de personnes touchées par une maladie par rapport au nombre de personnes susceptibles de développer cette maladie.

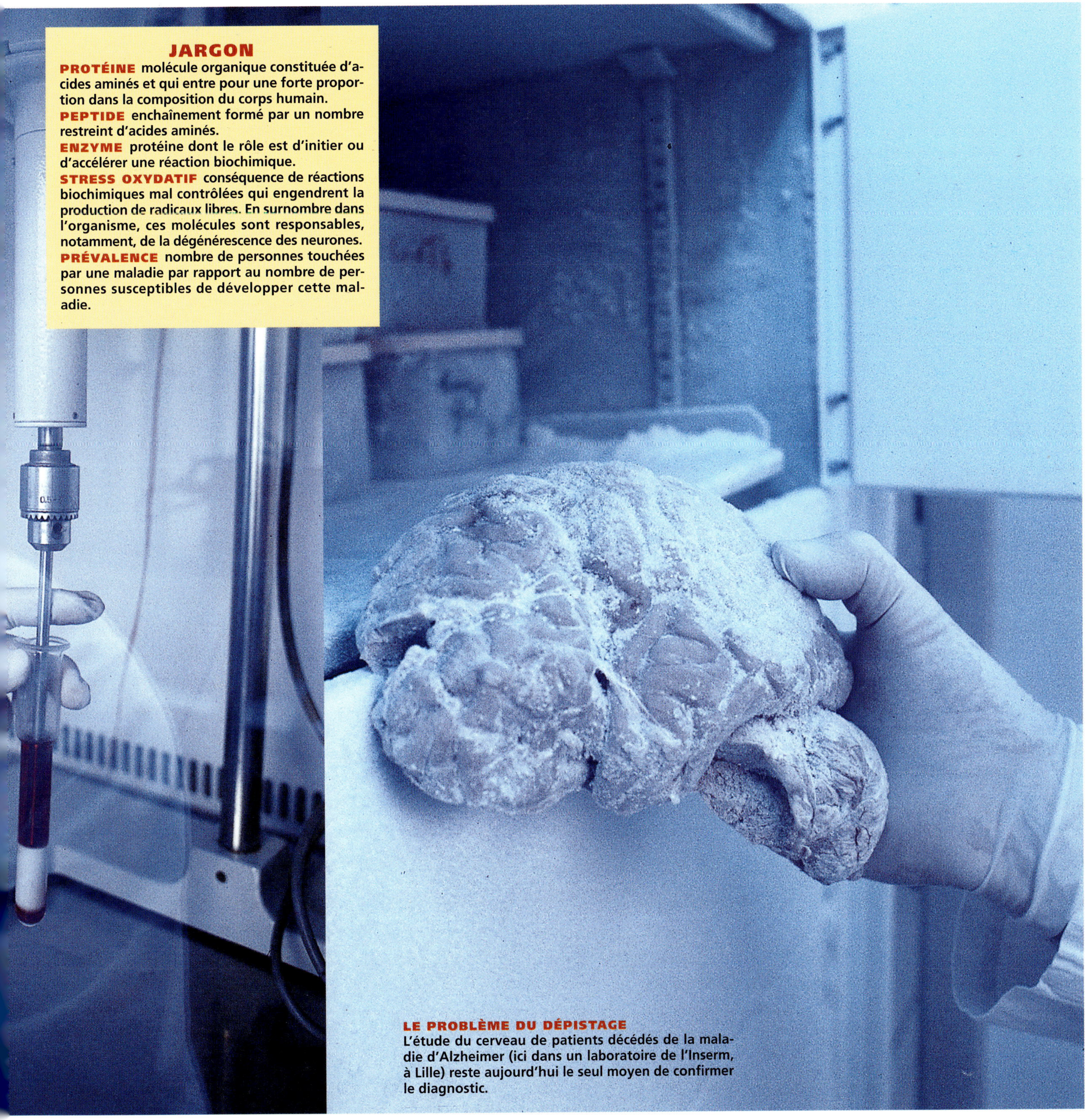

LE PROBLÈME DU DÉPISTAGE
L'étude du cerveau de patients décédés de la maladie d'Alzheimer (ici dans un laboratoire de l'Inserm, à Lille) reste aujourd'hui le seul moyen de confirmer le diagnostic.

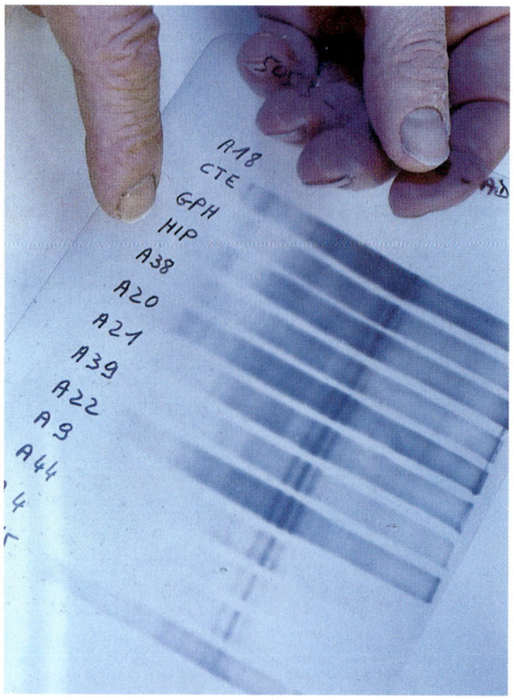

LÉSIONS CÉRÉBRALES
L'analyse des composés chimiques des lésions cérébrales caractéristiques de la maladie (ici, par électrophorèse) ne permet pas encore de découvrir son origine.

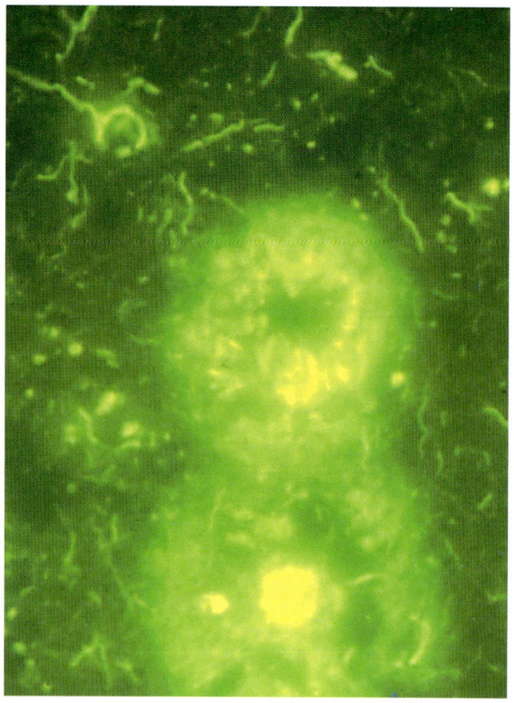

PLAQUES AMYLOÏDES
La présence de plaques amyloïdes (ici, en vert clair) se manifeste toujours chez les patients décédés de la maladie d'Alzheimer.

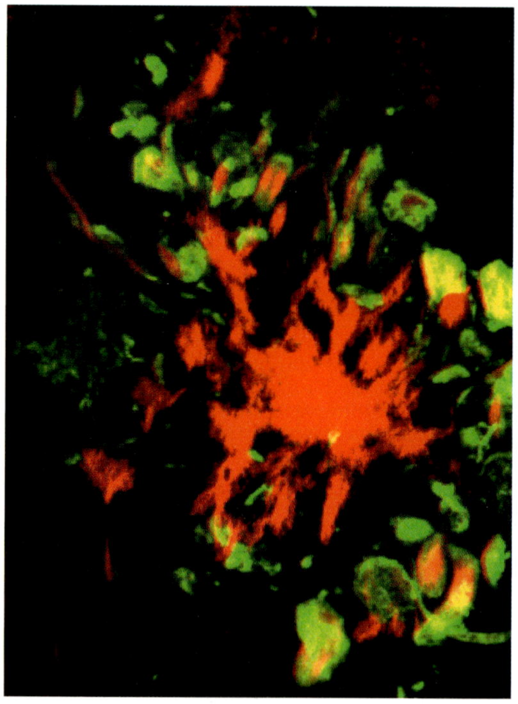

ANALYSE D'UNE PLAQUE SÉNILE
L'analyse par marquage fluorescent d'une plaque sénile dans le cerveau révèle les deux signes biologiques de la maladie : en rouge, la présence de protéine bêta-amyloïde, en vert celle de la protéine dite tau.

une mutation du gène codant pour l'APP (amyloid protein precursor), la protéine à partir de laquelle est fabriquée la bêta-amyloïde. On a donc parié que la maladie était causée par un dysfonctionnement de l'APP. D'où la théorie de l'amyloïde, énoncée en 1991 par le neurologue John Hardy. C'était très simple, très beau, et ça a plu à tout le monde. » À tel point que cette hypothèse est devenue un dogme, inspirant depuis une décennie tous les laboratoires.

« IL Y A DES GENS QUI ONT DES PLAQUES ET QUI VONT TRÈS BIEN »

Mais il y a trois ans, coup de théâtre : Mark Smith, professeur de biochimie à l'université de Case Western Reserve, dans l'Ohio, publie un article provocateur dans lequel il réfute tous les arguments des « pro-amyloïde ». Si probant que, depuis, nombre de chercheurs ont repris certaines de ses idées. En particulier concernant les modèles animaux sur lesquels s'appuie la théorie depuis dix ans. De fait, pour étudier chez l'homme la maladie, les chercheurs ont créé des souris avec la mutation du gène APP, la protéine précurseur de l'amyloïde. Or, « ces souris ne développent pas les bons symptômes, explique Judes Poirier, directeur du centre du vieillissement à l'université McGill, à Montréal. Et si les modèles les plus avancés fabriquent beaucoup de plaques, les souris présentent à peine quelques déficits cognitifs et leurs neurones ne meurent pas. Dans ces conditions, comment peut-on s'en servir comme modèle d'Alzheimer ? »

Par ailleurs, les travaux les plus récents menés sur des patients atteints d'Alzheimer nient une corrélation directe entre l'accumulation de plaques et l'apparition de démence. « Il y a des gens qui ont des plaques et qui vont très bien ! », s'exclame Judes Poirier. « À partir de 80 ans, tout le monde développe des plaques dans son cerveau, précise Charles Duyckaerts, professeur de neuropathologie à la Salpêtrière, à Paris. Certaines personnes âgées gardent un esprit vif alors qu'elles ont autant d'amas de bêta-amyloïde qu'un patient atteint de la maladie d'Alzheimer. »

Pour autant, les « pro-amyloïde » ne désarment pas, qui avancent que plus de 3 000 articles parus depuis dix ans démontrent que les plaques sont neurotoxiques et que la bêta-amlyloïde tue les neurones des personnes qui développent des plaques. « Ces articles ne prouvent rien, conteste André Delacourte. Les tests in vitro utilisent des quantités de peptide largement supérieures à celles que l'on retrouve dans les cerveaux des malades. À ces doses, tout est toxique ! » Observant l'évolution d'Alzheimer à l'intérieur de cerveaux de patients décédés à différents stades de la maladie, le neurobiologiste a même constaté que les plaques s'amoncellent en particulier dans une région précise, le cortex occipital, alors que c'est dans cette zone que les cellules meurent en dernier. « C'est la preuve que les dépôts peptidiques ne sont pas directement reliés à la mort des neurones. »

LA BÊTA-AMYLOÏDE SERAIT EN RÉALITÉ UN NEUROPROTECTEUR !

Il n'empêche : en 2002, le laboratoire pharmaceutique Elan testait un vaccin thérapeutique chez l'homme visant à détruire les plaques séniles. Concrètement, 365 malades reçurent au niveau du cerveau de faibles doses de bêta-amyloïde afin de favoriser une réponse immunitaire. Mais ces essais ont dû être interrompus en urgence après que 6 % des personnes ont développé des encéphalites, parfois mortelles. Fin mars 2003, Elan divulguait toutefois les résultats de l'autopsie d'une Britannique décédée prématurément : son cerveau présentait moins de plaques que dans celui d'autres malades non vaccinés. Un signe positif, selon le laboratoire, pour qui le vaccin a fonctionné correctement, même s'il a engendré de funestes effets secondaires. Oui, mais une autre interprétation suggère que le vaccin aurait, au contraire, retiré aux patients leur protection contre la maladie ! Car pour Mark Smith, la bêta-amyloïde serait en réalité un neuroprotecteur, une réaction positive de l'organisme face à une maladie dont on ignore encore les vraies causes.

Là où on voit la cause de la maladie, il s'agit peut-être de ses conséquences...

LES LABOS NE SORTENT PAS DES SENTIERS BATTUS

Il n'existe à l'heure actuelle aucun traitement capable d'inverser ou de ralentir la progression de la maladie. Certains médicaments atténuent les principaux symptômes et donnent un répit de quelques mois. Trois produits sont disponibles en France, la rivastigmine (Exelon), le donepezil (Aricpet) et la galantamine (Réminyl). Ils tentent de compenser les carences de neurotransmission. Les recherches de traitements curatifs ou stabilisateurs sont essentiellement issues de la théorie de l'amyloïde. Le laboratoire Elan a l'intention de poursuivre ses efforts en vue d'un vaccin thérapeutique malgré l'échec de l'année dernière. Le traitement vise directement les plaques séniles qui s'accumulent à l'extérieur des neurones. Une autre approche consiste à empêcher la production du peptide dans les cellules du cerveau. Plusieurs entreprises (notamment Bristol Myers, Eli Lilly, Pfizer et Merck) cherchent ainsi à bloquer l'action des bêta et gamma sécrétases, les enzymes qui fabriquent l'amyloïde. Neurochem tente de son côté d'inhiber la formation des plaques après que le peptide a quitté la cellule neuronale. Quelques labos cependant s'ouvrent à des théories « non-amyloïdes » et engagent des recherches sur les réducteurs de cholestérol ou l'ApoE.

RESTAURER L'AUTONOMIE
Un médicament efficace devrait restaurer l'autonomie et la capacité de mémorisation.

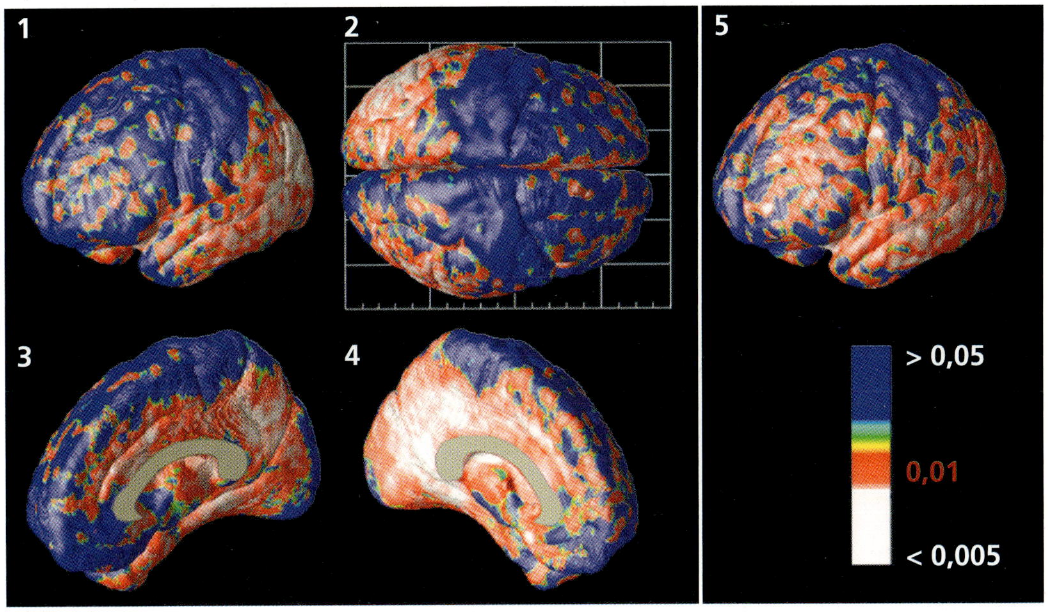

LES PROGRÈS DE L'IMAGERIE CÉRÉBRALE
La première visualisation in vivo, par imagerie cérébrale (IRMN), de l'évolution des lésions de la maladie donne la possibilité de mieux comprendre la dynamique des lésions (zones saines en bleu, lésées en rouge et en blanc).

Loin d'être établie, cette thèse a toutefois le mérite de soulever certaines questions. Notamment sur le rôle normal de l'APP. Car on retrouve cette protéine dans plusieurs régions de l'organisme (sang, foie…) et tous les scientifiques s'accordent à dire qu'elle a un rôle utile dans le corps humain, même si ce rôle reste méconnu. Dans le cerveau, la protéine paraît ainsi impliquée dans la « réinervation neuronale », un processus de compensation qui se met en place entre neurones voisins à la mort de l'un d'entre eux. L'APP est alors transformée en bêta-amyloïde au sein des neurones par des enzymes, les bêta et les gamma sécrétases. « On ne sait pas pourquoi ces enzymes fabriquent de l'amyloïde à partir de l'APP, mais elles ont certainement une bonne raison d'exister et d'agir, souligne Judes Poirier. Elles ne sont pas là pour faire du mal à l'organisme en créant une molécule neurotoxique par nature. » Au moins à faible dose, la bêta-amyloïde serait donc utile à l'organisme et l'empêcher à tout prix d'être produite, comme s'y emploient plusieurs laboratoires (voir encadré), constituerait alors un remède pire que le mal.

Reste que les « anti-amyloïdes » n'ont pas vraiment de théorie alternative à proposer aux « pro-amyloïde ». « C'est qu'il n'y a sans doute pas de cause unique à la maladie d'Alzheimer, avance Andréa Leblanc, neurologue à l'Institut de recherche médicale Lady Davis, à Montréal. Plusieurs facteurs de risque ont toutefois été relevés. » L'APP joue certainement un rôle important, car un dysfonctionnement de la protéine suffit à créer la maladie dans sa forme héréditaire. Mais le vieillissement en est un autre : il ne faut pas oublier qu'à part les cas familiaux, la plupart des personnes tombent malades après 60 ans. De fait, le cholestérol ainsi qu'une autre mutation génétique liée à une molécule baptisée apolipoprotéine E, ou ApoE, sont impliqués dans l'apparition du syndrome. Ne retrouve-t-on pas un déficit d'une forme particulière de l'ApoE chez 50 % des malades ? Enfin, la dégénérescence neurofibrillaire due à la présence d'une protéine, dite tau, l'autre symptôme officiel de l'Alzheimer, a trop longtemps été occultée et certains voient aujourd'hui en elle la clé de la maladie.

Dernière piste : plutôt que de rechercher l'origine de la maladie, Andréa Leblanc est allée voir du côté de ses conséquences finales. « On oublie qu'en fin de compte, la maladie d'Alzheimer conduit à la mort des neurones », explique-t-elle. Or, le processus de mort neuronale est très long : un neurone gravement lésé peut mettre des années à dégénérer. Et si la maladie était alors la conséquence d'une blessure mortelle faite aux cellules du cerveau ? Les plaques et les fibrilles seraient ici les signes d'un lent processus de mise à mort et non la cause de ce processus. La blessure en question pourrait être de toute nature : trop d'APP dans les neurones, le stress oxydatif de la vieillesse, un traumatisme crânien, une inflammation, les séquelles d'une maladie oubliée.

Faute de comprendre les causes exactes de la maladie, de nombreux médecins cherchent à repousser le plus tard possible l'apparition des symptômes, en s'attaquant à ses différents facteurs de risque. Selon une étude publiée en 1998 par l'épidémiologiste américain Ronald Brookmeyer, si on arrive à retarder la maladie de deux ans, sa prévalence est réduite d'au moins 20 %, les personnes décédant de vieillesse avant de développer les premiers symptômes de démence. C'est aujourd'hui le seul moyen plausible d'éviter une flambée de nouveaux cas dans les prochaines années.

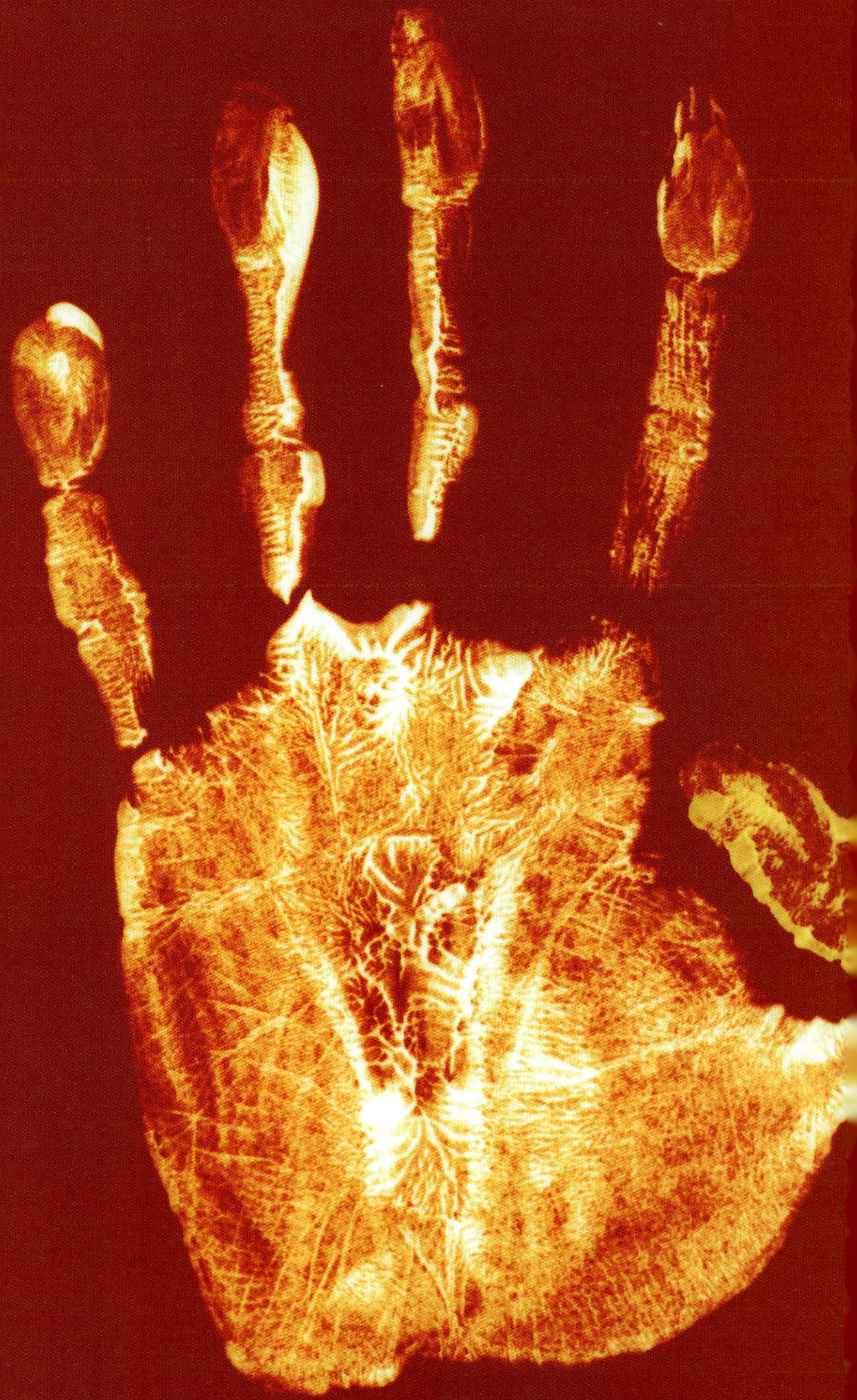

CHAPITRE QUATRIÈME

LES ORIGINES DE L'HOMME

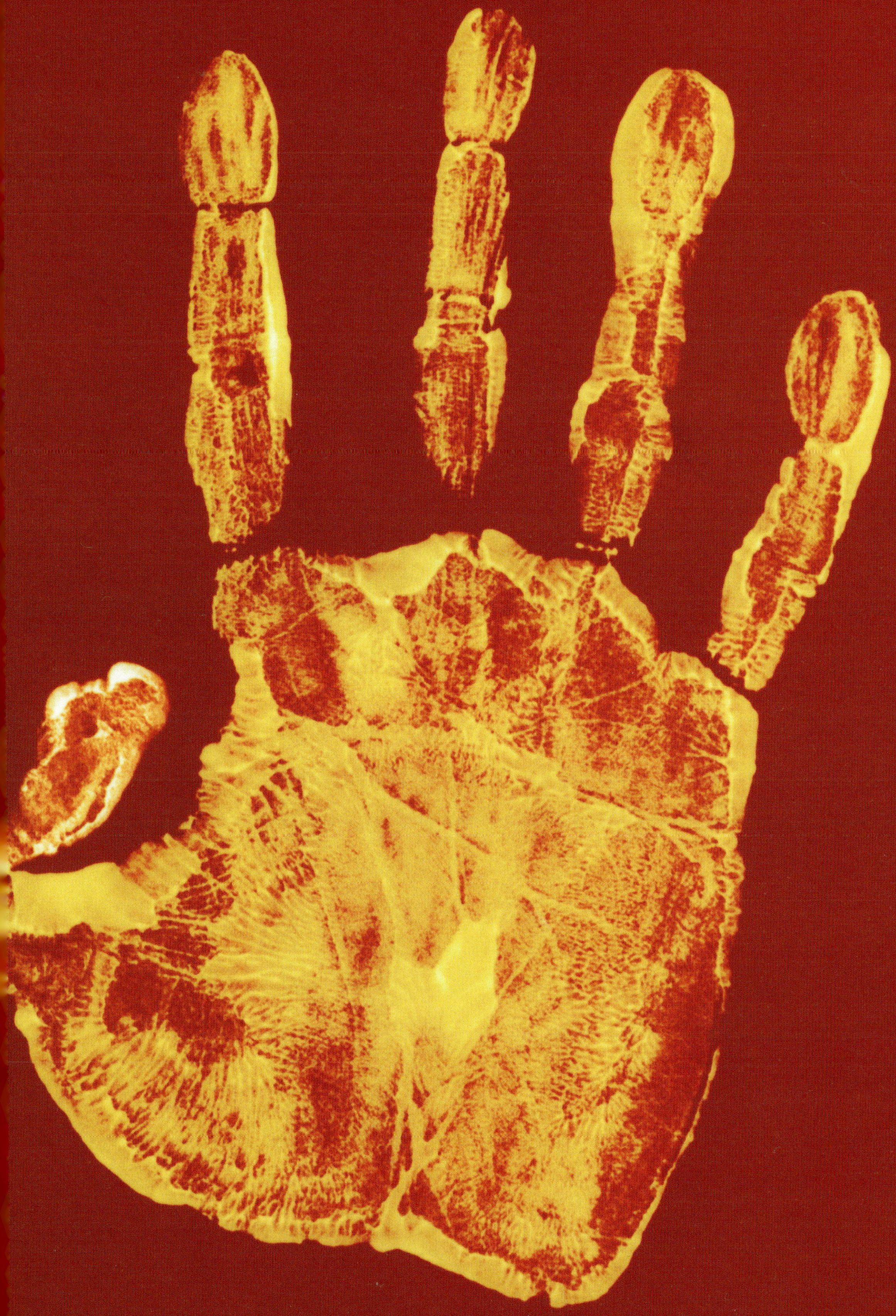

Qui a inventé l'homme ?

Pourquoi la science ne parvient pas à percer **le mystère de nos origines**

Qui sommes-nous ? D'où venons-nous ? De travaux en découvertes, paléontologues, cladistes et autres généticiens remettent aujourd'hui en cause ce que l'on croyait savoir. Car l'identité biologique de l'homme s'avère finalement floue, la notion même d'espèce discutable et les mécanismes de l'évolution plutôt obscurs. Du coup, certains s'autorisent des thèses aberrantes… La science aura-t-elle le fin mot de notre histoire ?

PAR ISABELLE BOURDIAL
ET PEDRO LIMA

ET SI L'HOMME ÉTAIT UNE INVENTION DE… L'HOMME
p. 162

LES ÉTAPES CLÉS DU ROMAN DE NOS ORIGINES SONT POURTANT CONNUES
p. 170

NEANDERTAL/SAPIENS
Tous deux sont considérés comme des hommes… différents.

Et si l'homme était une invention de... l'homme

Lacunes théoriques, matériaux insuffisants... De la paléoanthropologie à la génétique, la science découvre aujourd'hui qu'elle ne sait ce qui distingue en propre notre espèce. Dès lors, le scénario de nos origines reste à écrire...

PAR ISABELLE BOURDIAL ET PEDRO LIMA

Êtes-vous sûr de savoir qui vous êtes? Connaissez-vous précisément votre identité biologique? En rassemblant vos souvenirs de classe, vous pourriez répondre que vous êtes un mammifère de l'ordre des primates, caractérisé par des mains préhensiles et la station verticale, animé d'une conscience, doté d'un langage articulé, détenteur d'une culture, faisant usage d'outils. Et vous auriez raison... et tort à la fois! Pourquoi? Parce que ces caractères censés constituer le propre de l'homme ne suffisent plus à nous décrire. Les mains préhensiles? Un attribut commun à d'autres primates. La bipédie? Les oiseaux la maîtrisent parfaitement. Même réserve pour la conscience, le langage et d'autres aptitudes complexes: « Les recherches sur l'intelligence animale remettent en question les frontières que l'on trace entre nous et les autres espèces, constate le neuropsychiatre Boris Cyrulnik. Ainsi, on a découvert que la représentation de la mort, l'interdit de l'inceste ou le symbolisme n'étaient pas propres à l'homme. Et l'existence d'un monde affectif et mental riche est aussi avérée chez les animaux, ainsi que celle de langages aux codes complexes. » Peu importe alors que l'homme, grâce à sa parole offrant des possibilités illimitées, ait démultiplié ses capacités à l'infini: elles ne marquent pas une rupture radicale avec les autres espèces. Reste l'invention de l'outil et de la culture. Las, rien qu'en janvier 2003, des éthologistes ont dénombré 24 comportements acquis et transmis de génération en génération chez les orangs-outangs de Bornéo. La preuve que les animaux sont capables de développer une culture, moins étendue et diversifiée que la nôtre, mais néanmoins réelle...

Cruelle évidence: les frontières biologiques de l'homme se révèlent largement poreuses. Mais son passé, au moins, n'appartient qu'à lui! Ce qui fait de chacun d'entre nous un homme doit être inscrit dans nos racines, dans l'évolution des êtres lointains qui nous ont précédés... Le scénario classique de nos origines ne relate-t-il pas la transformation graduelle de singes en hommes, les derniers apparus étant les plus évolués? Historiquement, cette lignée humaine s'est séparée de celle qui mène au chimpanzé il y a plus de 6 millions d'années, notre espèce, dite sapiens, étant née il y a 150 000 ans environ, au sein du groupe Homo. Apparu il y a 2,6 millions d'années, celui-ci fut engendré par une espèce issue d'un autre ensemble: probablement celui des Australopithèques, eux-mêmes descendant de primates plus anciens (voir p. 170). Homo, Australopithèques et leurs ancêtres bipèdes ayant tous des caractères humains, ils forment ainsi la famille des hominidés. Laquelle, en quelque 6 millions d'années, a évolué via des formes humaines allongées, une capacité crânienne accrue et une meilleure maîtrise de la bipédie.

LE SCÉNARIO CLASSIQUE DE NOTRE HISTOIRE NE TIENT PLUS

De fait, les travaux de Charles Darwin sur l'évolution et l'apport de la génétique (l'ensemble formant le « néo-darwinisme ») ont imposé le principe d'une longue évolution au cours de laquelle de nouveaux caractères morphologiques dus à des mutations héréditaires sont apparus. Ces caractères rendaient ceux qui les portaient plus adaptés à leur environnement, leur offrant plus de chance d'avoir une descendance nombreuse. Et permettaient ainsi l'émergence d'individus différents formant, au fil des générations, une nouvelle espèce. Un scénario bien commode pour nous assurer d'une origine spécifique...

Sauf que ce scénario ne fait plus l'unanimité. D'abord parce que l'évolution ne mène pas, telle une autoroute, des formes archaïques, petites et chancelantes au départ, vers les beaux et grands sapiens que nous sommes. Un seul exemple: l'adolescent Homo erectus de Nariokotome, notre ancêtre de 2 millions d'années, aurait mesuré 1,90 m à l'âge adulte, soit une tête de plus que bien des Homo sapiens modernes! En réalité, l'hominisation est faite de déformations progressives de la face, de variations de taille et de structure du cerveau, de squelettes qui s'affinent – ou s'épaississent... Et ces multiples changements conduisent à l'émergence d'un bouquet d'espèces diverses, parmi lesquelles apparaît la nôtre.

Et ce n'est pas tout. Pour brouiller encore le tableau, des biologistes et des paléontologues doutent que le hasard et la sélection naturelle suffisent à expliquer l'émergence de l'homme. « Faire du hasard salvateur l'agent exclusif de l'émergence du nouveau revient à renoncer à comprendre l'intimité des processus de création dans le vivant », dénonce ainsi le biologiste Gérard Nissim Amzallag (1). Cet enseignant à l'université hébraïque de Jérusalem s'appuie sur l'exemple du développement humain comparé à celui des autres mammifères. Alors qu'en moyenne un jeune mammifère n'a besoin que d'une ration de 5 000 calories pour grossir de 1 kg, un bébé humain en demande aujourd'hui six fois plus. Selon le biologiste, ce surcoût énergétique, qui s'est imposé chez nos ancêtres, ne peut être considéré comme un avantage évolutif dans la course au rendement à laquelle sont censés participer les êtres vivants. Yves Coppens, le plus célèbre des paléo-anthropologues français, n'émet pas moins de réserves sur la sélection naturelle: « Quand on voit cinq lignées de suidés [cochons sauvages, Ndlr] évoluer de concert vers des formes à molaires plus hautes et chargées de plus de tubercules, on a de la peine à croire aux sacro-saintes mutations au hasard que la sélection va retenir parce que, par chance, elles sont justement meilleures pour la survie de l'espèce. » (2)

DES BIOLOGISTES REVIENNENT AUX TRAVAUX DE LAMARCK

A défaut du hasard et de la sélection naturelle, quel autre moteur ces sceptiques affectent-ils alors à l'évolution qui nous a permis d'apparaître? Force est d'admettre qu'ils tâtonnent... Pierre Rabischong, profes-

LE CONTEXTE

La liste de nos ancêtres n'en finit pas de s'allonger. Plusieurs fossiles d'hominidés ont encore récemment été mis au jour: Orrorin, Toumaï, Georgicus... Aucune de ces créatures n'a pu être rapprochée d'un hominidé fossile déjà connu. Les scientifiques qui les ont étudiés leur ont forgé un nom de toutes pièces, en créant à leur intention un nouveau genre ou une nouvelle espèce. Leur démarche divise la communauté scientifique. Certains la jugent abusive, et contestent les critères sur lesquels elle s'appuie. La recherche de nos origines peut-elle être conduite de façon rationnelle?

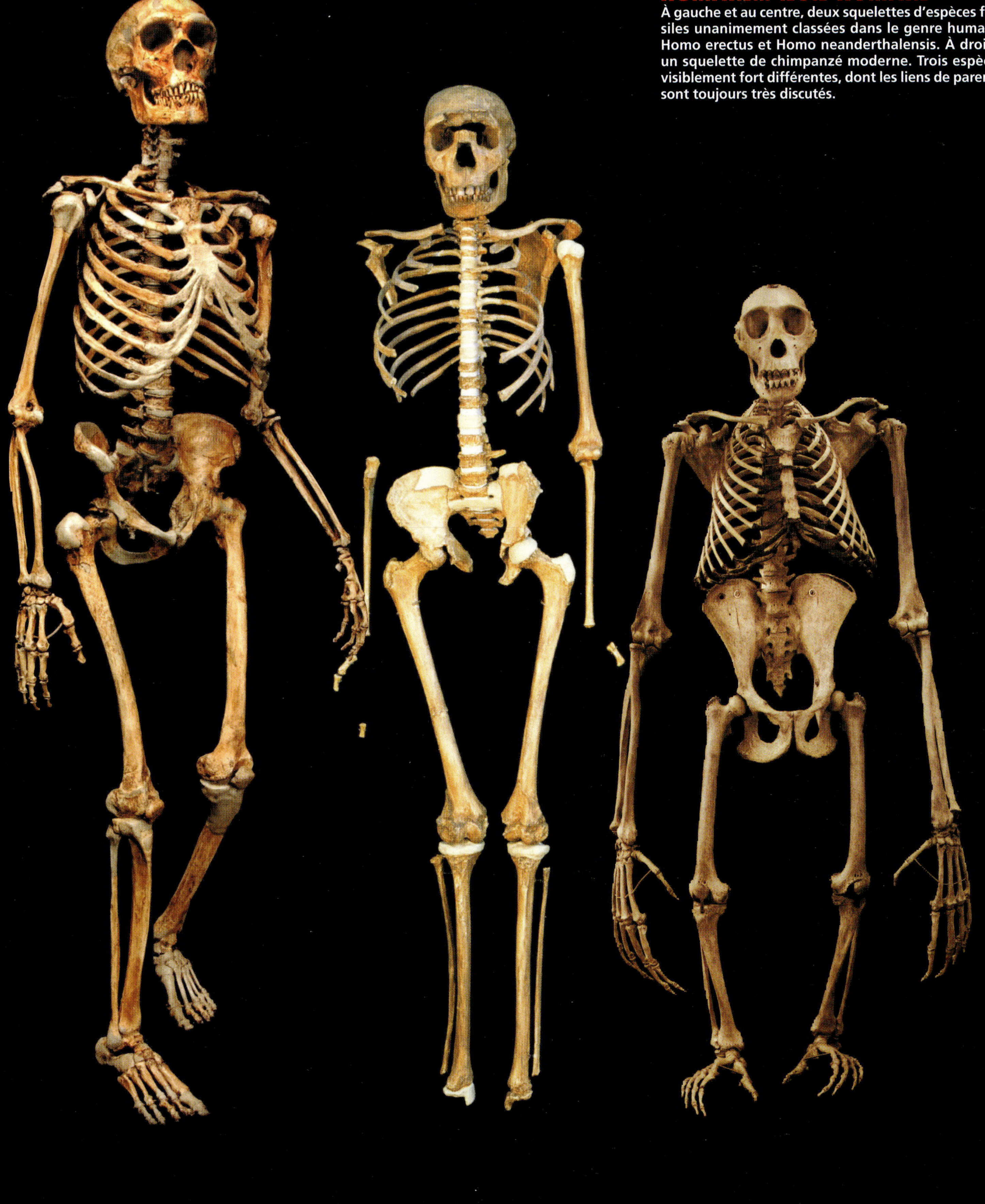

HUMAIN... NON HUMAIN

À gauche et au centre, deux squelettes d'espèces fossiles unanimement classées dans le genre humain : Homo erectus et Homo neanderthalensis. À droite, un squelette de chimpanzé moderne. Trois espèces visiblement fort différentes, dont les liens de parenté sont toujours très discutés.

ELLES FONT L'HOMME...
La quête de nos origines relève de la paléo-anthropologie, à laquelle des disciplines toujours plus nombreuses apportent leur concours. L'éthologie et la philosophie des sciences viennent parfois en renfort en redéfinissant l'homme par rapport à l'animal et en reprécisant le cadre de ces recherches.

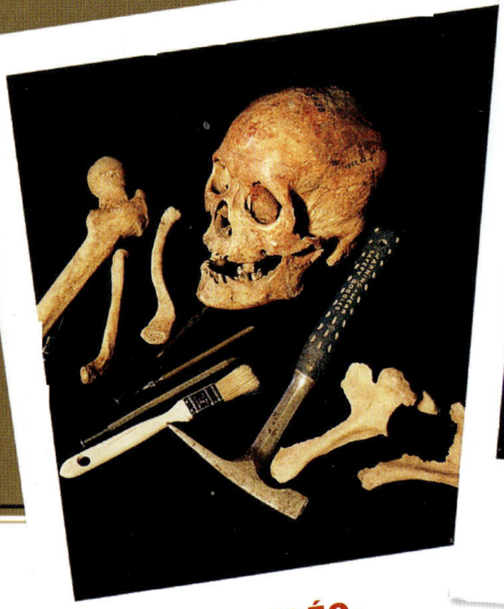

PALÉO-ANTHROPOLOGIE

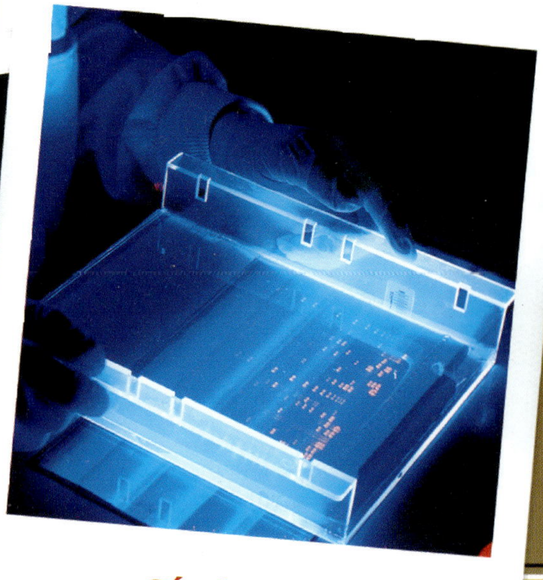

GÉNÉTIQUE

seur d'anatomie à Montpellier, propose bien une nouvelle approche : le « programmisme », qui implique l'existence d'une mystérieuse information codée ou pré-ordonnée contrôlant le processus d'évolution (3). Pour sa part, Gérard Nissim Amzallag spécule que c'est le ralentissement et l'étalement dans le temps du développement de l'organisme, maintenu dans un état « embryonnaire », souple, qui conféreraient à l'homme son exceptionnelle capacité d'adaptation, lui permettant d'acquérir des facultés transmissibles à ses enfants, par interaction avec le milieu. À cette supposition « transformiste » selon laquelle l'environnement pourrait changer un individu et influer sur sa descendance, se rallie aussi Yves Coppens, qui se prend à imaginer « dans les caryotypes mêmes [les chromosomes, Ndlr] un mécanisme subtil qui serait capable de recevoir l'information du milieu qui change et de s'en servir, en toute connaissance de cause, pour provoquer, dans la bonne direction, lesdites mutations ». Hypothèse qui renoue de manière étonnante avec les travaux datant de la fin du XVIIIe siècle de Jean-Baptiste Lamarck fondés sur la transmission des caractères acquis. On les croyait abandonnés, jusqu'à ce que plusieurs biologistes identifient des phénomènes transformistes. Ainsi, le Suédois Lars Olov Bygren a publié en janvier 2003 une étude portant sur les habitants d'une petite ville suivis sur plusieurs générations. Avec son équipe de l'université d'Umea, il a montré que les individus dont le grand-père avait connu une période de surabondance alimentaire durant sa jeunesse étaient plus sujets que les autres au diabète et aux maladies cardio-vasculaires. L'environnement de leur aïeul les exposerait à ces affections liées à une alimentation trop riche...

Toutefois le néo-darwinisme a encore de beaux jours devant lui... Claude Combes, professeur de biologie à l'université de Perpignan, le défend, sans pour autant fermer la porte à des mécanismes évolutifs encore méconnus : « Dans l'état actuel des connaissances, on ne peut exclure totalement la possibilité que des mutations particulières se produisent en réponse à des états de stress particuliers... » (4). Interrogé sur ce point, il s'empresse d'ajouter que ces phénomènes, s'ils existent vraiment, agiraient en complément de la sélection naturelle... Une idée partagée par la majorité des spécialistes. Écartelés entre lacunes, affrontements et tâtonnements, paléontologues et biologistes ne répondent donc pas d'une seule voix à la question de notre spécificité biologique, ni à celle des mécanismes qui régissent l'évolution de nos ancêtres. La science peine même à identifier ces derniers et à classer les fossiles exhumés chaque année. Un des problèmes vient du flou qui entoure la notion d'espèce.

« UNE PART DE SUBJECTIVITÉ »

Le mot a été imposé au XVIIIe siècle par Carl von Linné, auteur de la classification du vivant, qui range tous les êtres vivants dans sept boîtes gigognes formant la nomenclature (par ordre décroissant : règne, embranchement, classe, ordre, famille, genre, espèce), sans en donner toutefois une définition précise. Certes, le biologiste américain Ernst Mayr a, depuis, défini l'espèce comme un « groupe de populations naturelles effectivement ou potentiellement interféecondes ». Deux individus ne font donc partie de la même espèce qu'à condition de pouvoir procréer et d'avoir une descendance fertile. Pourtant, les contours de l'espèce n'en sont pas moins incertains. À Sumatra, deux espèces génétiquement distinctes de singes cercopithèques se reproduisent bel et bien ensemble... En outre, l'interfécondité pose un autre problème aux paléontologues : allez croiser deux fossiles ! Comment savoir si les dissemblances observées entre deux humérus ne sont pas dues aux différences de morphologies naturelles entre mâles et femelles de la même espèce ?

La réponse viendra peut-être des cladistes. Ces biologistes, qui tirent leur nom d'une méthode de classification intégrant les liens de parenté entre espèces, sont bien placés pour réformer la nomenclature. Ainsi, en 1999, les Américains Bernard Wood et Mark Collard ont fait voler en éclat la définition du genre Homo, déclassant Homo habilis et Homo rudolfensis, ses représentants les plus anciens. Reste qu'Homo habilis n'a pas officiellement changé de nom... Les cladistes n'en demeurent pas moins bien placés pour s'attaquer à l'espèce. « Il faut mettre à plat la classification avant de déterminer à quel moment

Hasard et sélection naturelle sont insuffisants pour expliquer l'homme

apparaît l'homme, analyse Hervé Le Guyader, cladiste co-auteur d'une classification phylogénétique de référence. Mais définir ce qu'il est implique de hiérarchiser les caractères pris en compte. Cette démarche comporte forcément une part de subjectivité. » Autrement dit, la définition de l'homme ne peut être que conventionnelle. L'homme est une invention de l'homme. Invention qui ne peut donc se faire sans consensus. On en est loin…

Car qui décide au juste? Traditionnellement, ce sont les paléo-anthropologues qui statuent sur la condition humaine d'un être fossile, lui attribuant son identité taxonomique, c'est-à-dire sa place dans la classification du vivant. Or, ils font de plus en plus l'objet de critiques de la communauté scientifique, y compris dans leurs rangs. On leur reproche d'apposer plus volontiers sur leurs découvertes le label « humain » que « non-humain ». Et de rajouter pour leurs fossiles des espèces et des genres nouveaux sur l'arbre généalogique du vivant. Bref, d'avoir la genèse un peu facile… « Aujourd'hui, ce sont surtout les arguments d'autorité qui font poids, regrette Véronique Barriel, du Muséum national d'histoire naturelle. L'inventeur impose, ou tente d'imposer, ses critères. Et crée à tout bout de champ… »

Mais cette crise a aussi des origines d'ordre méthodologique. Pour identifier un fossile nouveau, le paléo-anthropologue compare ses caractères biométriques, c'est-à-dire les tailles et les proportions de tous ses os avec ceux d'autres fossiles plus ou moins

TOUMAÏ SÈME LA ZIZANIE

Le 10 juillet 2002, l'annonce de la mise au jour, dans le désert tchadien, d'un fossile baptisé Toumaï, résonnait comme un coup de tonnerre. Âgé de 7 millions d'années, ce crâne exhumé par le paléontologue Michel Brunet fut aussitôt présenté comme celui du plus vieil ancêtre de l'humanité ! De quoi bouleverser le scénario de nos origines, puisque Toumaï reculerait de un million d'années l'apparition supposée des hominidés. Mais l'enthousiasme a vite cédé la place à la controverse. Brigitte Senut, Martin Pickford et Milford Wolpoff ont ouvert les hostilités dans la revue Nature, en affirmant, arguments à l'appui, que Toumaï n'a rien d'humain. Les trois paléoanthropologues le voient plutôt comme une forme ancestrale de gorille femelle. Michel Brunet fustigera « leur désinvolture » en répliquant : « Ces auteurs n'apportent aucune preuve que Toumaï est un ancêtre des gorilles. » Depuis, les deux parties comptent leurs supporters, mais aucune n'a encore marqué le point décisif. L'enjeu est de taille, car cette découverte va à l'encontre d'une des théories les mieux établies sur l'origine des hominidés, l'East Side Story, qui prévoit que nos plus lointains ancêtres sont apparus à l'est d'une grande faille géographique, la vallée du Rift, en s'adaptant à un environnement nouveau. Un bel édifice détruit par Toumaï… exhumé à des milliers de kilomètres à l'ouest du Rift.

Ce crâne vieux de 7 millions d'années a créé la polémique : est-il l'ancêtre de l'homme ou celui d'un gorille ?

Daniel Sibony
PSYCHANALYSTE

« AUJOURD'HUI, DÉFINIR UN HOMME C'EST LUI FAIRE VIOLENCE »

Quel sens donner à la quête des origines qui mobilise de plus en plus la science ? Nous avons posé la question à Daniel Sibony, psychanalyste, dont le dernier ouvrage s'intitule « Nom de Dieu » (éd. du Seuil).

Cette quête peut-elle aboutir ?

Si cette quête aboutit à un « premier » homme, il faudra se demander comment il est devenu homme (et pas seulement qui sont ses parents). Et si c'est le « dernier » animal, c'est quoi au juste, et comment devient-il homme ? Ces recherches techniques sur les limites de l'homme sont en fait des recherches sur les limites de leur propre savoir technique. Mais ce savoir n'est pas un Corps animé à qui ont pourrait dire : « Lève-toi et marche ! » Ce savoir ne marche pas... comme un homme, mais comme un savoir. Ce Corps, c'est le Corps de tous les chercheurs, comme on dit Corps médical ; à lui de nous montrer qu'il est vivant, qu'il dit des choses intéressantes.

Beaucoup de travail pour rien, alors ?

Cette quête est le jeu de plusieurs hypothèses, un jeu où l'Homme-chercheur dira peut-être des choses originales sous prétexte d'origine. On comprend que chaque groupe de chercheurs crée un « premier » homme à son image, celle de son fantasme, lui-même changeant. Chaque groupe croit tenir la vérité, mais c'est la vérité de ses hypothèses. Elle tyrannisera tous les naïfs qui pensent que la science dit la vérité, alors qu'elle dit la vérité de ses hypothèses et de ses techniques. En l'occurrence, elle étale dans l'espace et le temps le mystère que nous sommes. Pourquoi pas, si ça fait dire des choses intéressantes ?

Qu'est ce qu'un homme pour vous ?

L'homme cherche à se définir, et quand il y arrive, ça le met hors de lui, hors de sa définition. Ce n'est ni le langage, ni les pleurs, ni l'amour qui définissent l'homme, c'est le pouvoir d'interpréter ce qui lui arrive, ce qu'il rencontre, ce qui brise ses définitions ; mais l'interprétation ne vaudra qu'après-coup : seul son avenir lui donnera sa valeur. L'interprétation est un effet d'avenir qui rattrape le passé pour changer le présent. Elle exige la technique mais échappe à toute technique. Aujourd'hui, définir un homme c'est lui faire violence ; ça le met hors de lui. C'est déjà, semble-t-il, le cas du « premier » homme, il échappe...

anciens, et avec ceux de squelettes actuels d'hommes et de singes. Pour le seul crâne, des centaines de mesures sont réalisées entre des points anatomiques précis, au dixième de millimètre près. Sur la base de cette comparaison, les chercheurs attribuent alors le fossile à une espèce déjà existante, ou estiment qu'il diffère suffisamment de tous les spécimens connus pour justifier le recours à une nouvelle espèce. Problème : quand on étudie un fossile très proche chronologiquement de la séparation entre deux lignées, ou de l'apparition d'une espèce nouvelle, il présente des caractères très mélangés, à la fois archaïques et nouveaux... D'où la difficulté à trancher. Comme en témoigne la récente controverse à propos de Toumaï : datant de 7 millions d'années, est-il ou non le tout « premier humain » ? (voir encadré).

LES LIMITES DE LA GÉNÉTIQUE

Pour compliquer la tâche, les scientifiques disposent d'une information parcellaire : l'« enregistrement fossile », soit les restes conservés dans les couches géologiques et découverts au cours d'une fouille, ne consti-

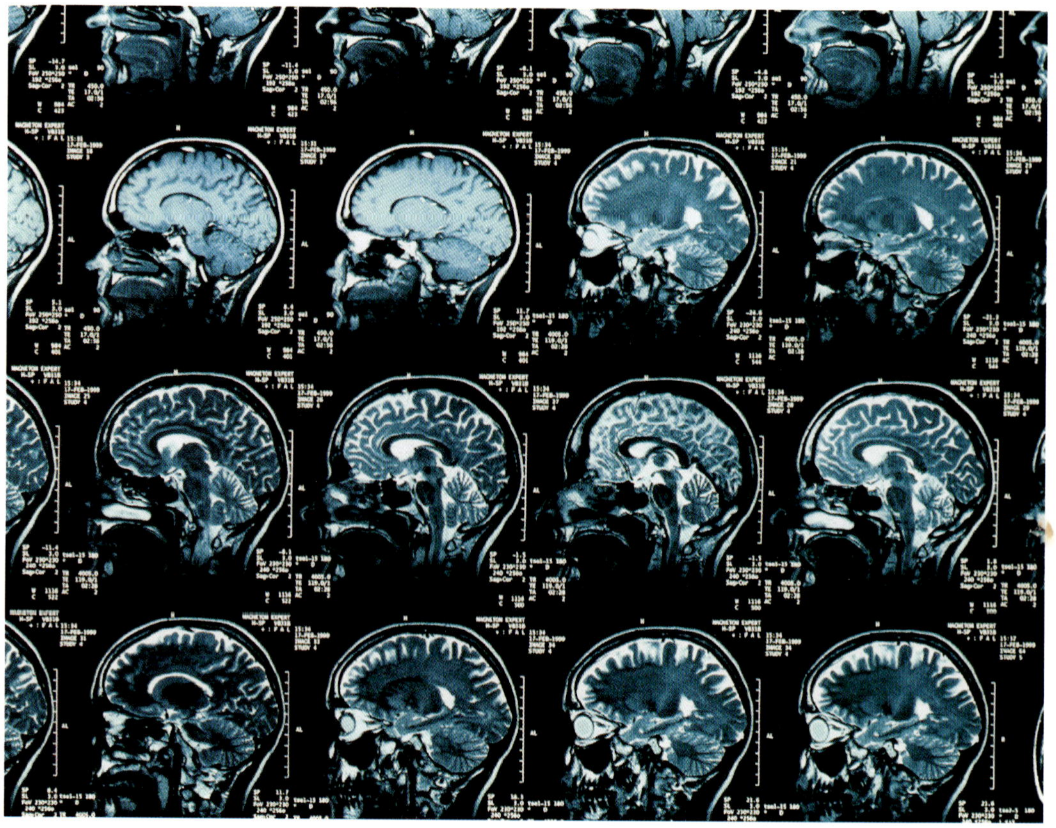

COMPLEXITÉ DU CERVEAU
Rien de la complexité du cerveau humain n'a d'équivalent chez l'animal. Cela suffit-il pour nous caractériser ?

Les paléo-anthropologues auraient finalement la genèse un peu facile !

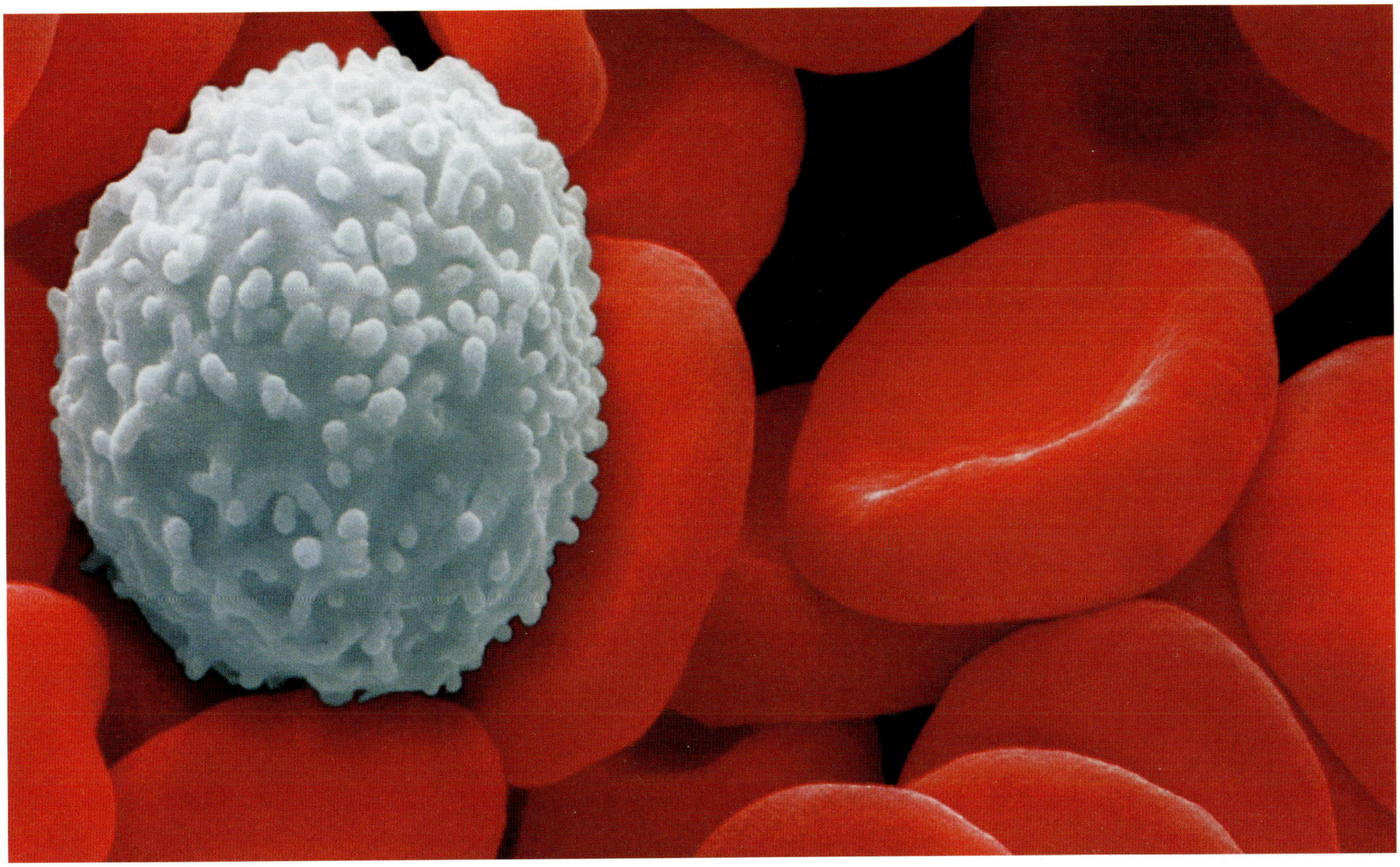

CELLULE SANGUINE (CI-DESSUS)
Ce qui fait la spécificité de l'homme se cache aussi dans nos cellules sanguines (la structure de notre hémoglobine ou le complexe HLA du système immunitaire).

DIFFÉRENCES ENTRE HOMME MODERNE ET NÉANDERTALIEN
Ces séquences du génome d'un homme actuel (ligne du haut) et de ceux de quatre hommes de Neandertal montrent qu'il existe des différences entre homme moderne et Néandertalien, ainsi qu'une variabilité génétique au sein même des Néandertaliens.

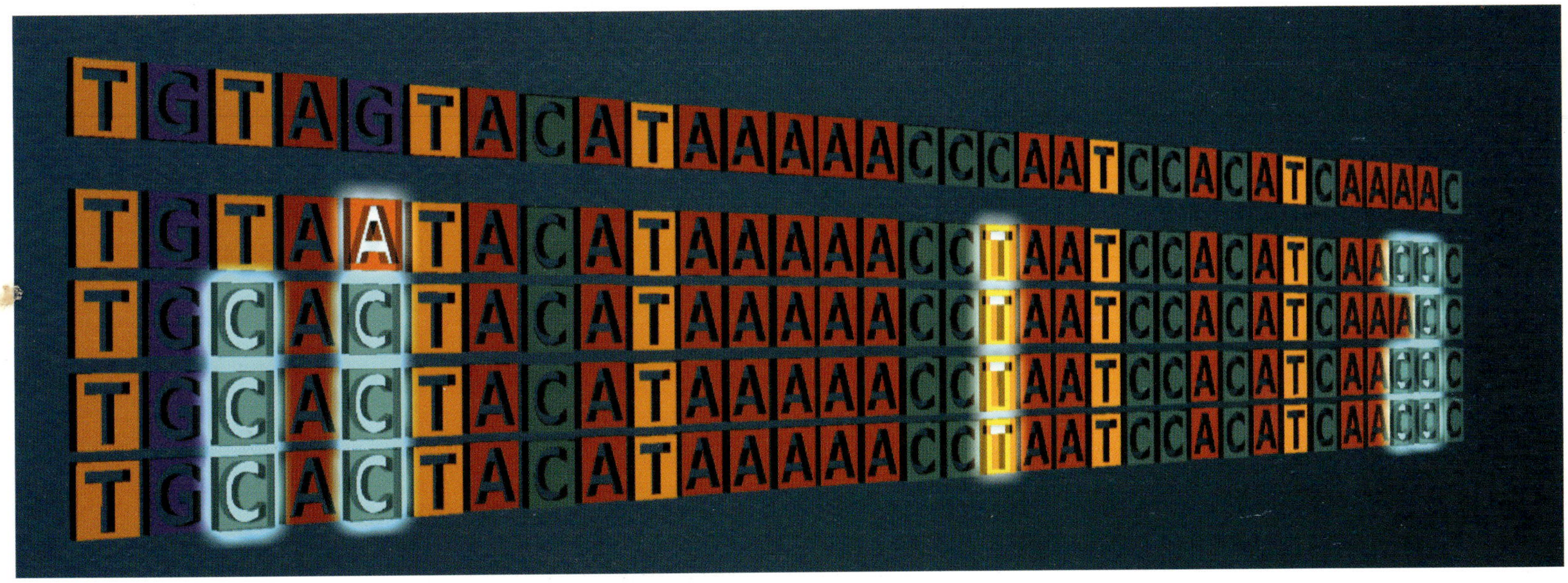

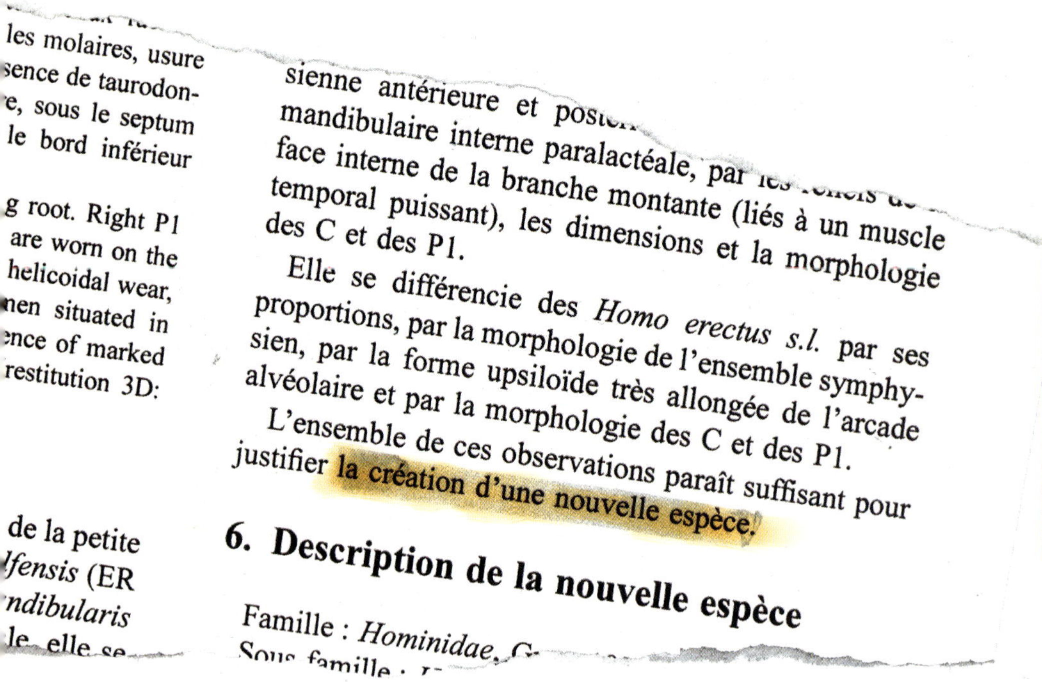
les molaires, usure
sence de taurodon-
e, sous le septum
le bord inférieur

g root. Right P1
are worn on the
helicoidal wear,
nen situated in
nce of marked
restitution 3D:

de la petite
lfensis (ER
ndibularis

sienne antérieure et
mandibulaire interne paralactéale, par
face interne de la branche montante (liés à un muscle
temporal puissant), les dimensions et la morphologie
des C et des P1.

Elle se différencie des *Homo erectus s.l.* par ses proportions, par la morphologie de l'ensemble symphysien, par la forme upsiloïde très allongée de l'arcade alvéolaire et par la morphologie des C et des P1.

L'ensemble de ces observations paraît suffisant pour justifier la création d'une nouvelle espèce.

6. Description de la nouvelle espèce

Famille : *Hominidae*,

NOUVELLE ESPÈCE

Fac-similé de la publication des Comptes rendus de l'Académie des sciences annonçant la « création » d'une nouvelle espèce : Homo georgicus.

PROFESSION : CRÉATEUR D'ESPÈCE

D'aucuns s'appliquent depuis fort longtemps à élargir le cercle de l'humanité en faisant fi du clonage. Abesalom Vekua est de ceux-là. En 2002, le paléontologue géorgien forgeait une nouvelle espèce humaine et l'« adoubait » en lui donnant le nom officiel d'*Homo georgicus*. L'heureux élu n'avait délégué qu'une unique et modeste relique vieille de 1,8 million d'années pour le représenter à la cérémonie : une mandibule exhumée en Transcaucasie en 2000. Mais ce bout d'os fossilisé garni de quelques dents a suffi à Vekua, et à plusieurs de ses homologues géorgiens et français, à jauger la distance séparant le nouveau venu de ses congénères préhistoriques. Le verdict est tombé, un homme neuf est né… plus d'un millier de siècles après son extinction. La procédure n'a rien d'exceptionnel. Plusieurs inédits sortent ainsi chaque année des laboratoires de paléo-anthropologie. D'une certaine manière, les tenants de cette science sont donc les détenteurs d'un pouvoir de « procréation absolu ». Pouvoir inscrit dans leur terminologie : ne nomment-ils pas « invention » toute nouvelle découverte et « création » la nomination d'une nouvelle espèce ?

tue qu'une part infime de notre histoire. Difficile dès lors de la reconstituer avec quelques centaines d'individus fossiles exhumés, en général réduits à l'état de simples mandibules, voire de dents éparses ! On le voit, les lacunes des théories et la rareté des matériaux fossiles constituent autant d'écueils pour percer le mystère de nos origines.

La biologie moléculaire, et plus généralement la génétique, peut-elle contourner ces obstacles en rationalisant par exemple la procédure de classification ? Unanimes, les scientifiques de tous bords répondent qu'elle ne peut décider seule du taxon (famille, genre, espèce…) d'un fossile. Mais elle y participe activement. L'un de ses outils, l'horloge moléculaire, a depuis longtemps été utilisé pour préciser la classification des primates. Son principe repose sur l'hypothèse que les mutations apparaissent à intervalle régulier. Plus les différences observées entre les gènes de deux espèces sont faibles, plus la séparation entre ces espèces est récente. C'est d'ailleurs grâce à ce principe que l'on a daté la scission des lignées de l'homme et du chimpanzé : entre 5 et 8 millions d'années. Dans le même esprit, le généticien suédois Svante Pääbo analysait en 1997 une courte séquence d'ADN d'un homme de Neandertal (Homo sapiens neanderthalensis) mort il y a 30 000 ans, et la comparait avec des séquences appartenant à des hommes (Homo sapiens sapiens) vivant aujourd'hui. Conclusion remarquable : le Néandertalien n'avait pas contribué au patrimoine génétique de sapiens et, de ce fait, appartenait à une autre espèce ! Mais il y a quelques mois, Véronique Barriel publiait avec la paléo-anthropologue Anne-Marie Tillier un travail portant sur quatre Néandertaliens. D'où il ressort que la variabilité anthropologique et génétique de l'homme de Neandertal avait été fortement sous-évaluée.

D'après les données génétiques actuelles, il est encore impossible d'exclure sa participation au patrimoine des hommes modernes… Quels que soient les méthodes et les concepts auxquels recourent la paléo-anthropologie et la génétique, il leur semble donc difficile de dire quand commence précisément l'homme. Du coup, des éthologistes, des psychiatres, des sociologues et des philosophes tentent de déterminer où il finit, en étudiant ses démarcations avec l'animal. À défaut de le cerner dans le temps, ils espèrent le borner dans l'espace. Mais la plupart d'entre eux soulignent la difficulté de l'entreprise. « L'homme est-il capable de voir le monde autrement que de son point de vue ? », s'interrogeait récemment le philosophe éthologiste Dominique Lestel.

L'anthropomorphisme n'est pas le seul frein à une appréhension sereine de la spécificité humaine. Ainsi, le philosophe des sciences Dominique Lecourt souligne un écueil propre à la paléo-anthropologie. Elle se sentirait investie de la lourde mission d'apaiser nos angoisses existentielles. « L'étude des êtres vivants s'est trouvée soumise pendant des siècles à l'exigence de donner des résultats compatibles avec le récit biblique de la création », écrivait-il récemment dans un dossier du CNRS sur les origines de l'homme.

LE RAPPORT AU MYTHE BIBLIQUE

Or, que fait la paléo-anthropologie, avec son cadre néodarwinien, sinon abattre le mythe biblique selon lequel l'homme a été créé à l'image de Dieu, à l'écart des autres espèces et ayant contrôle sur elles ? Radicalement opposée à la vision créationniste du monde, la science aurait pourtant tort de vouloir se substituer aux mythes fondateurs. Son rôle n'est pas de nous rassurer sur notre statut d'humain, mais d'en cerner les contours au sein du règne animal…

Y parviendra-t-elle un jour ? Il lui faudra d'abord admettre que son objectif de parvenir à une définition de l'homme relève d'un défi insensé : celui d'établir des catégories bien délimitées dans une histoire évolutive longue et continue. Autrement dit, de tracer les limites de la famille des hominidés alors qu'elle s'apparente plutôt à un nuage aux formes incertaines, de désigner un « premier » parmi tous nos ancêtres potentiels quand chacun est une mosaïque unique de caractères archaïques et avancés, ou de faire « apparaître » cet élu à un moment très précis en oubliant qu'il a eu des parents et des grands-parents semblables à lui. Une simplification abusive, mais indispensable pour appréhender le tout complexe que nous formons. Au fond, l'écrivain Vercors avait vu juste lorsqu'il notait en 1952 dans son roman Les Animaux dénaturés : « Tous nos malheurs proviennent de ce que les hommes ne savent pas ce qu'ils sont, et ne s'accordent pas sur ce qu'ils veulent être ».

(1) *L'homme végétal*, éd. Albin Michel, 2003.
(2) *Le genou de Lucy*, éd. Odile Jacob, 1999.
(3) *L'Homme programmé*, éd. PUF, 2003.
(4) *La vie*, éd. Ellipses, 2002.

La science doit admettre que définir l'homme relève d'un défi insensé

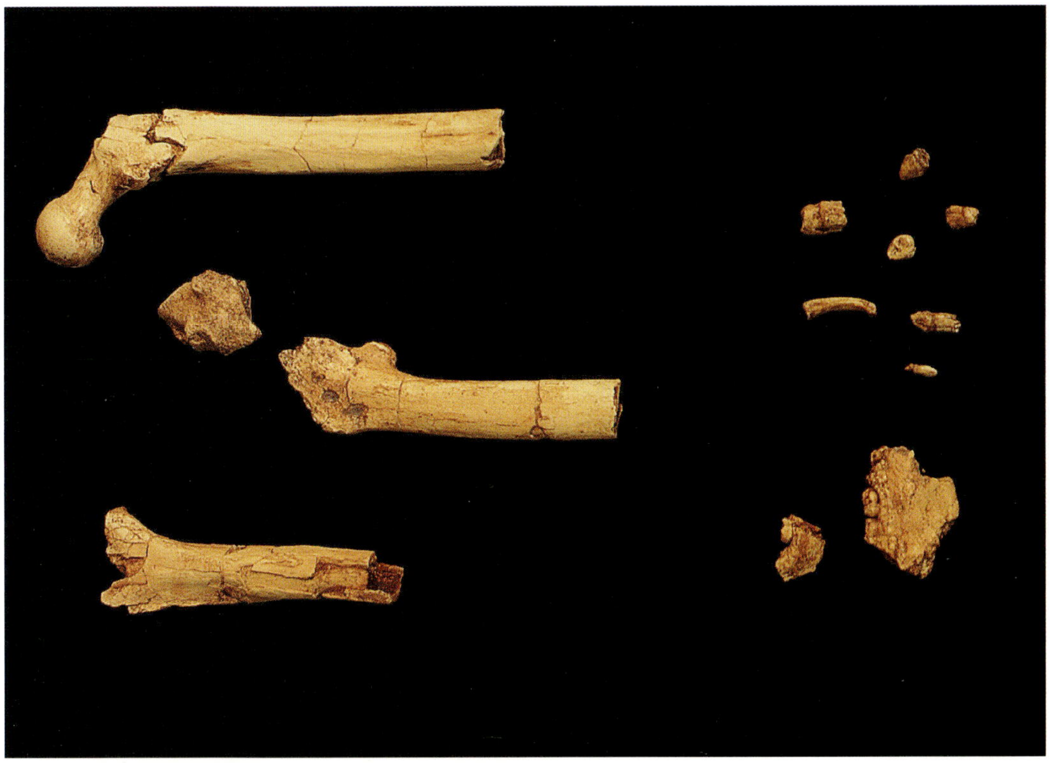

L'ODYSSÉE DE L'ESPÈCE
La création de l'homme est aussi affaire d'artiste… Comme ici pour le film l'Odyssée de l'espèce, les graphistes « habillent » les reconstitutions esquissées par les paléo-anthropologues.

HOMINIDÉ DE 6 MILLIONS D'ANNÉES
Pour reconstituer Orrorin tugenensis, un hominidé de 6 millions d'années, à partir de restes fossiles, il a fallu du raisonnement, de l'extrapolation et de l'imagination…

Les étapes clés du roman de nos origines sont pourtant connues

Les centaines de fossiles, exhumés depuis plus d'un siècle par les paléontologues, essentiellement en Afrique, ont permis d'établir les grandes lignes du scénario de nos origines. Même si celui-ci s'affine au gré des découvertes.

PAR PEDRO LIMA

Si le scénario de nos origines reste à écrire, la science a tout de même largement défriché le terrain. Au point de pouvoir tracer les grandes lignes de notre histoire… amorcée il y a moins de 8 millions d'années, en Afrique. Pourtant, les primates étaient déjà sur Terre depuis longtemps : les tout premiers ont fait leur apparition à la fin du Crétacé, il y a 70 millions d'années, en Amérique du Nord et en Europe. Puis, leur groupe s'est déployé en Asie, en Afrique et en Amérique du Sud. Mais c'est seulement autour de 8 millions d'années que l'une de ces familles de primates s'est séparée en deux lignées : celle des grands singes (panidés)… et la nôtre (hominidés) ! Cette divergence aurait été provoquée par le soulèvement d'une chaîne de montagnes en Afrique

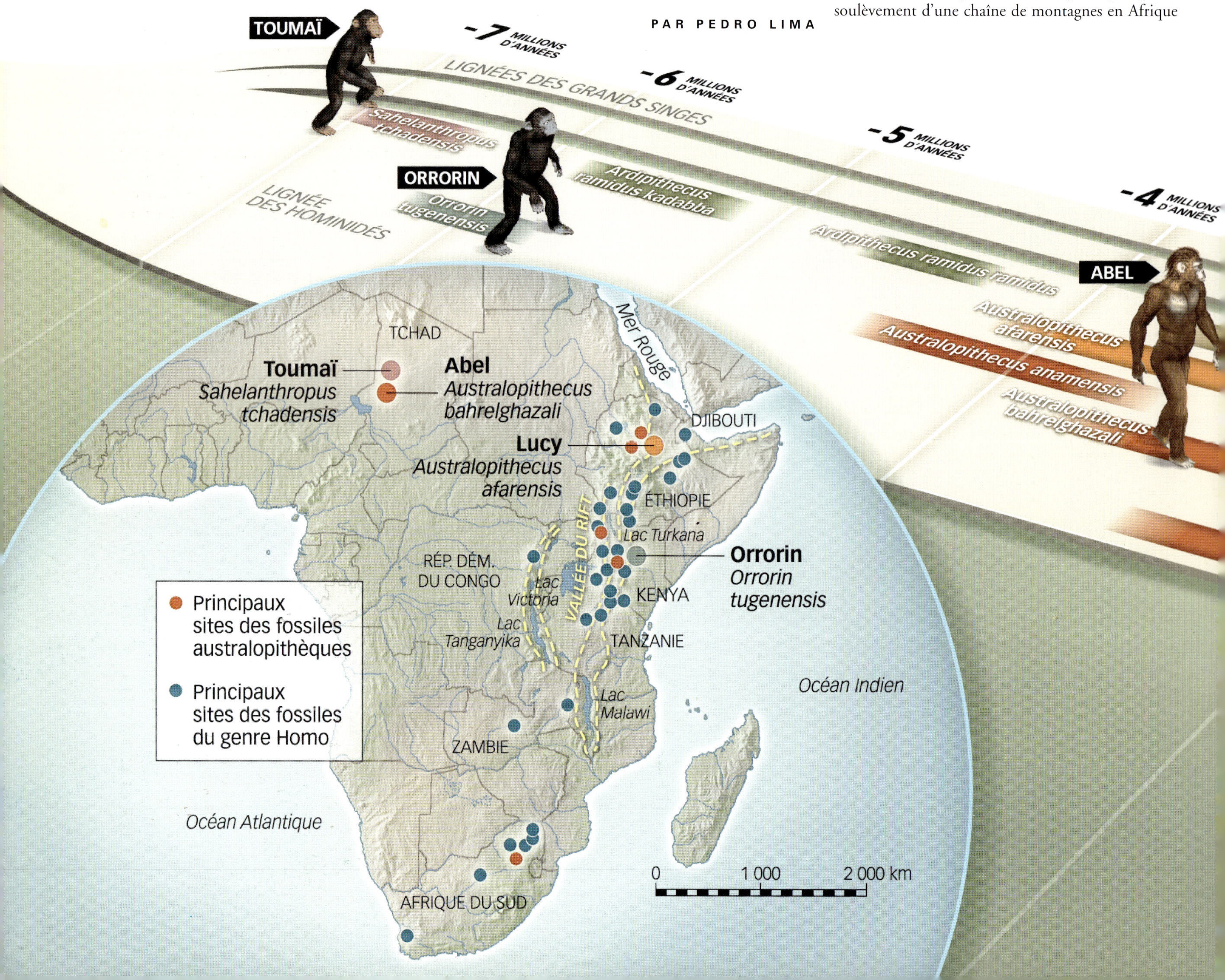

Trois candidats postulent aujourd'hui au titre d'ancêtre de l'homme

de l'Est, le long d'une faille appelée rift. À l'ouest de cette barrière naturelle, les grands singes se seraient adaptés à la vie en forêt et auraient évolué vers les chimpanzés et les gorilles, tandis que ceux restés à l'est auraient subi l'assèchement progressif du milieu. La savane aurait sélectionné les plus aptes à se redresser, conduisant ainsi aux premiers ancêtres des hommes… dont l'identité est vivement débattue.

Trois candidats sont sur les rangs. Orrorin tugenensis, fossile vieux de 6 millions d'années, découvert au Kenya, dont le fémur rectiligne prouve qu'il marchait bien plus droit que Lucy… tout en étant deux fois plus ancien ! Autre prétendant, l'Ethiopien Ardipithecus ramidus, 5,5 millions d'années et une taille de plus d'1 mètre, mais que certains anthropologues rapprochent parfois de la lignée des grands singes. Dernier arrivé : Toumaï, exhumé en 2001, au Tchad, avec ses caractères mélangés et sa datation à 7 millions d'années… Qui ébranle bien des certitudes avec sa localisation à l'ouest de la barrière du rift (lire « Toumaï sème la zizanie », p. 165). Ce que l'on sait à coup sûr, c'est que la descendance des ancêtres directs de la lignée des hominidés sera nombreuse… et éparpillée ! Entre 4,2 et 1 million d'années, ce sont ainsi neuf espèces, réparties en trois genres, qui apparaissent et disparaissent, de la Tanzanie au Tchad, en passant par le Kenya et l'Afrique du Sud.

UNE FAMILLE HÉTÉROCLITE

Il s'agit de cinq Australopithecus (anamensis, afarensis, encore que ce dernier soit rangé depuis peu dans un groupe frère, africanus, bahrelghazali et garhi), et trois Paranthropus (aethiopicus, boisei et robustus), parfois appelés Australopithèques robustes, caractérisés par la robustesse de leur appareil masticatoire et de leur crâne… Kenyanthropus platyops, découvert en 1999, complète le tableau. Maîtrisant plus ou moins bien la bipédie et dotées d'un cerveau dont le volume varie presque du simple au double (de 380 à 600 cm³), ces espèces forment une famille bien hétéroclite, aux contours incertains !

Ainsi, il y a un peu moins de 3 millions d'années, des hominidés différents des Australopithèques émergent des plaines d'Afrique de l'Est. Ils possèdent un cerveau plus gros, une mâchoire plus modeste et sont capables de tailler des outils rudimentaires. Leur appartenance au genre Homo fait d'eux les premiers hommes. Pourquoi ce coup d'accélérateur de l'évolution ? L'explication la plus plausible tient en deux mots : changement climatique. À cette époque, en effet, un refroidissement général, associé à une sécheresse grandissante, entraîne des modifications radicales du milieu africain. Les paysages s'éclaircissent, les arbres se raréfient et la savane se transforme en prairie. Face à cette disparition des abris boisés, deux stratégies adaptatives apparaissent chez les hominidés. Certains évoluent vers des formes plus robustes qui survivent « à la force du poignet ». Ce sont les Paranthropes, qui perdureront jusqu'au cap du million d'années… avant de rejoindre le vaste cimetière des hominidés fossiles. L'autre stratégie adaptative mènera une autre espèce hominidée (probablement un Australopithèque) à ce fameux genre Homo, êtres habiles et polyvalents, capables de s'adapter plus rapidement à des conditions changeantes. Et donc de survivre au tour de vis climatique.

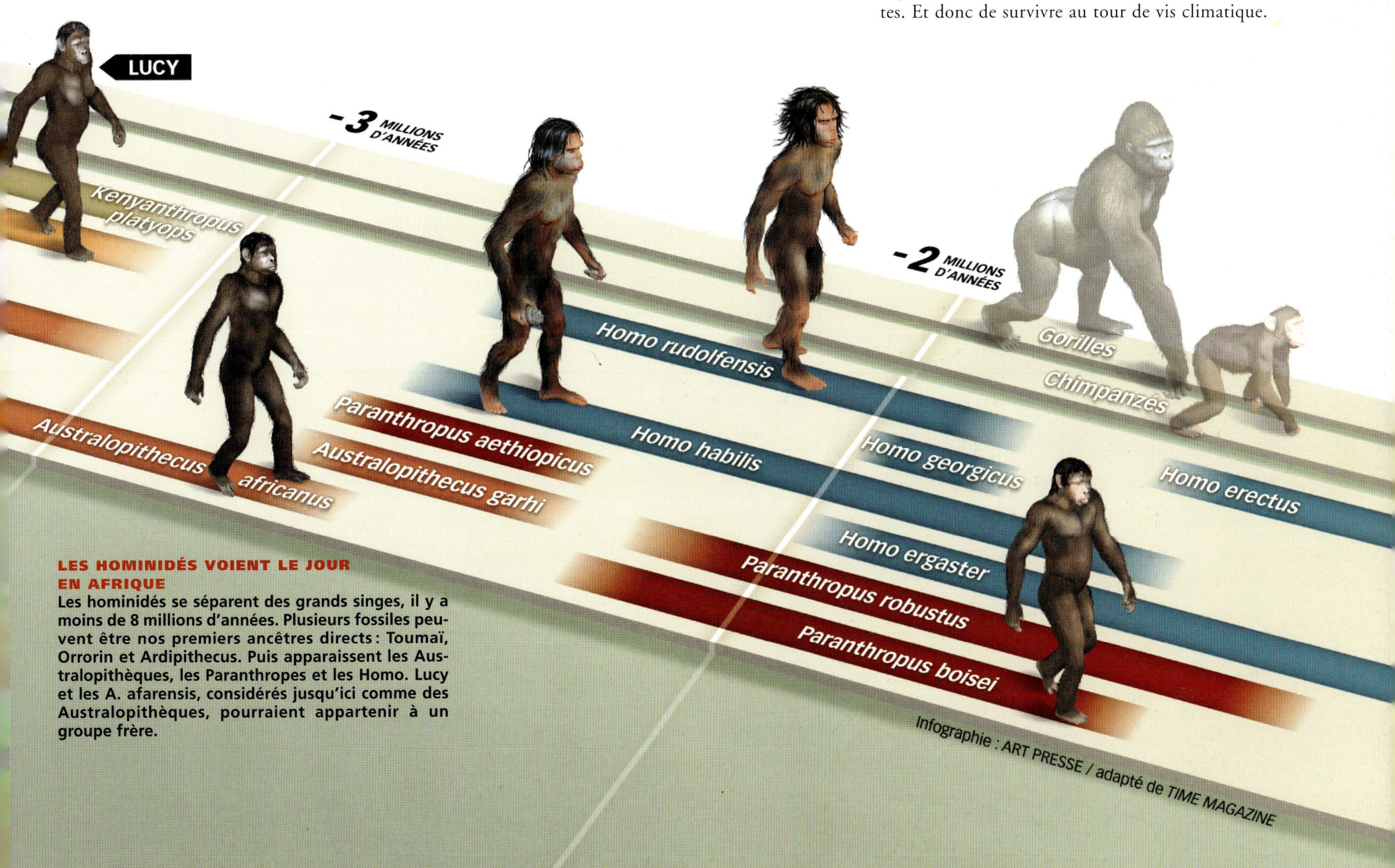

LES HOMINIDÉS VOIENT LE JOUR EN AFRIQUE
Les hominidés se séparent des grands singes, il y a moins de 8 millions d'années. Plusieurs fossiles peuvent être nos premiers ancêtres directs : Toumaï, Orrorin et Ardipithecus. Puis apparaissent les Australopithèques, les Paranthropes et les Homo. Lucy et les A. afarensis, considérés jusqu'ici comme des Australopithèques, pourraient appartenir à un groupe frère.

Qui sont ces premiers représentants du genre humain ? Selon toute vraisemblance, il s'agit des Homo habilis et des Homo rudolfensis, apparus en Afrique de l'Est et du Sud il y a 2,5 millions d'années, et dont la capacité crânienne, de 550 à 750 cm^3, les distingue des autres hominidés. Possédant une denture plus délicate et une face plus plate que les Australopithèques, inventeurs de la première technique de taille de pierre, et vraisemblablement à l'origine des premières cabanes sommaires, ces deux espèces sont pourtant contestées dans leur titre de premiers hommes (lire article p. 162).

Si habilis et rudolfensis sont finalement écartés du genre humain, nos premiers ancêtres deviendraient alors les Homo ergaster et les Homo erectus. Leur présence est avérée, toujours en Afrique de l'Est, aux alentours de 1,9 million d'années, où ils cohabitent avec les Homo habilis, qui n'ont pas encore disparu… Ces deux-là sont incontestablement des hommes, auteurs d'innovations majeures. Ils forment un couple aux caractéristiques morphologiques très proches, avec une boîte crânienne de 800 à 1100 cm^3 et une silhouette élancée. Ergaster et Erectus se ressemblent au point d'être parfois regroupés sous la même espèce Homo erectus. Ils acquièrent une bipédie comparable à la nôtre et abandonnent définitivement le monde des arbres, alors que leurs prédécesseurs sont encore partiellement arboricoles. Ils taillent des bifaces avec lesquels ils découpent plus facilement la viande des animaux chassés ou abandonnés par des fauves repus.

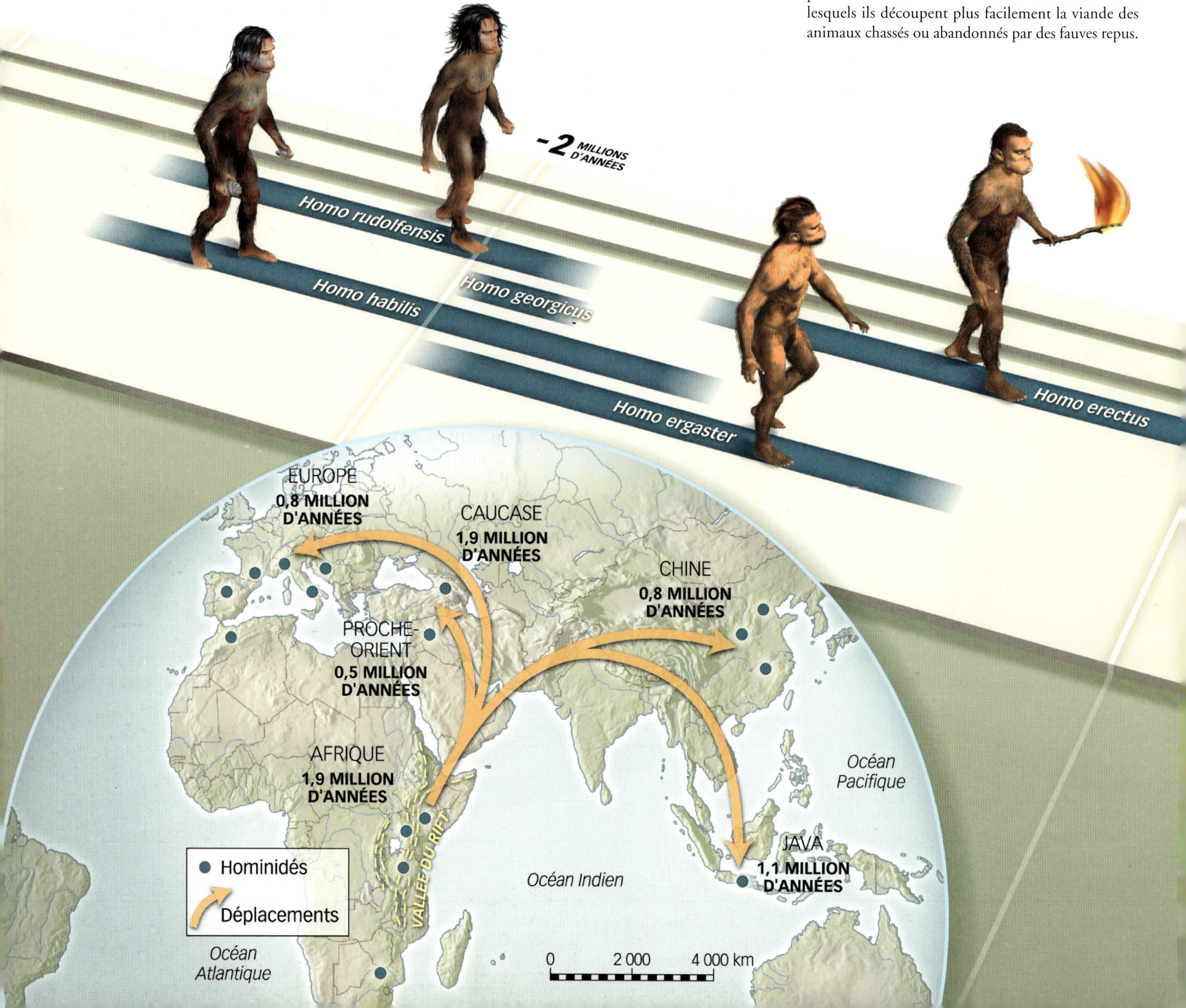

Connaissances et techniques affinent l'histoire de nos origines

AU CHEVET DES FOSSILES

Depuis la découverte des premiers fossiles humains dans les années 1820, les méthodes utilisées par la paléontologie humaine ont bien sûr considérablement évolué. Les sites sur lesquels les chercheurs prospectent sont choisis avec le plus grand soin. Tous les indices sont récoltés, comme les roches associées aux os ou encore les pollens que renferment les sédiments, qui peuvent s'avérer riches d'enseignements. Quant aux crânes et autres fémurs, ils ne sont plus seulement mesurés et observés à la loupe, mais passent dans les scanners ou les tomographes des hôpitaux, à la suite de quoi les paléontologues s'attellent à un long travail d'analyse. Ces recherches mobilisent un grand nombre de connaissances et de techniques. Mais à elles toutes, elles ont singulièrement affiné l'histoire de nos origines.

LA MIGRATION ORIGINELLE

Les erectus et les ergaster maîtrisent pour la première fois le feu et perfectionnent les premières habitations protégeant des intempéries et du froid. Mais surtout, ces hommes réalisent une « première » en empruntant le couloir de l'actuel Moyen-Orient : ils quittent le berceau africain pour se disperser sur tous les continents, exceptés l'Australie et l'Amérique, et pénètrent, notamment, en Europe occidentale, il y a 1 million d'années.

Erectus et ergaster s'installent en Europe et en Asie, sans pour autant délaisser l'Afrique. Leurs descendants s'appellent heidelbergensis, neanderthalensis, antecessor ou georgicus, sans que l'on s'accorde sur le pedigree et le statut d'espèce de chacun. Il y a de 200 000 à 150 000 ans, l'un de ces hommes, qui se baptisera plus tard sapiens, fait aussi son entrée en scène. Les Homo sapiens, auxquels nous appartenons, se caractérisent par un squelette plus léger que celui des autres hommes, pour une taille moyenne de 1,70 m. Ils possèdent un menton marqué et un crâne rond dont le bourrelet sus-orbitaire disparaît au fil des générations. La face et les dents diminuent de taille, tandis que le volume crânien dépasse 1 600 cm^3 de moyenne. L'origine géographique de sapiens et la façon dont il a remplacé ses ancêtres restent obscures. Comme souvent en paléontologie, plusieurs scénarios s'affrontent, l'un privilégiant la disparition rapide de plusieurs espèces au profit de la nouvelle ; dans cette optique, dite « monocentriste », les 6 milliards d'habitants actuels de la planète sont tous issus d'une population de quelques dizaines de milliers de « pères et mères fondateurs ». L'autre hypothèse, plus graduelle, dite « pluricentriste », envisage l'émergence de l'homme moderne comme le fruit d'une lente évolution des erectus vers les sapiens. Ce qui est certain, c'est que Homo sapiens a démontré, depuis sa naissance, un ensemble de capacités exceptionnelles le conduisant à inventer des techniques, à réaliser des innovations sans précédent, y compris dans le domaine artistique, qui ancre définitivement Homo sapiens dans le monde symbolique. Plusieurs millions d'années après la naissance des premiers hominidés, l'homme est désormais seul représentant de cette lignée, autrefois si touffue…

ILS QUITTENT L'AFRIQUE POUR L'EUROPE
C'est probablement Homo ergaster qui quitte le premier le continent africain, il y a un peu moins de 2 millions d'années. Notre espèce, Homo sapiens, apparaît il y a 150 000 ans, à peu près en même temps que l'homme de Neandertal. Ce dernier disparaît il y a 30 000 ans, nous laissant seuls représentants des hominidés encore en vie.

L'Atlantide

Et si elle était là où **Platon** l'a décrite…

Mythe ou réalité ?
Le débat sur la fabuleuse Atlantide décrite par Platon vient de rebondir après la découverte d'un archipel englouti au large de Gibraltar.

PAR FRANÇOIS HERBAUX

Platon situait l'Atlantide devant les « colonnes d'Hercule », le détroit de Gibraltar aujourd'hui.

C'est sans doute l'une des énigmes les plus populaires en même temps qu'un réel défi pour les chercheurs : l'Atlantide a-t-elle existé ? Et si oui, où se trouvait-elle ? Par le passé, la question a plusieurs fois resurgi, véritable serpent de mer que chacun tente d'attraper… en vain jusqu'à présent. Et l'île de replonger chaque fois dans les abîmes d'où Platon l'a sortie il y a plus de 2 300 ans, ne laissant derrière elle qu'un tourbillon d'incertitude. En juillet 2002, un colloque réunissant à Cerisy (Manche) archéologues, historiens, littéraires et hellénistes et baptisé « Atlantides imaginaires » témoignait de l'intérêt porté à l'Atlantide et à son mythe. Les organisateurs auraient pu rajouter un point d'interrogation à leur titre, car une hypothèse audacieuse était lancée à l'issue des débats : le géologue Jacques Collina-Girard, préhistorien et enseignant à l'université de Marseille, a proclamé avoir découvert l'île mystérieuse ! Avec, pour une fois, de sérieux arguments à l'appui (1).

En consultant des cartes marines, le géologue a mis en évidence, au débouché ouest du détroit de Gibraltar, à proximité du cap Spartel et de Tanger, un relief sous-marin qui s'élève jusqu'à 56 m. Mais ce qui n'est plus guère aujourd'hui qu'un haut fond n'a pas toujours été submergé : il y a environ 19 000 ans, bien avant l'époque où Platon situe l'engloutissement de son Atlantide, la topographie du détroit de Gibraltar

ARCHIPEL DE SPARTEL
Il y a 19000 ans, le niveau des mers se trouvait 135 m plus bas qu'aujourd'hui. Dans le détroit de Gibraltar, le banc de Spartel était alors émergé. Cet archipel pourrait être l'Atlantide décrite par Platon.
Une hypothèse du géologue et pré-historien Jacques Collina-Girard, étayée par de solides arguments…

Pierre Vidal-Naquet
HISTORIEN, DIRECTEUR D'ÉTUDES ÉMÉRITE À L'ECOLE DES HAUTES ÉTUDES EN SCIENCES SOCIALES (EHESS), SPÉCIALISTE DE LA GRÈCE ANTIQUE.

« Il faut entièrement abandonner toute interprétation réaliste de l'Atlantide »

Jacques Collina-Girard
MAÎTRE DE CONFÉRENCE À L'UNIVERSITÉ DE PROVENCE, GÉOLOGUE ET PRÉHISTORIEN.

« La géographie du paléodétroit correspond point par point aux indications transmises par Platon »

différait : « Le niveau de la mer se trouvait 135 m plus bas, soit la profondeur actuellement admise pour le dernier maximum glaciaire » (voir Jargon), explique Jacques Collina-Girard. Emergeait donc à l'époque, au milieu d'un chenal resserré, une terre de 14 km de long sur 5 de large.

Certes, il ne s'agit pas, comme l'écrit Platon, d'« une île plus étendue que la Libye [l'Afrique du Nord aujourd'hui, NDLR] et l'Asie [l'Asie mineure et l'Egypte, NDLR] prises ensemble. » En revanche, elle figure bien à l'endroit situé par le philosophe, à savoir « devant le détroit appelé "colonnes d'Héraclès" », de nos jours, le détroit de Gibraltar, avec « une pointe dirigée dans la direction de la région appelée aujourd'hui Gadirique », c'est-à-dire la région de Cadix, en Espagne.

Pour expliquer la différence de taille, Jacques Collina-Girard émet une hypothèse : le souvenir du naufrage progressif de l'île, causé par la remontée des eaux à la fonte des calottes glaciaires, a été transmis par la tradition orale (voir encadré) jusqu'à l'époque de Platon, qui l'aurait magnifié pour les besoins de sa démonstration en inventant l'Atlantide, décrite brièvement dans son Timée, puis plus longuement dans le Critias. Pour le reste, le lieu et l'époque coïncident : l'Atlantide se cache exactement là où Platon l'avait placée ! Là où, curieusement, personne n'avait jamais pensé à vérifier… Pourquoi ? Parce que, avance Jacques Collina-Girard, la plupart des chercheurs interprétaient l'indication « devant les colonnes d'Héraclès » comme renvoyant à un « au-delà du monde méditerranéen », ce qui a orienté les recherches dans d'autres directions. Et de fait, par le passé, de nombreuses hypothèses ont situé l'Atlantide entre Afrique et Amérique.

DES ARGUMENTS CRÉDIBLES

Si l'île submergée du cap Spartel coïncide avec le texte de Platon, faut-il pour autant en conclure qu'elle est l'Atlantide ? Pour le géologue, il ne s'agit nullement de prendre pour argent comptant la fable platonicienne. Au risque de décevoir les « atlantophiles », il convient de se résoudre à la réalité d'une Atlantide paléolithique modeste, sans commune mesure avec la fabuleuse civilisation disparue qui a tant inspiré poètes, écrivains, cinéastes et chercheurs : pas de cités ou de palais engloutis mais, dans le meilleur des cas, quelques silex taillés, quelques outils en os, bref, des objets préhistoriques identiques à ceux trouvés de part et d'autre du détroit. Des vestiges archéologiques qui justifieraient en tout cas pour Jacques Collina-Girard d'entreprendre une expédition sous-marine. D'autant qu'il ne doute pas que cette « Atlantide » était peuplée : « L'émersion de l'archipel du cap Spartel coïncide avec des remplacements majeurs de populations bien connus des préhistoriens. En Afrique du Nord et sur le continent ibérique, le maximum glaciaire voit l'élimination des Homo sapiens archaïques par les hommes modernes du Paléolithique supérieur. Ces populations se répandent rapidement sur les côtes africaines et

Si l'Atlantide a existé, elle était alors peuplée d'hommes... de Cro-Magnon !

LA GÉOGRAPHIE DE PLATON

À l'époque de Platon (428-427 à 347-346 av. J.-C.), le monde connu des Grecs se limitait au pourtour méditerranéen et aux territoires tels que décrits par Hérodote (les conquêtes d'Alexandre et les voyages de Pythéas, ne sont entrepris que vers les années 330 av. J.-C.). Centrée sur la mer intérieure, la vision des Anciens ne les empêchait pas de penser qu'ils n'occupaient qu'une petite partie d'un monde que l'on supposait déjà sphérique. Platon lui-même décrit la Méditerranée comme une modeste mare autour de laquelle on habite, tandis qu'il existe ailleurs de nombreuses autres régions semblables. Pour les Grecs, une vaste mer circulaire entourait la Terre. Cet océan pouvait très bien contenir d'autres continents sur lesquels d'autres habitants vivaient dans les zones tempérées. Notre détroit de Gibraltar représentait alors la limite ultime du monde exploré et les fameuses « colonnes » (les monts Calpé et Abyla, de part et d'autre du défilé) encadraient la porte vers l'inconnu. Idéalement située par le grand philosophe « devant les colonnes d'Héraclès », l'Atlantide symbolise donc à merveille la terre étrangère.

LA FABLE DE PLATON
La riche et fabuleuse Atlantide : une pure fiction imaginée par Platon.

européennes. Les habitants des sites préhistoriques qui peuplaient les côtes du Maroc et de l'Espagne fréquentaient certainement l'archipel du cap Spartel alors situé entre 8 et 5 km des côtes. »

L'hypothèse de Jacques Collina-Girard a le mérite de « coller » aux précisions géographiques révélées dans les textes fondateurs. Et pour une fois, les arguments scientifiques avancés sont crédibles. Le haut-fond du cap Spartel se lit effectivement sur les cartes marines actuelles ; quant aux variations du niveau des eaux, les géologues ont pu les reconstituer de façon assez précise en étudiant les fluctuations climatiques, notamment grâce aux carottages effectués dans les récifs coralliens tropicaux. En réalité, nul cataclysme n'a englouti l'Atlantide… « Il n'y a pas d'ambiguïté à ce sujet, confirme Édouard Bard, chercheur au Centre européen de recherche et d'enseignement de géosciences de l'environnement (Cerege), à Aix-en-Provence. On peut même avancer qu'une remontée des eaux estimée à 10 m par siècle au maximum a pu être perceptible à l'échelle humaine et transcrite dans les mythes. En revanche, parler de la découverte de l'Atlantide relève d'un domaine beaucoup plus spéculatif. »

De fait, Platon aurait aujourd'hui du mal à retrouver son « idéal » dans cette Atlantide initialement peuplée de Cro-Magnon. Les universitaires rassemblés à Cerisy ne semblent guère plus à l'aise : l'accueil réservé à l'hypothèse Gibraltar ne fait pas l'unanimité. D'autant moins que l'affaire semblait entendue depuis les années 60, notamment après les travaux de Pierre Vidal-Naquet, auteur d'une des interprétations les plus séduisantes du mythe de l'Atlantide et à laquelle se rallient la majorité des exégètes. Dans sa fable, à travers l'image des Atlantes, Platon aurait représenté les Athéniens de son époque, opposés à ceux de l'Athènes idéale. Pour les besoins de son récit, l'auteur du Timée et du Critias aurait simplement introduit quelques éléments historiques puisés dans les connaissances de son temps. Mais Pierre Vidal-Naquet n'admet pas que l'on en tire argument en faveur d'une quelconque interprétation réaliste du récit.

EXIT L'HYPOTHÈSE SANTORIN

Fustigeant en janvier 2002 la frénésie des « atlantomanes », l'helléniste renvoie aujourd'hui dos à dos le géologue marseillais et les archéologues qui prétendaient avoir retrouvé les Atlantes en Méditerranée, dans la civilisation crétoise détruite par l'éruption du volcan de Santorin vers 1500 av. J.-C. Comme l'explique l'archéologue René Treuil, spécialiste du monde égéen, l'hypothèse Santorin doit plus son succès à la stratégie de marketing développée par l'archéologue grec Spyridon Marinatos (disparu en 1974) qu'à sa valeur scientifique. En dépit de la promotion dont elle a également bénéficié de la part de Jacques-Yves Cousteau, cette théorie a été mise à mal à partir des années 80. « La civilisation crétoise, continue René Treuil, n'a pas pu être détruite par

CHRONOLOGIE

Vᴱ SIÈCLE AV. J.-C..
Hérodote évoque le peuple des Atlantes, le plus éloigné du monde connu.

IVᴱ SIÈCLE AV. J.-C..
Platon raconte l'histoire d'une île Atlantide, située il y a 9 000 ans devant les colonnes d'Hercule.

Vᴱ SIÈCLE
Le philosophe néoplatonicien Proclus pense que l'Atlantide doit être comprise à la fois comme une réalité historique et comme une allégorie.

1969
l'archéologue Spyridon Marinatos identifie l'Atlantide à la civilisation crétoise, victime, selon lui, de l'éruption du volcan de Santorin.

1981
Jacques-Yves Cousteau tourne en Crète et à Santorin un film qui popularise la théorie « crétoise ».

2001
Jacques Collina-Girard situe l'île de l'Atlantide au débouché du détroit de Gibraltar.

ÎLE SPARTEL
Une île de 14 km de long sur 5 de large, ainsi se présentait le cap Spartel lors du dernier maximum glaciaire, lorsque le niveau de la mer était au plus bas.

ATLANTIDE ET GRÉCITÉ
Dans ses ouvrages, Platon a décrit une Atlantide idéale, qu'il imaginait baignant dans la splendeur de la civilisation grecque (ci-dessus, tableau de Thomas Cole, 1836)...

HOMMES DE CRO-MAGNON
En réalité, l'île du cap Spartel ne pouvait être habitée que par des hommes du paléolithique supérieur, identiques à ceux qui vivaient de part et d'autre du détroit.

S'il y a une part de réel dans le mythe, ce n'est pas celle que l'on croyait...

l'explosion du volcan de Santorin, tout simplement parce qu'elle a survécu longtemps après cette catastrophe. » Sans compter que ni le lieu ni la date ne correspondent au texte de Platon… Les faiblesses de l'hypothèse Santorin ne suffisent pas cependant à convaincre René Treuil de la vraisemblance de l'hypothèse Gibraltar : l'archéologue préfère se ranger aux côtés des partisans d'une Atlantide totalement imaginaire.

Tous les spécialistes de Platon ne rejettent toutefois pas la découverte de Jacques Collina-Girard. C'est le cas du philosophe Jean-François Mattéi, auteur en 1996 d'un ouvrage sur les mythes platoniciens (Platon et miroir du mythe, De l'Age d'or à l'Atlantide, PUF). Platon, constate-t-il, revient avec insistance sur la date de submersion de l'île, tout comme sur sa localisation. Un argument de poids en faveur d'un lien possible entre mythe et réalité ? « Si l'Atlantide recèle un fond de vérité, il faut qu'elle soit dans l'Atlantique. Cela n'a pas de sens de l'avoir cherchée à Santorin ou ailleurs. Si Platon l'a située aux colonnes d'Hercule, peut-être avait-il de bonnes raisons. »

Lesquelles ? A-t-il exploité le récit d'un événement réel venu du fond des âges ? A-t-il cherché, pour les besoins de sa démonstration philosophique, à situer sa propre fable dans un cadre géographique cohérent avec les connaissances de son époque ? A-t-il associé ces deux raisons ? La question n'est pas résolue mais, de toute évidence, si le philosophe recherchait une image symbolique de « l'Autre », face aux héros de sa cité idéale, il devait la trouver au-delà des limites du monde connu, de l'autre côté du détroit de Gibraltar.

Bien qu'il partage l'interprétation de Pierre Vidal-Naquet, l'helléniste Luc Brisson, traducteur du Critias et du Timée, admet qu'il est sans doute plus confortable pour les universitaires de ne voir dans le mythe de l'Atlantide qu'une simple allégorie, ne serait-ce que pour éloigner le spectre des dérives ésotériques et idéologiques auxquelles il est parfois associé. Néanmoins, estime-t-il, « il existe naturellement dans le mythe un effet de réel qui s'attache à l'espace et au temps, c'est pourquoi l'hypothèse d'une fable n'exclut pas totalement la possibilité de relier l'Atlantide à un phénomène réel ».

ENTRE CRÉDIBILITÉ ET DÉCEPTION

L'Atlantide n'est donc sans doute que le produit de l'imagination de son auteur ; oui, mais si l'on admet qu'un noyau de réalité peut se cacher au cœur du mythe, l'îlot de Gibraltar, victime et témoin incontestable du « Déluge » paléolithique, est peut-être en passe de se poser pour longtemps en symbole crédible d'une Atlantide réelle, une Atlantide, hélas, bien éloignée de celle de Platon.

(1) L'Atlantide devant le détroit de Gibraltar ? Mythe et géologie, Jacques Collina-Girard/C. R. Académie des Sciences de Paris, Sciences de la Terre et des planètes/333 (2001) 233-240.

JARGON

MAXIMUM GLACIAIRE
Désigne la période pendant laquelle les calottes de glace ont été le plus étendues, c'est-à-dire une époque où le climat était le plus froid et donc le niveau de la mer au plus bas. Le dernier maximum glaciaire remonte à 20 000 ans environ.

Jean Clottes
PRÉHISTORIEN, SPÉCIALISTE DE L'ART PALÉOLITHIQUE, CONSERVATEUR GÉNÉRAL DU PATRIMOINE. AUTEUR DE « LA GROTTE CHAUVET, L'ART DES ORIGINES » (ED. DU SEUIL).

« La transmission orale d'un mythe multimillénaire semble tout à fait envisageable »

IL EN PENSE

« Le thème du Déluge apparaît comme l'exemple universel d'une tradition orale qui se transmet sur plusieurs millénaires. Il se rapporte très vraisemblablement au changement climatique de la fin de la dernière glaciation. Et les preuves d'une tradition orale ne manquent pas, à commencer par un constat simple, celui de la persistance de la symbolique et des croyances à travers tout l'art paléolithique : au moins 25 000 ans à l'échelle de l'Europe. Dans la grotte du Parpallò, près de Valence en Espagne, par exemple, on a relevé 4 500 plaquettes gravées qui révèlent que les hommes ont perpétué le même rite pendant plus de 10 000 ans. »

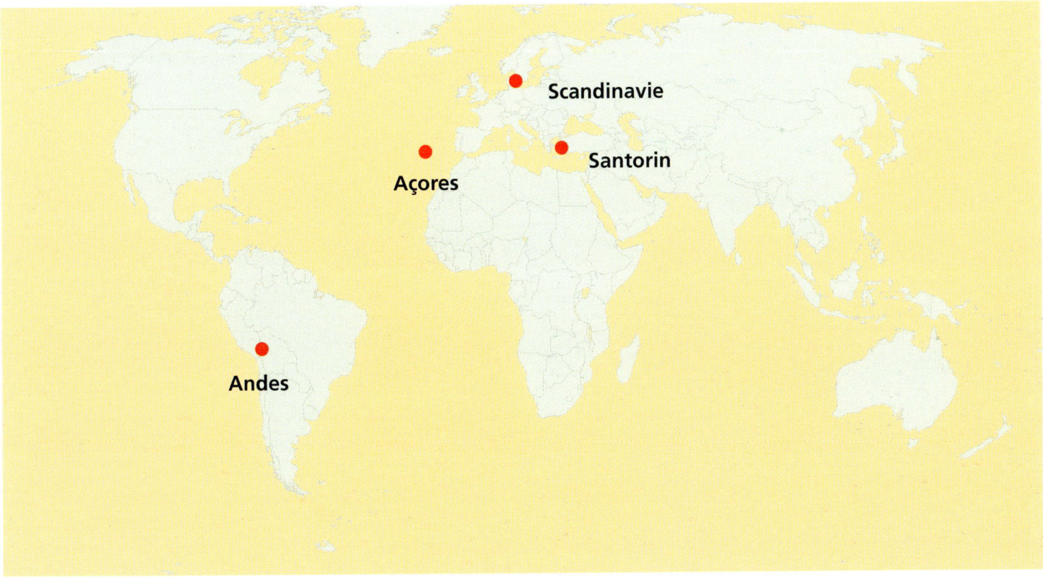

UNE QUÊTE MYTHIQUE
Au fil des siècles, les « atlantomanes » ont situé leur île mythique en divers endroits du monde.

Vol des oiseaux

son origine

La découverte des restes d'un dinosaure à quatre ailes conforte la thèse que c'est en s'élançant des arbres que les oiseaux se seraient mis à voler.

PAR PIERRE GRUMBERG

Dinosaures à plumes, oiseaux sans ailes... Depuis trente ans, les paléontologues chinois qui fouillent les sols du Liaoning, dans le Nord-Est de la Chine, se sont habitués aux surprises! Mais l'équipe du paléontologue Xing Xu, de l'Académie des sciences de Pékin, ne s'attendait guère à découvrir un dinosaure aussi stupéfiant. Son genre, Microraptor, avait certes déjà été décrit en 2000: c'est le plus petit représentant, 60 cm de long, de la famille des dromæosaures, prédateurs de taille moyenne (de 1 à 7 m de long). Cette fois, grâce à un exceptionnel état de conservation, Microraptor gui, ainsi baptisé par Xu, n'expose plus seulement les duvets ou les filaments plumeux déjà connus chez ses cousins dromæosaures mais de vraies rémiges typiquement aviennes formant non pas deux mais quatre ailes!

Pour les ornithologues, c'est comme si l'équipe chinoise avait découvert le Graal. Présenté en février 2003, le fossile, daté des débuts du crétacé, il y a 125 millions d'années, fait d'une pierre deux coups: non seulement, il ancre les oiseaux chez les dromæosaures, filiation soupçonnée mais jamais aussi clairement démontrée, mais, surtout, assurent ses découvreurs, la configuration à quatre ailes présente enfin le «chaînon manquant» entre l'oiseau volant et le dinosaure. Avec ses courtes ailes, ses griffes et sa longue queue, cet intermédiaire est clairement un planeur arboricole, affirme Xu. Microraptor gui mettrait-il fin à une controverse séculaire sur l'origine du vol des oiseaux?

Ce débat remonte à la découverte d'Archæopteryx, en 1861, dans les calcaires lithographiques de Solnhofen, en Allemagne. Archæopteryx? Des dents aiguës et une longue queue de dinosaure, mais aussi des ailes garnies de plumes et des pattes capables de serrer une branche. L'existence d'une espèce mi-avienne, mi-saurienne à la fin du jurassique, il y a 148 millions d'années, plaidait clairement en faveur de l'origine reptilienne des oiseaux et assurait le triomphe des évolutionnistes. Mais ces derniers ne s'en révélèrent pas plus aptes à expliquer comment le fabuleux animal avait conquis les cieux... «Après la découverte d'Archæopteryx, on pensait que les oiseaux avaient appris à voler en planant du haut des arbres», raconte Eric Buffetaut, paléontologue du CNRS, spécialiste des dinosaures et des oiseaux du crétacé (lire encadré).

ONT-ILS DÉCOLLÉ DU SOL, OU SE SONT-ILS ÉLANCÉS DES ARBRES ?

«La nature présente, en effet, de nombreux exemples d'animaux planeurs arboricoles: grenouilles, lézards..., continue-t-il. D'ailleurs, les ailes encore

QUATRE AILES !
C'est ce magnifique fossile de Microraptor gui de 60 cm de long que l'équipe chinoise a présenté. L'arrière des membres antérieurs et postérieurs, ainsi que l'arrière de la queue, sont couverts de plumes !

Le chaînon manquant entre dinosaure et oiseau ?

La découverte de Microraptor gui ancre les oiseaux dans la famille des dinosaures théropodes (ci dessous), des prédateurs bipèdes dont Cœlophysis est l'un des premiers représentants, et Tyrannosaurus l'un des derniers. Microraptor gui possède les griffes en faucille et la longue queue des dromæosaures, comme Sinornithosaurus, son proche cousin à plumes. Cela dit, la généalogie d'Archæopteryx est toujours hypothétique.

IL Y A 90 ANS DÉJÀ...
Etonnante prémonition, le Tetrapteryx de William Beebe annonçait, dès 1915, la découverte de Microraptor gui.

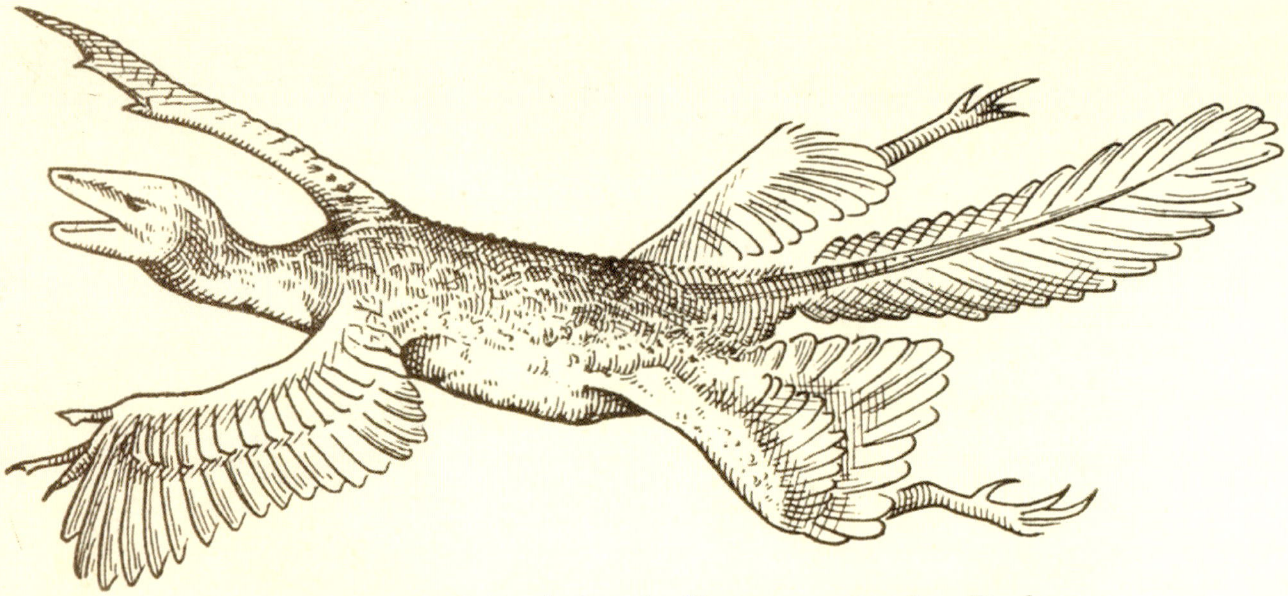

FIG. 36. — Le *Proavis* (stade *Tetrapteryx*) selon Beebe.

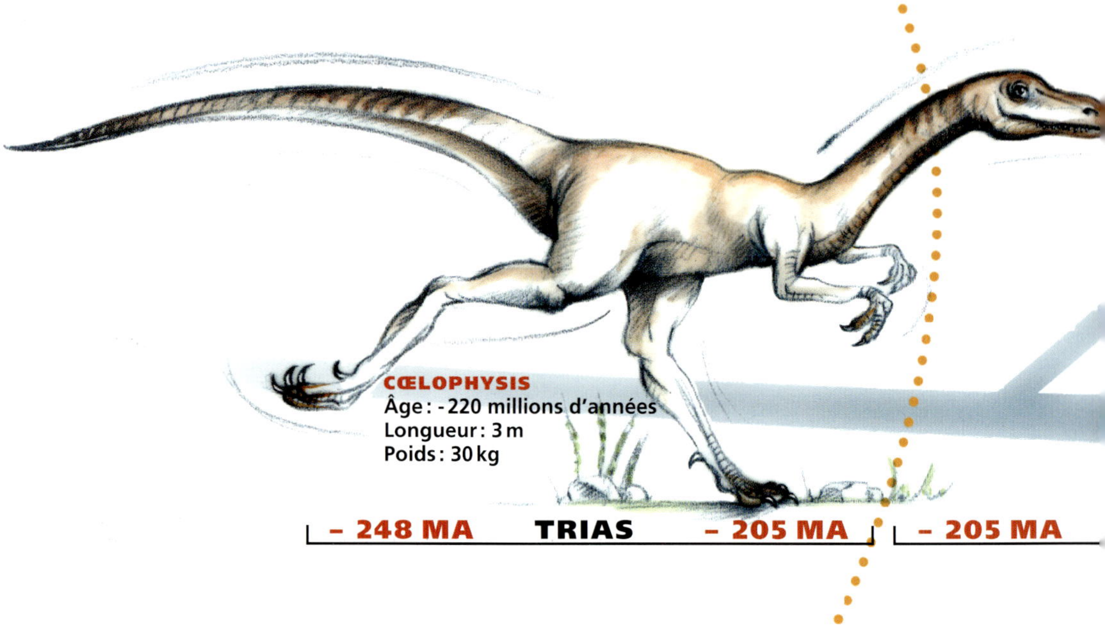

CŒLOPHYSIS
Âge : - 220 millions d'années
Longueur : 3 m
Poids : 30 kg

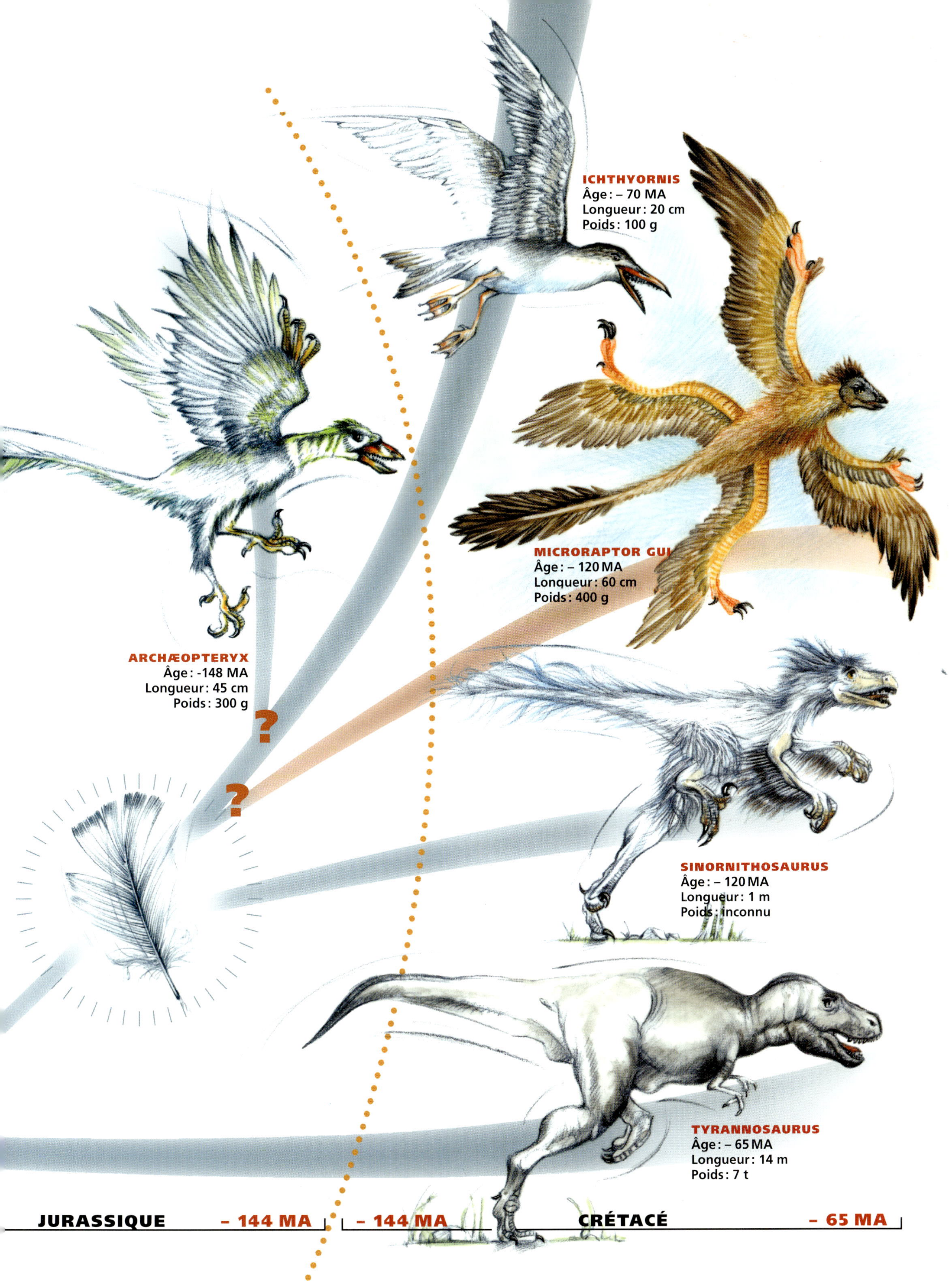
ICHTHYORNIS
Âge : – 70 MA
Longueur : 20 cm
Poids : 100 g
MICRORAPTOR GUI
Âge : – 120 MA
Longueur : 60 cm
Poids : 400 g
ARCHÆOPTERYX
Âge : -148 MA
Longueur : 45 cm
Poids : 300 g
?
?
SINORNITHOSAURUS
Âge : – 120 MA
Longueur : 1 m
Poids : inconnu
TYRANNOSAURUS
Âge : – 65 MA
Longueur : 14 m
Poids : 7 t
JURASSIQUE
– 144 MA
– 144 MA
CRÉTACÉ
– 65 MA

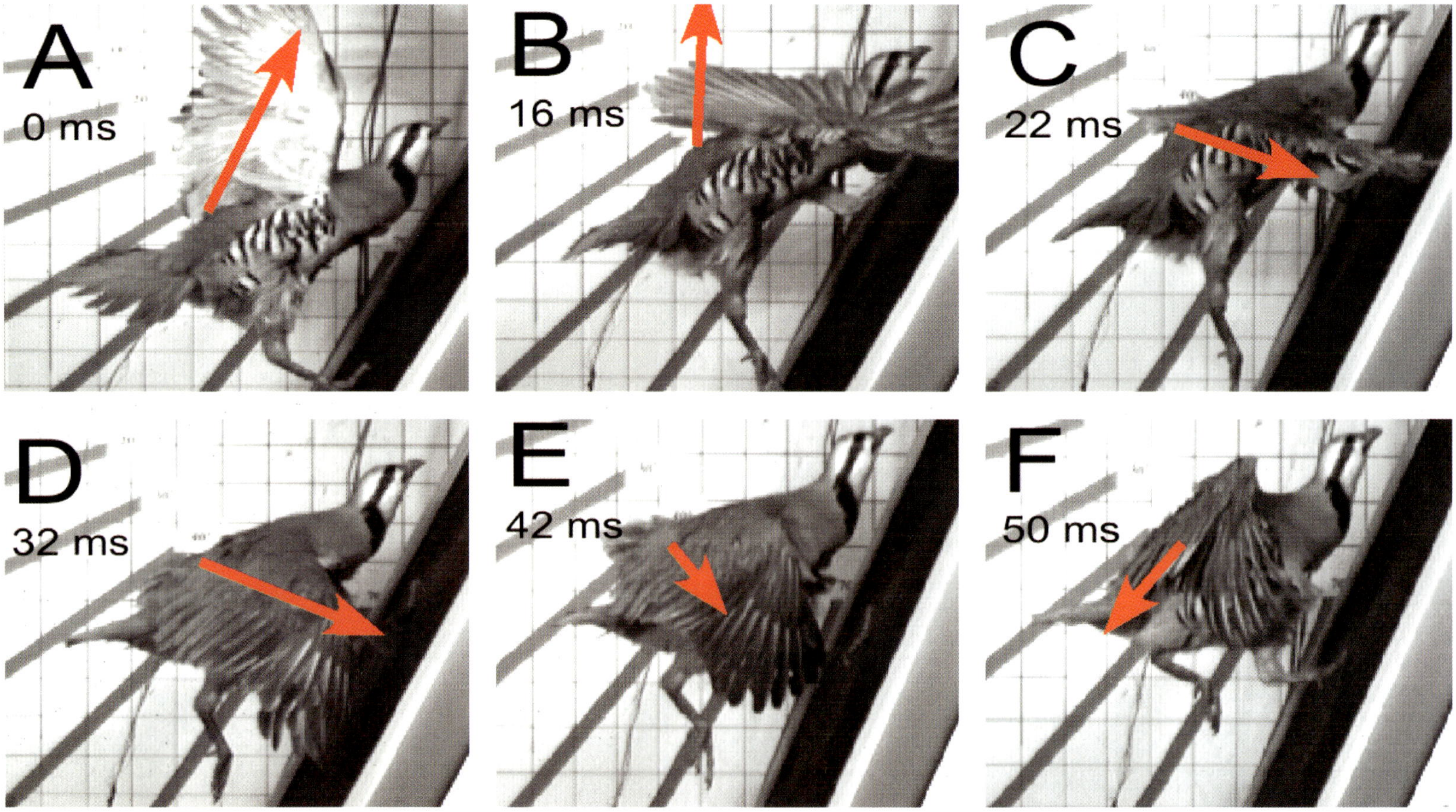

AUGMENTER L'ADHÉRENCE DES PATTES
Sur ce film, un perdreau s'appuie sur ses ailes pour grimper le long d'un plan incliné. La flèche rouge indique la direction et l'intensité des forces sur le centre de gravité de l'oiseau. Exercées vers le bas, elles améliorent l'appui des pattes.

LE STADE DE LA COURSE INCLINÉE

Quelques jours avant l'annonce de la découverte de Microraptor gui, l'ornithologue américain Kenneth Dial révélait comment il avait découvert une séquence de mouvements encore jamais observée chez les oiseaux. « Pour courir sur des pentes très inclinées, les perdreaux que j'ai étudiés se servent de leurs ailerons non pas pour s'élever mais pour augmenter l'adhérence de leurs pattes, comme les ailerons d'une Formule 1 plaquent les roues au sol, explique-t-il. Les oiseaux escaladent ainsi des plans inclinés jusqu'à 105 ° ! » Après avoir vérifié que les performances des oisillons étaient proportionnelles à la longueur de leurs plumes alaires, Kenneth Dial a émis l'hypothèse que cette « course inclinée » aurait représenté un stade préliminaire vers le vol : en grimpant des obstacles quasi verticaux, de petits dinosaures amélioraient leurs chances face aux proies et aux chasseurs. Puis les moignons d'ailes auraient contrôlé des sauts de plus en plus prolongés... Cette hypothèse intermédiaire entre le « vol arboricole » et le « vol issu de la course » a éveillé un grand intérêt chez les paléontologues. « Remarquable travail empirique aux implications théoriques importantes, résume Richard Prum, professeur de biologie de l'évolution à l'université du Kansas. Mais une théorie élaborée à partir d'animaux récents ne remplace pas les enseignements tirés des fossiles. »

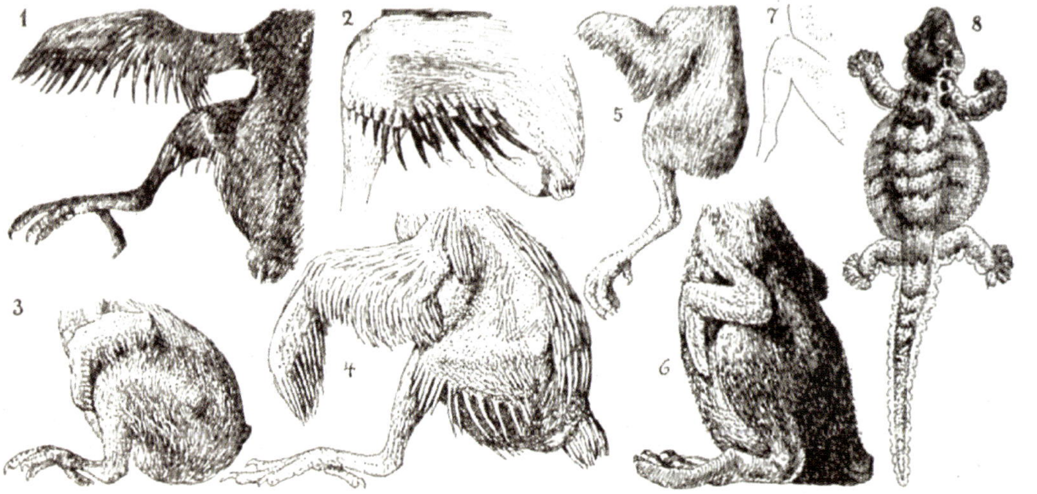

PLANCHE D'ORNITHOLOGIE DE 1927
Cette planche de l'ornithologue danois Gerhard Heilmann présente, en 1927, les plumes pelviennes identifiées par Beebe sur différents poussins, dont les colombes (1 et 2).

Un animal doté de quatre ailes serait une vraie première chez les vertébrés

primitives d'Archæopteryx et l'absence de bréchet, cet os issu du sternum sur lequel s'attachent les muscles du vol, ne démontraient en rien l'éventuelle aptitude de l'animal à battre efficacement des ailes. » Il fallut attendre les années 70, soit plus d'un siècle plus tard, pour qu'un paléontologue, l'Américain John Ostrom, se livre a une complète réinterprétation d'Archæopteryx. « Ostrom était convaincu qu'Archæopteryx présentait d'évidentes similitudes avec les dromæosaures, de vigoureux coureurs bipèdes, datant du crétacé, reprend Jean Leloeuff, directeur du musée d'Espéraza (Aude) et paléontologue spécialiste des dinosaures du crétacé. Son hypothèse était la suivante : dotés de plumes pour préserver leur métabolisme élevé de chasseurs actifs, les dromæosaures auraient utilisé leurs bras comme un filet pour capturer des insectes. À la longue, ces filets seraient devenus des ailerons, permettant une course plus rapide, puis des sauts de plus en plus hauts et longs... » Ainsi l'aile serait née de la course au sol. Corroborée par de minutieux travaux, cette théorie convainquit les spécialistes... Jusqu'à la découverte de Microraptor gui. Ou plutôt la confirmation de son existence ! Car l'animal avait déjà été imaginé en... 1915 par l'ornithologue américain William Beebe.

« L'animal présenté par les chercheurs chinois m'a tout de suite rappelé une vieille gravure de mon manuel de paléontologie (voir p. 182), raconte Eric Buffetaut. Elle montrait un curieux volatile à quatre ailes, baptisé Tetrapteryx par Beebe, l'auteur du dessin, qui y voyait une étape entre reptiles et oiseaux. Il avait eu l'idée de cet intermédiaire évolutif en observant les curieuses plumes qui recouvrent le fémur de poussins d'oiseaux très communs, comme le pigeon... » Beebe y voyait clairement la survivance d'une archaïque « aile pelvienne » présente chez les oiseaux ancestraux. Interprétation qu'il confirma en constatant la présence de plumes pelviennes sur une photo du plus beau spécimen d'Archæopteryx, conservé à Berlin. Puis Beebe abandonna sa casquette de théoricien de l'évolution pour explorer les abysses océaniques. Son Tetrapteryx s'endormit au fond des bibliothèques... Avant de resurgir des cailloux du Liaoning.

Ainsi, l'ancêtre des oiseaux aurait-il donc été un planeur arboricole à quatre ailes comme William Beebe l'avait pressenti, puis comme Xing Xu vient de le confirmer ? Pas si simple. D'abord, parce qu'Archæopteryx précède Microraptor d'au moins 15 millions d'années ! Comment l'archaïsme pourrait-il être postérieur à la forme évoluée ? « En fait, le cas est fréquent en paléontologie, répond Eric Buffetaut. Imaginez que la disparition accidentelle de nos collections de fossiles ne laisse à nos héritiers qu'un squelette d'Homo erectus et celui d'un tarsier, primate primitif actuel : faudrait-il en déduire que le premier est apparu avant le second ? » Cet effet de « trompe-l'œil » classique en paléontologie est encore accentué par la rareté des fossiles du jurassique, qui n'a livré que très peu de petits animaux.

Si la datation des fossiles ne permet pas encore de trancher, la question de l'antériorité de la forme Tetrapteryx n'est pourtant pas saugrenue. « Les membres et les plumes d'Archæopteryx et de Microraptor sont tellement similaires qu'il est difficile d'imaginer que leurs ailes antérieures n'aient pas une origine commune unique, explique Richard Prum, professeur de biologie de l'évolution et conservateur du service d'ornithologie de l'université du Kansas. Il reste à savoir si l'ancêtre commun de ces deux lignées avait bien quatre ailes, ou si des ailes pelviennes sont apparues chez des animaux déjà dotés d'ailes classiques. Je constate, cependant, que si l'histoire de l'évolution fourmille d'organismes à quatre ailes en ayant perdu deux, il n'existe aucun exemple d'animaux à deux ailes gagnant une paire supplémentaire... » Plus prudent, Jeremy Rayner, professeur de zoologie et expert du vol des oiseaux à l'université de Leeds, au Royaume-Uni, fait observer que « la révolution qu'apportèrent les plumes aux dromæosaures a pu encourager la multiplication de nouvelles espèces. De là à placer telle ou telle de ces "expériences" évolutives avant une autre... »

À L'ÉPREUVE DES ULTRAVIOLETS

Archæopteryx permettrait-il de confirmer la thèse de Beebe ? « Dès l'annonce de la découverte de Microraptor, je me suis précipité pour revoir le fossile, raconte David Unwin, paléontologue au Museum d'histoire naturelle de Berlin. On voit bien des traces de plumes potentielles près des membres postérieurs. Mais les attaches sont invisibles et il est impossible de dire si ces plumes étaient fixées aux pattes ou aux ailes. » Beebe aurait-il rêvé ? David Unwin ne le croit pas : « Un dessin de la fin du XIXe siècle montre des plumes pelviennes plus visibles. Et d'autres écrits, cités par Beebe, les signalent aussi. Le fossile pourrait avoir souffert des multiples préparations qu'il a subies... Une photo sous éclairage ultraviolet devrait nous permettre d'en savoir plus d'ici à cet été. »

À supposer qu'Archæopteryx puisse encore livrer des secrets, le débat se poursuit sur un tout autre terrain : celui de la biomécanique. Car un animal à quatre ailes serait une première chez les vertébrés. Même si l'animal lui semble vraisemblable, Jeremy Rainer reste circonspect : « Une aile arrière à angle droit avec le bassin, comme la dépeint Xing Xu, semble incompatible avec ce que nous savons des articulations chez les dromæosaures et les oiseaux. » Or, cette compatibilité est essentielle pour valider la thèse de la forme intermédiaire, insiste Kevin Padian, professeur de biologie, conservateur du Museum de paléontologie de l'université de Berkeley, en Californie : « Si l'aile pelvienne ne peut se positionner parallèlement à l'aile avant, elle n'est d'aucune utilité aérodynamique. Dans ce cas, elle ne permettrait pas un vol plané et servirait au mieux de parachute. Et si l'articulation des membres inférieurs est différente de celle des dinosaures et des oiseaux, elle n'est d'aucune utilité pour l'évolution du vol, car aucun oiseau n'en a hérité ni n'emploie ses membres postérieurs pour voler ! » Avant toute conclusion formelle sur un animal à quatre ailes, Kevin Padian exige un examen approfondi des fossiles : « Nous ne sommes même pas certains que les plumes observées entre les pattes du fossile y sont bien fixées : les attaches n'apparaissent pas sur les photos. » Pour lui, seule une reconstruction et une simulation aérodynamique complète de l'animal permettra de vérifier si celui-ci était effectivement le planeur présenté par les chercheurs chinois ! Voilà qui pourrait prendre du temps. Mais après tout, Microraptor gui attendait déjà depuis 125 millions d'années.

ÇA CHANGE QUOI ?

Depuis 1861, année de la découverte d'Archæopteryx, le plus ancien oiseau connu, deux écoles ont expliqué comment les oiseaux ont appris à voler. La première présente les ancêtres des oiseaux comme des planeurs arboricoles ; la seconde affirme que l'aile apparut sur des animaux coureurs. Mais si les origines dinosauriennes d'Archæopteryx font peu de doute, les paléontologues ne disposaient d'aucun précurseur potentiel parmi les fossiles... jusqu'à Microraptor gui.

RETOUR SUR IMAGE

La découverte, en Chine, d'Archæoraptor en 1999 révéla in fine un fossile fabriqué à partir de restes de dinosaures et d'oiseaux ! À l'époque, l'affaire suscita une polémique sur la valeur des restes exhumés dans le Liaoning. Et aujourd'hui, la question se pose de savoir si Microraptor gui est une vraie découverte. Consciente du problème, l'équipe qui a annoncé cet inédit dinosaure s'est donc entourée d'un luxe de précautions. Les chercheurs ont étudié six spécimens, dont deux trouvés par eux. De plus, le fossile le mieux conservé est d'une seule pièce et a subi un examen aux rayons X pour déceler toute trace de sculpture frauduleuse. Une contre-expertise indépendante est cependant prévue pour lever toute ambiguïté.

Báphûon

Quand 300 000 pierres d'un **temple khmer** défient les archéologues

Sur le site d'Angkor, la reconstruction à l'identique d'un temple du XIe siècle est l'occasion d'un incroyable chantier : il s'agit de recoller tous les morceaux qui formaient à l'origine cet édifice de 50 m de haut et qui furent éparpillés dans la jungle il y a 40 ans. Une vraie gageure.

PAR MARINA JULIENNE
PHOTOS PATRICK AVENTURIER

À l'abri de dix hectares de forêt tropicale, les pierres du Báphûon patientent. Trois cent mille pierres, posées à même le sol, comme une immense énigme. Par petits groupes, des ouvriers circulent entre les pierres. Ils ne semblent pas pressés. Certains font rouler une énorme stèle sur des rondins de bois, d'autres réunissent deux blocs qui, comme par enchantement, se calent exactement l'un à l'autre. D'autres encore contemplent, imaginent et tentent de reconstruire mentalement ce que fut cet immense « temple-montagne » érigé au XIe siècle par le roi khmer Udayâdityavarman II sur ce qui est, aujourd'hui, le site d'Angkor, dans l'actuel Cambodge (lire encadré).

L'ÉNIGME DES PREMIÈRES FOUILLES

De cette pyramide à trois niveaux, qui culminait à 50 m de hauteur, il ne reste à présent qu'une grosse colline de sable. À la suite de différents effondrements intervenus au fil des siècles, l'archéologue Bernard-Philippe Groslier avait décidé, en 1960, de démonter le Báphûon pierre par pierre, pour consolider sa structure avant de le reconstruire. Mais en 1974, les Khmers rouges prennent le pouvoir, les archéologues doivent quitter le site en catastrophe et, durant les conflits qui ont agité la région pendant plusieurs années, tous les plans du temple et les cahiers de dépose des pierres sont dispersés. Lorsque Pascal Royère, l'architecte de l'Efeo (École française d'Extrême-Orient), aujourd'hui responsable de la restauration du Báphûon, arrive en 1993 sur le chantier, il se trouve devant un gigantesque puzzle dont il ne reste qu'une façade à demi effondrée, des pierres éparses et quelques photos anciennes…

D'une certaine façon, ce temple reste fidèle à son histoire mouvementée. Lorsqu'ils entament sa construction en 1060, les Khmers avaient déjà construit

RECONSTITUTION MINUTIEUSE
C'est pierre par pierre que les ouvriers tentent de reconstituer le Báphûon, ce « temple-montagne » hindouiste construit au milieu du XIe siècle.

plusieurs de ces pyramides de sable. Mais cette fois-ci, cherchant à édifier un temple toujours plus haut et toujours plus grand, ils multiplient les erreurs de conception. En particulier, l'absence d'un dispositif de drainage a favorisé les infiltrations d'eau dans les remblais, tandis que la mauvaise stabilité des soubassements et l'insuffisance de l'épaisseur des murs n'ont pas résisté à la pression interne du sable. « Dès le départ, ces erreurs ont provoqué des accidents de chantier, commente Pascal Royère. On le sait, car on voit que plusieurs contreforts ont été ajoutés au dernier moment ! Et comme il fallait préserver une certaine esthétique, ils ont été transformés en escalier… qui ne mènent nulle part. Mais depuis le bas de la pyramide, vous n'y voyez que du feu, les apparences sont sauves ! »

Aux erreurs initiales des architectes s'ajoutent les interventions religieuses : autour du XIIe siècle, les Cambodgiens passent du culte de Shiva à celui de Bouddha. Du coup, ils n'hésiteront pas, quatre siècles plus tard, à démanteler toute la galerie du premier étage de la pyramide pour récupérer des pierres afin de construire un monumental Bouddha allongé… de 75 m de long !

Il est prévu que celui-ci retrouve sa place dans le temple restauré, mais seule sa « peau » (le parement de la sculpture) sera reconstituée. Les pierres de l'intérieur de son corps, ses « tripes », pourront ainsi être rendues à leur mur d'origine. A condition de résoudre le casse-tête de la place à attribuer à chacune des 300 000 pierres ! Pascal Royère avait d'abord compté sur l'informatique. Son projet était de modéliser chaque pierre, puis de confier à l'ordinateur le soin d'élaborer différentes hypothèses de restitution. Mais l'érosion, les traces de végétation sur une corniche, les bordures émoussées… ne sont pas paramétrables. Et il n'est pas question de se tromper, ne serait-ce que d'une seule pierre : un petit millimètre perdu au début de la façade se répercute à l'autre bout par un vide de 50 cm !

Pascal Royère abandonne donc l'informatique pour faire confiance… aux architectes du XIIe siècle : les formes carrées et rectangulaires, considérées comme traduisant la perfection absolue, étaient privilégiées par les Khmers, et les plans des temples étaient régis par deux axes se croisant à angle droit.

Pour ce gigantesque chantier, l'informatique s'est révélée... inefficace

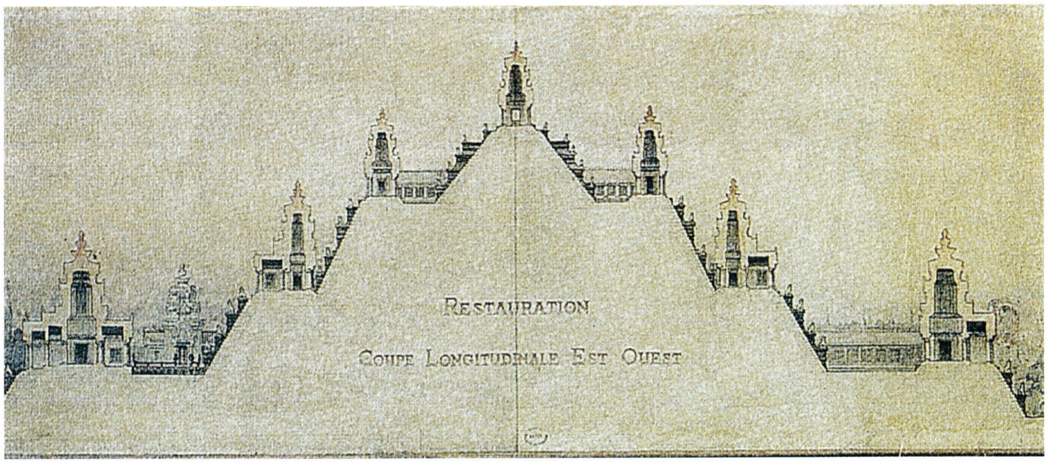

UN PRODIGE ARCHITECTURAL
Le temple, tel qu'il devait être à l'origine, d'après un plan aquarellé de l'architecte Lucien Fournereau (1889). L'organisation suivait le principe d'une pyramide à trois étagements, dominée par le sanctuaire central (voir ci-contre).

1

Cette symétrie rigoureuse transcrit les règles de la cosmologie hindoue, le temple et ses constructions accessoires étant toujours une réduction symbolique de l'Univers.

Par ailleurs, quelques-uns des chefs d'équipe, ayant participé à la dépose des années 60 et survécu à la terreur des années 70, ont gardé la mémoire archéologique des lieux. Ils savent que derrière le désordre apparent de la dispersion des pierres se cache une rationalité : les pierres du premier niveau de la pyramide ont été placées plutôt dans telle partie de la forêt, celles du second niveau plutôt dans telle autre. Finalement, une centaine d'ouvriers vont parvenir, en sept ans, à retrouver la place d'environ 70 % des pierres. Au début, ils arpentaient la forêt, une feuille à la main, sur laquelle étaient représentés les différents profils de pierre. Aujourd'hui, ces informations sont dans leur tête : parcourant le terrain, tels des amateurs de puzzle, ils cherchent plusieurs « pièces » à la fois.

Parfois, il s'arrêtent pour reconstruire une petite partie du temple, vérifiant que les éléments s'emboîtent, avant de les transporter sur la pyramide. Lorsqu'une pierre manque et qu'il semble improbable de la retrouver un jour, soit qu'elle fût pillée, soit que, enserrée par de trop grandes racines de fromagers, elle disparût dans le sol, on la remplace par une nouvelle. Au milieu de la forêt, un sculpteur redonne, ainsi, à une danseuse apasara son buste manquant.

UN CHANTIER COLOSSAL

1 - En 1995, cette vue aérienne donne une idée de l'état du temple et de l'avancée des restaurations.

2 - Les pierres sont en grès et pèsent de 300 à 500 kg. Elles sont hissées à l'aide de grues, puis placées dans les trous d'origine.

3 - Les éléments retrouvés sur place sont utilisés pour reconstruire la ruine (technique de l'anastylose). C'est parfois grâce à la mémoire des ouvriers que les pierres peuvent être localisées dans la jungle.

4 - La pose est un travail de haute précision. Une erreur d'un seul millimètre peut se répercuter sur tout l'édifice.

2

En sept ans, une centaine d'ouvriers ont déjà retrouvé la place de 70 % des pierres

3

4

DES FOUILLES INTERMINABLES

Dans le Nord du Cambodge, près de l'immense lac de Tonle-sap, se trouve Angkor, capitale historique de l'empire Khmer. Sur un territoire immense, des souverains (Yasovarman, Suryavarman, Udayadithyavarman et Jayavarman) ont érigé entre le IXe et le XIVe siècles environ 300 temples. Conçus pour les seuls séjour et confort des dieux Shiva, Vishnou ou Bouddha, auxquels ils étaient dédiés. Comme le Báphûon, beaucoup sont des « temples-montagnes », pyramides à gradins réalisées à la ressemblance de la montagne cosmique, le mont Meru, escaliers menant au monde des dieux. La cité d'Angkor aurait été abandonnée vers 1430, à cause des attaques siamoises. Envahie par la végétation, elle disparaît sous la jungle. Grâce à quelques grands voyageurs, le mythe d'une Atlantide engloutie sera colporté à travers le monde. En France, c'est le botaniste Henri Mouhot qui lance le mythe angkorien. En expédition dans la région vers 1860, il révèle l'existence d'une fantastique civilisation disparue : « Vers le quatorzième degré de latitude et le cent deuxième de longitude à l'orient de Paris, se trouvent des ruines si imposantes, fruit d'un travail si prodigieux, qu'à leur aspect on est saisi de la plus profonde admiration. » En 1931, à Paris, le temple d'Angkor Vat est le fleuron de l'exposition coloniale internationale ! Aujourd'hui, Angkor est le plus vaste chantier archéologique du monde. La reconstruction du Báphûon est, elle, entièrement financée par la France.

SCÈNES DU RAMAYANA
Bas-relief représentant des scènes du Ramayana et du Mahabharata (pavillon Est du second étage).

Encore deux ans à lutter contre les pluies et la végétation qui envahit tout

PERFECTION ABSOLUE
Les architectes khmers considéraient les formes carrées et rectangulaires (ici, une porte) comme l'expression de la perfection absolue.

GARDIEN EN BAS-RELIEF
Ce gardien de porte (dvarapala) en bas-relief encadre l'entrée du pavillon Sud au premier étage.

Sur la colline, une deuxième équipe d'environ cent personnes hisse les blocs à l'aide de grues. Au moment de les caler, ils retiennent leur souffle. On place dans les trous, que les premiers bâtisseurs avaient faits dans les pierres pour les transporter, la pointe d'un bâton… Soulagement, la pièce s'adapte, retrouvant sa place séculaire.

En mars 2003, les équipes attaquaient le troisième niveau de la pyramide. Pendant la saison des pluies, il faudra s'interrompre six mois et couvrir le chantier de bâches pour que les eaux n'entraînent pas de nouveaux éboulements. Il y a quelques mois, le Bouddha allongé a ainsi perdu sa face. Encore et encore, il faudra lutter contre la végétation, les intempéries, et reconstruire… pendant au moins deux ans.

Toutankhamon

La police américaine veut croire à **un meurtre**

Trois mille cinq cents ans après les faits, deux limiers américains instruisent la disparition du plus célèbre des pharaons d'Égypte. Sa momie, presque trop loquace, lance un ultime défi aux policiers. Enquête autour d'une mort sur le Nil...

PAR ISABELLE BOURDIAL

De temps à autre, la médecine légale s'autorise un voyage dans le passé, pour se pencher au chevet d'un patient – de préférence illustre –, arraché à sa dernière demeure. En exerçant leur art sur la glorieuse dépouille, ses praticiens espèrent percer le mystère de sa mort, ou tout au moins faire le diagnostic d'un mal sournoisement dissimulé, dont la découverte éclairerait d'un jour nouveau certaines facettes du défunt. De fait, il arrive que des éléments inédits viennent ainsi enrichir et compléter les connaissances des historiens.

Cette fois, la science a jeté son dévolu sur Toutankhamon. Le plus célèbre des pharaons égyptiens, qui vécut au XIVe siècle av. J.-C., est aussi parmi les plus mal connus. On sait qu'il était apparenté à Akhenaton, un des premiers souverains monothéistes de l'Antiquité. Mais c'est moins le règne de ce pharaon discret que sa fin brutale et prématurée qui intéresse aujourd'hui les scientifiques. Car celui qui fut « l'image vivante d'Amon » mourut soudainement dans sa dix-septième année, après avoir régné neuf ans. Ce qui explique la relative sobriété de sa tombe aménagée à la hâte, en comparaison avec le faste présumé et l'envergure de celles des autres souverains de l'Égypte antique, pour autant que l'on puisse en juger, ces dernières ayant toutes, en effet, été pillées.

Quoique visitée par des voleurs, la tombe de Toutankhamon reste encore aujourd'hui la seule tombe royale dont le contenu est resté intact. Elle fut mise au jour par Howard Carter en 1922 dans la Vallée des Rois, qui découvrit un véritable trésor dans ses quatre minuscules pièces. Quelque trois mille objets utilitaires et précieux, quatre chapelles en bois doré enveloppant trois sarcophages magnifiquement ouvragés, le dernier, en or massif, abritant la momie recouverte d'un masque funéraire et chaussée de sandales du même métal... en font la plus prestigieuse sépulture de l'histoire. Après avoir fait l'objet par le passé de moult examens, la momie du « fils de Rê » repose à nouveau dans son tombeau, dans un sarcophage en quartzite recouvert d'une plaque vitrée.

Près de 3 500 ans après les faits, Greg Cooper, chef de la police de Provo (Utah, États-Unis) et profileur (agent chargé d'établir le profil psychologique de criminels) formé par le FBI, et Mike King, directeur de l'Unité d'analyse criminelle de la police d'Ogden (dans le même État), ont tenté de découvrir les causes de la disparition brutale du roi enfant (1). Ils ont tout d'abord examiné les radiographies de la momie, réalisées en 1968, à l'initiative de chercheurs de l'université de Liverpool. À l'époque, ceux-ci avaient constaté, sur les clichés obtenus par rayons X, la présence d'un éclat d'os dans la cavité crânienne évidée et

HOMICIDE ?
La radiographie du crâne du pharaon révèle que ques incongruités : un bout d'os flottant dans l boîte crânienne (flèche du haut), une tache som bre pouvant correspondre à un hématome (flèch du bas)... Toutankhamon aurait-il donc ét frappé mortellement à la tête ?

ASSASSINAT POLITIQUE
Greg Cooper, un policier-profileur formé par l FBI, et Mike King, un scientifique de la polic américaine, ont mené l'enquête et concluent à u assassinat politique.

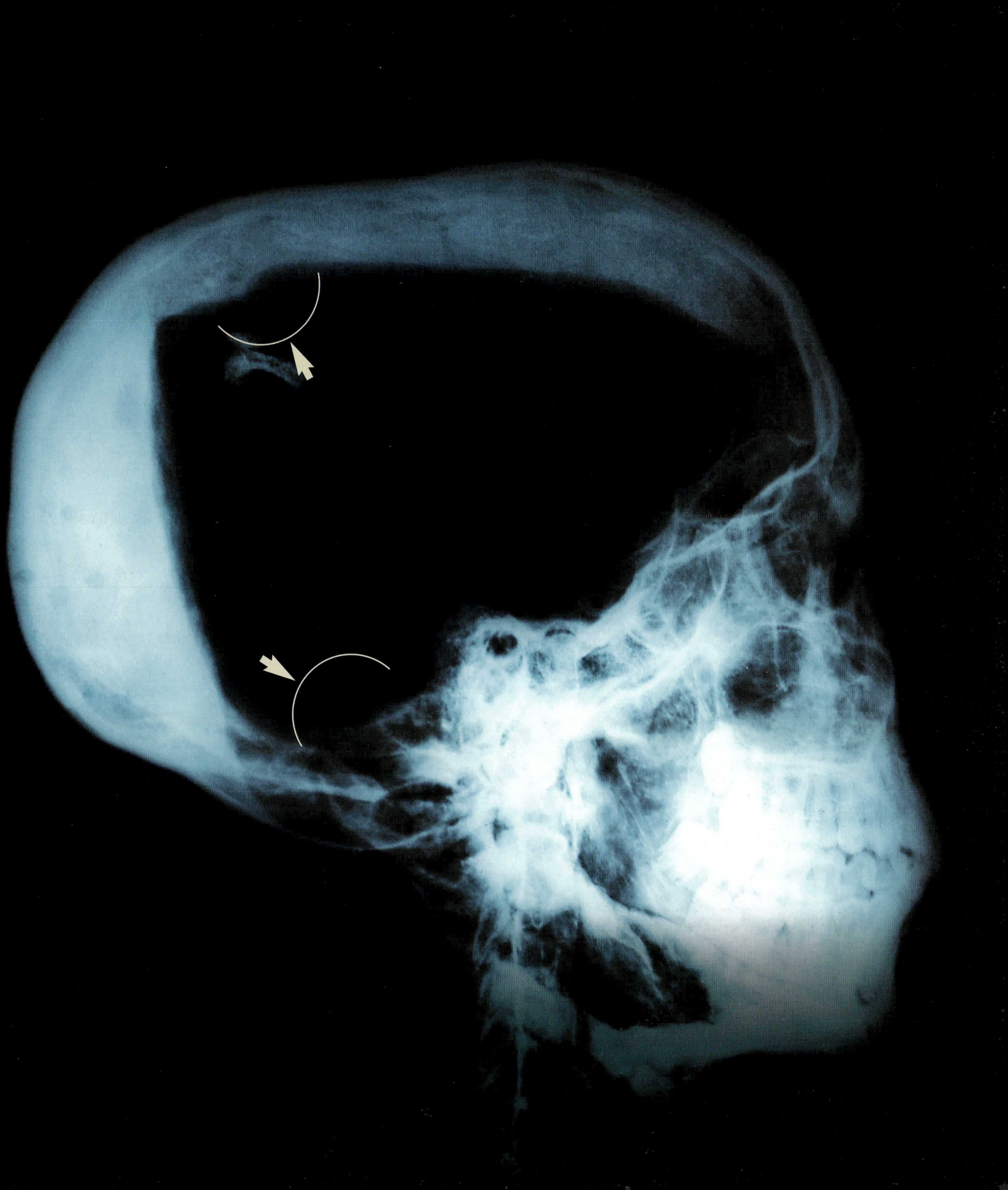

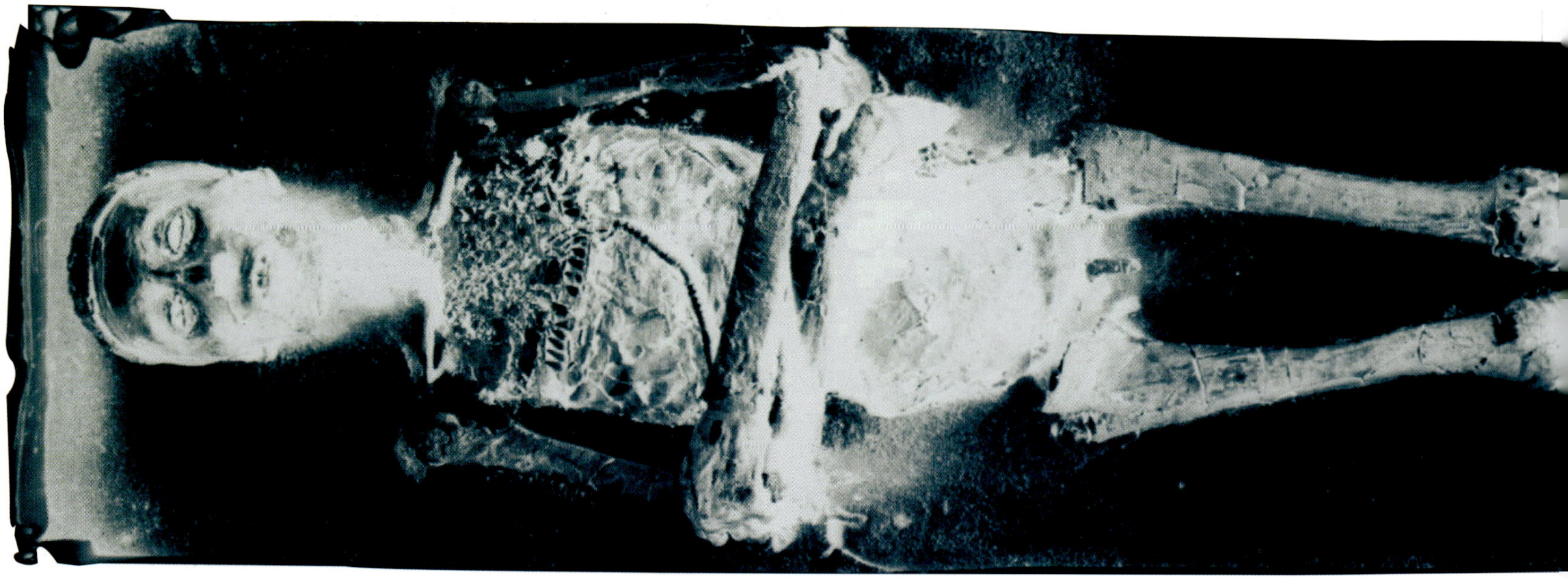

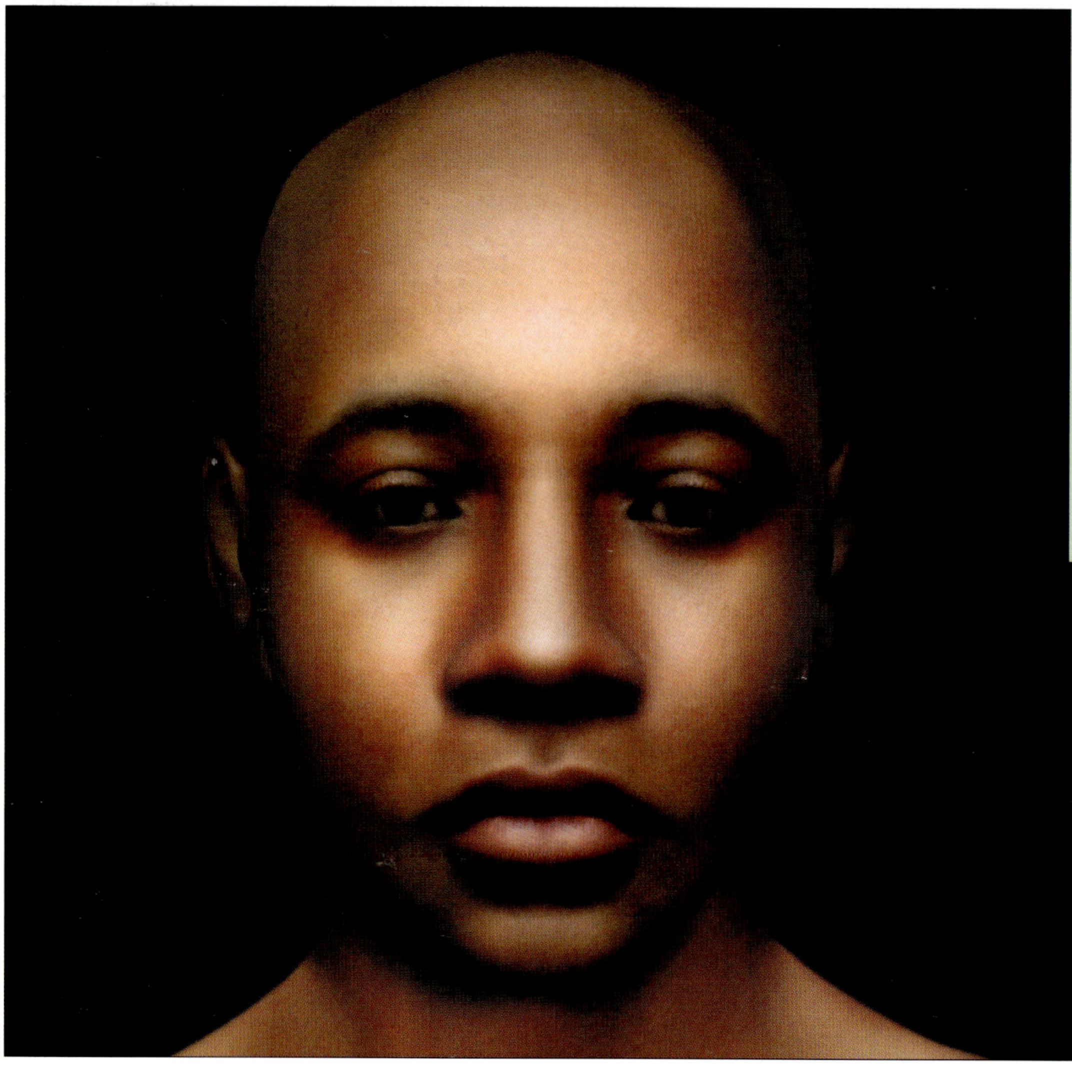

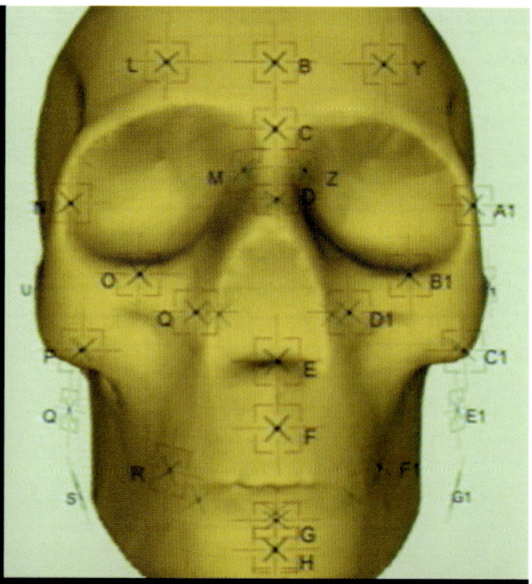

LE VISAGE DE LA MOMIE RÉVÉLÉ

Le Dr Robin Richards, de l'University College London, a reconstitué les traits qui se cachent derrière le fameux masque mortuaire en or. Pour obtenir une reconstitution faciale en fibre de verre, aidé de sculpteurs et de plasticiens, il a utilisé les données anthropométriques recueillies sur les radiographies de la momie, mais aussi sur des individus du même âge et d'un groupe ethnique proche de celui auquel appartenait Toutankhamon. Le vrai visage d'une fausse victime ?

Atteint du syndrome de Klipper-Feil, le pharaon ne pouvait se défendre

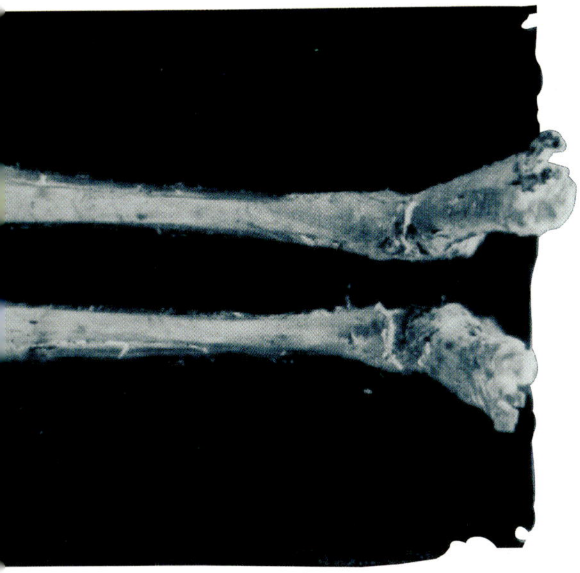

TOUTANKHAMON DANS LA VALLÉE DES ROIS
La momie de Toutankhamon, délivrée de ses bandelettes pour les besoins de l'autopsie et remise dans son tombeau, dans la Vallée des Rois.

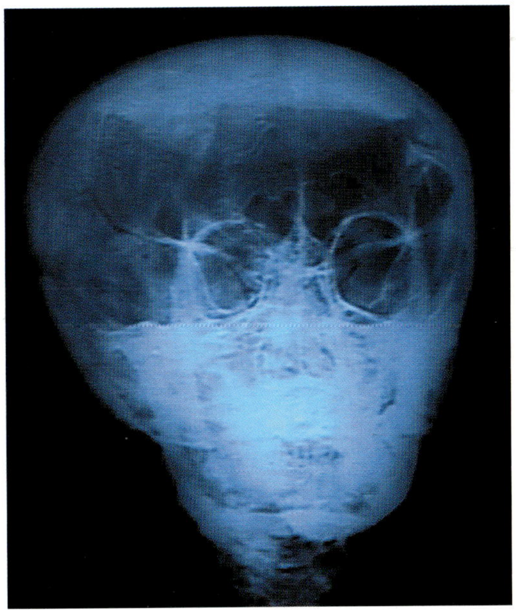

OS DES ORBITES
Les fractures observées sur les os délimitant les orbites ont pu avoir été provoquées par une chute en arrière ou par un coup asséné derrière la tête, qui aurait projeté le cerveau de Toutankhamon contre les os de la face.

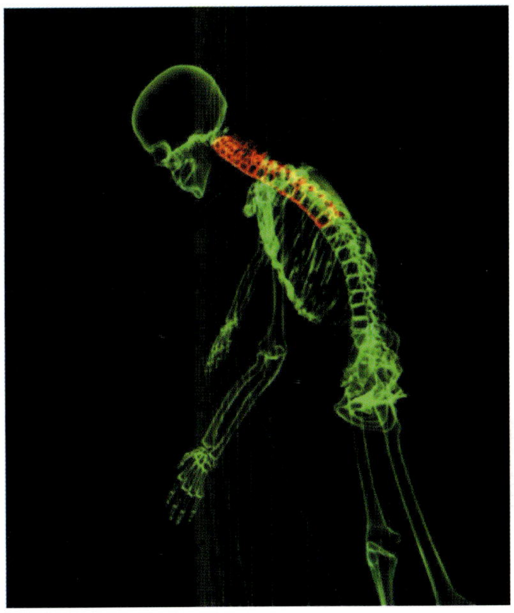

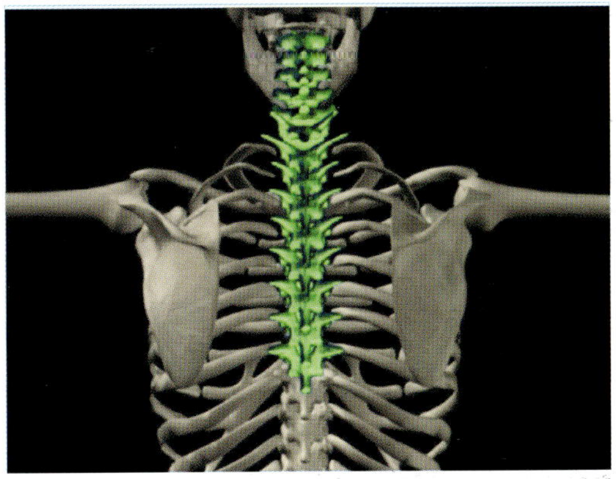

RADIOGRAPHIES ROYALES
Les radiographies de la royale momie montrent que le fils de Râ souffrait d'un syndrome de Klippel-Feil. Sa colonne vertébrale présente une incurvation (ci-contre), associée à la soudure des vertèbres cervicales (en bas).

INFIRMITÉ
Cette malformation entraîne une raideur de la nuque et du thorax. Donc, Toutankhamon ne pouvait se mouvoir avec agilité.

l'existence d'une tache sombre, pouvant correspondre à un hématome. Appuyés par plusieurs experts, dont le Dr Gerald Irwin, directeur du Radiologic Technology Programme, de l'université de Long Island, les Britanniques suggérèrent que Toutankhamon avait peut-être reçu un violent coup à l'arrière du crâne pouvant avoir été à l'origine de sa mort.

LA DÉCOUVERTE D'UNE INFIRMITÉ ROYALE

Récemment, le policier-profileur et le scientifique de la police ont, à leur tour, montré les radiographies de la momie à un radiologue et à un neurologue, qui ont décelé de nouvelles anomalies: la présence de fissures au niveau des orbites qui pourraient, en particulier, s'expliquer par une chute en arrière projetant le cerveau en avant, contre les os de la face. Autre particularité inédite: la fusion de plusieurs vertèbres cervicales associée à une déformation de la colonne vertébrale, qui fait dire au Dr Richard Boyer, radiologue à Salt Lake City, que Toutankhamon souffrait d'un syndrome de Klipper-Feil. Cette malformation du squelette induit une rigidité du cou et du haut du thorax: le pharaon ne pouvait tourner la tête sans faire pivoter son tronc. Pour l'équipe américaine, cette infirmité devait conférer une vulnérabilité particulière au souverain qui, en cas d'affrontement, pouvait difficilement esquiver une attaque, a fortiori dans son dos. Convaincu de l'assassinat, le profileur a aussitôt passé en revue les membres de l'entourage qui auraient tiré profit du crime: Ay, le premier conseiller du roi qui prit sa succession, ou Horemheb, le commandant en chef de l'armée qui montera lui-même sur le trône quelques années plus tard…

«Nos fins limiers ont oublié que dans les attentats politiques, l'assassin est rarement le bénéficiaire de son acte», commente Marc Gabolde. Spécialiste de Toutankhamon et maître de conférence à l'université Paul Sabatier-Montpellier III, il souligne avec ironie que Ravaillac n'a pas succédé à Henri IV, pas plus qu'il n'a été commandité pour accomplir son forfait! Et puis, précise l'égyptologue, aucun document relatif au règne du roi des deux Égypte ne fait référence à un régicide. Les sources historiques ne plaident donc pas en faveur de la thèse de l'assassinat. Et pas davantage, à bien les analyser, les nouveaux éléments anatomiques rassemblés par le duo américain! La mise en évidence du syndrome de Klipper-Feil est certes intéressante, mais elle ne trahit qu'une infirmité ne constituant en rien un appel au meurtre. Et rien n'indique que la tache sombre découverte par les Britanniques corresponde à un hématome. À supposer même qu'il s'agisse d'un caillot de sang, sa présence ne signerait pas plus l'attentat que l'accident, tout comme les fissures des orbites.

L'AUTOPSIE NE RÉVÈLERA RIEN…

Quant à l'éclat d'os flottant dans la boîte crânienne, il pourrait s'être détaché bien après la momification du corps. Enfin, Carter avait, dès 1925, fait procéder à une autopsie de la momie, qui ne livra aucune information intéressante. Mais le corps, mis en pièces puis remonté, sera endommagé lors des manipulations…

Bref, la belle conviction dont font preuve ces Hercule Poirot d'outre-Atlantique ne peut se substituer à une véritable démonstration scientifique étayée. L'épilogue de cette étrange mort sur le Nil reste à écrire…

(1) Leur enquête a fait l'objet d'un documentaire réalisé par Atlantic Productions et diffusé sur la chaîne britannique Channel 5.

CHAPITRE CINQUIÈME

NOUVELLES TECHNOLOGIES

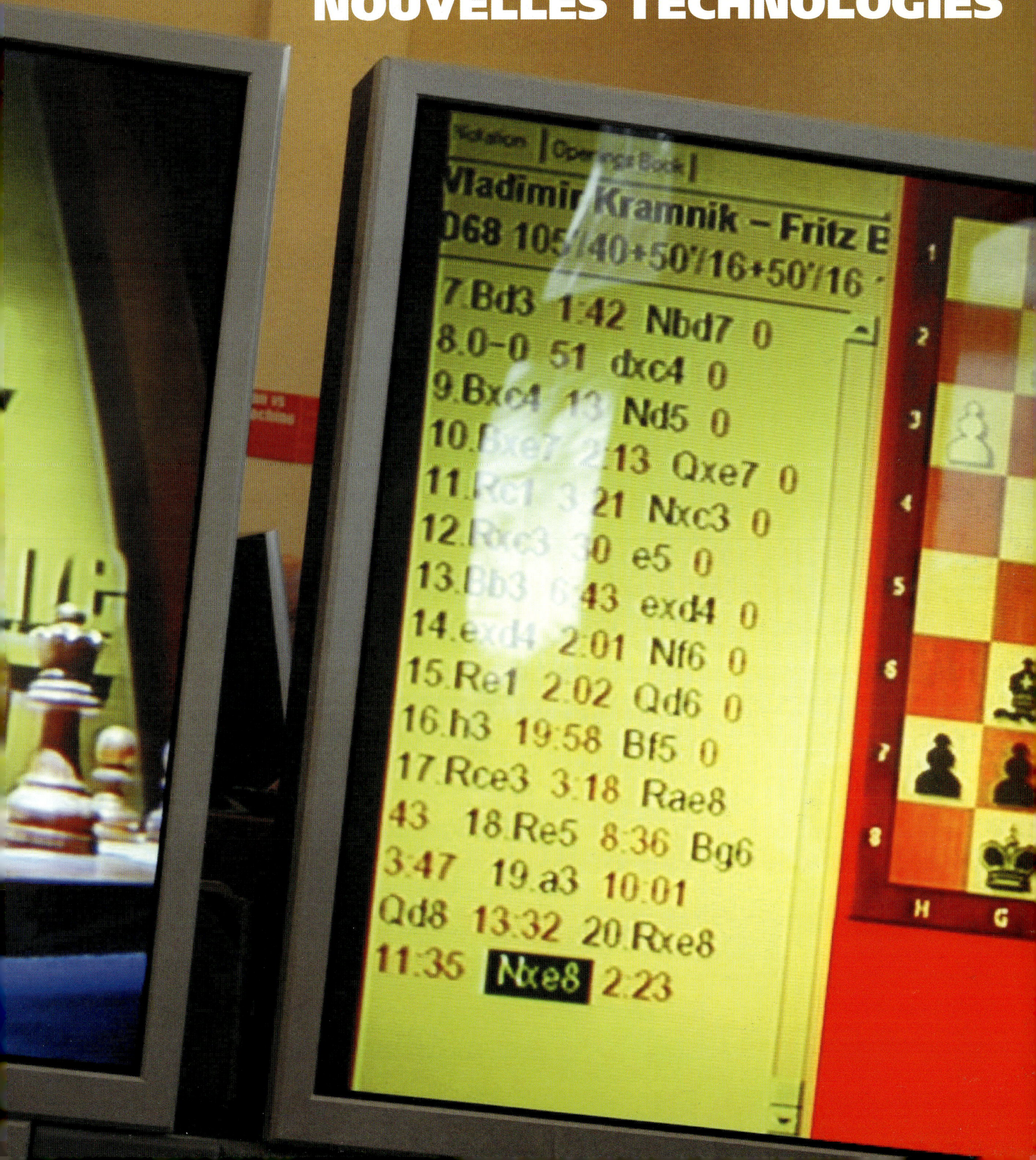

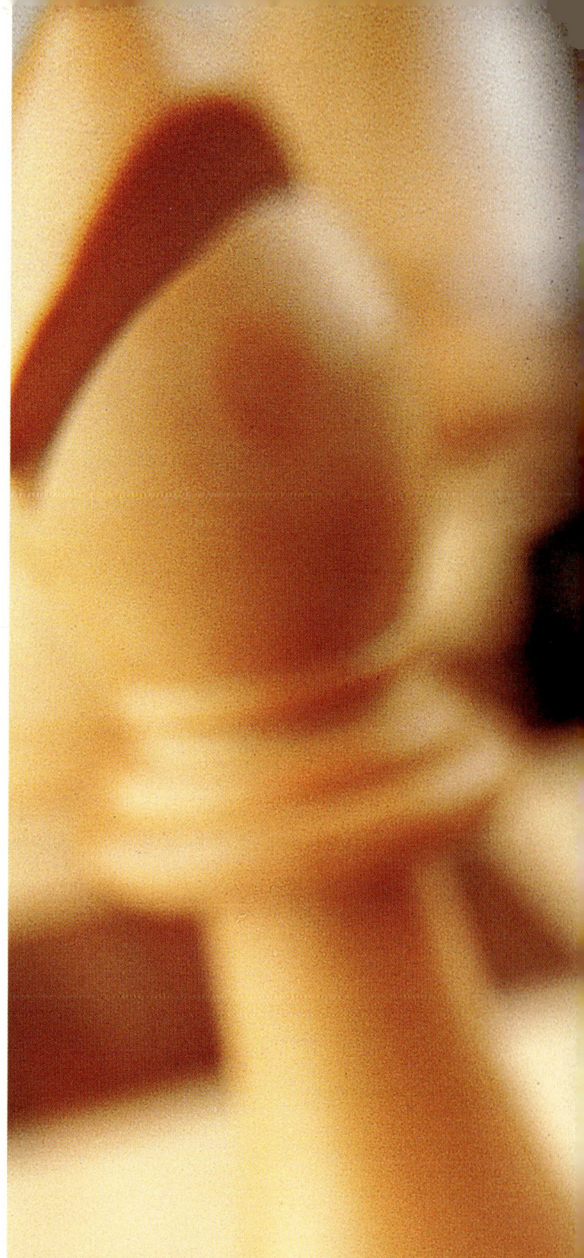

L'échec de l'intelligence artificielle

Alors que se multiplient sur l'échiquier les duels au sommet entre l'homme et la machine, force est de constater qu'il n'existe toujours pas de logiciels qui jouent intelligemment aux échecs… juste des machines qui y jouent de façon très efficace.

PAR HERVÉ POIRIER

Cinq ans après sa retentissante défaite contre le superordinateur d'IBM Deeper Blue, Gary Kasparov, considéré comme « le meilleur joueur d'échecs de tous les temps », se prépare à affronter en décembre 2002 le logiciel israélien Deep Junior. Le devançant de quelques semaines, Vladimir Kramnik, son jeune compatriote russe qui lui a ravi la couronne de champion du monde il y a deux ans, vient, lui, de faire match nul contre le logiciel allemand Deep Fritz. Et en janvier 2002, c'est Evgueni Bareïev, septième joueur mondial, qui affrontera cette fois Hiarcs, un programme anglais. Pas de doute, les rencontres au sommet entre l'homme et la machine sont d'actualité. Mais quels que soient leurs résultats, on peut d'ores et déjà annoncer une défaite… pour l'intelligence artificielle. De fait, jouer aux échecs ne consiste pas seulement à savoir bouger pions, cavaliers ou fous sur soixante-quatre cases dans le but de mater le roi adverse. Les programmes savent certes élaborer des coups dans le respect des règles échiquéennes, mais leur mode de pensée dans ce jeu, symbole s'il en est de l'intelligence, reste foncièrement frustre : étant donné la position des pièces sur l'échiquier, ils essayent dans un premier temps tous les coups possibles, même ceux que n'importe quel amateur rougirait d'envisager, puis ils imaginent toutes les réponses que pourra proposer l'adversaire, mêmes les plus farfelues, puis de nouveau tous les coups légalement envisageables… et ainsi de suite, jusqu'à trouver, dans cet arbre de tous les futurs coups possibles, un chemin vers une position d'échec et mat. On est loin ici de « l'esprit » du jeu. Un esprit que Raoul Capablanca, champion du monde des échecs entre 1921 et 1927, résumait d'un mot : lorsqu'on lui demandait combien de coups il envisageait dans l'analyse d'une position, il répondait « un seul, mais le bon ».

LES LOGICIELS EXPLORENT JUSQU'À 8 COUPS À L'AVANCE…

Pire : la façon de jouer des programmes est intrinsèquement inadaptée à la richesse même des échecs. Tandis que l'arbre du jeu contient en tout quelque 10^{128} nœuds, soit mille milliards de milliards de milliards de milliards de milliards de fois plus de positions qu'il n'y a d'atomes dans l'Univers, Deep Fritz et ses trois millions de positions analysées par seconde ou Deeper Blue et ses deux cents millions ne peuvent en aucun cas explorer cet arbre jusqu'à ses cimes dans les quelques heures imparties pour une partie. « En l'état actuel des technologies, aucune machine ne pourra jamais dire qui des blancs ou des noirs gagne la partie avant qu'elle ne commence », avance ainsi Jean-Gabriel Ganascia, chercheur en intelligence artificielle au LIP6, à Paris. À moins d'entamer les parties

UN COUP STUPIDE…
La machine ne sait pas « jouer » aux échecs. La preuve : au 12e coup de la seconde partie Kramnik/Deep Fritz, celui-ci remet son fou noir sur sa case d'origine. Un déplacement contraire à l'esprit du jeu et qui bloque le développement des noirs.

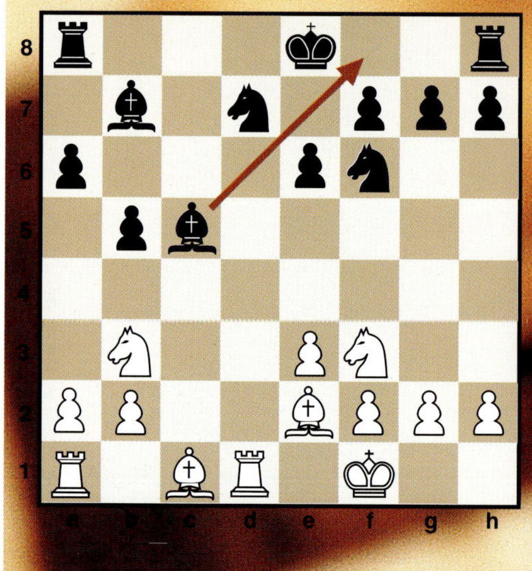

En octobre 2002, à Bahreïn, Vladimir Kramnik, le jeune stratège champion du monde de 27 ans, partait grand favori contre Deep Fritz. Mais après huit parties, il n'est finalement parvenu qu'à faire match nul contre la machine.

LES ENJEUX

En 1995, le superordinateur d'IBM, Deeper Blue, battait le champion du monde des échecs, Gary Kasparov. Et en octobre 2002, le récent champion du monde, Vladimir Kramnik, n'a obtenu que le match nul contre le logiciel Deep Fritz. Est-ce à dire que l'humanité est en passe de devenir inférieure aux machines dans ce jeu, symbole par excellence de l'intelligence ? En fait, ces rencontres au sommet sur l'échiquier sont l'occasion de distinguer ce qui appartient à l'un et à l'autre. Et où l'on peut vraiment parler d'intelligence…

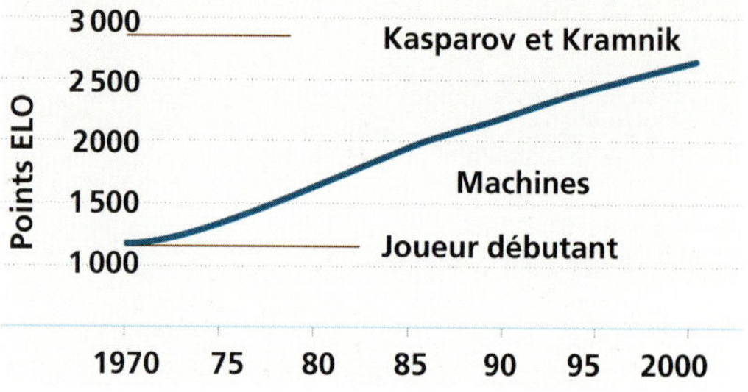

L'ORDINATEUR RATTRAPE L'HOMME
En trente ans, le niveau des machines s'est approché de celui des meilleurs humains.

lorsqu'il ne reste que cinq ou six pièces, ce qui restreint évidemment les calculs, la méthode apparaît bel et bien une impasse…

Pourtant, Deep Fritz a su arracher le match nul contre Kramnik. L'explication est simple : si la stratégie des programmes est rudimentaire, ceux qui les concoctent ne sont pas stupides et ne cessent de les doter de fonctions qui les rendent plus efficaces. « L'élément principal est la fonction d'évaluation, qui détermine si une position est bonne ou mauvaise en fonction du matériel et des positions, explique Christophe Théron, créateur de Chess Tiger, un des logiciels actuellement les plus performants au monde. Elle donnera par exemple un score proche de + 1,00 si la machine a un pion de plus que l'adversaire, mais retirera – 0,40 si deux de ces pions sont sur la même colonne. Par ailleurs, poursuit-il, la machine intègre une fonction de décision pour jouer le coup donnant le meilleur score parmi ceux analysés si le temps de calcul accordé au programme est dépassé, une fonction d'élagage pour éliminer les branches de l'arbre de recherche qui ne mènent qu'à de mauvaises évaluations, d'extension afin d'approfondir certaines variantes en faisant varier la profondeur de la recherche et, enfin, une fonction de mémoire pour accéder immédiatement à des millions de coups éprouvés par la théorie. Le tout, bien sûr, traité par des ordinateurs de plus en plus puissants. » Résultat : « L'augmentation constante de la puissance de calcul et l'amélioration des techniques de programmation permettent aux machines d'approcher le niveau des meilleurs joueurs humains », constate Pierre Nolot, spécialiste des logiciels d'échecs et organisateur de tournois hommes/machines. Capables d'explorer à l'avance l'arbre de leurs huit prochains coups, ces calculateurs trouvent dorénavant des enchaînements de coups pertinents et profitent de la moindre gaffe de l'adversaire.

… MAIS SANS AUCUNE STRATÉGIE

Cet arbre cache pourtant la forêt. Car même dopée, la façon de jouer de Deeper Blue et autres Hiarcs ne ressemble en rien à celle d'un joueur de chair et d'esprit. Ces logiciels ne savent ni apprendre ni s'adapter à des situations nouvelles, ils n'ont pas de stratégie, aucune intuition ni vision du jeu. D'ailleurs, ils ignorent qu'ils jouent aux échecs. Et ne savent pas jouer aux dames ou aux petits chevaux… Il suffit de voir un des coups joués par Deep Fritz contre Kramnik pour se rendre compte que ces machines ne comprennent rien à la finesse du jeu (voir diagramme p. 202). Bref, impossible de leur attribuer une intelligence, qualité réservée aux machines capables d'imiter le comportement humain.

Ce n'est pourtant pas faute d'avoir essayé : « Des tentatives pour développer des programmes d'échecs basés sur l'intelligence artificielle ont bien eu lieu dans les années 70 et 80, se souvient Pierre Nolot. Mais elles ont quasiment toutes été abandonnées, au profit de la puissance de la force brute. » Pourquoi un tel échec ? « Parce que l'on sait peu de choses sur la façon dont jouent les grands maîtres, répond Jean-Gabriel Ganascia. Il est donc très difficile de modéliser les motifs qu'ils ont en tête. » Par exemple, « Vladimir Kramnik a un sens inné de la position, explique Jean-Claude Moingt, capitaine de l'équipe de France d'échecs. Il sait parfaitement où les pièces doivent être placées, mais il n'est généralement pas capable d'expliquer précisément pourquoi. »

Aujourd'hui, Fernand Gobet, psychologue à l'université de Nottingham, en Angleterre, reste l'un des rares à tenter de décrypter ce qui se passe dans la tête des grands joueurs humains. Continuant les travaux qu'Adriaan de Groot, de l'université de Groningen, aux Pays-Bas, avait entamé il y a plus de cinquante ans, il a multiplié depuis dix ans les expériences. Il a ainsi enregistré pendant cinq secondes les mouvements oculaires de joueurs de différents niveaux, devant diverses configurations de jeu (voir dessin page de droite). « Les différences sont frappantes », commente le chercheur suisse. Alors que les grands joueurs balaient du regard tout l'échiquier en s'attardant sur les cases les plus importantes, l'œil du novice couvre un champ beaucoup plus limité en se concentrant principalement sur ses propres pièces. Et seul le premier se souvient de l'ensemble de la configuration. « L'une des caractéristiques des grands joueurs est leur capacité de reconnaissance de formes », résume Fernand Gobet.

La machine ignore même
à quel jeu elle joue

VICTOIRE ARTIFICIELLE
En mai 1997, lors de la rencontre entre Gary Kasparov et Deeper Blue, l'humanité, sous le choc, assiste à la première défaite d'un champion du monde contre une machine.

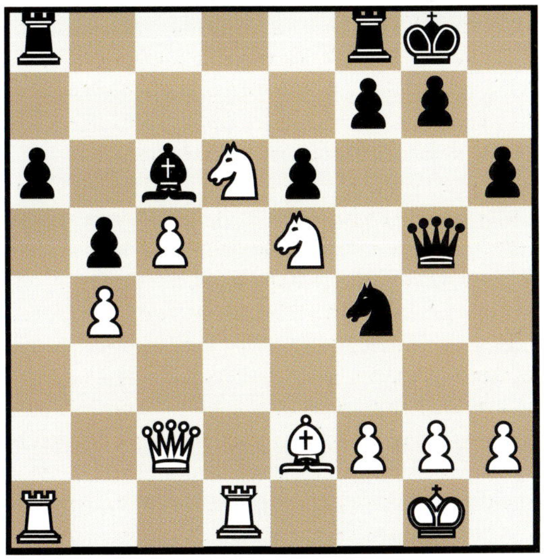

Positions stratégiques dans le jeu

Points fixés par l'œil. (taille proportionnelle au temps de fixation)

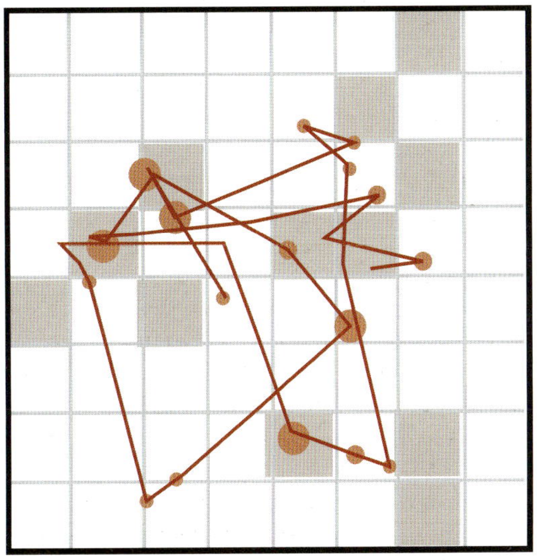

Les mouvements oculaires d'un grand maître sont complexes…

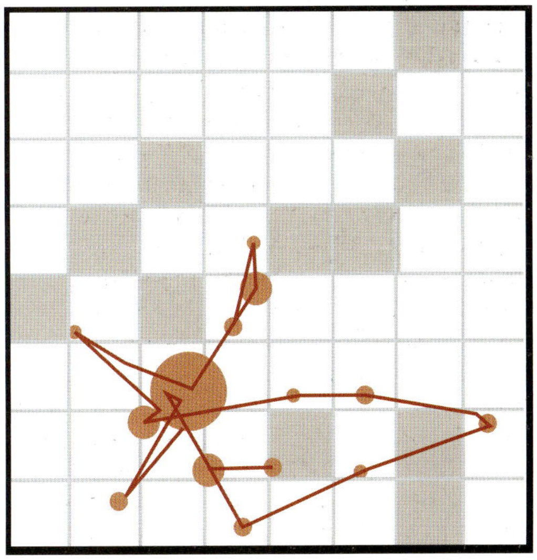

… à la différence de ceux, bien plus limités, d'un débutant.

QUAND L'ŒIL DÉCRIT L'INTELLIGENCE
Le psychologue Fernand Gobet a enregistré les mouvements oculaires de joueurs observant pendant 5 secondes une position sur l'échiquier. Résultat : l'œil d'un grand maître (à g.) balaie l'échiquier en quête de configurations caractéristiques, tandis que celui d'un joueur plus faible (à d.) se limite à une petite partie de l'échiquier.

Christophe Théron
CRÉATEUR DU LOGICIEL
CHESS TIGER

« L'homme n'a jamais réussi à créer une reproduction de son intelligence »

IL EN PENSE

« L'intelligence des logiciels est à l'extérieur. Lorsqu'on joue contre "l'ordinateur", on joue en quelque sorte contre la production intellectuelle de toutes les personnes ayant contribué à sa conception, démultipliée par la vitesse de calcul incroyable des machines actuelles. Mais j'emploie le terme "production intellectuelle" et non pas "intelligence", car jusqu'à maintenant, l'intelligence humaine a toujours échoué à créer une reproduction, même très modeste, d'elle-même, en particulier de sa capacité à résoudre les problèmes nouveaux qu'elle rencontre. Il existe bien des techniques d'apprentissage qui évitent de rejouer un coup que le programme a estimé, a posteriori, être une erreur, mais si elles donnent l'illusion que le programme peut apprendre, je n'y vois pas une preuve d'intelligence. Juste un peu moins de stupidité. Quand un programme d'échecs se rendra compte que son adversaire exploite de façon répétée une de ses faiblesses, identifiera cette faiblesse et s'adaptera de façon à la corriger, alors j'admettrai que ce programme est "intelligent". Mais nous en sommes assez loin... »
Informations : www.chesstiger.com

AWÉLÉ

MATÉRIEL
Un plateau en bois creusé de 12 trous (6 dans chaque camp), plus 48 graines.

PRINCIPE
À tour de rôle, les joueurs sèment les graines d'un de leurs trous sur les trous suivants. Ils ramassent les contenus des derniers trous si ceux-ci ont 2 ou 3 graines. Le gagnant est celui qui a ramassé le plus de graines.

NOMBRE DE POSITIONS
889 063 398 406

HOMME/MACHINE
Les informaticiens néerlandais de l'université libre d'Amsterdam viennent de résoudre le jeu : la machine connaît toutes les configurations possibles. Elle ne pourra donc plus jamais perdre de partie !

LES DAMES

MATÉRIEL
Un damier de 100 cases noires et blanches, 20 pions noirs et 20 blancs placés sur les cases blanches.

PRINCIPE
Les deux joueurs avancent, tour à tour, un pion diagonalement, qui peut prendre un pion adverse en sautant par dessus ou se changer en dame à l'extrémité du damier. Le but est de prendre tous les pions adverses.

NOMBRE DE POSITIONS
10^{32}

HOMME/MACHINE
Les machines ne sont pas encore au niveau des meilleurs humains : le meilleur programme actuel, Buggy, du Français Nicolas Guibert a perdu en 2001 contre le onzième joueur mondial... mais de justesse.

LA RIVALITÉ ENTRE STRATÉGIE ET TACTIQUE

Voilà bien ce qui oppose l'homme à la machine : celle-ci est une tacticienne, une virtuose du déplacement qui trouve des combinaisons grâce à sa puissance brutale de calcul, tandis que l'homme est un stratège, un champion du positionnement, qui reconnaît des structures organisées grâce à sa vision globale du jeu. D'après les simulations de Fernand Gobet, la mémoire d'un grand maître ne contiendrait que 300 000 dispositions différentes – ce qui est ridicule comparé au nombre de dispositions possibles –, mais adaptées à de nombreuses situations, elles lui permettent des diagnostics très rapides.

Fort de ses expériences, Fernand Gobet tente actuellement d'élaborer le premier joueur d'échecs artificiel intelligent, qui s'inspire de la perception et de la mémoire des grands maîtres pour analyser les formes et apprendre à traiter des configurations de plus en plus complexes. « Le problème, déplore-t-il, c'est que la reconnaissance de formes est une des facultés les plus difficiles à inculquer à une machine. » Il est déjà difficile de concevoir un programme qui différencie une table d'un tabouret, alors reconnaître la défense berlinoise de la variante est-indienne... « Le niveau de mon logiciel est encore très faible », avoue ainsi le chercheur.

Mais n'est-ce pas voué à l'échec ? « À cause des différences radicales entre les dispositifs électroniques et le cerveau, les programmes conçus pour être efficaces pourraient avoir un fonctionnement totalement différent des dispositifs conçus pour imiter le comporte-

Plus les jeux sont ouverts, et moins les machines gagnent

OTHELLO

MATÉRIEL
Un othellier de 64 cases, et 64 pions bicolores, noirs d'un côté, blancs de l'autre.

PRINCIPE
Chaque joueur a sa couleur. À son tour, il pose un de ses pions sur une case vide de façon à encadrer les pions adverses et les retourner. Le gagnant est celui qui a le plus de pions de sa couleur sur l'othellier.

NOMBRE DE POSITIONS
10^{60}

HOMME/MACHINE
Les machines excellent à ce jeu très calculatoire. En 1997, le programme Logistello du Canadien Michael Buro a gagné un match contre le champion du monde japonais Takeshi Murakami, sur le score sans appel de 6 à 0 !

LES ÉCHECS

MATÉRIEL
Un échiquier de 64 cases noires et blanches, deux séries de 16 pièces, noires et blanches.

PRINCIPE
Chaque pièce se déplace de façon spécifique. Elle peut manger une pièce adverse en atterrissant sur la case qu'elle occupe. Le gagnant est le joueur qui réussit à manger le roi de son adversaire.

NOMBRE DE POSITIONS
10^{128}

HOMME/MACHINE
En vingt ans, les machines sont passées du niveau de débutant à celui de grand maître. Actuellement, seuls une dizaine de joueurs humains peuvent espérer les battre régulièrement. Mais sans doute plus pour très longtemps.

GO

MATÉRIEL
Un plateau carré quadrillé avec 361 points d'intersection, 180 pierres blanches et 181 pièces noires.

PRINCIPE
Les deux joueurs posent, chacun à leur tour, leurs pierres sur n'importe quel point d'intersection du plateau. Le but du jeu est d'entourer le maximum de territoires avec les pierres d'une même couleur.

NOMBRE DE POSITIONS
10^{172}

HOMME/MACHINE
Dans ce jeu très visuel, la machine est incapable de battre un bon amateur. Une fondation taïwanaise a décidé de donner 1,6 million de dollars au premier logiciel capable de battre un expert.

ment humain », pressentait déjà dans les années 60 l'Américain Herbert Simon, l'un des fondateurs de l'intelligence artificielle. L'efficacité aux échecs ne requiert pas obligatoirement de l'intelligence… « Les machines ont trouvé une autre voie », résume Jean-Claude Moingt.

Cette voie alternative a été développée pour de nombreux autres jeux (voir tableau ci-dessus). À l'awélé, jeu africain purement tactique, elle a rendu les machines invincibles alors qu'au go, jeu asiatique purement stratégique, elle n'a jamais permis aux ordinateurs d'atteindre le niveau d'un bon amateur. Le jeu d'échecs, lui, semble abordable par les deux méthodes : par la voie tactique basée sur les calculs brutaux et par la voie stratégique fondée sur la reconnaissance de formes. C'est le lieu de rencontre idéal de deux modes de pensée opposés.

Certes, la brutale stupidité des machines devient de plus en plus efficace. Selon la plupart des experts, lorsque les programmes parviendront à explorer machinalement jusqu'à quatorze coups à l'avance, soit traiter un milliard de nœuds par seconde, ils domineront l'humanité. Deeper Blue, démantelé après sa victoire contre Kasparov, et ses deux cents millions, n'en était pas si loin. Mais vu la taille de l'arbre, les machines ne pourront jamais aller au bout de leurs calculs. Elles seront donc toujours incapables de faire face aux stratégies à long terme, dont l'avantage se mesure au-delà de son anticipation. Pire : selon Jean-Gabriel Ganascia, « des études sur le jeu d'Othello ont montré l'existence d'un "effet horizon", valable aussi pour le jeu d'échecs : la fonction d'évaluation étant nécessairement imparfaite, l'augmentation de la profondeur d'analyse ne fait pas obligatoirement augmenter la qualité de jeu. » Sans compter que la machine fait aussi progresser le niveau des humains… « Les êtres humains auront toujours leur chance », conclut le chercheur en intelligence artificielle. Car pour eux, ce jeu est et sera toujours une question d'intelligence.

Pour les jeux, remerciements à Variantes, www.variantes.com

Napoléon

Le **Synchroton** fait enfin la lumière sur sa mort

La découverte d'arsenic dans les cheveux de Napoléon nourrit depuis 40 ans la thèse qu'il aurait été empoisonné. Pendant 18 mois, nous avons mené l'enquête... Moins romanesques, nos conclusions se révèlent tout autres.

PAR ISABELLE BOURDIAL

L'an passé encore, des travaux scientifiques nourrissaient la thèse de l'empoisonnement de l'Empereur. Validant les très fortes teneurs en arsenic relevées dans ses cheveux, leurs auteurs affirmèrent que cet arsenic ne pouvait provenir d'une pollution extérieure. Tout simplement parce que des concentrations identiques étaient enregistrées après le lavage minutieux des cheveux.

Encouragés à poursuivre, certains historiens se sont évertués à élucider les circonstances de cet empoisonnement, auquel manquait, tout de même, un coupable (Montholon ?) et un mobile (l'argent, la gloire, l'amour ?). Parallèlement, il fut des médecins pour confirmer qu'il était impossible de conclure que Napoléon ait succombé à un cancer de l'estomac.

Si le jeu de la science consiste aussi à remettre en cause les conclusions des travaux antérieurs, Science & Vie s'y est prêté avec enthousiasme et rigueur. Et nos conclusions sont fort différentes : 1) Napoléon n'a pas été empoisonné à l'arsenic ; 2) Tout invite à penser qu'il est bel et bien mort d'un cancer de l'estomac. Voici pourquoi.

UNE MORT MYSTÉRIEUSE ? Trouvée dans les cheveux de l'Empereur, décédé le 5 mai 1821, la présence d'arsenic a suscité les plus folles théories...

La thèse de l'empoisonnement à l'arsenic ne tient pas

Au terme de dix-huit mois d'enquête approfondie et après avoir fait procéder à de nouvelles analyses des cheveux de Napoléon, *Science & Vie* remet aujourd'hui en cause la thèse qui veut que l'empereur ait été empoisonné à l'arsenic. Explications.

Napoléon n'en finit pas de mourir. Depuis ce fatidique 5 mai 1821 où il rendit l'âme à Sainte-Hélène en fin d'après-midi, exactement à 17 h 50, le vainqueur d'Iéna est décédé plus souvent qu'à son tour. Victime d'un cancer de l'estomac ou d'un abcès du foie, supprimé à l'instigation des Anglais ou du comte d'Artois (futur Charles X), assassiné par un mari jaloux et même, récemment, occis par accident... Seule constante pour les versions criminelles de cette mort impériale : l'arsenic apparaît chaque fois comme l'arme du forfait, mâtiné de cyanure de mercure pour faire bonne mesure. Pourtant, lorsque l'Empereur trépassa au terme de cinq années et sept mois d'exil sur l'île de Sainte-Hélène perdue dans l'Atlantique sud, les causes de son décès avaient été établies par son médecin personnel, le Dr Antommarchi, et par les sept médecins anglais ayant pris part à l'autopsie : leur description des lésions cancéreuses de l'estomac du défunt ne laisse aucun doute, en apparence.

Est-ce parce que les légendes ont la vie dure et que les héros ne peuvent mourir comme le commun des mortels ? Toujours est-il qu'au début des années 60, un stomatologue suédois fait fi de la thèse officielle concluant à une mort naturelle pour émettre une hypothèse promise à un bel avenir : celle de l'assassinat. Sten Forshufvud a fait analyser quelques cheveux de l'illustre exilé et y a trouvé... de l'arsenic. En quantité importante ! Convertis à la thèse d'un empoisonnement, d'autres historiens amateurs, tels que le Canadien Ben Weider ou le Français René Maury, vont échafauder des intrigues politico-romanesques censées expliquer le meurtre de l'Empereur. Toutes s'accordent sur un point : le rôle qu'aurait tenu dans cette sinistre affaire le comte Charles de Montholon, un des compagnons d'exil de l'Empereur. Avec des variantes : parfois, ce général agit pour le compte du bureau de Londres ; d'autres fois, c'est la jalousie qui le pousse à faire périr celui qui fut l'impérial amant de sa femme... Une récente version n'est pas moins audacieuse. Loin de vouloir attenter à la vie de Napoléon, Montholon aurait seulement cherché à le rendre malade afin que le proscrit soit rapatrié ; mais l'administration de médicaments à base de mercure aurait finalement eu un effet désastreux... (voir Science & Vie n° 994, p. 92).

LE PLAUSIBLE FACE AU FARFELU

Le croirait-on ? Ces scénarios rocambolesques s'appuient sur des études scientifiques. Car, c'est un fait incontestable : toutes les analyses, qui s'échelonnent jusqu'en juin 2001, montrent bel et bien une concentration anormalement élevée en arsenic dans les che-

CHRONOLOGIE

6 OCTOBRE 1816
Exilé, Napoléon débarque à Sainte-Hélène et réside à Longwood

5 MAI 1821
L'Empereur s'éteint, au terme d'une année de souffrances

1961
Le stomatologue suédois Sten Forshufvud lance l'hypothèse d'un empoisonnement à l'arsenic

2001
Les analyses demandées par Science & Vie invalident cette hypothèse

La science peut dire avec certitude ce qui est plausible et ce qui est farfelu !

veux de Napoléon. Oui, mais l'interprétation qui en fut donnée par les commanditaires des études est sujette à caution pour la grande majorité des historiens, des médecins et des scientifiques ayant eu connaissance de ces résultats. Ce qui n'empêche pas la thèse de l'assassinat d'être publiquement présentée encore aujourd'hui comme une certitude. Pour tirer l'affaire au clair, nous avons entrepris, à Science & Vie, de mener notre propre enquête en procédant à d'autres analyses effectuées sur des cheveux prélevés sur le défunt, mais aussi de son vivant, en 1805 et en 1814, avant son arrivée à Sainte-Hélène. Certes, la science ne peut à elle seule faire la lumière sur un événement passé, mais elle a l'incontestable mérite de dire le plausible et d'écarter le farfelu. Les conclusions auxquelles nous parvenons en témoignent…

Nous avons confié au Pr Ivan Ricordel, qui dirige le laboratoire toxicologique de la préfecture de Police de Paris, le soin de mener ces recherches avec Pierre Chevallier, du Laboratoire pour l'utilisation du rayonnement électromagnétique (LURE, à Orsay), et Georges Meyer, du département de recherche sur l'état condensé, les atomes et les molécules (DRECAM, CEA, Paris). Leur mission ? Procéder à de nouveaux examens afin d'établir si nos échantillons étaient imprégnés d'arsenic et en quelle proportion ; et, dans l'affirmative, comment ce poison était distribué le long des fibres capillaires.

LES CHEVEUX DISSÉQUÉS
Dans un accélérateur de particules, les électrons, déviés par un champ magnétique, émettent un faisceau intense de photons qui vient frapper le cheveu de l'empereur (au centre de l'image ci-contre). Ci-dessous : En retour, le cheveu émet des rayons X dont le spectre est analysé en temps réel. Résultat : la preuve de la contamination à l'arsenic est indiscutable.

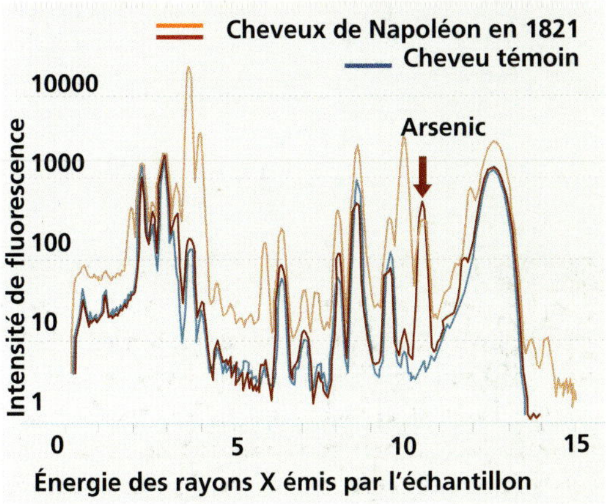

UN PIC D'ARSENIC !
À chaque élément chimique du cheveu correspond un pic. Or, l'analyse d'un cheveu de Napoléon révèle une présence significative d'arsenic (flèche rouge). Le niveau d'arsenic est très bas sur le cheveu témoin.

FAITS & CHIFFRES

19 cheveux de Napoléon ont été analysés à plusieurs reprises, sans être détruits. Plus de 1000 mesures ont été pratiquées sur les cheveux, allant jusqu'à 100 mesures par cheveu, espacées l'une de l'autre de 0,5 millimètre au minimum. L'arsenic absorbé migre dans le sang et gagne la racine des cheveux en 24 heures. Cette empreinte s'éloigne du cuir chevelu à mesure que pousse le cheveu. Chaque capillaire pousse en moyenne d'un tiers de millimètre par jour, soit environ de 1 centimètre par mois. Toutefois, cette vitesse varie d'un individu à l'autre, d'un cheveu à l'autre, d'un instant à l'autre. Impossible donc de « lire » la date d'ingestion du toxique sur un cheveu.

LA PREUVE PAR NEUF QU'IL N'Y A PAS EU D'INTOXICATION

Les cheveux de Napoléon analysés à l'aide du synchrotron contenaient de l'arsenic en quantité bien supérieure aux teneurs habituellement rencontrées. Ces résultats pourraient indiquer que l'organisme de l'Empereur a été intoxiqué. Trois faits précis montrent, au contraire, qu'il ne s'agit pas d'une intoxication par ingestion, mais d'une contamination des cheveux : ceux coupés en 1805 et en 1814, avant l'exil, sont déjà imprégnés d'arsenic (1) ; la répartition du poison sur les cheveux est assez homogène (3). Certains capillaires ont toutefois des concentrations massives ponctuelles (2) ; Napoléon aurait ainsi dû absorber de l'arsenic presque tous les jours, pendant au moins 15 ans, à des doses parfois colossales…

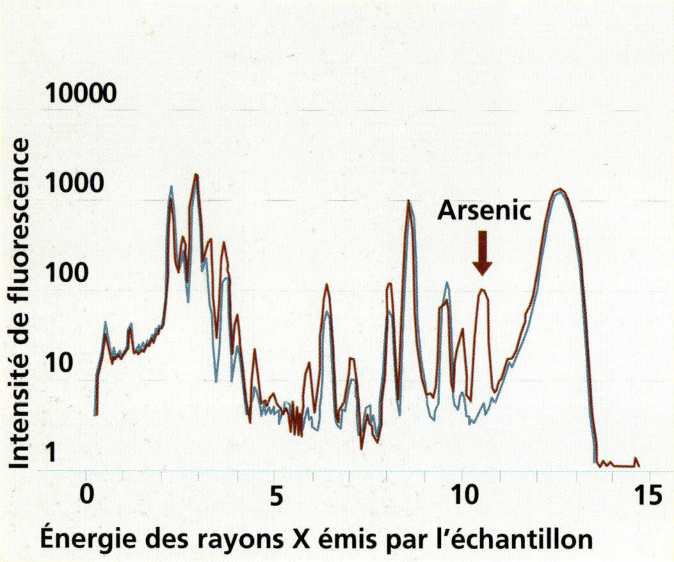

1. SUR L'ÎLE D'ELBE, DÉJÀ
À chaque pic enregistré correspond un élément chimique présent dans l'échantillon analysé par fluorescence X. Sur ce cheveu de Napoléon datant de 1805 (en rouge), l'arsenic est présent en grande quantité (flèche). En bleu, un cheveu témoin.

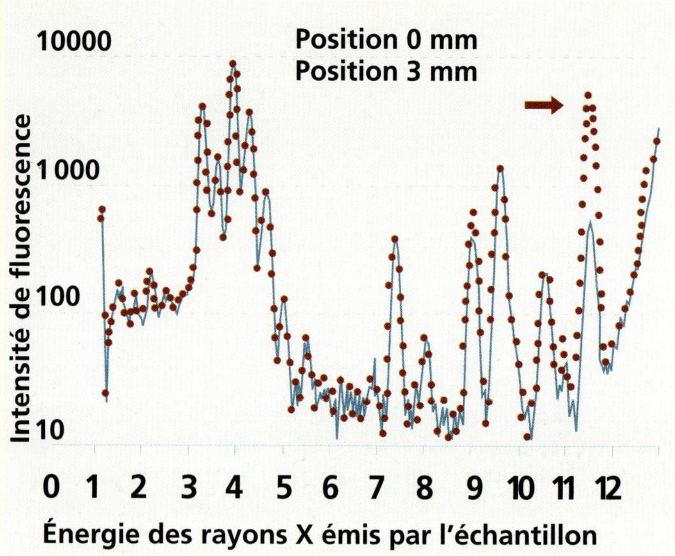

2. DES PICS ÉTONNANTS
En bleu, la courbe de fluorescence d'un cheveu à l'une de ses extrémités : elle montre qu'il contient de l'arsenic. En rouge, celle du même cheveu mesurée à 3 mm de distance : il s'y trouve 10 fois plus d'arsenic (échelle logarithmique).

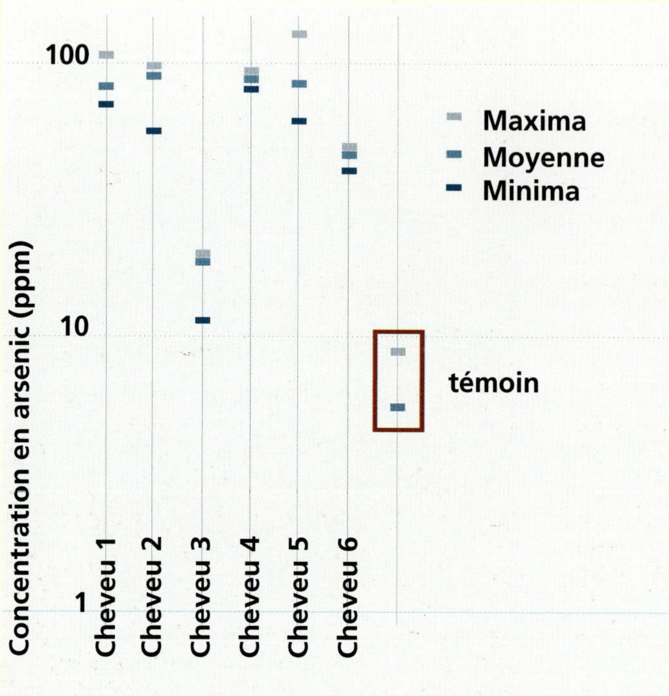

3. DES DOSES HOMOGÈNES
Les teneurs en arsenic relevées sur les cheveux sont homogènes. En bleu, la teneur moyenne, en noir la plus petite valeur mesurée, en gris la plus grande. Pour figurer sur ce dessin, les teneurs arsenicales des cheveux témoins (dans le cadre) ont été multipliées par 100.

DES MANIPULATIONS RIGOUREUSES
Les outils utilisés pour conduire les analyses sont d'une telle sensibilité que tout contact avec les cheveux est formellement proscrit.

IL SERAIT MORT AVANT

Voici (illustration ci-contre) quelques mesures d'arsenic prises sur des points espacés de deux millimètres, sur un cheveu de Napoléon coupé après sa mort. Les mesures sont ici reportées sur l'image d'un cheveu quelconque réalisée au microscope électronique. Or, elles sont assez homogènes, à l'exception d'un pic très important, qui atteint 296 ppm ! Napoléon n'aurait probablement pas survécu si cette imprégnation du cheveu correspondait à une intoxication.

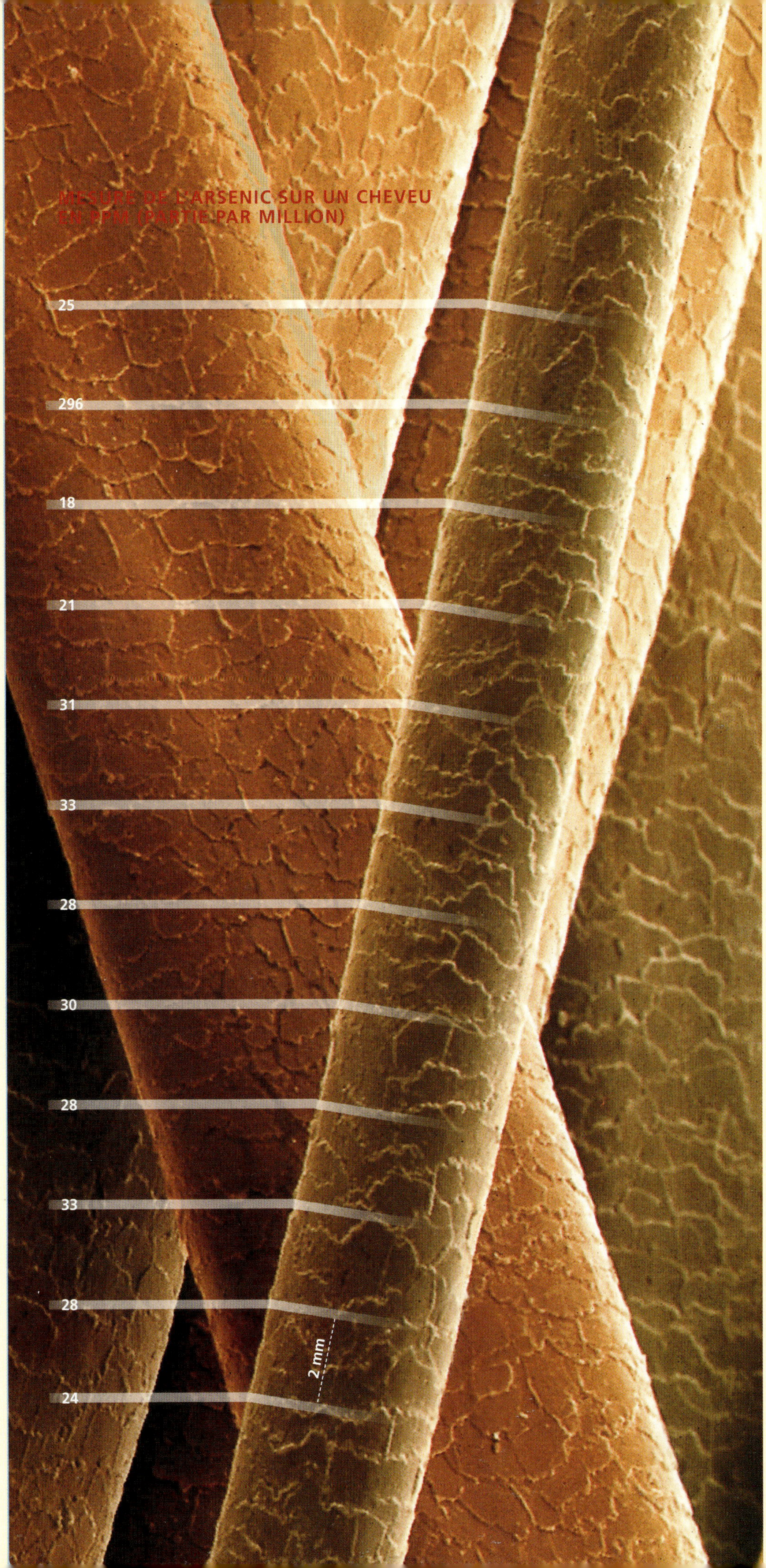

LA SCIENCE DU CRIME
Ivan Ricordel (à gauche), directeur du Laboratoire de toxicologie de la préfecture de Police de Paris, et Pierre Chevallier (au centre), du Laboratoire pour l'utilisation du rayonnement électromagnétique à Orsay, entament les analyses que nous leur avons commandées à la fin de l'an 2000.

LES RAISONS D'ÊTRE CONTAMINÉ

Il faut savoir que tous les cheveux contiennent naturellement des traces d'arsenic, à des teneurs en général inférieures à 0,8 partie par million (ppm). Des valeurs supérieures à 3 ppm sont considérées comme anormales; au-delà de 10 ppm, la contamination est assurée. Celle-ci peut avoir une origine externe et provenir, par exemple, d'un saupoudrage de composés arsenicaux destinés à conserver une mèche de cheveux dans un médaillon, ou bien découler de l'exposition du sujet, de son vivant, à des produits contenant de l'arsenic, tels notamment des produits capillaires... L'arsenic aurait alors une origine exogène. Mais le produit peut tout aussi bien avoir été avalé et, après avoir migré dans le sang, apparaître dans la chevelure du sujet. Il s'agit cette fois d'une intoxication. Ingéré, cet élément chimique passe en effet rapidement dans le sang: en quelques heures, il gagne alors les follicules pileux, ces petites vésicules situées à la base du cheveu; et au bout de vingt-quatre heures, on peut le détecter à la racine de la chevelure. La vitesse moyenne de pousse d'un cheveu étant d'un tiers de millimètre par jour, la distance qui sépare cette trace arsenicale de la racine sera donc d'un centimètre au bout d'un mois.

SAVOIR ANALYSER SANS ALTÉRER

À partir de ces données, nous espérions, si les échantillons dont nous disposions contenaient bien de l'arsenic, que les analyses permettraient d'établir l'origine – exogène ou endogène – de leur imprégnation. Car, pour le reste, nul instrument scientifique n'est en mesure d'établir l'empoisonnement, cet acte ne se caractérisant par aucune grandeur mesurable. Seule l'intentionnalité de son auteur le définit, en effet, et, ici, c'est à l'historien, et non au chimiste ou au physicien, qu'il incombe d'en apporter la preuve.

Les cheveux furent tout d'abord observés au microscope optique, pesés, mesurés et lavés dans des bains successifs d'eau et d'acétone. Puis ils furent amenés au LURE et soumis au faisceau de son synchrotron. L'utilisation du synchrotron présentait plusieurs avantages, dont celui de ne pas détruire la fibre capillaire. Les mesures pouvaient (et pourront) donc être reproduites. Le principe de fonctionnement de cet accélérateur de particules permet d'en comprendre la raison. Dans un synchrotron, les électrons, déviés par un champ magnétique, sont soumis à une accélération et émettent un rayonnement (dit « synchrotron ») sous forme d'un faisceau intense de photons (particules de lumière). Ce faisceau passe dans un monochromateur, une sorte de filtre qui sélectionne des photons d'une énergie choisie. Ceux-

« Si l'arsenic était la cause de la mort, Napoléon aurait trépassé trois fois »

ci viennent ensuite frapper l'échantillon à analyser. Ces particules triées sur le volet vont exciter les atomes de l'échantillon. En revenant à un état stable, ceux-ci émettent des rayons X d'énergie caractéristique de l'élément chimique. Ce phénomène, dit de « fluorescence X », permet ainsi d'identifier les éléments chimiques présents là où l'échantillon a été touché par le faisceau. Dans notre cas, sur le spectre de fluorescence recueilli, une réponse dans un niveau d'énergie de 10,5 kilo-électron volt (keV) devait dès lors trahir la présence d'arsenic. Sa quantité étant déterminée par l'amplitude du signal perçu (voir courbe p. 211), c'est-à-dire l'intensité de radiations émises.

Point important : si la fluorescence X est couramment employée en laboratoire sur des échantillons de quelques grammes, dans un synchrotron, la focalisation extrême du faisceau permet l'analyse d'échantillons infiniment plus modestes. De plus, ici, l'intensité du rayonnement rend possible la recherche d'éléments en très faible concentration. Et il est également envisageable de sélectionner une énergie particulière pour favoriser la recherche d'un élément chimique donné, tel l'arsenic. Enfin, la mesure peut être répétée en des points distants de moins de 1 millimètre. Pierre Chevallier a ainsi pu réaliser jusqu'à cent mesures sur un même cheveu. Une propriété essentielle, car, dans le cas d'une intoxication chronique à l'arsenic, le cheveu contient forcément cet élément en quantité notable sur toute sa longueur ; tandis qu'une intoxication isolée, limitée dans le temps, se traduit par un pic. En révélant avec précision la répartition de l'arsenic, la fluorescence X avait donc de bonnes chances d'apporter de nouveaux éléments d'enquête. Encore fallait-il trouver de l'arsenic…

« Au vu des premiers résultats, raconte Ivan Ricordel, nous nous sommes dit que si l'arsenic était la cause de la mort, alors Napoléon aurait trépassé au moins trois fois ! » De fait, tous les échantillons examinés, qu'ils aient été coupés en 1805, en 1814 ou en 1821, contenaient des doses massives d'arsenic : entre 15 et 100 ppm en moyenne ! De l'arsenic, on s'en doutait, mais réparti de quelle manière ? Eh bien, il est apparu qu'il se distribuait de façon relativement homogène sur les cheveux, comme le montre l'examen des valeurs moyennes, maximales et minimales (voir dessin 3 ci-dessus). Toutefois, la concentration diffère d'un cheveu à l'autre au sein d'une même mèche. La répartition régulière sur un cheveu souffre d'exceptions notables : en particulier, l'un des cheveux de 1821 présente en un point distant du précédent de 3 mm une concentration en arsenic multipliée par 10 (voir courbe 2 p. 212). En résumé, on observe la présence précoce d'arsenic et une répartition assez homogène de cet élément sur les cheveux ponctuée sur certains d'entre eux par des concentrations colossales très localisées, qui apparaissent sur la courbe sous forme de pic : la combinaison de ces trois faits saillants suggère alors une contamination d'origine exogène. Explication : si intoxication il y a, l'étude montre qu'elle s'amorce bien avant que Napoléon n'accoste à Sainte-Hélène. Or, comment imaginer qu'elle soit le fait d'une malveillance aussi assidue que peu expéditive car s'exerçant durant au moins une quinzaine d'années ? La thèse d'une intoxication accidentelle est-elle plus plausible ? Certes, elle pourrait s'expliquer par le fait qu'au XIXe siècle l'arsenic entrait dans la composition d'un grand nombre de médicaments prescrits pour des indications les plus diverses, comme la liqueur de Fowler utilisée en France jusque dans les années 50 pour combattre l'anémie et l'asthénie… Mais l'homogénéité des teneurs dosées indique une absorption tellement chronique qu'elle en serait littéralement quotidienne ! Comment Napoléon aurait-il pu avaler pendant seize années des quantités substantielles d'arsenic « à l'insu de son plein gré » ou, tout au moins, de son entourage ? D'autant qu'à ces doses journalières importantes viendraient s'ajouter de façon ponctuelle des prises massives, voire mortelles, auxquelles l'Empereur, singulièrement coriace, aurait survécu. Le tableau de l'intoxication ne colle décidément pas avec les valeurs enregistrées… « Elles s'expliquent en revanche très bien si les cheveux ont été "pollués" à l'arsenic, tranche Ian Ricordel. C'est ce que nous avons voulu vérifier en travaillant avec des cheveux que nous avons nous-mêmes contaminés. » Les chercheurs ont irradié quelques-uns de leurs propres cheveux afin de contrôler leur teneur en arsenic. Puis ils les ont immergés dans une solution d'arsenic (de l'anhydride arsénieux, dont la formule chimique est As_2O_3) jusqu'à ce qu'ils en soient saturés, les ont lavés selon un protocole classique acétone-eau-acétone, avant de les exposer de nouveau au faisceau. Verdict : les cheveux étaient toujours saturés d'arsenic. Un lavage classique ne les avait pas débarrassés du poison.

QUE RESTE-T-IL APRÈS UN BAIN ?

Une expérience capitale, qui contredit les résultats rendus publics en juin 2001 par une équipe de l'université de Strasbourg. Pour prouver que l'arsenic présent dans l'impériale chevelure ne pouvait s'y être déposé par la voie des airs, Pascal Kintz et ses collaborateurs avaient recouru eux aussi à un témoin négatif : ils avaient trempé des cheveux humains dans un bain d'arsenic (de l'As_2O_3) pendant quatre heures, les avaient lavés à l'acétone et à l'eau. Ils avaient relevé ensuite des teneurs très faibles en arsenic. Ils pensaient ainsi avoir montré qu'un lavage approprié enlevait toute pollution arsenicale, établissant de la sorte que Napoléon avait été contaminé « de l'intérieur »…

Au second trimestre 2002, les Annales de toxicologie analytique publiaient cependant une lettre dans laquelle Philip Corso (université Yale, États-Unis) et Thomas Hindmarsh (université d'Ottawa, Canada) mettaient en doute l'origine endogène de l'arsenic trouvé dans les cheveux de Napoléon. Ils incitaient Pascal Kintz à réitérer son expérience, mais en exposant plus longtemps les cheveux à une source d'arsenic. À l'appui, les deux scientifiques mentionnaient plusieurs travaux très antérieurs concluant, à l'inverse, qu'un bain ne débarrasse pas un cheveu de tout son arsenic exogène. Des constatations apparemment tombées dans l'oubli… et que viennent confirmer aujourd'hui nos analyses. Le cheveu est un matériau poreux. Son affinité pour l'arsenic est donc grande et les sources de contamination multiples, comme le rapporte Pierre Chevallier : « En rangeant un cheveu témoin chargé en arsenic et lavé dans les conditions habituelles, j'ai effleuré du doigt son extrémité.

DES CHEVEUX AUTHENTIQUES ?

Les cheveux napoléoniens au cœur de ces nouvelles recherches appartiennent aux héritiers de l'historien Jean Tranié et à un collectionneur, Pierre-Jean Chalençon. L'un des deux cheveux confiés par Jean Tranié était issu d'une mèche offerte par l'Empereur au peintre Isabey en 1805, l'autre provenait de la succession de Louis Marchand, le valet de Napoléon. De son côté, Pierre-Jean Chalençon, spécialiste de l'époque Empire, nous prêta une mèche de cheveux de la collection du grand maréchal Bertrand, compagnon d'exil. À cette mèche rasée post-mortem, le collectionneur joignit un cheveu datant de 1814, issu d'une mèche prélevée lors du séjour sur l'île d'Elbe par Pauline, la sœur de Napoléon. Cette mèche fut offerte à la princesse Murat en 1862. La « traçabilité » historique des cheveux s'impose, mais ne suffit pas à garantir leur authenticité. Celle-ci peut être contrôlée en recourant à la technique de l'empreinte génétique, par extraction et analyse de l'ADN présent dans les mitochondries, centrales énergétiques de nos cellules. Pour vérifier l'identité d'un individu, il faut comparer son ADNmt avec celui d'un membre de sa supposée lignée maternelle. En Italie, nous avons débusqué une descendante en lignée maternelle de Caroline Murat, sœur de Napoléon. Las, trop abîmés, les cheveux de Napoléon n'ont pas livré assez d'ADN pour permettre l'authentification. Mais plusieurs indices nous incitent à penser que les cheveux analysés proviennent de la même tête : couleur, aspect et extrême finesse varient peu d'un échantillon à l'autre. En outre, les spécimens provenant de Sainte-Hélène et de l'Île d'Elbe contenaient du brome en assez grande quantité, un trait commun aux personnes qui vivent au bord de la mer…

J'ai voulu contrôler l'incidence de l'événement sur un de mes cheveux, effleuré à son tour par le doigt maladroit. Grande fut ma surprise de voir apparaître un pic important dans la zone effleurée… Ceci nous a confortés dans les précautions draconiennes que nous prenions pour nos propres manipulations. Mais tant de soins ont-ils été pris dans la manipulation des cheveux de l'Empereur depuis qu'ils ont été coupés? »

LE FIN MOT DE L'HISTOIRE…

L'arsenic retrouvé dans les cheveux serait donc exogène. D'où peut-il provenir? En fait, les sources de contamination possibles étaient nombreuses à Longwood, le domaine où résidait Napoléon à Sainte-Hélène. Les historiens en ont répertorié plusieurs : chauffage au bois (l'Empereur, frileux, faisait marcher son poêle toute l'année), colle du papier peint (bien que peu volatile), manipulation de mort aux rats (ils pullulaient sur l'île), maniement des armes à feu… Car, à l'époque, les balles constituaient une source d'arsenic non négligeable. Chauffées lors du tir, elles émettaient des quantités importantes d'arsenic volatil dont les émanations étaient susceptibles d'imprégner la chevelure des soldats. Ce qui pourrait à la rigueur expliquer les taux relevés en 1805. Mais exilé sur son caillou, Napoléon s'exerçait peu au tir, sauf à la chasse au rat, couramment pratiquée à Sainte-Hélène.

En définitive, l'hypothèse la plus plausible reste l'utilisation de produits conservateurs. L'emploi de l'arsenic pour conserver les cheveux était courant au XIXe siècle et il est logique de penser qu'on en a fait usage pour préserver les précieuses reliques. L'arsenic n'aurait donc pas eu pour fonction d'éliminer, mais de sauvegarder… Un comble!

DEUX HYPOTHÈSES SUR LA CONTAMINATION
À Sainte-Hélène (ci-contre), le chauffage au bois ou la colle des papiers peints auraient pu contaminer les cheveux de l'hôte de Longwood.
Ci-dessus : Sur les champs de bataille, les balles, chauffées lors des tirs, dégageaient de l'arsenic volatil. Des émanations pouvaient donc imprégner les cheveux des soldats.

À l'époque, l'autopsie révèle que l'estomac de l'empereur est « percé de part en part »

De quoi est vraiment mort Napoléon ?

Jean Tulard
MEMBRE DE L'ACADÉMIE DES SCIENCES MORALES ET POLITIQUES

« À qui aurait profité le crime ? Napoléon ne représentait à l'époque plus guère de menace »

Thierry Lentz
DIRECTEUR DE LA FONDATION NAPOLÉON

« Les empoisonnistes substituent l'intime conviction à la méthode historique »

Conjugant leurs efforts, la science, l'histoire et la médecine permettent aujourd'hui de balayer les doutes sur les causes naturelles du décès de l'exilé de Sainte-Hélène. Et renvoient, du même coup, les « empoisonnistes » à leurs études.

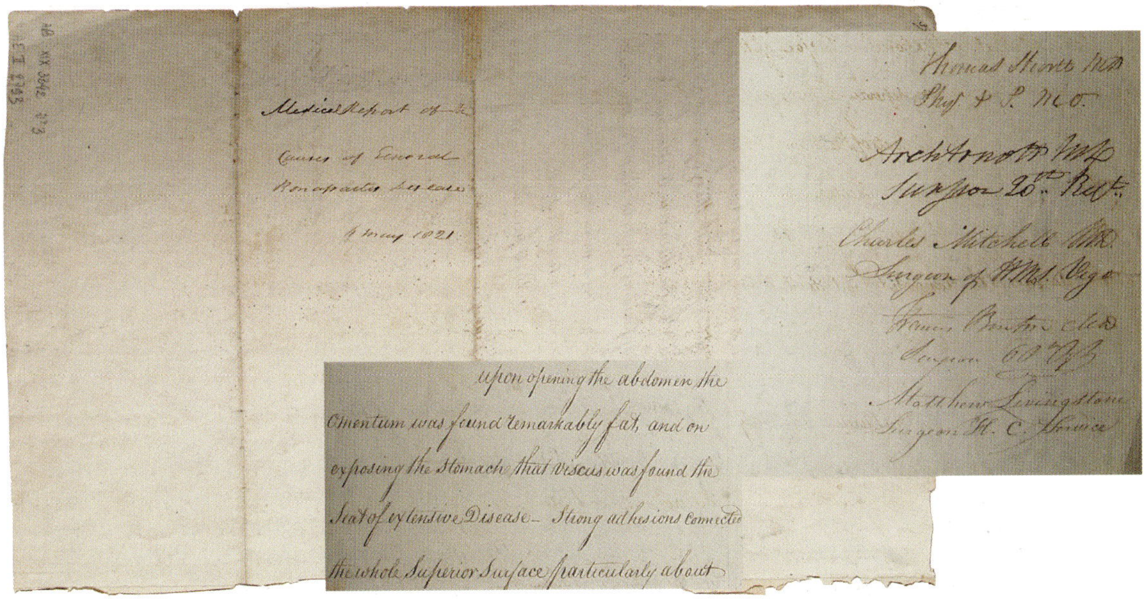

upon opening the abdomen the Omentum was found remarkably fat, and on exposing the Stomach that viscus was found the Seat of extensive Disease – Strong adhesions connected the whole Superior Surface particularly about

DES RAPPORTS MÉDICAUX TRÈS PRÉCIS
« ... en examinant l'estomac, on vit que ce viscère était le siège d'une grande maladie », peut-on lire dans le rapport (extraits en haut à gauche) signé par cinq médecins anglais présents à l'autopsie de Napoléon. « La surface intérieure de l'estomac, c'est-à-dire presque toute son étendue, présentait une masse d'affections cancéreuses ou de parties squirrheuses se changeant en cancer. » (extrait ci-dessus)

Lorsque Napoléon débarque à Sainte-Hélène, en octobre 1815, il est dépeint par un capitaine de vaisseau comme « un homme d'une robustesse remarquable, bien bâti ». Près de six ans plus tard, c'est un vieillard de 51 ans au corps délabré qui rend son dernier soupir... Une déchéance aussi rapide que spectaculaire qui alimente depuis près de quarante ans des spéculations pour le moins audacieuses. Car, depuis 1961 très précisément (voir encadré), d'aucuns se refusent à attribuer une cause naturelle à cette disparition jugée prématurée. Malgré les rapports des médecins qui entourèrent l'Empereur et pratiquèrent son autopsie, leur conviction est faite : le grand homme ne peut avoir été vaincu par un banal cancer de l'estomac, mais a succombé à une entreprise criminelle, voire à un malheureux concours de circonstances. Parce que des analyses scientifiques ont révélé la présence d'arsenic dans ses cheveux !

Ces « empoisonnistes » ont aujourd'hui toutes les raisons de déchanter ! Car cette thèse ne tient pas, tant du point de vue scientifique que médical et historique. Nos propres analyses ont montré que la découverte d'arsenic dans des cheveux de l'Empereur s'explique par la contamination des échantillons analysés (voir article précédent). Voilà qui conforte, s'il en était besoin, les spécialistes de Napoléon, pour qui

EN SAVOIR PLUS

Autour de l'empoisonnement de Napoléon, J-F. Lemaire, P. Fornès, P. Kintz, T. Lentz, Nouveau Monde éditions/Fondation Napoléon, 2001.
Pathologie de Napoléon, ses maladies, leurs conséquences, P. Hillemand, éd. La Palatine. Consultable en bibliothèque.
Napoléon au jour le jour, Jean Tulard et Louis Garros, éd. Tallandier, 2002.

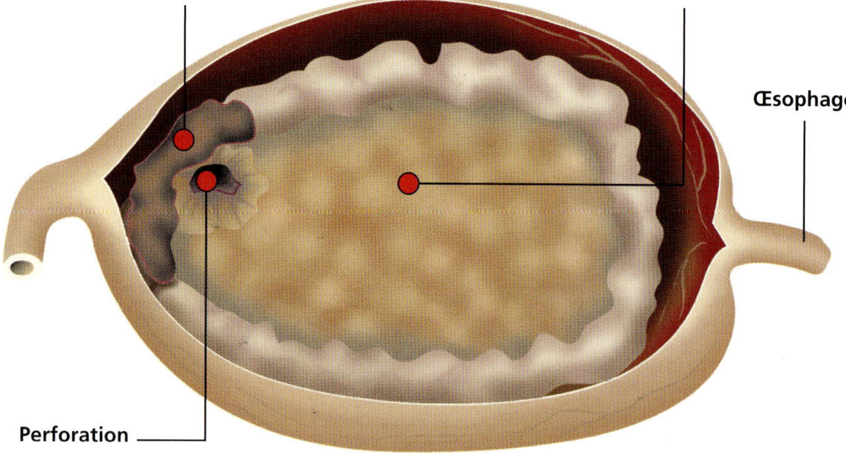

UN ESTOMAC VRAIMENT MAL EN POINT
Les rapports d'autopsie autant que les observations quotidiennes de l'état clinique de Napoléon semblent révéler l'existence d'un cancer gastrique. Induration et ulcération cancéreuses sont décrites, comme la perforation de l'ulcère.

la thèse de l'arsenic n'a, historiquement, aucune assise, comme le rappelle Jean Tulard, professeur à l'université de Paris IV-Sorbonne et membre de l'Académie des sciences morales et politiques. « À qui aurait profité le crime ? ironise-t-il. Napoléon ne représentait à l'époque plus guère de menace, ni pour les Anglais ni pour la monarchie française. Quant à imaginer qu'il ait avalé de son plein gré de l'arsenic pendant des années pour s'immuniser contre ce poison, c'est-à-dire pour se "mithridatiser", c'est bien mal le connaître ! L'Empereur était fataliste et ne prenait aucune mesure pour sa sécurité. » Le directeur de la Fondation Napoléon est aussi clair quant au rôle prétendument criminel du comte de Montholon à Sainte-Hélène. Pour lui, même les lettres inédites rendues publiques l'an dernier par François de Candé-Montholon ne prouvent pas la culpabilité du général d'Empire.

ARGUMENTS MÉDICAUX DÉCISIFS

« Lorsque Montholon écrit à sa femme, Albine, rentrée en Europe, qu'il est prêt à tout pour la retrouver, doit-on pour autant en conclure qu'il irait jusqu'au meurtre ? », interroge Thierry Lentz. Sans parler d'une improbabilité matérielle : « Pourquoi prétendre qu'il était facile à Montholon d'empoisonner la cuvée personnelle de l'Empereur, alors que sa fonction d'intendant à Longwood ne l'amenait évidemment pas à manipuler les bouteilles ? Il est impensable d'imaginer ce grand officier se rendre lui-même à la cave pour y chercher du vin qu'il aurait empoisonné, alors qu'une cohorte de domestiques et un majordome contrôlaient tout ce qui était destiné à la table de Napoléon. »

Les arguments médicaux ne sont pas moins décisifs. À commencer par celui qu'avance le Pr Chantal Bismuth, du Centre antipoison de Paris. Si la plupart des symptômes associés à une intoxication arsenicale ne sont pas spécifiques, trois sont néanmoins caractéristiques : la kératinisation des pieds (une affection cutanée), la mélanodermie (taches grises sur le corps) et les bandes de Mees (raies sombres sur les ongles) ; or, aucun témoignage ne fait état de ces trois signes cliniques chez Napoléon.

Voilà la thèse de l'empoisonnement renvoyée à ses zélateurs. Parallèlement, que vaut alors celle de la mort naturelle, que contestent ces derniers ? D'après les rapports d'autopsie et les observations quotidiennes de l'état clinique de l'Empereur, le cancer de l'estomac paraît pourtant convaincant. Or, pour démonter cette thèse officielle, l'un des plus farouches « empoisonnistes », l'industriel canadien Ben Weider, fit appel en juin 2000 au Dr Paul Fornès, de l'hôpital Georges-Pompidou. À charge pour cet anatomo-pathologiste de passer au crible les Mémoires du Dr F. Antommarchi, ou les derniers moments de Napoléon, publiées en 1825 par le médecin qui pratiqua l'autopsie, ainsi que d'autres documents d'époque – procès-verbal, rapport des médecins anglais.

Résultat ? Paul Fornès relève qu'Antommarchi, en examinant l'estomac, a découvert « sur la face antérieure [...] un léger engorgement [...] extrêmement circonscrit. L'estomac était percé de part en part dans le centre de cette petite induration. L'adhérence de cette partie au lobe gauche du foie en bouchait l'ouverture. » En outre, « presque tout le reste de la surface interne de cet organe était occupé par un ulcère cancéreux qui avait son centre à la partie supérieure, le long de la petite courbure de l'estomac... ». Des descriptions parfaitement cohérentes avec celles enregistrées par les médecins anglais.

L'ULCÈRE ÉTAIT-IL CANCÉRISÉ ?

Ici, le Dr Fornès confirme, après d'autres, le diagnostic d'ulcère gastrique chronique, dit de Cruveilher, qui se caractérise par une évolution lente associée à la formation d'une fibrose responsable du durcissement (du squirre, disait-on à l'époque) de la paroi gastrique. Lorsque cet ulcère se perfora, le malade n'aurait dû sa survie qu'à son foie qui, en s'accolant à l'organe troué, aurait colmaté la plaie. La perforation daterait de plusieurs mois, voire davantage à en juger par l'adhérence des deux organes. Oui, mais Fornes souligne que ces notes médico-légales ne permettent pas de savoir si l'ulcère était cancérisé. Pour lui, l'existence du cancer est possible, mais reste à prouver. Dans un ouvrage publié récemment par la Fondation Napoléon (voir Pour en savoir plus), il affirme d'ailleurs que le cancer n'est pas la cause directe du décès, et que Napoléon n'est pas davantage mort de son ulcère. Ce qui ne l'empêche pas de reconnaître plus loin que si le Dr Kintz (un toxicologue lui aussi mandaté par Ben Weider) avait constaté l'absence d'arsenic, il aurait admis, compte tenu de l'état général du patient, le cancer de l'estomac comme étant à l'origine du décès. Autrement dit, la présence d'arsenic conditionne son analyse de médecin légiste, du point de le faire se contredire !

La nature cancéreuse de l'affection dont souffrait Napoléon ne fait pourtant aucun doute aux yeux d'un autre spécialiste, le Dr Jacques Di Costanzo. Pour ce médecin chef du service d'hépato-gastroentérologie de l'hôpital de Sainte-Marguerite de Marseille, « si l'on associe tous les écrits décrivant l'état de santé de l'Empereur au cours des dernières années de sa vie, le doute n'est plus possible : Napoléon est mort des suites d'une complication aiguë d'un cancer gastrique ». Pour établir ce diagnostic cent quatre-vingt-un ans après les faits, le gastro-entérologue a mis en corrélation les lésions anatomiques avec l'anamnèse, autrement dit l'évolution des signes cliniques. Résultat : en juin dernier, il publiait la première étude systématique complète de la pathologie digestive de Napoléon dans la revue Médecine et armées, dans laquelle il expose comment la mort a dû survenir au terme d'une défaillance multiviscérale induite par un cancer de la petite courbure gastrique compliqué d'une perforation et d'hémorragies abondantes. Une conclusion établie après avoir répertorié les symptômes recueillis à Saint-Hélène, noté leurs associations et la récurrence de certains, passant ainsi du symptôme au syndrome. Dès lors, pour le Dr Di Costanzo, le diagnostic de cancer ne

La mort de Napoléon était de toute façon imminente, avec ou sans arsenic

CANCER DE L'ESTOMAC
Si Napoléon (ci-dessus) souffrait d'un cancer de l'estomac, il devait avoir maigri. Or, certains témoignages font état d'une prise de poids. Toutefois le Dr Antommarchi notera sur son rapport d'autopsie que depuis son arrivée à Sainte-Hélène, l'Empereur avait perdu beaucoup de poids.

EMPOISONNEUR OU BOUC ÉMISSAIRE ?
Le comte de Montholon (ci-dessus à droite), exilé avec l'Empereur à Sainte-Hélène, apparaît, pour les uns, comme l'« empoisonneur » – quels qu'aient pu être ses motifs : jalousie, espionnage... Pour les autres, c'est un bouc émissaire.

devient évident que vers la fin de l'année 1820. Les premiers symptômes clairement identifiés sont suivis d'une détérioration de l'état général – selon le gastro-entérologue, Napoléon souffrait d'ailleurs de calculs de la vésicule biliaire et d'une inflammation des voies biliaires, que les médecins de l'époque ont pris pour une hépatite chronique.

DE MORT TRÈS NATURELLE...

Enfin, la période préterminale se caractérise par des vomissements d'aliments et de sang, que justifient la nature et le siège des lésions ; quant à la phase terminale, elle s'accompagne de troubles circulatoires et d'une perte de conscience. Voilà qui clôt le chapitre. Certes, les empoisonnistes pourront toujours regretter l'absence d'analyse histologique de l'estomac pour asseoir leur conviction. Il n'empêche ! Avec ou sans arsenic, et compte tenu du degré d'évolution de sa maladie, Napoléon était promis à une mort imminente. Et cela sans l'aide de personne...

L'HISTOIRE ET LA CONVICTION

La polémique autour de la mort – naturelle ou criminelle – de l'Empereur a plus de quarante ans. D'abord confidentielle, la thèse de l'empoisonnement est aujourd'hui la plus médiatique. Pourtant, elle n'a la faveur que d'un petit nombre d'historiens amateurs. Mais elle bénéficie aussi de la présentation trompeuse qui fut faite de plusieurs travaux scientifiques. Un seul exemple : quand Ben Weider, homme d'affaires canadien ardent défenseur de cette thèse, organise une conférence de presse en juin 2001 après avoir fait procéder à une analyse des cheveux de l'Empereur, il laisse le président de la Société française de toxicologie analytique, Pascal Kintz, annoncer lui-même la présence d'arsenic, puis reprend la parole pour conclure que l'assassinat vient d'être scientifiquement démontré. Pourtant, le toxicologue s'est bien gardé d'affirmer que Napoléon était mort intoxiqué. Une récupération abusive de la science pourfendue par le directeur de la Fondation Napoléon : Thierry Lentz dénonce chez les « empoisonnistes » la substitution de l'intime conviction à la méthode historique. Et de rappeler que tout historien se doit de « chercher, découvrir, analyser, critiquer les sources historiques, avouer parfois que l'on ne sait pas ». Telle ne fut pas la démarche du stomatologue suédois Sten Forshufvud qui lança, en 1961, la thèse de l'empoisonnement. D'où lui vint l'idée de rechercher de l'arsenic dans les cheveux de l'Empereur ? Il raconta avoir été inspiré, en 1955, par certains passages des Mémoires de Marchand publiés la même année et dans lesquels le valet de chambre de l'Empereur décrit notamment les derniers mois de la vie de Napoléon. Le Dr Jean-François Lemaire, historien de la médecine, avance une autre explication : en 1958, une expertise médico-légale très particulière fit couler beaucoup d'encre dans la presse scientifique suédoise. Elle établit que les restes du roi Erik XIV, célèbre monarque suédois suspecté d'avoir été assassiné en 1577, contenaient de l'arsenic. L'année suivante, Forshufvud se lançait dans la collecte d'échantillons de cheveux napoléoniens. Ainsi prenait forme, comme par contagion, une intime conviction...

Les coulisses de dix-huit mois

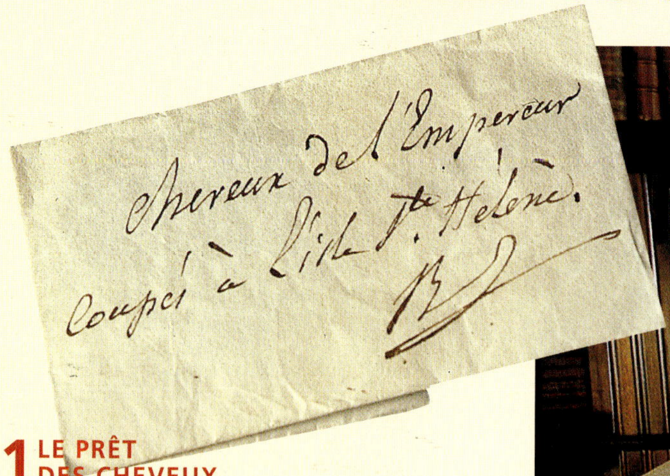

1 LE PRÊT DES CHEVEUX

20 avril 2001. Le collectionneur Pierre-Jean Chalençon remet au Pr Ivan Ricordel 3 enveloppes en présence d'Isabelle Bourdial, de Science & Vie, et de Me Renassia, huissier de justice. Sur les enveloppes, on peut lire: «cheveux de l'empereur coupés à l'île Ste-Hélène», «cheveux de l'empereur coupés à l'île d'Elbe par s.a. la princesse Pauline» (sœur de Napoléon), plus les mots «cheveux», «Napoléon» et «Bertrand».

2

2

2 LES PREMIERS EXAMENS

Un à un, les cheveux sont examinés à la loupe et au microscope optique, avant d'être dessinés. Ils sont ensuite lavés dans trois bains successifs acétone-eau-acétone, suivant un protocole standard. Puis, ils sont pesés, au dixième de microgramme près, sur une balance venant d'être contrôlée par le bureau international des Poids et Mesures.

Des moyens techniques et humains tout à fait exceptionnels !

d'enquête

3 LA MISE SOUS SCELLÉS

Les cheveux sont placés dans des boîtes de Petri, puis mis sous scellés et conservés dans un coffre fort à l'Institut médico-légal de la préfecture de Police de Paris. Ils seront ultérieurement acheminés, le 23 avril 2001, au laboratoire pour l'utilisation du rayonnement électromagnétique, installé sur les lieux du synchrotron du Lure (Essonne).

4 LE PASSAGE AU SYNCHROTRON

Les analyses physico-chimiques commencent le jour même. Dans une salle blindée, les cheveux sont placés sur un porte-échantillon. Lorsque le faisceau de photons du synchrotron irradie un point du cheveu, chaque élément recherché émet à son tour un rayonnement qui permet de caractériser sa présence et sa concentration. Les analyses se poursuivront jusqu'en juin 2002.

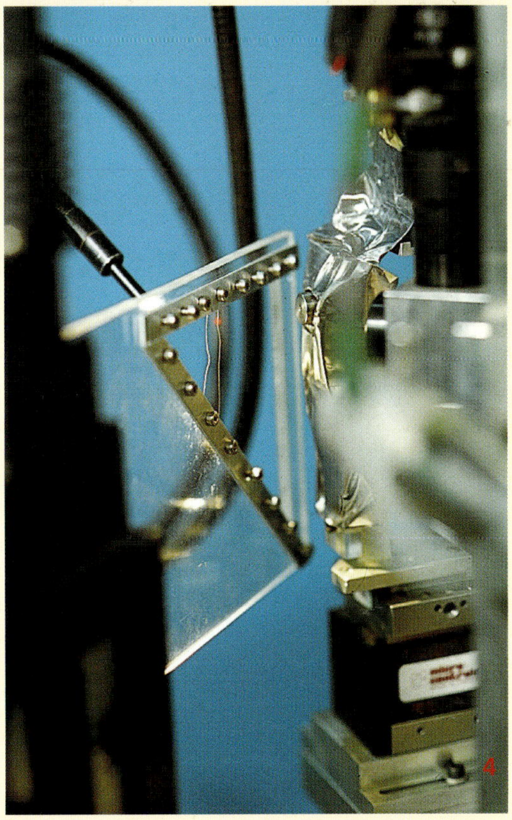

5 L'AUTHENTIFICATION

Après les analyses, nous cherchons à comparer l'empreinte génétique de quelques-uns des précieux cheveux à ceux confiés par une descendante en lignée maternelle d'une des sœurs de Napoléon, retrouvée par nos soins en Italie. Malheureusement, les cheveux de l'Empereur ne livreront pas assez d'ADN en bon état.

Tourisme spatial

Une navette est prête

Depuis quelques années, nombre de projets privés planchent sur le moyen de proposer des croisières dans la stratosphère à des passagers payants. Or, le projet « Tier One » vient d'être dévoilé. La démocratisation de l'espace aura lieu !

PAR GERMAIN CHAMBOST

Chacun pourra-t-il bientôt s'offrir un petit tour dans les étoiles et connaître ce vertige de voir notre petite planète bleue depuis la stratosphère ? C'est en tout cas le but que poursuivent activement nombre d'investisseurs privés, mobilisés depuis 1996 pour concevoir un engin capable d'embarquer des « touristes spatiaux » à plus de 80 km d'altitude (le Concorde atteint 17 km en vol de croisière). Le problème étant de mettre au point des technologies aussi performantes que peu coûteuses afin d'abaisser le plus possible le prix du voyage et, partant, celui du billet. Une gageure, que l'ingénieur en aéronautique américain Burt Rutan semble aujourd'hui en mesure de relever.

LA COURSE AU « X-PRIZE »

Déjà célèbre pour avoir conçu en 1986 Voyager, l'avion qui effectua le premier tour du monde sans escale ni ravitaillement, il vient en effet de dévoiler, via sa société Scaled Composites basée en Californie, son SpaceShipOne. Soit une navette miniature qu'un avion-mère, baptisé White Knight (« chevalier blanc » !), emporte sous son ventre pour l'aider à grimper à 15 km d'altitude, puis largue pour qu'elle poursuive seule son voyage jusqu'aux confins de l'espace, avant de revenir en vol plané vers la Terre. Un véritable « attelage spatial » qui pourra embarquer trois personnes, dont le pilote. Et dont le coût, y compris une vingtaine de vols, est estimé à 20 millions de dollars. Une somme que financerait un investisseur privé, dont il se murmure qu'il s'agirait de Paul Allen, le richissime cofondateur de la firme Microsoft.

C'est à titre privé que Scaled Composites, qui présente quasiment un nouvel avion chaque année depuis vingt ans, s'est lancée dans l'aventure, baptisée du nom de code Tier One, soit « première marche » ou « premier degré » vers l'espace. Pour la firme californienne, il s'agit de participer au X-Prize, un prix lancé voici sept ans par des industriels et commerçants de Saint-Louis (Missouri) et qui promet d'attribuer 10 millions de dollars au premier qui réalisera un vol de tourisme spatial selon des conditions très précises. À savoir : l'engin devra emporter un équipage de trois personnes à quelque 100 km d'altitude et le ramener sur Terre en toute sécurité ; le vol devra être répété une seconde fois moins de deux semaines plus tard ; et le financement doit être entièrement privé. De quoi aiguiser l'imagination des ingénieurs. Et de fait, plus d'une vingtaine d'équipes de sept pays (sans la France…) sont engagées dans la course. La date limite des deux vols étant fixée à la fin de l'année 2004. Et actuellement, le projet de Rutan semble le mieux parti. D'autant qu'on sait peu de chose des autres projets en lice, qu'il s'agisse de ceux des multimillionnaires américains John Carmack ou Jeff Bezos ou de celui du Sud-Africain Elon Musk, qui travaillerait sur un lanceur de satellites bon marché. « Mon objectif prioritaire n'est pas de gagner cette compétition, a toutefois précisé Burt Rutan, mais d'étudier la manière de rendre le vol spatial accessible sans aucune aide gouvernementale… » Car tel est bien l'un des enjeux de cette ultime conquête de l'aéronautique : privatiser les vols dans l'espace pour en finir avec le monopole des grandes agences spatiales qui, entre lourdeurs administratives, priorités scientifiques et contraintes budgétaires, n'offrent guère de perspectives plausibles au tourisme spatial (voir « Il en pense »).

Techniquement, le projet Tier One s'inspire de celui d'avion spatial X-15 testé par la Nasa il y a… une quarantaine d'années ! Emporté sous l'aile d'un bombardier B-52, le X-15 allumait son moteur-fusée pour gagner le vide stratosphérique à des vitesses de quatre à six fois supérieures à celle du son, selon une trajectoire parabolique, puis revenait se poser sur Terre. Sauf que le freinage de l'avion lors de sa rentrée dans l'atmosphère présenta alors une vraie difficulté. Afin de pouvoir repasser en vitesse subsonique (environ 1 150 km/h à haute altitude), l'appareil était conçu pour adopter des angles d'attaque (angle des

Le pari consiste aussi à en finir avec le monopole des agences spatiales

« TIER ONE » : LE PLUS ABOUTI
De tous les projets, « Tier One » est actuellement le plus abouti : cet attelage comprend un avion biréacteur qui emporte sous son ventre une petite navette, qu'il lance vers l'espace. Seize hublots doivent offrir le maximum de visibilité aux trois occupants.

CONTEXTE

En 2001 et 2002, Dennis Tito et Mark Shuttleworth, déboursaient chacun 20 millions de dollars pour prendre place dans la station spatiale internationale. Mais aujourd'hui, impulsé par le X-Prize, un prix doté de 10 millions de dollars, nombre de projets privés planchent sur le moyen d'embarquer dans l'espace des civils. Une véritable course à l'« autobus de l'espace », au moment où les États-Unis se préparent à fêter le centième anniversaire du tout premier vol à bord d'un appareil propulsé et plus lourd que l'air.

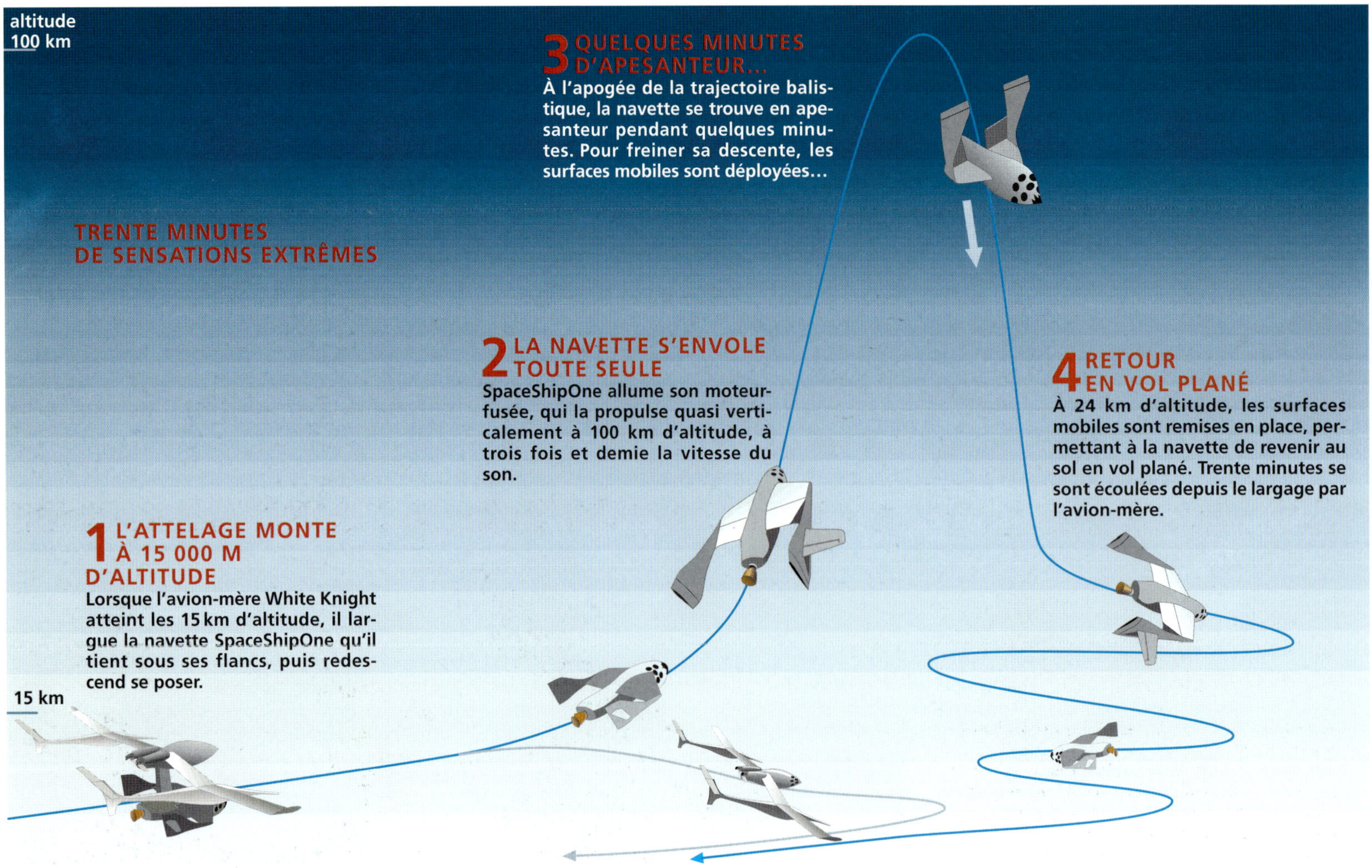

ailes de l'avion avec la trajectoire de rentrée) atteignant 25° ; las, le 15 novembre 1967, un dysfonctionnement du système de contrôle de stabilisation engendra une mise en vrille de l'appareil, qui se désintégra à 20 000 m d'altitude, et avec lui son pilote. L'accident signa la mort du programme, qui fut abandonné en 1968.

LE CONFORT D'UN AVION NORMAL

Pour éviter pareil échec, Burt Rutan n'a conservé de l'expérience du X-15 que le meilleur. Ainsi, sa petite navette SpaceShipOne est elle aussi emportée par un avion – à savoir le biréacteur White Knight, qui la prend sous son ventre, l'avion affichant une exceptionnelle envergure de 25 m pour pouvoir monter très haut : jusqu'aux 15 km d'altitude à partir desquels la petite navette est lancée sur sa trajectoire parabolique, tandis que « chevalier blanc » retourne tranquillement se poser au sol. Mais la technique de rentrée dans l'atmosphère est totalement novatrice : plutôt que de rechercher des angles d'attaque, SpaceShipOne est équipé d'un incroyable système de freinage aérodynamique. Lorsqu'il parvient au sommet de sa trajectoire parabolique et commence à amorcer sa descente, les deux poutres qui portent ses dérives verticales et les deux plans fixes horizontaux, mais aussi la partie arrière de son aile, basculent vers le haut, jouant dès lors le rôle d'aéro-freins, en même temps qu'ils stabilisent l'engin sur sa trajectoire (voir infographie ci-dessus). Là réside l'une des innovations majeures du projet Rutan. Toutefois, aucun essai ne pourra être préalablement effectué et, lors du premier vol, ce sera quitte ou double…

Pour résister à l'élévation de température comme aux tensions aérodynamiques engendrées par la rentrée dans l'atmosphère, SpaceShipOne a été conçu en structure monocoque, d'un seul tenant, le revêtement extérieur étant réalisé en composite fibre de carbone/résine époxy. Les parties les plus exposées à la chaleur seront en fibre de carbone/résine phénolique, plus résistante. Tandis que les seize hublots destinés à offrir une vue extérieure aux trois occupants (on pense tourisme !) sont fabriqués en doubles panneaux de polycarbonate. Côté cabine, elle est pressurisée, ce qui fait que les occupants ne seront pas contraints de porter de combinaison spéciale, à l'inverse des cosmonautes et astronautes. Ici, tout se passe dans le confort d'un avion normal. Les commandes de vol de la navette sont d'ailleurs mécaniques, à transmission directe entre le pilote et les gouvernes, sauf un système de réglage des gouvernes arrière, à transmission électrique. Autrement dit, le pilote contrôle entièrement le vol. Encore un détail qui rapproche le vol spatial de n'importe quel vol classique. De même, la vitesse d'atterrissage ne dépassera pas 70 nœuds (130 km/h), celle d'un petit avion…

TOURISME « HAUT DE GAMME »

Burt Rutan espère pouvoir effectuer le vol inaugural de Tier One avant la date anniversaire du premier vol d'un plus lourd que l'air, effectué par les frères Wright le 17 décembre 1903. Et le renouveler dans la quinzaine qui suivra, afin de se conformer au règlement du X-Prize. Au final, le

Le prix du billet avoisinerait le million de dollars...

Patrick Baudry
PILOTE D'ESSAIS, ASTRONAUTE, A PASSÉ SEPT JOURS À BORD DE LA NAVETTE SPATIALE DISCOVERY (1)

« Il faut que l'imagination reprenne le pouvoir ! »

IL EN PENSE

Les projets comme celui de Burt Rutan insufflent à nouveau ce qui manque le plus aux programmes spatiaux actuels : l'imagination. Il faut qu'elle reprenne le pouvoir ! Que voyons-nous, en effet ? L'orbite circumterrestre ne nous apporte pas grand-chose au plan scientifique. En revanche, elle offre aux humains l'occasion de vivre une expérience unique, par la découverte de la beauté de notre planète vue de l'espace, le flux des émotions que provoque cette vue, la relation très forte qu'elle permet d'établir avec les autres hommes. Voilà de quoi justifier le tourisme spatial, au sens le plus noble du terme. La conquête spatiale habitée se trouve aujourd'hui dans une impasse. Pour en sortir, il faut s'affranchir des agences officielles, hypertrophiées, paralysantes. Je suis certain que cela se réalisera sous l'aiguillon d'initiatives privées. C'est-à-dire avec des projets simples, utilisant des matériaux et des technologies répondant à des besoins bien identifiés, pas par amour du sophistiqué.

(1) Vient de publier le Rêve et l'espace, éd. du Chêne.

LE PÈRE DU PROJET
Burt Rutan, le père du projet « Tier One », n'a jamais cessé d'innover en matière de machines volantes (ici, devant le Proteus).

CONCEPT DE 2002
L'avion transporteur White Knight (en haut) est basé sur un concept expérimenté en 2002 sur le Proteus (en bas).

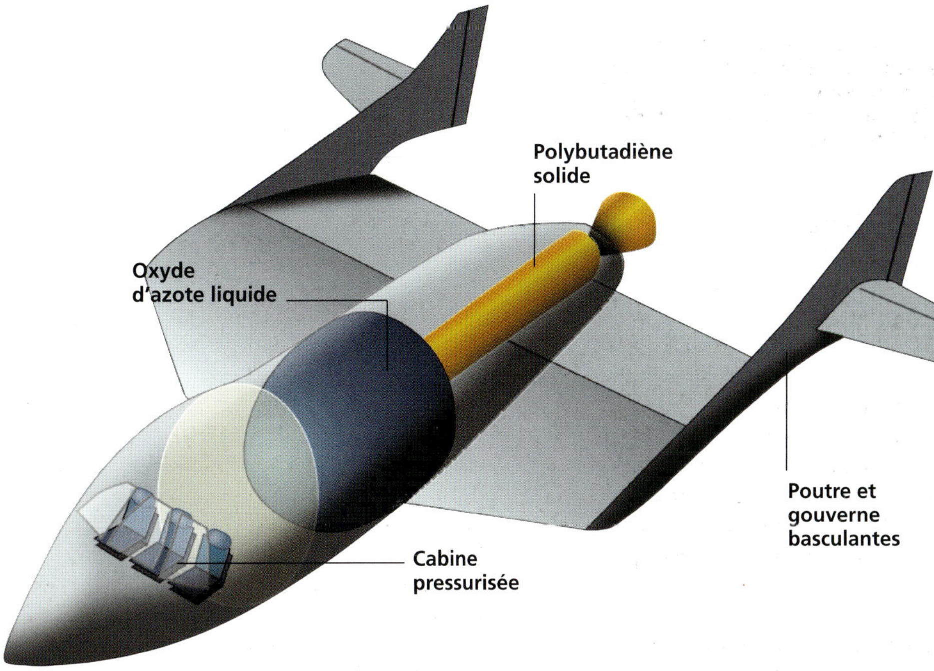

UNE NAVETTE PARTICULIÈRE
Le moteur-fusée propulse la navette pendant 65 secondes. Elle continue ensuite sur sa lancée jusqu'au moment où elle est reprise par l'attraction terrestre. Particularité : elle bascule alors sa poutre et sa gouverne pour réduire sa vitesse, et donc l'échauffement.

SpaceShipOne devrait être capable de voler une vingtaine de fois, emmenant à chaque lancement deux passagers touristes, plus un pilote qualifié, qui pourrait d'ailleurs être un touriste spécialement entraîné.

Reste à convaincre les amateurs, ne serait-ce qu'au niveau du prix du billet. Pas gagné, quand en 2001 et 2002, les deux premiers « touristes de l'espace », Dennis Tito et Mark Shuttleworth, durent débourser chacun 20 millions de dollars pour voler à bord de la station spatiale internationale. C'est environ le coût du projet de Rutan, mais pour une vingtaine de vols. Faites le calcul, vous aurez peut-être le prix du billet pour chaque touriste. Un prix que M. Tout-le-monde sera donc bien en peine de s'offrir. Le tourisme spatial sera « haut de gamme »...

LED blanches

Elles veulent **éclairer le monde**

Après l'automobile, les LED blanches, petites diodes électroluminescentes, comptent aujourd'hui rafler la mise de l'éclairage public ou de nos intérieurs. Car avec une durée record de 100 000 heures, leur potentiel est fantastique. Et pas seulement dans les pays riches...

PAR HENRI-PIERRE PENEL

Des lampes capables de rester allumées 100 000 heures, c'est-à-dire près de trente-cinq ans à raison de huit heures par jour, tout en consommant dix fois moins d'électricité qu'une ampoule traditionnelle... Qui dit mieux ? C'est pourtant ce que promet la toute nouvelle technologie de diodes électroluminescentes blanches ou LED, de l'anglais Light Emitting Diode (lire « Ça change quoi ? »). Et pour récente que soit cette technologie, ses applications sont déjà nombreuses et vont de l'éclairage public à l'automobile en passant par nos maisons. Mais il n'y a pas que cette remarquable longévité : les LED blanches profitent aussi d'un excellent rendement qui fait d'elles une aubaine dans le domaine des économies d'énergie. Qu'on en juge : si l'éclairage par LED capturait 50 % du marché américain, estime l'Académie des sciences des États-Unis, il réduirait le besoin énergétique du pays de 17 GW (gigawatts), soit l'équivalent de dix-sept tranches de centrale nucléaire conventionnelles ! À l'autre extrême, la société canadienne Glenergy Inc. propose des systèmes d'éclairage à base de LED blanches destinés aux pays en voie de développement en mal d'infrastructures électriques.

UN QUART DE WATT SEULEMENT !

Associés à un mini-panneau solaire et à une batterie, ils constituent, en effet, un dispositif d'éclairage totalement autonome. Lequel ne permet évidemment qu'une puissance très réduite, mais tel est bien l'intérêt des LED banches que même avec une puissance ne dépassant pas le quart de watt, elles diffusent une lumière encore suffisante pour lire ou préparer un repas ! Autre solution : une éolienne de puissance modeste peut éclairer tout un village, comme l'a prouvé l'association Light Up The World, qui a équipé au Népal et au Sri Lanka quelque 700 maisons et écoles. Résultat : une seule mini-éolienne fournissant 100 watts seulement suffit pour éclairer à la LED blanche soixante habitations.

Lorsqu'on sait que le marché des systèmes d'éclairage représente un chiffre d'affaires mondial de 12 milliards d'euros par an, on se doute que les fabricants d'ampoules s'intéressent de très près à cette nouvelle filière. Et déjà, des premières alliances se sont formées pour mettre au point des produits capables de créer un nouveau marché. C'est, entre autres, le cas de LumiLeds, une association entre Philips Lighting et Agilent Technologies : il a présenté, au début de cette année, le Luxeon 5 W, soit une LED

Le marché des systèmes d'éclairage est estimé à 12 milliards d'euros par an !

PLEIN FEU À MOINDRE FRAIS

Concentré d'innovations, la Yak de Fioravanti est dotée de phares constitués de 36 LED. La commutation feux de croisement-feux de route est assurée par l'allumage d'un nombre variable de LED. Si la puissance de chacune de ces LED, fabriquées par Forge Europe, n'excède pas le dixième de watt, il suffit de les grouper pour augmenter leur capacité d'éclairage.

PANNEAUX À IODES
Dans le restaurant Le Ratskellar, à Lemgo, en Allemagne, de petits panneaux à diodes électroluminescentes créent déjà de nouvelles ambiances lumineuses.

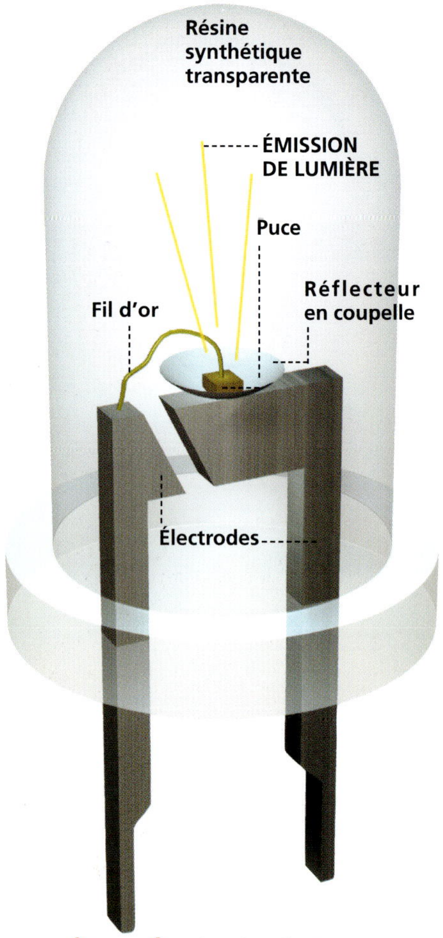

UNE LUMIÈRE... ÉLECTRONIQUE
Le cœur d'une LED est une puce qui s'illumine sous l'effet du courant. Celle-ci est fixée sur une coupelle métallique solidaire d'une électrode, qu'un fil d'or vient connecter à une seconde électrode. Cet ensemble, noyé dans une résine synthétique transparente, possède une remarquable résistance aux chocs.

ÇA CHANGE QUOI ?

Les LED pourraient être une source d'économie d'énergie importante. Leur rendement élevé et surtout la répartition des sources lumineuses (dans les meubles de la maison, par exemple) qui se prête parfaitement à de l'éclairage ponctuel, modifieraient aussi nos habitudes. En effet, minuscules et très directives, elles devraient conduire à multiplier les sources de lumière dans nos habitations. Quant aux industriels, quelle politique commerciale pourront-ils échafauder autour d'un produit dont la durée de vie frise le demi-siècle ? À moins qu'au lieu de changer l'« ampoule », on ne change l'objet. Le luminaire jetable, c'est pour bientôt...

blanche délivrant une luminosité de 120 lumens, ce qui équivaut à celle d'une ampoule d'une vingtaine de watts... mais pour une consommation électrique de 5 watts seulement. Certes, le rendement de cette diode reste inférieur à celui des tubes fluorescents ou des ampoules dites « basse énergie » (qui sont, en fait, un petit tube fluorescent), mais il est déjà quatre fois supérieur à celui d'une ampoule traditionnelle.

On l'a compris, il se passe aujourd'hui un véritable phénomène autour des LED blanches. Effet de mode... ou lame de fond ? Car, avec de tels atouts, on peut imaginer que ces nouvelles sources détrônent, un jour, toutes les autres. Il suffit de faire le compte des avantages et des points faibles des systèmes traditionnels. Prenons l'ampoule classique : se résumant à un filament métallique (le plus souvent du tungstène), placé dans un gaz inerte, que le courant électrique porte à incandescence, elle affiche un coût de fabrication imbattable. Oui, mais son rendement est très médiocre. De fait, l'échauffement provoqué par le passage du courant étant ce qui porte le filament à incandescence, il n'y a pas directement production de lumière. Ici, la majeure partie de l'énergie électrique dépensée se dissipe donc en chaleur. D'où un rendement ne dépassant guère la dizaine de lux par watt. Autre handicap : le filament est sensible aux chocs et autres vibrations qui menacent de le rompre, tandis que sa durée de vie est écourtée par le choc thermique engendré à chaque allumage. Si l'arrivée des ampoules halogènes a permis quelques améliorations, fiabilité et rendement laissent donc encore à désirer.

Pour leur part, les tubes fluorescents et autres ampoules à gaz basse pression, telles que celles qu'uti-

L'avenir dira s'il s'agit d'un effet de mode... ou d'une vraie lame de fond

ADAPTABILITÉ
Légères, insensibles au choc, peu gourmandes en électricité et inusables, les LED trouvent parfaitement leur place dans les lampes de poche telles que la White Flash de Ledtronics.

APPLICATIONS
Cette diode de 5 W, de LumiLeds (ci-contre, à gauche), remplacera une ampoule avec une luminosité comparable à celle d'une lampe halogène d'une vingtaine de watts.
Les blocs Aqualed d'Osram (ci-dessus) peuvent directement s'intégrer dans un trottoir ou en bordure d'une allée.

COMMENT UNE LED DEVIENT-ELLE BLANCHE ?

C'est en 1962 que l'Américain Nick Holonyak inventa la première diode électroluminescente (Light Emitting Diode). Le principe ? En traversant un minuscule cristal d'arséniure de gallium (la diode), des électrons voient leur niveau d'énergie changer, ce qui produit de la lumière. À l'époque, il s'agissait de lumière rouge, la longueur d'onde lumineuse obtenue dépendant, en effet, des constituants de la diode. Or, si des LED orange, puis jaunes et vertes vont rapidement apparaître, ce n'est qu'en 1993 que le Japonais Shuji Nakamura met au point une LED bleue, basée sur du nitrure de gallium (voir S & V n° 1024, p. 78). De quoi permettre enfin des LED blanches. De fait, si la lumière blanche cumule, en théorie, une infinité de longueurs d'ondes, notre œil se laisse facilement leurrer et il suffit d'en combiner trois (une dans le rouge, une dans le vert et une dans le bleu) pour qu'il perçoive une sensation de lumière blanche. Et c'est bien ce subterfuge qu'exploitent les LED blanches. Cela de quatre manières. D'abord en intégrant trois LED (rouge, verte et bleue) dans un même boîtier : le problème étant que toutes les diodes n'ayant pas le même rendement, le rendement global s'en trouve affecté. Autre possibilité : associer à une diode bleue une petite pastille à base de phosphore qui, sous la lumière de la diode, s'illumine d'une couleur d'ambre (un jaune orangé). Associée au bleu, et se recombinant avec lui, elle donne de la lumière blanche. Une autre filière se base sur une LED ultraviolette : un composé fluorescent convertit ce rayonnement en lumière visible blanche. Enfin, les Oled, pour LED organiques, possèdent une couche active renfermant des éléments organiques, qui produisent de la lumière blanche lorsque le courant les traverse.

lise l'éclairage public, sont actuellement les championnes du rendement : une centaine de lux par watt ! Et pour cause : l'essentiel de l'énergie électrique consommée se transforme ici en lumière, comme le prouve le fait que ces sources d'énergie chauffent très peu. Le problème, c'est qu'un tube fluorescent nécessite tout un circuit (bobinage, starter…) pour déclencher l'impulsion haute tension qui va créer le plasma aboutissant, via la poudre blanche couvrant la paroi du tube, à produire de la lumière visible. Or, ce circuit, logé dans le culot du tube, induit un coût de fabrication de cinq à dix fois plus cher que celui des ampoules à filament ! Par ailleurs, ces dispositifs supportent assez mal les allumages multiples et demandent, au minimum, une trentaine de secondes avant d'atteindre leur pleine luminosité. Tandis que leur rendement chute dramatiquement dès qu'ils sont confrontés au froid. Autant de défauts qui interdisent à de telles lampes d'occuper des créneaux comme, par exemple, celui de l'automobile.

Et voilà bien l'intérêt des diodes électroluminescentes : elles cumulent les avantages de ces deux technologies sans en avoir les faiblesses. Quelle que soit la filière mise en œuvre pour leur fabrication (lire encadré), les LED se basent sur la conversion directe du saut des électrons en photons, donc en particules de lumière, au sein de la jonction de semi-conducteur, qui constitue leur cœur. En théorie, leur rendement pourrait ainsi être de 100 %.

QUASIMENT TOUTE L'ÉNERGIE SE TRANSFORME ICI EN ÉCLAIRAGE

Une limite absolue, toutefois loin d'être encore atteinte, mais qu'espèrent approcher les constructeurs dans les dix ans à venir en améliorant la qualité de la structure atomique des constituants de base des diodes. Outre les économies d'énergie qu'offre ce rendement, celui-ci fait aussi des LED des sources de lumière ne dégageant pas de chaleur. Du coup, les fabricants d'appareils frigorifiques pensent à elles comme source d'éclairage des chambres froides, voire des réfrigérateurs domestiques et des congélateurs.

Comme l'émission lumineuse se fait par saut quantique, les LED sont, toujours en théorie, inusables. Les constructeurs n'hésitent d'ailleurs pas à annoncer une durée de vie de 100 000 heures pour les premiers modèles disponibles. De même, cette caractéristique les rend insensibles à la température et aux allumages successifs. Et l'émission de lumière se produit ici sous un faible voltage : entre 2 et 5 volts pour allumer une LED. Et pour constituer des ampoules fonctionnant sous des tensions plus élevées, il suffit simplement de monter plusieurs diodes en série. Enfin, la partie active de la diode se résume à une petite puce électronique noyée dans une résine synthétique transparente : les LED sont donc totalement insensibles aux chocs et aux vibrations. Bref, la perfection… s'il n'y avait le prix. Car un groupe de six diodes blanches, capables de fournir une luminosité comparable à celle d'une ampoule de 60 watts, coûte environ… 120 €. Cela étant, comme pour tous les composants essentiellement basés sur des semi-conducteurs, une production en masse devrait faire chuter ce prix, jusqu'à le rendre, à terme, comparable à celui d'une ampoule classique.

LA FIN DES OPTIQUES DE PHARES ?

Dans ces conditions, on comprend que les diodes électroluminescentes partent, aujourd'hui, à la conquête de très nombreux marchés. En particulier celui de l'automobile. Leur bonne tenue aux vibrations et leur basse tension de fonctionnement ne sont-elles pas ici idéales ? Sans compter que leur longévité évite de prévoir leur remplacement. Dès lors, douilles, connecteurs et autres systèmes de démontage de l'ampoule peuvent être éliminés… De quoi rogner, au passage, sur les coûts d'assemblage. De plus, en raison de leur procédé de fonctionnement, la lumière émise par les LED peut être dirigée (lire infographie) : une aubaine pour simplifier les optiques de phare, voire carrément les supprimer…

L'éclairage public n'est pas moins intéressé. « Avec les LED et leur éclairage directif, raconte Patrice Hennebert, responsable Applications du secteur LED de Philips Éclairage, une meilleure gestion de l'éclairage devient possible en multipliant les sources lumineuses afin de concentrer localement la lumière, là où elle est réellement utile. » Pourquoi, en effet, éclairer les arbres d'une allée alors que seul l'éclairage du trottoir importe. La petite taille des LED et l'absence de dégagement de chaleur durant leur fonctionnement se prêtent parfaitement à la dissémination des sources lumineuses et à leur intégration dans des éléments de mobilier urbain, par exemple. Enfin, leur longévité réduit considérablement les coûts de maintenance. Chez Osram, autre géant de l'éclairage, la conversion à la LED blanche est ainsi en route. « Nous commençons à faire de l'éclairage d'appoint, révèle Antoine Leveau, Product Marketing Engineer au sein du groupe. Certes, il ne s'agit pas encore d'éclairage général, car les performances, notamment en termes de puissance, ne

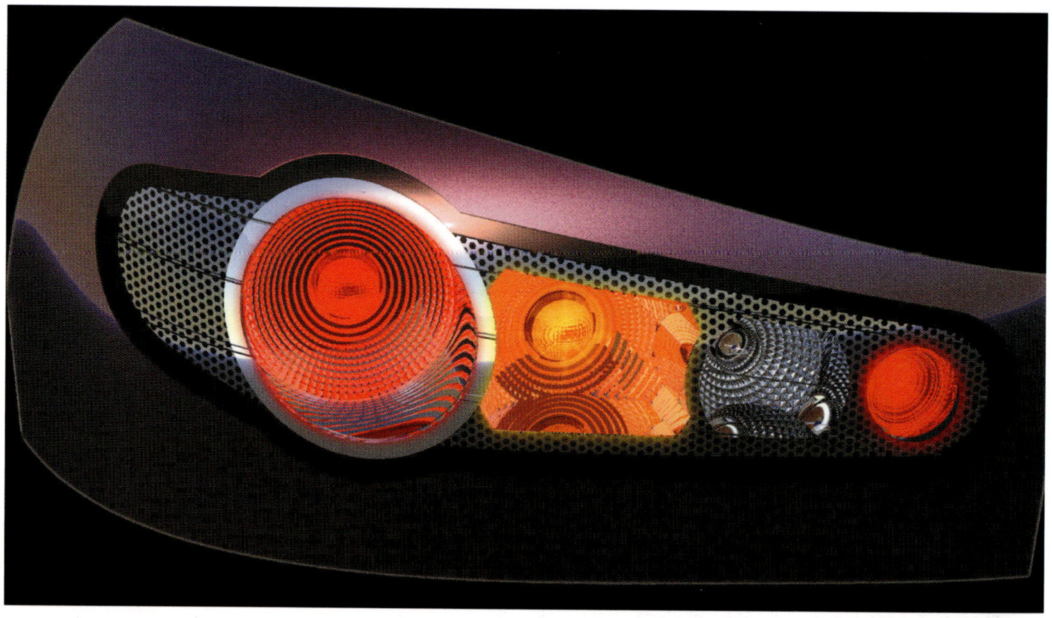

BLOC DE FEUX ARRIÈRE
Le bloc de feux arrière, conçu par Valeo, intégralement équipé de LED, a passé avec succès les tests d'homologation (en haut).

ARCHITECTURE LUMINEUSE
Changeant de couleurs, les LED inspirent des « architectures lumineuses », comme ici au Krallerhof, à Leogang, en Autriche (ci-dessus).

D'ici cinq ans, l'éclairage public par diodes pourrait bien être devenu une réalité

BALISAGE PAR LED
La puissance modeste des LED ne permet pas encore l'éclairage direct. Elles excellent, en revanche, pour le balisage.

sont pas suffisantes. Cependant, elles doublent chaque année. D'ici cinq ans, nous sommes convaincus que l'éclairage par diodes sera une réalité. »

Et que dire du marché du rétroéclairage des moniteurs informatiques et autres écrans de portable ou de télévision ! Là encore, les LED blanches font figure de panacée et Luxeon envisage même la création de microvidéo projecteurs pour ordinateurs de poche comme le PalmPilot ou le Visor. Ceux-ci se substitueraient à l'écran d'origine en projetant l'image sur une feuille de papier ou sur toute autre surface blanche placée devant l'appareil.

Les LED ont-elles déjà gagné la partie ? C'est oublier un bémol : pour ce qui est de l'éclairage de nos habitations, quel serait l'intérêt pour les constructeurs de proposer des ampoules qu'on ne changerait quasiment jamais ! Ici, la stratégie commerciale n'a rien d'évident et, de fait, les projets des industriels sont, dans ce domaine, encore flous.

UN TOUT NOUVEAU CONCEPT !

Patrice Hennebert estime, toutefois, que l'avenir verra l'apparition d'une nouvelle génération de luminaires dotés de LED blanches au design innovant, mais sur lesquels le remplacement des sources lumineuses ne sera pas possible. L'objet sera démodé bien avant que les diodes soient en fin de vie. Des lampadaires, suspensions, appliques ou lampes de chevet jetables verront alors le jour. « Et pour le futur, la petite taille des diodes devrait encore permettre d'intégrer l'éclairage au mobilier lui-même. Tables, chaises, etc. posséderaient alors leurs propres sources lumineuses, ce qui nous amène ici à un nouveau concept de la notion d'éclairement de nos logements. »

Encore faudra-t-il que la nature de la lumière des LED séduise. Car celle-ci est froide comme celle qu'émettent les tubes fluorescents et, du coup, risque de rebuter les adeptes de l'ampoule à filament. Oui, mais la possibilité qu'offrent certaines d'entre elles d'ajuster la température de lumière, en fait sa couleur, devrait permettre de mieux les adapter à des ambiances lumineuses variées. Qui plus est, elles seraient modifiables à tout instant en fonction de l'humeur de leur possesseur. Un atout que ne présente aucune autre source lumineuse et qui, in fine, pourrait définitivement faire pencher la balance en leur faveur.

Emmanuel d'Orsay
DIRECTEUR DU DÉVELOPPEMENT PRODUIT DE VALEO

« Sur la longévité, les LED doivent faire leur preuve »

IL EN PENSE

Pour ne parler que du rendement des LED, il ne faut pas oublier que, sur une voiture, toute dépense électrique se répercute sur sa consommation en carburant. Fournir 100 W à des ampoules induit une surconsommation de 0,15 l aux 100 km. La longévité est aussi un atout dans le contexte actuel où il est question d'imposer l'allumage des feux même le jour. Mais, sur ce point, je pense que les LED doivent faire leur preuve. Le milieu automobile est un environnement sévère pour l'électronique. Je doute que les vibrations constantes et les chocs thermiques auxquels elles seront soumises sur une voiture leur permettent de conserver les 100 000 heures de durée de vie annoncées. Valeo croit et investit dans cette nouvelle filière. Nous proposons déjà des ensembles de feux arrière ayant passé avec succès les tests d'homologation. Pour ce qui est des blocs optiques avant, ils comportent déjà des LED en remplacement des ampoules de clignotant et de feux de position. Mais la puissance offerte par les produits actuels est encore insuffisante pour convenir aux feux de croisement et de route. Nous espérons en disposer pour 2007.

Laser bleu

Dix heures de film sur DVD !

La mise au point solitaire par un chercheur japonais d'une diode à laser bleu met aujourd'hui le monde de la vidéo et de la télé haute définition en ébullition. Déjà, la guerre des standards a commencé…

PAR HENRI-PIERRE PENEL

Un DVD réenregistrable plus de mille fois et capable de stocker 30 gigaoctets, soit près de dix heures de vidéo ou deux heures trente en télévision haute définition : telles sont les caractéristiques du petit bijou technologique que Toshiba présentait récemment à Tokyo. Son nom : le Blu Ray Disc. À peine sorti du laboratoire, ce prototype de DVD à laser bleu fait grand bruit dans le monde de la vidéo, qui voit en lui un successeur du DVD actuel. « Sa très grande capacité de stockage fournit enfin le support d'enregistrement tant attendu pour la Télévision haute définition (TVHD) », s'enthousiasme David Sutrat, directeur de la division multimédia de Pioneer. Quand on sait que, actuellement, un million et demi de foyers japonais sont déjà équipés en TVHD, on comprend que ce nouveau disque crée l'événement. Sans compter qu'il dopera le marché de la TVHD aux États-Unis, lequel ne concerne que moins de1 million d'abonnés. Quant à l'Europe, où la TVHD est encore loin de voir le jour, ce disque apportera un support d'enregistrement vidéo enfin digne de ce nom. De fait, si le DVD n'a pas pris la place de la cassette vidéo, c'est qu'il interdit à l'utilisateur d'enregistrer plus d'une heure de film. En outre, la technique des fabricants pour graver des DVD plus longs n'est pas transposable aux DVD réenregistrables. Augmenter la compression numérique pourrait certes pallier cet inconvénient, mais ce serait alors au détriment de la qualité des images…

Le Blu Ray Disc semble donc posséder toutes les vertus. Et tandis que son arrivée sur le marché n'est pas prévue avant 2005, il suscite d'ores et déjà une âpre concurrence. Si Toshiba, le plus avancé, envisage des lecteurs « multiformats » pour passer en douceur du DVD traditionnel au nouveau support, ses rivaux, regroupés au sein du Blu Ray Disc Consortium (1), étudient leur propre standard, bien évidemment incompatible avec le système de la firme japonaise…

LE PARI D'UN PETIT FABRICANT

C'est que l'enjeu est de taille : renouveler le parc mondial des lecteurs de DVD, soit quelque 80 millions d'appareils… On n'en est pas là. Car, pour l'heure, le DVD laser bleu luit encore de l'histoire qui l'a fait naître. Tout commence en 1989 : alors qu'il travaille pour Nichia Chemical Industries, un petit fabricant de diodes basé à Tokushima, un physicien nippon de 36 ans, Shuji Nakamura, propose à son patron de tenter l'impossible : mettre au point une diode bleue. On en connaissait des rouges, des vertes et des jaunes, mais personne n'était encore parvenu à leur faire émettre du bleu, ni en lumière ordinaire, ni en laser. Or, l'intérêt des diodes bleues est à la mesure de leur champ d'application : l'affichage, bien sûr, mais surtout le stockage d'informations sur disque laser à très grande capacité. En effet, la très courte longueur d'onde du laser bleu autorise une « gravure » des disques quatre fois plus fine que les lasers rouges (voir infographie). Le marché potentiel des diodes bleues serait d'au moins 200 millions de dollars par an. Mais le pari semble hors de portée pour Nichia Chemical, entreprise peu florissante. D'autant que toutes les grandes firmes du secteur ont déjà mis leur labo sur le coup. Alors un simple physicien… Pourtant, Shuji Nakamura insiste, tant et si bien que son p.-d.g. finit par investir trois millions de dollars dans l'aventure.

Bien qu'on ait su fabriquer des lasers bleus dès l'invention du laser en 1960, sa miniaturisation sous forme de diode pose un gros problème : réaliser un cristal semi-conducteur assez parfait pour obtenir l'émission de lumière bleue. « L'un des rares semi-conducteurs adaptés à l'émission de lumière bleue est le nitrure de gallium, explique Shuji Nakamura. Mais sa structure cristalline comporte de nombreuses anomalies : 10^{10} imperfections par cm^3. Des défauts structurels incompatibles avec la réalisation d'une diode laser. Mes recherches ont donc porté sur la mise au point de procédés de production de nitrure de gallium quasiment parfaits. »

Travaillant sans relâche pendant deux ans, bricolant lui-même ses appareils, Shuji Nakamura finit par obtenir le cristal de nitrure de gallium le plus pur au monde. En 1993, il dépose sur la table de son patron la première diode bleue commercialisable. Encore deux ans et il parvient à augmenter sa brillance. Mais il ne s'agit que d'une simple diode émettrice de lumière normale et il reste à la transformer en diode laser. Un an plus tard, il réalise l'exploit. Grâce à son génie du bricolage, assure-t-il : « Les autres utilisent des procédés standard. Moi, j'ai adapté les appareils à mes besoins. »

Aujourd'hui, la diode à laser bleu de Nakamura offre aux fabricants de DVD l'espoir de décupler la capacité de leurs disques et d'ouvrir un énorme marché pour une nouvelle génération de lecteurs enregistreurs. Espoir qui reste à concrétiser. Cette diode bleue demande encore quelques améliorations : elle ne parvient à produire les 30 mW nécessaires à l'enregistrement qu'au prix d'une durée de vie écourtée (environ 1 000 heures). Les recherches devraient aboutir d'ici à un an. Mais sans Shuji Nakamura : devenu chercheur à l'université de Californie à Santa Barbara, il rêve d'une diode blanche destinée à l'éclairage. Une autre révolution en perspective…

(1) Le français Thomson Multimedia, le néerlandais Philips, les japonais Sony, Matsushita, Hitachi, Pioneer et Sharp, les sud-coréens Samsung Electronics et LG Electronics.

BLU RAY DISC
De la taille d'un DVD, le Blu Ray Disc ouvre la voie de la télévision haute définition aux États-Unis.

« Toute la difficulté était de concevoir pour la diode un cristal quasi parfait »

DIODE À LASER BLEU
En 1995, Shuji Nakamura, physicien chez Nichia Chemical Industries, a mis au point la première diode à laser bleu.

FAITS & CHIFFRES

Gravé quatre fois plus finement, le disque à laser bleu permettra de lire et d'enregistrer dix heures de vidéo en qualité numérique (contre une heure sur les DVD actuels), ou deux heures et demie en haute définition. Et le système rendra possible l'enregistrement numérique « à la volée » (depuis un caméscope, par exemple) grâce à un débit de 36 Mo/s. Aujourd'hui, le parc mondial des lecteurs de DVD compte 80 millions d'appareils. En France, quelque 16,5 % des foyers en sont équipés.

LA LONGUEUR D'ONDE LIMITE LA GRAVURE
Les CD audio ou les CD-Rom utilisent une longueur d'onde de 780 nm, qui limite leur capacité de stockage à 700 Mo. Le DVD, lui, exploite une longueur d'onde plus courte (650 nm) : sa capacité passe alors à 4,7 Go. Mais la lumière du Blu Ray Disc possède une longueur d'onde de 405 nm, qui lui confère une capacité proche des 30 Go. De quoi stocker dix heures de film.

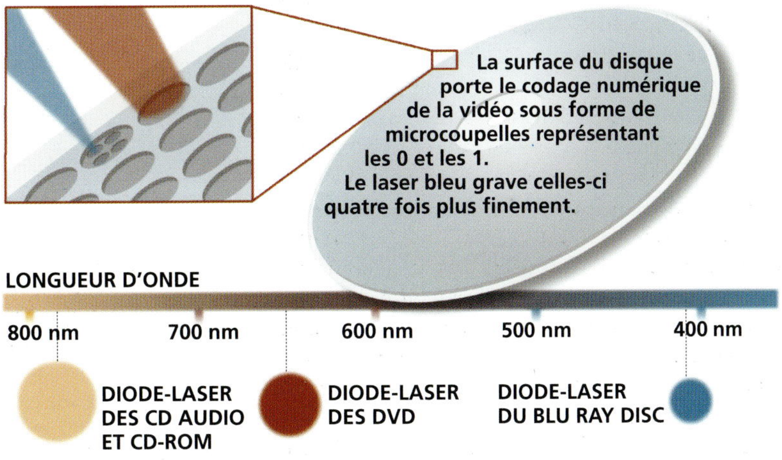

JARGON

SEMI-CONDUCTEUR matériau faiblement conducteur de l'électricité. Il s'agit généralement du silicium, au départ isolant, rendu conducteur par « dopage », c'est-à-dire par l'injection d'impuretés (arsenic, antimoine, etc.). En dopant différemment deux zones de silicium se côtoyant, il est possible d'obtenir une diode.

DIODE-LASER les diodes sont des composants à base de semi-conducteur. Certaines d'entre elles, les diodes électroluminescentes, émettent de la lumière quand un courant électrique les traverse (voyants sur les appareils électriques). Une découpe et un traitement adéquat du semi-conducteur permettent à ce type de diode d'émettre un faisceau laser.

Électricité

Éteints, ils consomment encore

Éteignez tous vos appareils électriques, munissez-vous d'une lampe torche et pointez-la en direction de votre compteur électrique. Surprise, il tourne toujours...

PAR RAFAËLE BRILLAUD

Ceux qui suivent les modes le savent bien : rester branché coûte souvent très cher. Mais ce constat vaut, en fait, pour quasiment tout le monde si on l'applique au pied de la lettre : au niveau de la prise électrique ! En effet, selon leur mode de fonctionnement, certains appareils domestiques se révèlent de surprenants consommateurs d'énergie. Et même lorsqu'ils ne servent plus à rien, ils continuent souvent de manger des watts. Une véritable débauche d'énergie, donc d'argent, sans raison apparente et à l'insu de l'utilisateur. Prenons l'exemple d'un micro-ordinateur. En marche, sa puissance s'élève à 140 watts environ. Normal, le PC travaille. En mode « veille », en revanche, alors qu'il cesse toute activité, il continue à faire tourner le compteur. Ce qui reste encore logique : l'état de veille (ou « stand-by ») signifie justement que l'ordinateur ne dort que d'un œil, pour mieux se remettre en fonction dès qu'on l'utilisera de nouveau. Toutefois, on peut s'étonner que cette « somnolence » puisse atteindre jusqu'à 27 watts. Mais le plus déroutant est à venir. Qu'on en juge : alors que le bouton « off » est enclenché, la puissance du PC n'est toujours pas nulle : elle demeure de l'ordre de 5 watts ! Eteint, l'appareil n'est pourtant d'aucun service... En fait, pour être sûr que le micro ne soutire plus de courant, il n'existe qu'une solution : débrancher.

Certes minimes, ces chiffres sont pourtant loin d'être négligeables. Car l'expérience ne porterait pas à conséquence si elle ne s'appliquait pas à toute une série d'équipements qui peuplent aujourd'hui nos foyers, de la console de jeu au micro-ondes, en passant par les alarmes et la cafetière électrique ! Au final, la « consommation cachée » des appareils en veille ou éteints représenterait, selon Benoît Lebot, de l'Agence internationale de l'énergie (AIE), au moins 2 % de la consommation mondiale d'électricité. Pas encore convaincu ? Alors disons que rien qu'en Europe, faire tourner le matériel électronique inactif mobiliserait chaque année l'équivalent de six centrales nucléaires.

VEILLER N'EST PAR DORMIR

Pour comprendre, il faut revenir trente ans en arrière, lorsque sont apparus ceux qu'on appelle « les appareils en veille ». Jusqu'alors, quand on éteignait son four ou sa télévision, on pouvait être assuré de stopper toute consommation d'énergie. Mais la mise sur le marché d'appareils audio et vidéo plus sophistiqués a changé la donne. Les chaînes hi-fi, radioréveils et autres magnétoscopes se sont agrémentés d'horloges, de télécommandes et de touches « mémoire » pour mémoriser les stations FM ou les programmes à enregistrer. Autant de services assurant au particulier un plus grand confort d'utilisation, mais également une plus grande consommation d'électricité. Le succès de ce type d'équipements aidant, les fours se sont mis aussi à donner l'heure. Et aujourd'hui, savoir quel appareil actionne telle télécommande est devenu périlleux : télé ? hi-fi ? magnétoscope ? porte du garage ?... « Le phénomène le plus inquiétant est peut-être l'augmentation considérable du nombre d'appareils domestiques affectés par une veille », constatait déjà en janvier 2000 Olivier Sidler, de la société Enertech (1), spécialiste des campagnes de mesures dans ce domaine, dans un rapport destiné à l'Agence de l'environnement et de la maîtrise de l'énergie (Ademe).

Encore faut-il distinguer les veilles « utiles » des gaspillages purs et simples. Font notamment partie de la première catégorie tous les appareils qui attendent un signal électrique pour se mettre en marche : répondeur activé par un appel, fax prêt à réceptionner un document, téléphone sans fil connecté au réseau... Dans ce cas, les veilles faisant partie intégrante du

QUE DIT LA LOI

Eh bien, elle ne dit rien du tout, et c'est bien là le problème. Longtemps insoupçonnée, puis largement sous évaluée, la veille n'a en effet encore jamais fait l'objet d'une véritable réglementation. Au consommateur, donc, de bien faire attention lors de ses achats, puis dans son utilisation quotidienne des appareils.

ÇA CHANGE QUOI ?

Selon l'Agence de l'environnement et de la maîtrise de l'énergie, un ménage français dépense en moyenne 2 400 € par an pour s'éclairer, se chauffer, faire fonctionner les appareils électroménagers... « C'est deux fois trop », affirme l'établissement public, qui conseille – notamment – d'éteindre télévision, magnétoscopes, décodeurs, ordinateur, hi-fi, pour économiser « jusqu'à 70 % de leur consommation ». Et de conclure : « Si tous les Français ne laissaient jamais leurs appareils en veille, nous économiserions la production d'une centrale nucléaire. » Et chaque foyer économiserait, en moyenne, un peu plus de 4 € par mois. Coûteuse à titre individuel et à titre collectif, la consommation cachée des appareils électriques ne semble pourtant pas émouvoir grand monde, pas plus les industriels que les autorités politiques.

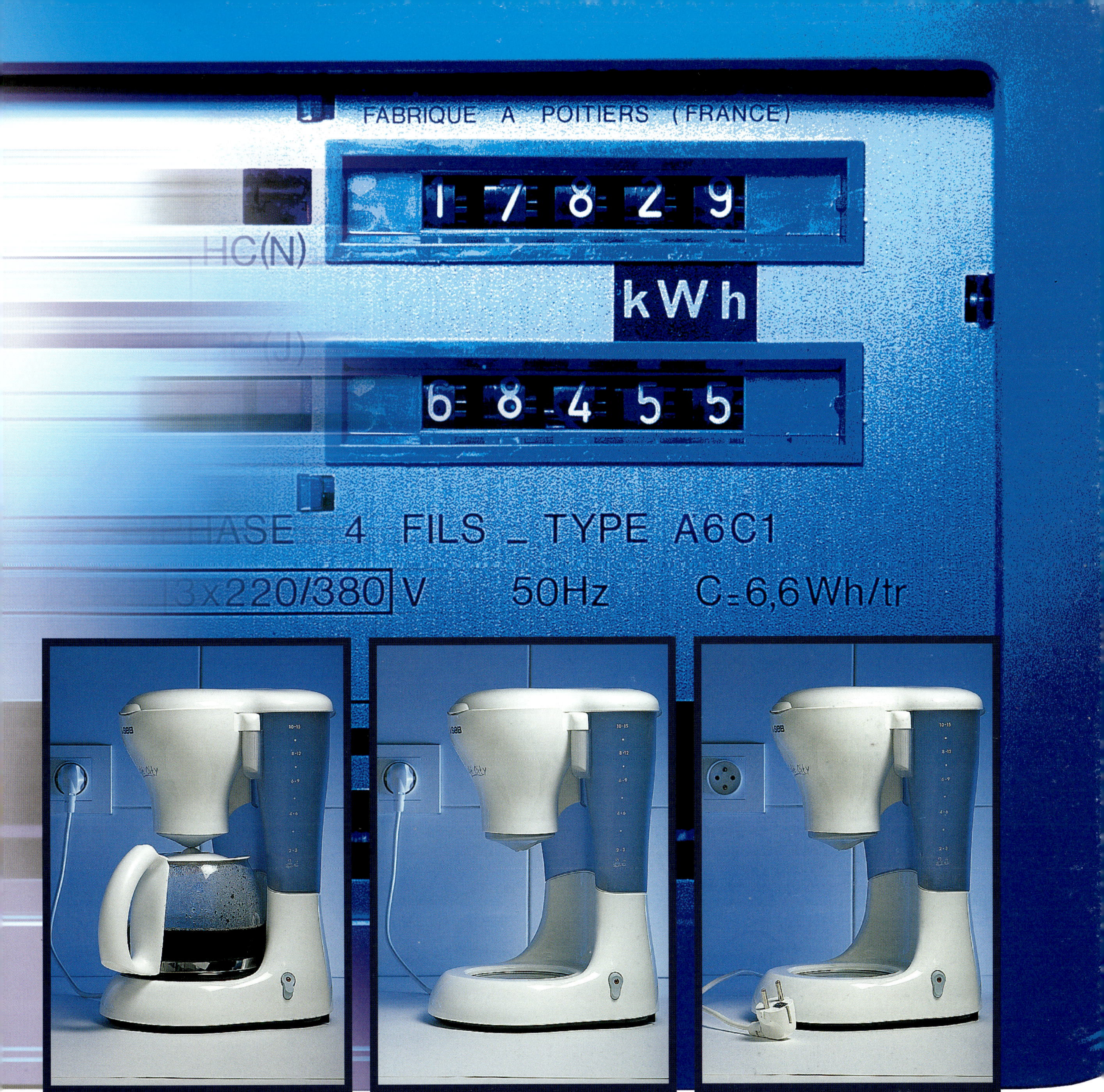

800W
C'est la consommation moyenne de votre cafetière en marche.

1,5W
Et voici la consommation de votre cafetière lorsqu'elle est éteinte !

0W
Ouf ! Voici la consommation de votre cafetière débranchée.

fonctionnement de ces machines, elles sont légitimes. Elles pourraient néanmoins mobiliser des puissances très inférieures à celles observées.

UN PROBLÈME DE RELAIS

Le phénomène devient autrement pervers lorsque ces veilles ne présentent aucun intérêt particulier et, pour cette raison, demeurent insoupçonnées. Le chargeur de portables, par exemple : même séparé de son terminal, il ne s'arrête pas de pomper du courant tant qu'il reste branché ! Et il est loin d'être le seul appareil qui, même éteint ou hors utilisation, n'en continue pas moins de consommer des watts. L'explication tient en quatre syllabes : ces équipements cachent souvent dans leurs entrailles un… transformateur. Il faut en effet savoir que les circuits électroniques fonctionnent avec une tension bien plus faible (5 volts environ) que celle délivrée par la prise de courant (220 volts) ; le transformateur joue alors le rôle de relais. Le hic, c'est que l'interrupteur « marche/arrêt » est souvent placé après celui-ci : lorsqu'on éteint l'appareil, le transformateur reste donc sous tension. Et le compteur électrique de tourner (voir infographie). Comme aucune réglementation n'oblige les fabricants à changer l'architecture de leurs produits, ceux-ci se gardent bien de procéder à des aménagements qui leur coûteraient quelque argent…

On le devine, la liste de ces « suceurs d'énergie » est bien longue. Dans son rapport de janvier 2000, le cabinet d'Olivier Sidler a ainsi observé le comportement de 1 270 appareils répartis dans 178 logements français (voir tableau page de droite). Premier accusé : le magnétoscope. Vrai qu'il cumule les handicaps : gros consommateur d'énergie en état de veille (de 1 à 30 watts), laissé en « stand-by » 97 % du temps et présent dans la majeure partie des foyers, il absorberait à lui seul 32 % de la « consommation cachée » en France. Cela dit, en faisant grimper ce pourcentage à 64 %, l'audiovisuel fait, dans son ensemble, figure de mauvais élève : magnétoscope donc, mais aussi télévision (de 1 à 22 watts), décodeur Canal + (de 9 à 16 W), démodulateur d'antenne satellite (de 5 à 17 W) ou de câble TV (de 3 à 23 W), hi-fi (de 1 à 24 W), etc. C'est ensuite à la bureautique d'être montrée du doigt, avec, en tête, l'ordinateur (de 1 à 27 watts) – attention aux pièges, économiseur d'écran ne signifie pas économiseur d'énergie : l'écran mis en veille, l'ordinateur fonctionne à plein régime et pompe 140 W… À noter également les mauvaises performances de la table à induction (de 4 à 18 W) et du minitel (de 6 à 9 W). Enfin, de la cafetière à l'interphone, une multitude d'appareils révèlent des puissances de veille inférieures à 5 W.

Mises bout à bout, toutes ces menues dépenses s'additionnent. « Ceci entraîne des consommations d'électricité que l'on ne peut plus ignorer tant elles pèsent lourd sur la facture des ménages », écrivait en 2000 Olivier Sidler dans son rapport. Et d'ajouter aujour-

ILS SONT EN VEILLE, ET POURTANT…

FAMILLE	APPAREILS	P. MAX	P. MIN	P. MOY
VIDÉO	Téléviseur	22	1	7,3
	Ampli d'antenne TV individuelle	4	1	1,8
	Magnétoscopes	30	1	9,9
	Rembobineurs K7 vidéo	1	1	1,0
	Lecteurs CDV	5	5	5,0
	Lecteurs DVD	15	15	15,0
	Casques infrarouges	5	1	2,1
	Son cinéma DSP	1	1	1,0
	Enceintes Pro Logic	2	2	2,0
	Consoles de jeu	7	1	1,7
	Décodeurs Canal +	16	9	11,0
	Démodulateurs d'antenne satellite	23	3	9,5
	Démodulateurs câble TV	0	0	0
HI-FI	Chaînes hi-fi	24	1	7,2
	Amplificateurs hi-fi	9	1	4,0
	Platines disques	1	1	1,0
	Tuners	2	2	2,0
	Lecteurs CD	7	1	3,1
	Lecteurs K7	6	1	2,2
	DiscMan	1	1	1,0
	Radios K7	4	1	1,7
	Radioréveils	4	1	1,4
	Réveils	2	1	1,7
BUREAUTIQUE	Unités centrales micro-ordinateurs	2	2	2,0
	Écrans micro-ordinateurs	10	1	6,5
	Onduleurs	18	14	15,7
	Micro-ordinateurs portables	20	1	6,5
	Modems	6	3	4,3
	Imprimantes jet d'encre	8	1	3,8
	Imprimantes laser	4	4	4,0
	Scanners	6	5	5,5
	Enceintes pour micro-ordinateurs	5	1	3,0
	Calculatrices de bureau	2	2	2,0
	Machines à écrire	5	5	5,0
	Photocopieurs	10	10	10,0
TÉLÉPHONIE	Téléphones sans fil	7	1	2,6
	Répondeurs simples	6	1	2,8
	Téléphones répondeurs	11	1	5,1
	Chargeurs de téléphones portables	3	1	1,5
	Interphones	3	3	3,0
	Minitel	8	7	7,5
	Minitel 2	7	6	6,6
	Minitel Magistère	9	5	7,0
	Minitel Sillage	6	6	6,0
	Boîtiers Numéris	3	3	3,0
CUISSON	Cafetières	1,5	0	0
	Tables à induction	18	4	13,2
	Fours à micro-ondes	12	1	3,5
	Fours de cuisine	18	8	14,5
DIVERS	Chargeurs de batteries	2	1	1,3
	Claviers musique	3	1	1,8
	Clôtures électriques	1	1	1,0
	Alarmes	1	1	1,0
	Aspirateurs de table	4	1	1,9
	Brosses à dents électriques	3	1	1,8
	Brûle parfum	5	1	3,3
	Lampes de chevet	3	3	3,0
	Lave-linge	7	1	4,0
	Lits inclinables électriques	5	5	5,0
	Parafoudres	1	1	1,0

Source Cabinet Enertech

À 10 centimes le kWh, ça fait 50 euros par an pour un foyer

LES APPAREILS NE S'ÉTEIGNENT PLUS…

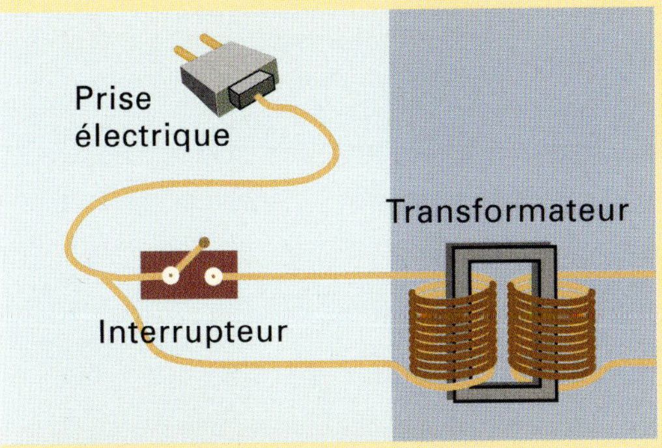

LE TRANSFORMATEUR FAIT PLACE…
Le transformateur abaisse la tension du secteur à quelques volts, tension à laquelle fonctionnent la plupart des appareils électriques. Un gros interrupteur permet d'allumer et d'éteindre l'appareil. À l'arrêt, la consommation est nulle.

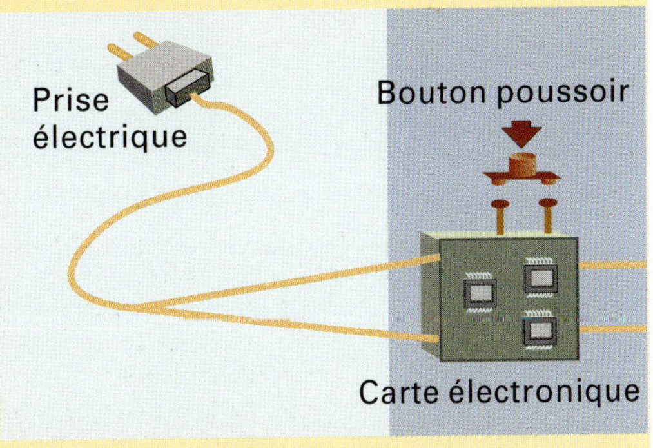

…AU TRAITEMENT ÉLECTRONIQUE
Coûteux et lourd, le transformateur tend à s'effacer au profit de dispositifs électroniques abaissant la tension. Un simple bouton pressoir commande ce traitement électronique, cela sans plus couper l'arrivée du secteur.

EFFICACE ET BON MARCHÉ
Les LED blanches sont assemblées sur un circuit imprimé pour constituer une lampe qui fonctionne sur accumulateur.

LUMIÈRE BLANCHE
En ajoutant aux diodes électroluminescentes (LED) une couche dopée au phosphore, on obtient une lumière blanche particulièrement efficace et bon marché.

LE PRIX DE L'INACTIVITÉ

Le savez-vous ? Votre petit écran peut vous coûter plus cher… quand vous ne le regardez pas ! Démonstration. Si vous regardez la télévision trois heures par jour, avec une puissance de marche de 80 watts, votre consommation s'élève à 80 x 3 = 240 Wh. Et si le reste du temps (soit vingt et une heures), vous laissez votre télé en veille, avec une puissance de 15 W, votre consommation en temps de veille sera donc de 15 x 21 = 315 Wh. Soit bien plus élevée ! CQFD.

d'hui : « La veille représente 60 W en moyenne par logement, soit une consommation effective de 500 kWh/an. À 10 centimes environ le kWh, ça fait quand même 50 euros à l'année par foyer. En extrapolant à l'échelle de la France, on obtient une consommation de plus de 11 TWh, soit la production annuelle de deux tranches nucléaires ! »

Face à de telles fuites d'énergie, les campagnes de sensibilisation des consommateurs pour éteindre les veilles se multiplient depuis quelques années en France, à l'initiative de l'Ademe (2), qui n'a d'ailleurs pas hésité à faire appel au comédien Fabrice Lucchini pour un spot. Benoît Lebot affiche pourtant son incrédulité : « Éteindre les veilles ? On n'y arrivera jamais ! Il faut en réalité avoir le courage de réglementer. Les appareils produits doivent être modifiés afin d'offrir le même service, mais avec un meilleur rendement énergétique. Il faut limiter les puissances de veille à 1 watt dès que c'est possible. » Même réaction à l'Ademe : « Les industries doivent développer des équipements plus intelligents dès la conception », affirme Alain Anglade.

TOUT LE MONDE S'EN FICHE

On en est encore loin. Certes, Bruxelles tente bien de passer des accords volontaires avec certains secteurs de l'industrie, mais la démarche semble justement pécher par manque de… « volontarisme ». Seul un système d'étiquetage se met en place timidement. À l'image du label « Energy star » aux États-Unis, l'Europe a lancé il y a huit ans l'« étiquette Énergie », qui mesure l'efficacité énergétique d'un appareil selon sept catégories, classée de A à G. L'opération ne concerne pas à proprement parler les veilles, mais part du constat que plus les appareils sont performants, moins ils consomment en mode veille. Et, de fait, en incitant les particuliers à acheter les meilleurs produits, l'étiquette énergie permet un premier écrémage sur le marché. Encore faut-il qu'elle s'étende de l'électroménager à toute l'électronique domestique…

« La veille est un véritable fléau. Parce que, d'une année sur l'autre, cette consommation explose et qu'il n'y a pas de solution qui émerge. On court à la catastrophe », s'alarme Olivier Sidler. En attendant, les plus courageux peuvent s'adonner au « bricolage ». Partir à la chasse aux veilles, disperser des barrettes multiprises avec interrupteur pour mieux couper l'électricité sous le pied des machines suspectes, sacrifier un ou deux affichages de l'heure dans la maison, éteindre, éteindre… Une vigilance de tous les instants pour supprimer la moindre consommation non désirée. Mais n'est-ce pas alors le consommateur que l'on met en état de veille permanente, sans aucun égard pour sa propre énergie…

(1) http://perso.club-internet.fr/sidler
(2) Rens. : www.ademe.fr ou n° Info Énergie : 0810.060.050.

Crédits photographiques

5winfographic : 112-113, 131 hc, 131 hd, 131 bc, 131 bd, 140-141 ; 5winfographic/Aldo Chiappe : 62-63, 64 b, 64-65, 66-67 ; A. Meyer : 80, 137 h, 137 b, 179 b, 218, 224, 225 hd, 225 b, 236, 237 hg, 237 hd ; AEI : 10-11 ; AEI/ZIB: W. Benger 20 ; AFP : 153 ; AFP/P. Huguen : 145 bg ; AFP/P. Parko : 145 bc ; AFP/STF/Jean-Pierre Muller : 152 hd ; Airbus : 99 hg ; American Museum of Natural History/Courtesy the library : 163 ; Androuis : 48, 92 hd ; Angeli : 176 hc ; AP : 145 hg (H. Guan), 149 (V. Yu) ; AP/Ampam Nath : 145 hd ; Aprilia : 99 bg ; Aqualumineux : 49 ; Art Press/adapté de Time Magazine : 170-171, 172-173 ; Atlantic Productions : 196 b, 196-197, 199 hc, 199 hd, 199 cd ; Auckland Univ. of Technology : 102-103, 104 hc, 104 bg, 104 hg, 105 bg, 105 bc ; Patrick Baudry : 225 hg ; G. Beguin : 202-203, 206-207 ; Jacques Beauchamp : 160-161 ; BIPM : 29 hd, 30 hd ; Didier Blanchard : 141 ; The British Museum : 198 b ; Dr Bonnel : 118 hg ; Pierre Carril : 14, 18-19, 35, 36, 37 hd, 46-47 ; Cat's Collection : 34 ; CERN : 24-25, 47 hc ; CFHT 2003 : 45 bg, 45 bc ; CFHT/J.-C. Cuillandre : 45 h ; Ciel & Espace/J. Lodrigus : 12-13 ; Mark Clampin : 53 hg ; Corbis Sygma/A. Nogues : 47 hd ; Corbis : 144, 146 ; Corbis Outline: 128 ; Cosmos : 38 ; Cosmos/M. Kage : 39 ; Cosmos/T. Brian : 76-77 ; Cosmos/SPL : 167 h, 213 d (A. Syred) ; Cosmos/SPL/Freeman Hospital, Newcastle-upon-Tyne: 140 hg ; Cosmos/SPL/Lockeed/JISAS : 90 h ; Cosmos/SPL/M. Bluestone : 110-111 ; Cosmos/SPL/Quest : 126 ; Cosmos/SPL/S. Fraser/ /: 164-165 - 166 b ; Cosmos/SPL: 98 ; Daimler Chrysler : 99 hd ; J. Delafosse : 76 ; Dominique Galland : 188 c ; K. Dial/Univ. of Montana : 184 h ; DR : 30 hc, 32-33, 58 bd, 59 bg, 59 bc, 59 bd, 145 cc, 152 cg, 169 hd, 169 cd, 169 bg, 181 bd, 182 h, 184 b, 212, 224 hg, 231 d ; E. Valentin : 216, 219 hg, 219 hd ; Editing/A. Tezenas : 21 hg, 210-211, 213 g, 214, 216 hg, 216 hd, 220 bg, 220 bc, 221 hd, 221 bg, 221 bc, 221 bd ; Éditions du Seuil/B. Hölldobler & E.-O. Wilson : 73 hd ; Éditions du Seuil/U. Andersen : 166 h ;Essilor : 123 - 124-125 ; Eurelios : P. Plailly 22-23, 169 hg ; Eurelios/Atelier Daynes/P. Plailly : 178 bd ; F.-W. Ockenfels : 129 bg ; Fiovaranti : 226-227 ; Forge Europa : 227 ; Dessins Lucien Fournereau/Courtesy of École nationale des Beaux-Arts : 190-191 - 191 b ; Gamma : 142-143, 157 cg, 176 hg, 179 hd, 188 bd ; Gamma/Patrick Aventurier : 188-189, 192 h, 192 bd, 193 h, 193 bg, 194, 195 g, 195 hd ;Gamma/J.-L. Bulcao : 60 g, 61 h ; Gamma/Marc Deville : 186-187 ; Gamma/Raphaël Gaillarde : 90-91 ; Gamma/Karsh : 37 hg ; Gamma/Étienne de Malglaive : 200-201, 204 hg ; Gamma/Océan Vert/Setsumasa Hirochika : 54-55 ; Gamma/Photo News : 108-109 ; Gemini Observatory : 53 bc ; Gemini Observatory/Michael Liu : 53 bd ; Florence Gendre : 182-183 ; Getty/Image Bank : 88-89 ; Getty/G. Charbonneau : 158-159 ; GDF/P. Leconte : 99 bgc ; D'après A. Ghez/Univ. of California et J. Kormendy/Univ. of Texas : 15 hg ; Pascal Goetgheluck : 26-27, 71 h, 71 b, 79, 114, 116 hg, 116 hd, 117 hg, 117 hd, 117 bg, 122 h, 169 bd, 234-235, 235 b ; Griffith Institute, Oxford : 198-199 ; Jean Guichard/Copyright : 196 h ; Hellio Van Ingen : 78-79 ; INSERM/A. Delacourte : 156 hc, 156 hd ; Institut Pasteur : 147 ; IRD/J. Chazeau : 60 d, 61 b ; F. Jouval : 21 hd, 217 hd ; JHE/Minden Pictures/Mark W. Moffet : 69, 72 ; JHE/Minden Pictures/G. Ellis : 73 bg, 73 bd ; JSI : 96, 97 h ; Keck Observatory : 50-51 ; Ledtronics : 229 hg ; Leemage : 178 h ; Linde : 94 ; Lumileds : 229 hc ; Luneau Ophtalmologie : 122 b ; C. Mathieu : 112 bg, 119, 120-121, 127, 129 bd ; MPFT/F. Jouval : 165 ; Gilles Moine : 28, 70 h, 70 b, 92 hc, 106, 107 d, 117 bc, 150-151, 167 b, 204hd, 205 b, 228 g, 233 b ; Dr Monin/CHNO des Quinze-Vingts : 118 hd ; NASA : 8-9, 31, 40-41, 42, 44, 53 hd, 99 hc ; NASA/GSFC : 29 hg ; NASA/HST : 15 cg, 16-17 c ; NASA/SAO/R. Kraft et Al. : 15 cd ; Natural History Museum of London : 65 b ; New Zealand Dpt of Conservation : 107 ; Norsk Hydro ASA : 95 ; NRAO/AUI : 16 h ; NRAO/AUI/Clarke et Al. : 15 bd ; NRAO/AUI/NSF : 17 h ; Opale/J. Foley : 73 hg, 74-75, 100 g ; Opale/Fayard/T. de Saint-Chamas : 217 hc ; Osram : 229 hd ; Neil Reimer : 56-57 ; P. Ridker/Brigham and Women's Hospital : 138-139 ; P. Ridker/Brigham and Women's Hospital/J. Grow : 140 hd ; Panasonic : 232 ; Peter Unterweissacher/Concepteur Lumière Walter Holper : 230 b ; PSA Peugeot Citroën, direction de la communication : 97 b ; Hubert Raguet : 217 b, 220-221 ; Rapho/Grazia Neri/M. Mencarini : 93 ; Rapho/Lookat/M. Latzel : 132-133, 133 bd, 136 hg, 136-137 ; REA/P. Allard : 148 ; REA/SABA/T. Wagner : 233 h ; Reuters : Stringer 145 cg ; Reza : 80-81, 82 h, 82 bg, 82 bd, 83, 84-85, 84 bg, 84 bc, 85, 86 hg, 86 hd, 87 ; RMN/M. Bellot : 208-209 ; Rolex : 237 c, 237 b ; Rue des Archives : 105 ; Courtesy of Scaled Composites : 222-223, 223, 225 hc ; Serge Picaud : 131 hg ; SIPA : Robman 145 hc ; SIPA/AP/A. Nadel : 205 h ; Smart Fuel Cell : 99 bdc ; Space Channel : 58-59, 174-175, 176-177, 178 bc ; Sunset/Prevost : 78 ; Sunset/Animals Animals/F. Colombani : 68 ; Sylvie Dessert : 134-135 ; Tendance Floue/G. Coulon : 100 d ; Toshiba : 99 bd ; Traffic d'images/A. Martane : 145 cd ; Univ. of California Riverside : 41 ; Université de Zurich : 29 bg ; Valeo : 230 h ; L. Vautrin : 154-155 c, 155, 156 hg, 157 hd ; Xing Xu-2003 Portia Sloan : 180-181 ; Zumtobel AG. ; 231 g ; Zumtobel Staff : 228 g

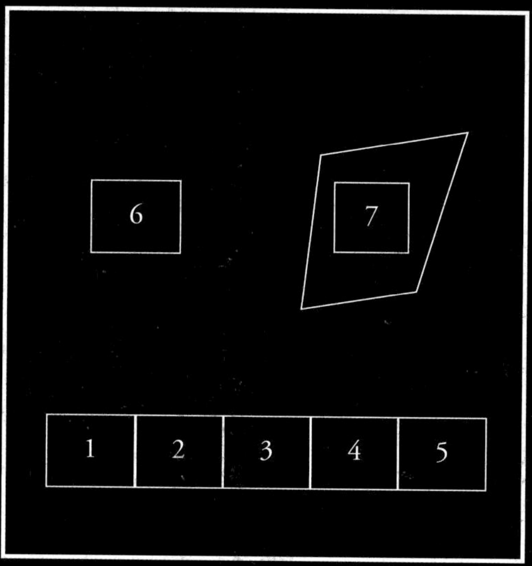

Crédits photographiques de la couverture

1 : REA/P. Allard
2 : Institut Pasteur
3 : Getty/G. Charbonneau
4 : Cosmos/SPL
5 : BIPM
6 : © 1996 Corbis ; Original Image Courtesy of NASA/Corbis
7 : NASA

SCIENCE & VIE
LES TRÉSORS DE LA SCIENCE

est un ouvrage réalisé par Copyright
pour les éditions Tana

Conception graphique : Jacques Hennaux
Mise en page et couverture : Emmanuelle Sans

L'éditeur tient à remercier :
Grégoire Bouillier, chef d'édition, Anne Lévy, responsable du service photo,
Marie-Ange Rouquet-Dezellys, directrice du département international,
et Gilles Moine, rédacteur en chef adjoint, de la rédaction de Science & Vie,

ainsi que Jean-Luc Bertini, Emmanuelle Boucheny, Laurianne Dardenne, Claire-Agnès Dolley,
Pierre Gourdé, Charles Hourcade, Gracieuse Licari, Marie Müller, Audrey Toudic.

ISBN : 2-84567-133-4
Dépôt légal : octobre 2003
Achevé d'imprimer en octobre 2003 par Just Colour Graphic – Barcelone

Imprimé en Espagne